Friedrich Wilhelm Henkel, Wolfgang Schmidt

Das Terrarium von A–Z

Reptilien
Amphibien
Wirbellose
Technik

638 Farbfotos

Ulmer

Vorwort

Häufig entspringt die Entscheidung für ein Terrarium einfach dem Wunsch, sich ein Stück heiler Natur in die „Gute Stube" zu holen. Hierzu benötigt man aber ein umfangreiches Grundwissen über die Ansprüche der gewünschten Tiere und der Umsetzung in der täglichen Pflege. Dies umfasst neben den genauen Kenntnissen der Biologie der einzelnen Art auch die jeweils erforderliche Behältergröße und -typ, die entsprechende Einrichtung, Aspekte der Terrarientechnik, Kenntnisse im Tier- und Artenschutz sowie die Sicherstellung einer ausgewogenen Ernährung.

Dieses Buch soll auch als Nachschlagewerk über eine – aus Platzgründen leider erforderliche – Auswahl unter den beliebtesten in Terrarien gepflegten Amphibien, Reptilien und Wirbellosen dienen. Dabei wurde der Text auf die wichtigsten Informationen beschränkt. Das Buch soll kein umfassendes Nachschlagewerk sein, sondern insbesondere dem Einsteiger mit zahlreichen Kurz-Infos zur schnellen Orientierung dienen. Hierzu werden jeweils den verschiedenen Amphibien-, Reptilien- und Wirbellosen-Arten einige Terrariengrundtypen zugeordnet, in denen eine artgerechte Pflege möglich ist. Ferner werden Informationen zu den Haltungstemperaturen und zur Feuchtigkeit geben. Um ein leichteres Einrichten des Terrariums zu ermöglichen, werden kurz das Verbreitungsgebiet und der Lebensraum vorgestellt. Abgerundet werden die Kurz-Infos mit Angaben zum Aussehen, zur Größe, zur Ernährung und ggf. zu Besonderheiten bei der Haltung. Auf diese Weise erhalten Sie ein kompetentes Nachschlagewerk für Zuhause und Unterwegs, mit dessen Hilfe sie Arten in Zoofachgeschäften und auf Börsen leichter erkennen und deren Ansprüche einschätzen können.

Besonders möchten wir uns an dieser Stelle bei Herrn Dr. Michael Meyer (Herne) für die kritische Durchsicht des Manuskripts bedanken. Ebenso herzlicher Dank gebührt all jenen, die durch Bereitstellung von Informationen, Beschaffung von Literatur, Überlassung von Bildern und Ähnliches zum Gelingen dieses Buches beigetragen haben.

Friedrich Wilhelm Henkel, Kamen
Wolfgang Schmidt, Soest

Inhalt

Reptilien

182 Arten für das Terrarium

Erklärung der Piktogramme

 Temperatur: Raumtemperaturbereich im Terrarium während des Tages, eine leichte Nachtabsenkung ist dem Wohlbefinden für die meisten Arten förderlich.

 Strahler: Bedarf einer lokalen Wärmeinsel, die leicht mit Strahlern zu errichten ist. Hier können sich die Tiere auf ihre Vorzugstemperatur aufwärmen. Angegeben ist der Temperaturbereich, der nur lokal unter dem Strahler erreicht werden sollte.

 Aktivität: Es erfolgt nur eine grundsätzliche Einteilung der Aktivitätszeit in Tag oder Nacht.

 Größe des Tieres: Maximale Gesamtlänge der Tiere einschließlich Schwanz in cm zur Einschätzung der benötigten Terrariengröße. Einzelne Exemplare können die Angaben deutlich über- oder unterschreiten, auch geschlechtliche Unterschiede treten häufig auf. Bei Schildkröten Angabe der Panzerlänge.

 Ernährung: A: verschiedene Wirbellose, B: überwiegend vegetarisch, C: Kleinsäuger oder andere Wirbeltiere

 Terrarientypen: I bis IX sowie die grundsätzliche Zuordnung zu feuchten, halbfeuchten und trockenen Lebensräumen.

Im Folgenden wird eine Auswahl an grundsätzlichen Terrarientypen vorgestellt, in denen man die hier porträtierten Reptilien-Arten unterbringen kann. Aufgrund der teils extremen Spezialisierung einzelner Reptilienarten können diese Modelle aber nicht immer alle Bedürfnisse befriedigen.

Typ I – Feuchtterrarium für kleine und mittelgroße Reptilien

In diesem Grundtyp können kleinere und mittlere, an feuchte Lebensräume angepasste Reptilien-Arten untergebracht werden. Diese Reptilien leben vor allem auf dem Boden, auf den Zweigen der Büsche und Bäume oder im unteren Bereich der Baumstämme. Am geeignetsten dafür sind silikongeklebte **Glasbecken**, die mit einer kleinen **Lüftungsfläche** unter der Frontscheibe und einer großen im Deckel ausgestattet sein müssen, da einige Arten empfindlich auf Staunässe oder schlecht ventilierte Luft reagieren.

Als **Bodengrund** verwendet man eine wenige Zentimeter hohe Schicht, in der die Weibchen ihre Eier vergraben können. Die **Rück- und Seitenwände** werden mit dünnen Korkplatten oder Rindenabschwarten beklebt, als zusätzliche Kletterflächen für die Reptilien. Das sonstige Inventar kann aus einer kleinen, kräftigen Wurzel oder ähnlichen Gegenständen sowie einigen hochkant gestellten Steinplatten oder größeren Rindenstücken bestehen, alles selbstverständlich abhängig vom natürlichen Lebensraum der Tiere.

Typ II – Großterrarium für Regen- und Feuchtwaldbewohner

Vor allem zur Pflege der großen, in feuchten Wäldern lebenden Reptilienarten, die nur selten echte Bodenbewohner sind und häufig gerne auf Bäume klettern oder dort leben,

eignet sich dieser Terrariengrundtyp. Da es sich um große Pfleglinge handelt, müssen ihre Behälter entsprechende Ausmaße aufweisen, auch in der Höhe. Dazu kommt die dringend benötigte **Stabilität**, nicht nur wegen der Größe des Beckens, sondern auch wegen des Gewichts und der Kraft der Tiere. Es empfiehlt sich, die Terrarien mit einem festen, stabilen Rahmen aus Holz oder Metall zu versehen, in den man nun z.B. ein aus einzelnen Scheiben bestehendes Glasterrarium kleben kann. Besser wäre jedoch sofort ein **gemauertes Terrarium**.

Sehr wichtig für die artgerechte Haltung vieler Spezies ist auch ein großes **Wasserteil**. **Belüftet** wird der Behälter durch zwei in der Seite und oben liegende Gazeflächen. Die **Einrichtung** ist artabhängig und kann meist sehr einfach gestaltet sein, da die Reptilien mit ihrem Gewicht empfindliche Pflanzen sofort zerdrücken würden und einige die Pflanzen als Bereicherung ihres Speiseplans betrachten. Zum Klettern, Laufen und Schlafen dienen zahlreiche dicke und stabile Äste, gut gesichert gegen Umfallen. Der **Bodengrund** sollte in der Regel nur wenige Zentimeter hoch sein. Lediglich zur Eiablage muss für ausreichend hohen und gut grabfähigen Bodengrund gesorgt werden.

Typ III – Standardterrarium für kleiner und mittelgroße Reptilien

Dieser Terrarientyp eignet sich vor allem zur Pflege der zahlreichen **Generalisten** unter den Reptilien, die sich keinem Lebensraum streng angepasst haben. Die Größe des Behälters richtet sich nach der gepflegten Art. Der **Bodengrund** kann einfach gestaltet werden, allerdings nur aus nicht faulenden Materialien. Große **Lüftungsflächen** sind unbedingt notwendig.

Bei Baumkronenbewohnern empfiehlt sich zusätzlich der Einsatz eines kleinen

Ventilators, der **Frischluft** in das Terrarium bläst und so immer für eine leichte Luftbewegung wie in den Baumkronen sorgt. Die übrige **Einrichtung** besteht aus zahlreichen Kletterästen, möglichst großen Büschen oder Bäumen wie *Ficus benjamina* sowie robusten Rankpflanzen. Auch eine üppige Bepflanzung mit Tillandsien und Orchideen kommt in Frage, doch sollten die gepflegten Arten dann nicht zu groß sein.

Typ IV – Felsterrarien für kleine und mittelgroße Reptilienarten

Dieser Terrarientyp eignet sich besonders für die felsbewohnenden Reptilien-Arten, die meist aus **Trockengebieten** stammen. Hier ist unbedingt auf **Stabilität** zu achten, da Felsaufbauten sehr schwer sind. Die Becken sollten eine nicht allzu geringe Höhe aufweisen, weil die Tiere oft gerne klettern.

Der **Bodengrund** kann einfach aus einer flachen Schicht nicht zu scharfkantigen Sandes bestehen. Rück- und Seitenwände werden mit Cersit-Dichtungsschlamm, der sich mit Abdeckfarben nach Wunsch färben lässt, oder anderen Materialien flächendeckend verkleidet. Oft genauso schön wie echte Steine sind die in vielen Größen erhältlichen **Kunstfelsen**. Einige Rankpflanzen oder Sukkulenten sowie dickere Kletteräste oder eine vertrocknete Wurzel vervollständigen die Einrichtung.

Typ V – Trockenterrarien für kleine und mittelgroße Reptilienarten

Viele Reptilien, häufig aus gemäßigten Klimaten, sind reine **Bodenbewohner** und können in diesem Behältertyp untergebracht werden. Wichtig sind vor allem eine große Bodenfläche und je nach Art ausreichende Laufflächen oder gut strukturierte

Aufenthaltsplätze. Die geeignete Bauweise stellt, bis zu einer gewissen Größe, das silikongeklebte **Glasterrarium** dar. Wichtig ist eine ausreichende **Belüftung**, da die Tiere oft empfindlich auf hohe relative Luftfeuchtigkeit, Staunässe oder Stickluft reagieren.

Als **Bodengrund** verwendet man je nach Lebensraum der gepflegten Spezies möglichst Lehm oder Sand, bzw. ein Gemisch aus beidem, denn nur so erhält man eine feste Bodenschicht, die das Anlegen von Gängen ermöglicht. Auf den Boden legt man einige, gegen Einsturz abgesicherte Steinplatten oder versteinerte Wurzelstücke usw. Die **Bepflanzung** hat kann aus verschiedene Sorten Ziergräser und den sehr dekorativen Sukkulenten gestaltet werden.

Typ VI – Wüstenterrarium für kleine und mittelgroße Reptilienarten

Hier können die zahlreichen Wüstenformen unter den Reptilien gepflegt werden. Der **Bodengrund** sollte aus nicht zu scharfkantigem Sand mit eingestreuten Steinen bestehen. Darauf gibt man einige einsturzsicher befestigte **Steinplatten**. Ergänzt wird die Einrichtung z. B. durch eine Wurzel und eingetopfte Sukkulenten. Für nicht kletternde Arten eignen sich nach oben offene Glasbecken.

Typ VII – Großterrarium für bodenbewohnende Großreptilien aus trockenen Lebensräumen

Durch die Größe der Tiere und der nötigen Einrichtung eignen sich eigentlich nur **gemauerte Becken**. Da es sich fast ausschließlich um Bodenbewohner handelt, muss das Terrarium immer eine entsprechende **Grundfläche** aufweisen. Viele Arten graben sich echte **Wohnhöhlen**, wozu sie eine wenigstens 40 cm hohe

Bodenschicht benötigen. Die **Einrichtung** kann aus einigen sicher eingebauten Steinen oder Kunstfelsen sowie zahlreichen dicken, sicher angebrachten Kletterästen bzw. -stämmen bestehen. Auf eine Bepflanzung kann verzichtet werden. Bei einigen Arten sollte immer ein mittelgroßes bzw. kleines, leicht zu reinigendes **Wasserteil** vorhanden sein.

Typ VIII – Aquaterrarium

Beim Aquaterrarium handelt es sich um ein **Aquarium**, das mit einem mehr oder weniger großen (artabhängig) **Landteil** versehen ist. Dieser Behältertyp eignet sich zur Pflege der überwiegend im Wasser lebenden Reptilien. Verwendung finden voluminöse Glasaquarien oder -terrarien, deren unterer Teil nahezu vollständig als **Wasserteil** genutzt wird. In diese Behälter wird ein Landteil eingesetzt oder sorgfältig eingeklebt. Bei größeren Terrarientieren lassen sich auch andere Behälter, wie große Plastikwannen, Fertigteiche usw. nutzen, die durch spezielle Umbauten gegen ein Entweichen der Tiere gesichert sein müssen. Ab einer gewissen Größe der Pfleglinge sollten Wasser- und Landteil immer fest gemauert sein. Das Landteil muss von den Tieren leicht zu besteigen sein. Es sollte daher etwas schräg ins Wasser hineinreichen und ohne glatte Flächen sein. Für fast rein aquatisch lebende Arten reicht es, wenn man den Landteil aus einer größeren Plastikwanne (Balkonkasten) bildet, die ins Aquarium gehängt oder gestellt wird. Wasserschildkröten nutzen den Behälter zur Eiablage oder als Sonnenplatz. Wichtig ist ein leistungsstarker **Filter**, da beispielsweise die Schildkröten große Mengen Kot im Wasser absetzen. Zusätzlich sollte das Wasserteil immer mit einem **eigenen Abfluss** ausgestattet sein und leicht geleert und gereinigt werden können.

Typ IX – Das Landschildkrötenterrarium

Nur die wenigsten Landschildkrötenarten lassen sich ganzjährig in einer Freilandanlage pflegen. Alle anderen müssen zumindest zeitweise im Zimmerterrarium untergebracht werden. Wegen der nötigen, riesigen Grundfläche wird man nur bei der Pflege der kleinen Arten silikongeklebte **Glas- und stabilere Rahmenterrarien** verwenden können. Für viele Arten eignen sich nur fest **gemauerte Behälter** oder speziell für die Schildkrötenhaltung umgestaltete Zimmer, geheizte Gewächshäuser oder Wintergärten.

Für viele Landschildkröten eignet sich als **Bodengrund** am besten nicht zu feinkörniger Sand oder ein zumindest stark sandhaltiges Substrat. Im Terrarium versucht man, mit der Einrichtung einen „**Laufparcours**" zu gestalten: Hier stampft man die Erde sehr fest. Dafür füllt man den Bodengrund an anderen Stellen wiederum sehr locker ein, so dass sich die Tiere problemlos vergraben können. Für die verschiedenen aus Wald- und Feuchtlandschaften stammenden Arten verwendet man eine höhere Humusschicht (nicht faulende Materialien wie Kokosprodukte oder Schwarztorf) und deckt diese mit einer dicken Laub- oder Rindenmulchschicht ab. Weiterhin bringt man einige **Versteck- und Unterschlupfplätze** im Terrarium unter. Hält man mehrere Landschildkröten in einem Behälter, so sollten auch immer mehrere **Sonnplätze** vorhanden sein. Ebenso darf nie ein Futterplatz fehlen, an dem die Tiere ihre Nahrung erhalten, sowie eine Wasserschale.

Bepflanzung dient aus Sicht der Schildkröte rein als Nahrung. Daher lässt sich eine dekorative Bepflanzung nur schwer verwirklichen. Für Trockenterrarien eignen sich die verschiedenen Sukkulenten, wobei man auf kostbare und giftige Arten verzichten sollte, da sie alle irgendwann angeknabbert werden.

Die Arten im Porträt

Grüne Bromelienschleiche

Abronia gramminea

Verbreitung und Lebensraum: Bisher ist diese Art nur aus Zentralmexiko bekannt. Sie lebt in den Kronen von Baumriesen des Hochlandregenwaldes.
Aussehen: In ihrem natürlichen Lebensraum sind die Tiere grasgrün gefärbt. Sie haben blaue, gelb umringte Augen. Im Terrarium geht diese Farbe in Türkisblau über. Die Ursache für dieses Phänomen könnte in der intensiven UV Strahlung liegen, die im natürlichen Habitat vorherrscht.

Pflege: Die Echsen sollten während der Sommermonate nach Möglichkeit in einem Außenterrarium gepflegt werden. Es handelt sich um eine lebendgebärende Art: das Weibchen bringt bis zu 12 Junge zur Welt. Jene werden von den Elterntieren nicht behelligt.

15–28 °C   35 °C   Tag   >20 cm   A   Typ I, feucht

Kleine Winkelkopfagame

Acanthosaura crucigera

Verbreitung und Lebensraum: Diese Spezies ist in Südostasien sehr weit verbreitet. Es handelt sich um Baum- und Buschbewohner der örtlichen Regenwälder. Sehr häufig sieht man die Agamen im unteren Stammbereich und auf dem Boden, wo sie nach Insekten jagen.

Aussehen: Die Tiere sind farblich sehr variabel. Über den Augen tragen sie deutlich verlängerte Stachelschuppen. Der hellbeige Körper wird von einem dunkelbraunen Netzmuster überzogen. Die Weibchen bleiben etwas kleiner als die Männchen.

Pflege: Diese Reptilienart sollte paarweise gepflegt werden. Die Weibchen vergraben ihre 10–12 Eier im feuchten Boden. Sie sollten bei Temperaturen um 25 °C in feuchtem Substrat gezeitigt werden.

  23–28 °C
 nein
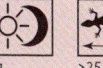 Tag
 >25 cm
 A
 Typ I oder III, feucht

Jacksons Waldeidechse

Adolfus jacksoni

Verbreitung und Lebensraum: Das Verbreitungsgebiet dieser Art erstreckt sich über weite Teile des zentralen Ostafrika. Es handelt sich um Bodenbewohner, die sich gerne an erhöhten Stellen aufhalten, z. B. an Baumstämmen, auf Felsen u. Ä. Ihre bevorzugten Lebensräume bilden lichte Waldränder und Lichtungen.

Aussehen: Dieses Reptil ähnelt stark unserer einheimischen Zauneidechse. Seine Färbung variiert von grün bis braun. Das Männchen besitzt an den Seiten – kurz vor den Hinterbeinansätzen – einige blaue Flecken.

Pflege: Die flinke Eidechse kann paarweise in geräumigen Terrarien gepflegt werden. Es sollten immer mehrere Sonnenplätze und zahlreiche Verstecke vorhanden sein.

 24–28 °C
 35 °C
 Tag
 >18 cm
 A
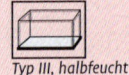 Typ III, halbfeucht

Fuchsgesichtgecko

Aeluroscalabotes felinus

Verbreitung und Lebensraum: Die Art kommt in Südthailand und Westmalaysia sowie auf Borneo vor. Sie bewohnen Flachlandregenwälder, in denen sie sich in Bodennähe und auf Büschen aufhalten.

Aussehen: Die Grundfärbung variiert von hellbraun bis rotbraun. Über den ganzen Körper können gelbe bis dunkelrote Flecken verteilt sein. Die Art zählt zu den Lidgeckos, die ihre Augen schließen können.

Pflege: Die Haltung von mehreren Tieren beider Geschlechter ist in einem dicht bepflanzten Regenwaldterrarium durchaus möglich. Die Geckos schlafen am Tage zwischen den Blättern und bewegen sich in der Nacht sehr langsam Die Weibchen vergraben ihre zwei weichschaligen Eier im feuchten Boden.

| 25–28 °C | nein | Nacht | >20 cm | A | Typ I, feucht |

Siedleragame

Agama agama

Verbreitung und Lebensraum: Die Art ist in den Ländern Zentralafrikas sehr häufig. Es sind Kulturfolger, die sich überwiegend am Boden oder in dessen Nähe aufhalten. Die Männchen sitzen sehr gerne an sonnenexponierten Stellen.

Aussehen: Das Weibchen ist beigebraun ohne auffällige Zeichnung. Das Männchen hat einen dunklen Körper, während sich sein Kopf bei Erregung gelb bis rot färbt.

Pflege: Männchen gebärden sich untereinander sehr aggressiv. Man sollte daher stets nur ein männliches Tier mit mehreren Weibchen pflegen. Große Weibchen legen bis zu 12 Eier, die im feuchten Boden vergraben werden. Bei Temperaturen von 28–31 °C schlüpfen die Jungen nach etwa 60–80 Tagen.

25–35 °C

45 °C

Tag

>40 cm

A

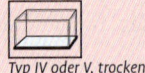
Typ IV oder V, trocken

Bronzegecko

Ailuronyx trachygaster

Verbreitung und Lebensraum: Diese Art ist nur von den Seychellen bekannt. Hier leben die Geckos überwiegend an Palmen, doch als Kulturfolger dringen sie bis in die Gärten von Hotelanlagen vor. Hier findet man sie teilweise sogar an den Gebäuden.

Aussehen: Die Spezies gehört zu den Bronzegeckos, deren Bezeichnung schon auf ihre braune Grundfärbung hinweist. Daneben existieren jedoch auch Tiere mit dunklen Längsstreifen auf dem Rücken.

Pflege: Es kommt nur eine paarweise Haltung in Frage, denn auch Weibchen sind untereinander sehr aggressiv. Die Weibchen kleben ihre zwei Eier (meist als „Doppeleier") an eine glatte Unterlage. Hierbei werden jene mit dem Bauch gegen die Unterlage gedrückt. Bambusröhren sind für die Eiablage äußerst gut geeignet; ansonsten benutzen die Tiere sehr häufig die Scheiben des Terrariums. Je nach Umgebungstemperatur benötigen die Jungen bis zum Schlupf über 100 Tage.

25–32 °C

nein

Tag/Nacht

>25 cm
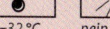
Insekten

Typ III, feucht

Hispaniola-Buntanolis

Anolis bahorucoensis

Verbreitung und Lebensraum: Dominikanische Republik. Es handelt sich um eine baumbewohnende Art, die nur in den Bergregenwäldern vorkommt.

Aussehen: Optisch wirkt diese Spezies sehr ansprechend: insbesondere die Männchen zeigen eine sehr bunte Färbung. Ihr auffallendstes Kennzeichen ist ein leuchtend blauer Hinteraugenfleck, der bei den Weibchen schwächer ausgeprägt ist.

Pflege: Die Tiere zeigen ein ausgeprägtes Revierverhalten: sogar die Weibchen beanspruchen für sich einen bestimmten Bereich. Mehrere Männchen können daher niemals gemeinsam gepflegt werden. Die Weibchen legen etwa alle 14 Tage ein Ei. Die Zeitigungsdauer beträgt je nach Temperatur 40–70 Tage.

23–26 °C | 35 °C | Tag | >16 cm | A | Typ I, feucht

Falsches Chamäleon

Anolis barbatus

Verbreitung und Lebensraum: Dieser Anolis stammt aus Kuba, wo er in den in mittleren Höhenlagen vorkommt. Die Art ist ein typischer Baumbewohner in dicht bewaldeten Gebieten.

Aussehen: Die Grundfärbung setzt sich aus blauen und braunen Farbtönen zusammen. An den Flanken tragen die Tiere große Plattenschuppen. Die in zwei Reihen angeordneten Kegelschuppen an der Kehlwamme können eine Länge von bis zu 7 mm erreichen.

Pflege: Die Leguane sollten einzeln gepflegt und nur zur Paarung zusammengesetzt werden. Nach anfänglicher Scheu und Bissigkeit werden die Tiere handzahm. Die Weibchen legen unter günstigen Bedingungen während der Legeperiode etwa alle 5–8 Tage ein Ei, die bei 24–26 °C gezeitigt werden.

| 25–28 °C | 35 °C | Tag | >33 cm | A | Typ II, feucht |

Hispaniola-Bodenanolis

Anolis barbouri

Verbreitung und Lebensraum: Die Art bewohnt die Gebirgsregionen im Süden Hispaniolas, etwa die Höhenlagen von 300 bis 1710 m. Dort findet man die Tiere auf dem Boden, bevorzugt auf mit Laub bedeckten und gut beschatteten Flächen.

Aussehen: Der Körper ist seitlich abgeflacht. Besonders auffallend wirken die grobe Kopfbeschuppung und die im hinteren Bereich helmartige Struktur des Schädels. Zwischen den Augen verläuft ein dunkelbrauner Strich. Die Grundfärbung besteht aus verschieden Brauntönen, selten auch aus weißlichen bis schwarzen Tönen.

Pflege: Diese Art ist sehr gut zu halten. Die Tiere verpaaren sich fast das ganze Jahr über, bei einer Ruhephase in den Monaten Dezember bis März.

23–26 °C   35 °C   Tag   >18 cm   A   Typ I, feucht

Rotkehlanolis

Anolis carolinensis

Verbreitung und Lebensraum: Das Verbreitungsgebiet erstreckt sich von Florida bis in den Nordosten von Mexiko und umfasst die Bahamas. Die Art lebt hauptsächlich auf Bäumen und Büschen, aber auch auf Mauern, im hohen Gras, an Häusern u. Ä.

Aussehen: Das Farbspektrum der Tiere reicht von braun über graubraun bis nach grün. Nur gelegentlich zeigen sie im Kopfbereich blaue Töne oder auf dem Körper schwarze bzw. weiße Flecken. Die Weibchen besitzen häufig ein helles Dorsalband (Aalstrich).

Pflege: Idealer Terrarienpflegling. Während der Fortpflanzungszeit legen die Weibchen alle 14 Tage ein Ei, aus dem bei Zeitigungstemperaturen von 28–30 °C nach ca. 40 Tagen ein Jungtier schlüpft.

 25–28 °C   35 °C   Tag   >16 cm 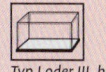 A Typ I oder III, halbfeucht

Strauchanolis

Anolis distichus

Verbreitung und Lebensraum: Die Art stammt ursprünglich aus der Dominikanischen Republik, wo sie vom Meeresniveau bis in Höhenlagen um 1800 m vorkommt.

Aussehen: Die Echsen weisen einen etwas gedrungenen und leicht abgeflachten Körperbau auf. Ihre Färbung variiert von braun bis moosgrün. Die Kehlfahne der Männchen ist orangerot mit gelbem Rand.

Pflege: Diese leicht zu pflegende, sehr aktive und attraktive Art kann in kleinen Gruppen aus einem Männchen und mehreren Weibchen gepflegt werden. Die Weibchen legen während des ganzen Jahres ohne Unterbrechung einzelne Eier, aus denen bei Zeitigungstemperaturen von 25–28 °C nach ca. 40 Tagen die Jungen schlüpfen.

 25–28 °C
 35 °C
 Tag
 >12 cm
 A
 Typ I oder III, halbfeucht

Ritteranolis

Anolis equestris

Verbreitung und Lebensraum: Kuba und Florida. Es handelt sich um ausgesprochene Baumbewohner, die vorwiegend im oberen Stamm- und Kronenbereich großer Bäume leben.

Aussehen: Die kräftig gebauten Tiere besitzen einen dreieckigen, leicht abgeflachten Schädel. Ihr Farbkleid besteht aus einem gleichmäßigen Grün mit hell- bis gelbgrüner Unterhaut. Ein gelber Flankenstreifen beginnt am Hals, um einige Zentimeter hinter dem Ansatz der Vorderbeine zu enden.

Pflege: Diese Spezies sollte nur paarweise gepflegt werden. Das Weibchen legt etwa alle 2–3 Wochen je ein Ei im Boden ab. Jenes muss auf jeden Fall aus dem Terrarium entnommen werden, da die erwachsenen Tiere zum Kannibalismus neigen.

25–28 °C

40 °C

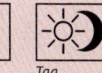
Tag

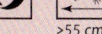
>55 cm

A

Typ I oder II, feucht bis halbfeucht

Großer Jamaikaanolis

Anolis garmani

Verbreitung und Lebensraum: Diese Art stammt ursprünglich aus Jamaika, von wo sie nach Florida und auf die Cayman-Inseln verschleppt wurde. Man findet die Tiere in geschlossenen Waldgebieten. Es handelt sich um reine Baumbewohner.

Aussehen: Die Echsen zeigen eine leuchtend grüne Grundfärbung, häufig mit dunkleren Querbändern. Die Männchen tragen einen deutlich ausgebildeten Schwanzkamm; ihre Kehlfahne ist gelb bis orange.

Pflege: Es handelt sich um eine sehr aggressive Art, die man paarweise oder in kleinen Gruppen aus einem Männchen und mehreren Weibchen in sehr großen Terrarien pflegen sollte. Bei Zeitigungstemperaturen um 26 °C schlüpfen die Jungtiere nach 60 Tagen.

 25–28 °C
 35 °C
 Tag
 >35 cm
 A
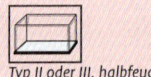 Typ II oder III, halbfeucht

Bahamaanolis

Anolis sagrei

Verbreitung und Lebensraum: Das Verbreitungsgebiet dieser Kleinleguane erstreckt sich von Mittelamerika bis nach Florida. Die Tiere sind überaus anpassungsfähig. Als Kulturfolger trifft man sie an den Hütten der Einheimischen genau so häufig an wie in Parkanlagen, Gärten und Plantagen.
Aussehen: Dieser Leguan gehört zu den kräftigen, hochköpfigen Arten. Die Männchen besitzen im Nackenbereich und auf dem Rücken eine Hautfalte, die sie bei Erregung bis zu 4 mm hoch aufstellen kön-

nen. Ihre grau- bis schokoladenbraune Grundfarbe ist mit hellen Punkten übersät.
Pflege: In einem mittelgroßen Terrarium lässt sich nur ein Männchen mit mehreren Weibchen pflegen.

25–28 °C   40 °C   Tag   >18 cm   A   Typ I oder III, halbfeucht

Horn-Blaumaulagame

Aphaniotis ornata

Verbreitung und Lebensraum: Diese Art kommt in Java, Sumatra und Borneo vor. Es handelt sich um Bewohner des Tieflandregenwaldes. Die Tiere leben im Buschbereich und an dünnen Baumstämmen, häufig auch in Bodennähe.

Aussehen: Der deutsche Name „Blaumaul-Agame" weist auf die Färbung der Schleimhäute hin. Beide Geschlechter besitzen einen kleinen Schnauzenvorsatz. Ihre Farbtracht kann zeichnungslos oliv, aber auch gemustert sein.

Pflege: Die Haltung eines Paares oder eines Männchens mit mehreren Weibchen gestaltet sich problemlos. Eine dichte Bepflanzung ist für die Haltung sehr wichtig. Die Weibchen vergraben 1–2 Eier im feuchten Regenwaldboden.

 25–28 °C
 nein
 Tag
 >20 cm
 A
 Typ I, feucht

Helmbasilisk

Basiliscus basiliscus

Verbreitung und Lebensraum: Das Verbreitungsgebiet dieser Art reicht von Nicaragua bis ins nordwestliche Südamerika. Es handelt sich um Baumbewohner, die stets in der Nähe von Gewässern zu finden sind.

Aussehen: Die Tiere weisen auf grünem bis braunem Grund eine recht variable Zeichnung auf. Vor allem die Männchen besitzen einen hohen Kopflappen sowie Rücken- und Schwanzkämme, die mehrere Zentimeter hoch sind. Letztere sind nicht durchgehend, sondern deutlich voneinander getrennt.

Pflege: Diese Leguane benötigen sehr viel Platz. Das Terrarium sollte nicht kleiner als 2 m² sein und eine Höhe von 1,5 m nicht unterschreiten. Ein großes Wasserbecken muss stets vorhanden sein.

25–30 °C   40 °C   Tag   >60 cm   A   Typ II, feucht

Fischers Zweihornchamäleon

Bradypodion fischeri

Verbreitung und Lebensraum: Das Verbreitungsgebiet dieser Chamäleons umfasst mehrere Gebirgsstöcke im zentralen Ostafrika. Es wurden bisher mehrere Unterarten beschrieben, die vorwiegend Waldgebiete bewohnen: die am häufigsten importierte – *Bradypodion fischeri multituberculatum* – stammt aus den westlichen Usambara-Bergen.

Aussehen: Ihr herausragendstes Merkmal sind die seitlich stark zusammengedrückten Schnauzenfortsätze, die bei den Männchen bis 20 mm lang werden können. Das Farbspektrum reicht von Weiß, Gelb und verschiedenen Grüntönen über Grau und Braun bis Schwarz.

Pflege: Die Chamäleons sollten möglichst einzeln gepflegt werden, bei einer Nachtabsenkung um 6–8 °C.

     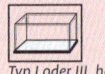

23–26 °C 35 °C Tag >30 cm A Typ I oder III, halbfeucht

Usambara-Weichhornchamäleon

Bradypodion tenue

Verbreitung und Lebensraum: Von Süd-Kenia bis in den Norden Tansanias. Es handelt sich um Baumkronenbewohner der feuchten tropischen Bergwälder. Alle bisher bekannten Fundorte liegen zwischen 700 und 1.400 m über NN.

Aussehen: Die Art besitzt einen beweglichen, seitlich abgeplatteten Schnauzenfortsatz, der spitz zuläuft. Ihre häufig flechtenähnliche Färbung besteht aus verschiedenen Grau-, Beige-, Grün- und Brauntönen.

Nur selten sieht man leuchtende blaue oder rötliche Farbtupfer.

Pflege: Diese Chamäleons sollten einzeln gehalten werden. Bei Zeitigungstemperaturen von 17–21 °C schlüpfen die Jungtiere nach ca. 8 Monaten. Sie zeigen eine graubeige Färbung mit grünlichen Flecken.

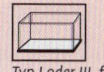

| 21–25 °C | 35 °C | Tag | >18 cm | A | Typ I oder III, feucht |

Borneo-Langschwanzagame

Bronchocela cristatella

Verbreitung und Lebensraum: Diese Agamen sind in ganz Südostasien (einschließlich Neuguinea) verbreitet. Vom Regenwald bis zum Kulturland (Gärten u. Ä.) besiedelt die Spezies alle Habitate. Hierbei dringt sie vom Meeresniveau bis in die Nebelwälder um 1600 m über NN vor.

Aussehen: Einheitlich grün, teilweise mit hellen Flecken und feiner Sprenkelung. Die Schwanzlänge kann 2/3 der Körperlänge überschreiten. Im Nacken tragen die Tiere einen niedrigen Kamm.

Pflege: Im Terrarium erweisen sich die Echsen als etwas heikel. Man kann sie nur paarweise oder gar einzeln pflegen. Die Weibchen vergraben ihre 1–2 Eier im feuchten Boden; ihre Zeitigung kann bei etwa 25 °C erfolgen.

| 25–28 °C | 35 °C | Tag | >35 cm | A | Typ III, feucht |

Stachelchamäleon

Brookesia stumpffi

Verbreitung und Lebensraum: Nord- und Nordwestmadagaskar mit der vorgelagerten Insel Nosy Bé. Das Biotop umfasst die Laubstreu und die niedrige Strauchschicht des Primärregenwaldes, doch dringt diese Art auch in Gärten vor.

Aussehen: Der walzenförmige Körper ist mit kleinen Stachelschuppen übersät. Auf dem Rücken finden sich paarweise große, flache Stacheln, deren Spitzen nach den Seiten gerichtet sind. Von weitem wirken die Tiere wie welke Blätter. Ihre Grundfärbung ist gewöhnlich braun, kann aber auch rötlich oder sogar olivgrün ausfallen.

Pflege: Diese Erdchamäleons können paarweise gepflegt werden. Bei der Einrichtung muss für viele geschützte Versteckplätze gesorgt werden.

 22–25 °C   nein   Tag   >8 cm   A Typ I, feucht

Augenzipfel-Stummelschwanzchamäleon

Brookesia superciliaris

Verbreitung und Lebensraum: Ostküste Madagaskars mitsamt vorgelagerten Inseln, etwa von Meeresniveau bis in Höhenlagen von 1000 m. Man findet die Erdchamäleons in der Laub- und Krautschicht, aber auch im Geäst niedriger Sträucher.

Aussehen: Diese Art erinnert stark an ein vertrocknetes Blatt. Besonders auffallend wirken das hohe Rückensegel, die schmale, längs der Wirbelsäule verlaufende Rückensäge, die großen Stachelschuppen über den Augen und die vier isolierten Stachelschup-pen an der Kehle. Die Färbung setzt sich aus braunen, grauen, olivgrünen, rötlichen und sehr dunklen Tönen zusammen.

Pflege: Die Spezies ist recht verträglich und kann im Terrarium paarweise gepflegt werden.

18–23 °C

nein

Tag

>9 cm

A

Typ I, feucht

Veränderliche Schönechse

Calotes versicolor

Verbreitung und Lebensraum: Riesiges Verbreitungsgebiet vom Iran bis in den süd- und südostasiatischen Raum. Sie meidet nur reine Wüstengebiete, ist aber ansonsten an keinen bestimmten Lebensraum gebunden.

Aussehen: Junge Männchen und Weibchen sind in Zeichnung und Färbung sehr ähnlich. Adulte Männchen sind meist einfarbig gelbbraun und bei Erregung bekommen sie einen gelben bist rotbraunen Kopf.

Pflege: Die Männchen sind sehr aggressiv untereinander. Eine paarweise Haltung oder ein Männchen mit mehreren Weibchen geht problemlos. Die Weibchen vergraben ihre bis zu 25 Eier im feuchten Boden. Bis zum Schlupf benötigen die Jungen etwa 80 Tage bei einer Zeitigungstemperatur von 23–25 °C.

25–30 °C; bis 40 °C Tag <50 cm A Typ III, trocken

Tigerchamäleon

Calumma tigris

Verbreitung und Lebensraum: Die Art bewohnt nur die Seychellen-Inseln Mahé, Sihouette und Praslin. Die Art kommt von der Küste bis in die höheren Lagen vor. Es handelt sich um einen reinen Baumbewohner.

Aussehen: Die Art weist einen schlanken, lang gestreckten Körperbau auf. Auffälligstes Merkmal ist ein rundliches Hautläppchen unterhalb der Schnauzenspitze, mit einem Durchmesser von 2 bis 3 mm. Die Färbung ist sehr variabel und reicht von grün über gelb bis nach beige.

Pflege: Gut haltbare und recht verträgliche Art. Lediglich 2 oder mehrere Männchen dürfen nicht miteinander vergesellschaftet werden. Die Weibchen legen ihre Eier zum Teil auch verborgen in Blattachseln ab.

 24–28 °C

 35 °C

 Tag

 >23 cm

 A

Typ I oder III, halbfeucht

Blattnasenagame

Ceratophora tennentii

Verbreitung und Lebensraum: Diese Art ist in den Knuckles-Bergen von Sri Lanka endemisch. Hier leben die Agamen in einer Höhe von 900 bis 1200 m. Es sind feuchte Waldgebiete mit tagelangen Regenfällen und nebelartigen Niederschlägen. Die Art sitzt am unteren Stammbereich der Bäume und sehr häufig an den Stielen der Cardamon-Pflanze.

Aussehen: Diese Art besitzt einen seitlich abgeflachten fleischigen Nasenfortsatz. Die Grundfärbung ist ein Grüngelb in verschiedenen Abstufungen ohne Zeichnungselemente.

Pflege: Nur in kühlen Räumen haltbar. Die Art benötigt eine kühle Überwinterung bei etwa 10 °C. Die Weibchen vergraben ihre bis zu 10 weichschaligen Eier im feuchten Boden.

 15–23 °C
 nein
 Tag
 >20 cm
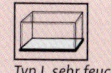 A
Typ I, sehr feucht

Jemenchamäleon

Chamaeleo calyptratus

Verbreitung und Lebensraum: Weite Teile des Jemens. Dort leben die Tiere auf Bäumen und Büschen.

Aussehen: Hervorstechendes Merkmal ist der bis 8 cm hohe Helm der männlichen Tiere, der ihnen ein imposantes Erscheinungsbild verleiht. Bei den meist deutlich kleineren Weibchen ist er nur angedeutet. Grundfärbung der Männchen ist ein helles Gelbgrün, unterbrochen von mehreren gelben Querbinden und braunen Flecken auf dunkelgrünem Grund. Die Weibchen zeigen eine grasgrüne Grundfärbung mit kleinen weißen Streifen und braunen Flecken.

Pflege: Idealer Terrarienpflegling, der paarweise in großen Terrarien gehalten werden kann. Zu empfehlen ist jedoch die Einzelhaltung.

25–30 °C   45 °C   Tag   >45 cm   A   Typ V, trocken

Blaues Chamäleon

Chamaeleo ellioti

Verbreitung und Lebensraum: Dieses Chamäleon bewohnt in Ost- und Zentralafrika Höhenlagen zwischen 800 und 1800 m. Dort leben die Tiere auf Büschen, im hohen Gras, an Feld- und Wegrändern sowie in Gärten.
Aussehen: Der Helm ist nur wenig erhöht. Rücken- und Kehlkamm bestehen aus kleinen, gleichmäßigen Stachelschuppen. Das Farbspektrum umfasst nahezu alle Töne: vor allem Männchen zeigen auf grüner Grundfärbung ein buntes Muster.

Pflege: Die innerartliche Aggressivität ist relativ gering ausgeprägt. Die Tiere sind den ganzen Tag über aktiv. Die Vergesellschaftung eines Pärchens ist in einem sehr geräumigen Terrarium durchaus möglich. Diese Art bringt lebende Junge zur Welt.

22–26 °C   35 °C   Tag   >16 cm   A   Typ III, halbfeucht

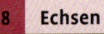

Helmchamäleon

Chamaeleo hoehnelii

Verbreitung und Lebensraum: Das Verbreitungsgebiet der Art erstreckt sich über die Höhenlagen Ostafrikas zwischen 800 und 2800 m, wo die Tiere ausschließlich in Büschen und im Gestrüpp leben.

Aussehen: Namengebend ist hier der stark erhöhte Helm (dt. „Helmchamäleon"). Auffallend sind ferner der kleine, beschuppte Nasenfortsatz und der aus großen Stachelschuppen bestehende Rücken- und Kehlkamm. Auf grünem Grund zeigen die Chamäleons häufig ein buntes Rautenmuster.

Pflege: Man hält die Tiere am besten in Drahtgazeterrarien oder frei auf einer nicht nach Süden ausgerichteten Fensterbank. Die Temperaturen sollten dabei nachts um 6–8 °C absinken. Die Weibchen gebären lebende Junge.

18–22 °C

35 °C

Tag

>22 cm

A

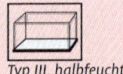
Typ III, halbfeucht

![Johnstons Chamäleon]

Johnstons Chamäleon

Chamaeleo johnstoni

Verbreitung und Lebensraum: Zentralafrikanisches Hochland in Höhenlagen zwischen 1000 und 2400 m. Die Tiere sind Waldrandbewohner, die auf Bäumen in mehreren Metern Höhe leben.

Aussehen: Die Männchen besitzen drei gelbliche Hörner von 16 bis 30 mm Länge. Den Weibchen fehlen jene völlig. Die Männchen zeigen eine hellgrüne, von türkisblauen Bändern überzogene Grundfärbung, die mit großen ockergelben Flecken durchsetzt ist. Grundfarbe der Weibchen ist ein helles Olivgrün mit zahlreichen darüber verstreuten schwarzen Flecken.

Pflege: Bei dieser Spezies ist die Aggressivität besonders stark ausgeprägt. Man sollte die Tiere nur einzeln in geräumigen Behältern halten.

 20–24 °C   35 °C   Tag   >20 cm    A   Typ III, halbfeucht

Kragenechse

Chlamydosaurus kingii

Verbreitung und Lebensraum: Diese stattliche Agame kommt nur in Australien und Neuguinea vor. Sie bevorzugt lichte Wälder: von trockenen Arealen mit einzeln stehenden Bäumen bis zu feuchten Biotopen.

Aussehen: Tiere aus Neuguinea sind graubeige mit dunkelbrauner Zeichnung und dunklem Kragen. Australier hingegen besitzen einen roten Kragen und sind insgesamt intensiver gefärbt. Beide Geschlechter besitzen eine abspreizbare „Halskrause", deren Durchmesser wesentlich größer als der Kopf ist.

Pflege: Man kann diese Echsen in großen Terrarien paarweise oder in Gruppen aus einem Männchen und mehreren Weibchen pflegen. Aus den bis zu 15 Eiern schlüpfen nach 80–90 Tagen die Jungtiere.

     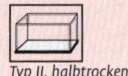

| 25–32 °C | 45 °C | Tag | >80 cm | A | Typ II, halbtrocken |

Gebänderter Wüstengecko

Coleonyx variegatus

Verbreitung und Lebensraum: Diese Art bewohnt die Halbwüsten und Wüsten im Südwesten der USA und im Norden Mexikos. Den Tag verschlafen die Geckos in selbstgegrabenen Höhlen.

Aussehen: Es handelt sich um Krallengeckos mit beweglichen Augenlidern. Die beige Grundfärbung wird durch kleine dunkelbraune Punkte und Querbinden belebt. Die Männchen besitzen beiderseits der Schwanzwurzel einen ca. 1 mm langen Sporn.

Pflege: Man kann die Tiere in Gruppen aus einem Männchen und mehreren Weibchen pflegen. Die Weibchen vergraben ihre zwei weichschaligen Eier im feuchten Sandboden. Bei einer Zeitigungstemperatur von 28 °C benötigen die Jungen bis zum Schlupf etwa 52–56 Tage.

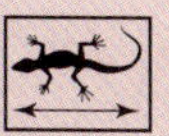

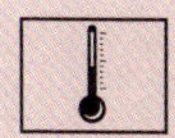

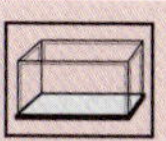

25–32 °C   nein   Nacht   >12 cm   A   Typ VI, trocken

Ceylon-Taubagame

Cophotis ceylanica

Verbreitung und Lebensraum: Diese Agamen bewohnen die Berge Sri Lankas in Höhen zwischen 600 und 2000 m. Es sind Baum- und Buschbewohner. In der Nacht schlafen sie auf dünnen Zweigen und Ästen, auch hoch oben in den Bäumen. Ihr Lebensraum zeichnet sich durch extreme Temperaturunterschiede aus.

Aussehen: Der deutsche Name „Taubagame" weist darauf hin, dass die Tiere kein äußerlich sichtbares Trommelfell besitzen.

Ihr Körper ist mit dachziegelartigen Schuppen bedeckt. Die Färbung ist olivgrün.

Pflege: Temperaturen über 25 °C sollten vermieden werden. Die Haltung von einem Männchen mit mehreren Weibchen gestaltet sich problemlos. Die Weibchen sind lebendgebärend.

15–23 °C nein Tag <15 cm A Typ I, feucht

![Gürtelschweif]

Gürtelschweif

Cordylus ukingensis

Verbreitung und Lebensraum: Dieser Gürtelschweif kommt nur in der Region Ukinga (Tansania) vor. Wir fanden die Art im Regenwald der Udzungwa-Berge. Es sind Baumbewohner, die bei Gefahr in wassergefüllten Baumhöhlen Schutz suchen. Hier können sie einige Zeit unter Wasser verharren und verstecken sich dabei im Laub, das häufig am Boden der genannten Höhlen zu finden ist.

Aussehen: Auf braunem Grund zeigen sich dunkelbraune bis schwarze Querbinden. Bauch und Kehle sind hell davon abgesetzt. **Pflege**: Über Haltung und Zucht ist erst wenig bekannt. Die Art lässt sich in einem Regenwaldterrarium pflegen, wobei kleine Starenkästen den Tieren als Rückzugsmöglichkeit dienen. Die Echsen können paarweise gehalten werden.

| 24–28 °C | 30 °C | Tag | >15 cm | A | Typ I, feucht |

Andamanenagame

Coryphophylax subcristatus

Verbreitung und Lebensraum: Diese Agame ist nur von den Andamanen und Nikobaren bekannt. Dort bewohnt sie Wälder und deren Randgebiete. Die Tiere sind Baum- und Buschbewohner, die sich aber auch im unteren Stammbereich von Bäumen aufhalten.

Aussehen: Die Färbung ist gleichmäßig zeichnungslos grüngelb. Nur die Männchen können ein netzartiges Muster aufweisen.

Pflege: Die Art sollte paarweise gepflegt werden. Weibchen legen im Abstand von 40–45 Tagen je 2 Eier. Diese werden in einem feuchten Substrat gezeitigt. Bei Temperaturen von 26–28°C schlüpfen die Jungen nach etwa 70 Tagen. Ihre gemeinsame Aufzucht ist in einem dicht bepflanzten Terrarium möglich.

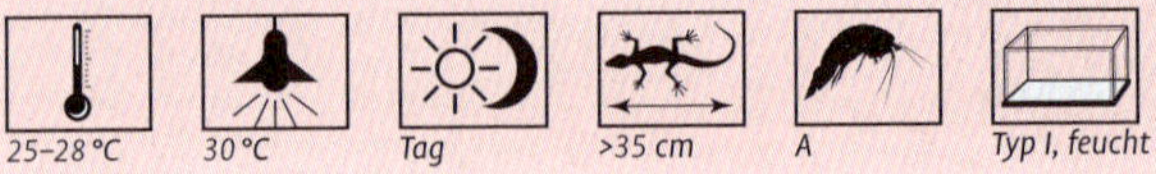

25–28°C | 30°C | Tag | >35 cm | A | Typ I, feucht

Saumschwanz-Hausgecko

Cosymbotus platyurus

Verbreitung und Lebensraum: Das riesige Verbreitungsgebiet reicht von Südindien bis nach Taiwan. Sie kommen in allen Lebensräumen außer Wüstengebieten vor. In allen Städten sind sie als Kulturfolger auch an Häusern zu finden.

Aussehen: Charakteristisch für diese Geckos sind der abgeflachte Körper und der flache Schwanz. Die Grundfärbung reicht von beige bis dunkelgrau.

Pflege: Ein Männchen lässt sich problemlos zusammen mit mehreren Weibchen pfle-

gen. Diese Art eignet sich auch hervorragend für die freilaufende Haltung in einem Terrarienzimmer. Die hartschaligen, fast kugelrunden Eier werden in sicheren Verstecken abgelegt. Nach 60–80 Tagen schlüpfen die Jungen.

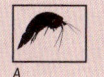
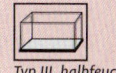

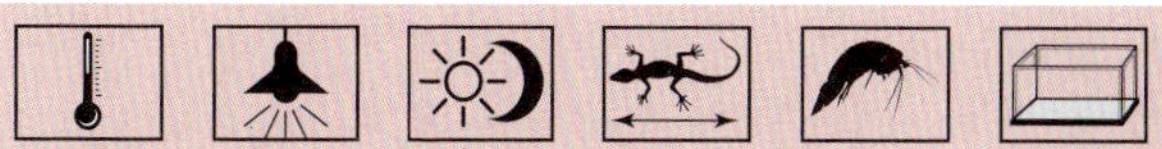

25–32 °C   nein   Nacht   >14 cm   A   Typ III, halbfeucht

Bunter Halsbandleguan

Crotaphytus collaris

Verbreitung und Lebensraum: Vom Südwesten der USA bis nach Nordmexiko. Die Art ist an felsige Habitate gebunden.
Aussehen: Die Grundfärbung ist blaugrün; darüber verläuft eine deutliche Querbänderung. Der Kopf ist farblich abgesetzt und der gesamte Körper mit weißen Flecken übersät. Am Hals zeichnet sich im Kehlbereich ein unterbrochenes, schwarz abgesetztes Doppelhalsband ab.
Pflege: Die Art sollte nur paarweise gepflegt werden, da sie eine starke Partnerbindung ausbildet. Für die erfolgreiche Zucht ist eine Winterruhe von ca. 8 Wochen unerlässlich. Pro Jahr werden bis zu 3 Gelege aus jeweils 3–12 Eiern abgelegt. Gezeitigt werden sie bei 30 °C in mäßig feuchtem Vermiculite.

 28–30 °C
 45 °C
 Tag
 >35 cm
 A
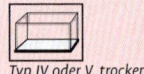 Typ IV oder V, trocken

Wüsten-Halsbandleguan

Crotaphytus bicintores

Verbreitung und Lebensraum: Das Verbreitungsgebiet erstreckt sich über den Südwesten Nordamerikas. Halsbandleguane lieben trockene, heiße Steinwüsten und ähnliche Landschaftstypen mit einer schütteren Vegetation aus niedrigen Sträuchern und Kakteen.

Aussehen: Die Tiere besitzen einen langen, schlanken Körper. Auf graugrünlichem Grund zeigen sie eine bisweilen nur angedeutete Querbänderung, ein durchgehendes Halsband und zahlreiche unregelmäßige helle Flecken. Die Oberseite des Schwanzes weist keinerlei Musterung auf.

Pflege: Für die erfolgreiche Zucht müssen die Tiere unbedingt eine Winterruhe von ca. 6 Wochen durchmachen. Pro Jahr werden bis zu 3 Gelege abgesetzt.

 28–30 °C   45 °C   Tag   >35 cm   A   Typ IV, trocken

Schwarzbrustleguan

Ctenosaura melanosterna

Verbreitung und Lebensraum: Honduras. Es handelt sich um reine Baumbewohner in lichten Trocken- und Kakteenwäldern, die nur selten auf den Boden herabsteigen.

Aussehen: Die Färbung besteht aus breiten grauen bis schwarzen, unterschiedlich gemusterten Querbändern, die durch weiße Punktreihen getrennt sein können. Die Männchen besitzen eine riesige Kehlwamme und einen hohen Rückenkamm.

Pflege: Wir empfehlen Einzelhaltung oder die Pflege eines Paares – aber nur in wirk-lich geräumigen Behältern, die mit dicken Baumstämmen und Kletterästen ausgestattet sein sollten. Als Versteckplätze dienen sicher befestigte, hohle Korkröhren von etwa 10 cm Durchmesser.

     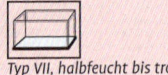

28–30 °C   45 °C   Tag   >70 cm   A   Typ VII, halbfeucht bis trocken

Schwarzer Leguan

Ctenosaura similis

Verbreitung und Lebensraum: Dieser Schwarzleguan kommt von Südmexiko bis Panama vor. Die Art ist sehr anpassungsfähig: man findet die Tiere in trockenen Gebieten eben so häufig wie in feuchteren Landstrichen.

Aussehen: Es handelt sich um stattliche Echsen: ihre Färbung ist hellbeige oder bräunlich bis schwärzlich mit einigen wellenförmigen Querbinden auf dem Rücken. Die Jungtiere sind beim Schlupf graugrün, und ihr Schwanz weist eine Bänderung auf. Er ist mit großen, stark gekielten Wirtelschuppen besetzt. Die Männchen besitzen einen bis zu 15 mm hohen Rückenkamm.

Pflege: Die Pflege sollte paarweise in geräumigen mit zahlreichen Versteckplätzen ausgestatteten Terrarien erfolgen.

28–30 °C   45 °C   Tag   >100 cm   A   Typ VII, halbfeucht bis trocken

Europäischer Nacktfingergecko

Cyrtopodion kotschyi

Verbreitung und Lebensraum: Das Verbreitungsgebiet der verschiedenen Unterarten erstreckt sich von Süditalien bis nach Israel. Sie sind an keinen speziellen Lebensraum gebunden und daher sowohl an Felsen als auch an Bäumen und in Kulturlandschaften anzutreffen.

Aussehen: Die Grundfärbung variiert von hell- bis dunkelgrau mit mehreren schwarzen Querbinden. Große Tuberkelschuppen bilden auf dem Oberkörper mehrere Längsreihen.

Pflege: Eine Winterruhe von mindestens 8 Wochen bei einer Temperatur unter 10 °C ist die unerlässliche Voraussetzung für eine erfolgreiche Nachzucht. Im Anschluss daran paaren sich die Geckos, und die Weibchen legen ihre zwei hartschalige Eier unter Steinen ab.

25–32 °C   nein   Nacht   >10 cm   A   Typ III, feucht

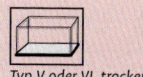

Wüstenleguan

Dipsosaurus dorsalis

Verbreitung und Lebensraum: Man findet diese Leguane vom Südwesten der USA bis nach Nordmexiko, und zwar in wüstenhaften Regionen. Diese Lebensräume können mit dichtem Gestrüpp bewachsen sein. Die Echsen legen unter Sträuchern oder Steinen ihre Wohnhöhlen an.

Aussehen: Die Leguane besitzen bei fast rundem Körperquerschnitt einen schlanken Habitus. Ein kleiner Rückenkamm zieht sich vom Nacken bis zum Schwanzende. Die Körperoberseite ist zumeist graubraun mit helleren Flecken, der Bauch hingegen hellgrau. Über den Schwanz ziehen sich dunkle Punktreihen, die eine Art Querbänderung entstehen lassen.

Pflege: Diese Art sollte stets paarweise gepflegt werden.

28–30 °C   45 °C   Tag   >30 cm    B   Typ V oder VI, trocken

Krokodilteju

Dracaena guianensis

Verbreitung und Lebensraum: Diese Tiere bewohnen im tropischen Südamerika überwiegend Sumpfgebiete mit dichter Vegetation. Sie sind überwiegend Bodenbewohner, die sich aber sehr gerne im Wasser aufhalten.

Aussehen: Die oliv- bis dunkelgrüne Färbung geht zum Kopf hin häufig in rote bis rotbraune Töne über. Auf dem Rücken befinden sich große, gekielte Plattenschuppen, auf dem Schwanz hingegen zwei erhöhte Schuppenreihen, die denen von Krokodilen ähneln.

Pflege: Diese Nahrungsspezialisten ernähren sich von Gehäuseschnecken, die stets in ausreichender Menge vorhanden sein müssen. Eine paarweise Haltung gestaltet sich genau so problemlos wie die eines Männchens mit mehreren Weibchen.

25–30 °C   nein   Tag   >120 cm   C   Typ II, feucht

Plattschwänzchen

Egernia depressa

Verbreitung und Lebensraum: Westaustralien. Es handelt sich um halbtrockene bis trockene Busch- und Waldgebiete die mit Felsen durchsetzt sind. Dort leben die Echsen in Felsspalten und unter Felsüberhängen.

Aussehen: Seinen deutschen Namen verdankt der Stachelskink den an Stacheln erinnernden, abstehenden, sich auf Rücken und Schwanz befindlichen Schuppen. Die Grundfärbung reicht von braun bis rotbraun, oft mit braunen unregelmäßigen Flecken durchsetzt.

Pflege: Es handelt sich bei dieser Art um sehr scheue Tiere. Einmal im Jahr bringen die Weibchen 2 bis 3 fertig entwickelte Jungtiere zur Welt. Neben allerlei Insekten wird auch Obst, Salat und Hundefutter gefressen.

25–28 °C   40 °C   Tag   >15 cm   A   Typ IV, trocken

Leopardgecko

Eublepharis macularius

Verbreitung und Lebensraum: Von Afghanistan bis nach Nordost-Indien. Es sind überwiegend Wüsten bis Halbwüsten mit einem festen Untergrund, die sie bewohnen. Reine Sandwüsten werden dabei gemieden. Sie graben zum Teil tiefe Gänge in den Boden.

Aussehen: Eine genaue Beschreibung fällt sehr schwer, da viele Zuchtformen nicht annähernd der Wildform entsprechen. Es sind Lidgeckos die überwiegend auf gelben Grund jede Menge dunkle Punke besitzen.

Pflege: Ein Männchen sollte mit mehreren Weibchen gepflegt werden. Die Weibchen vergraben ihre zwei weichschaligen Eier im feuchten Sand. Bei einer Zeitigungstemperatur von 28 °C schlüpfen die Jungen nach 45–53 Tagen.

     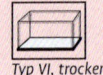

| 28–35 °C | nein | Nacht | >25 cm | A | Typ VI, trocken |

Regenwald-Wasserskink

Eulamprus tigrinus

Verbreitung und Lebensraum: Bisher ist diese Art nur in einem kleinen Gebiet im Nordosten Australiens gefunden worden. Die Skinke sind typische Bewohner des tropischen Regenwaldes, leben in Baumhöhlen und halten sich während des Tages hauptsächlich an den Stämmen auf.

Aussehen: Die Tiere zeigen den typischen walzenförmigen Körperbau, wobei Flanken und Bauchseite hellbeige sind. Von der Schnauze bis zum Schwanzende ist der Oberkörper hellbraun abgesetzt. Schwarze Flecken können Querbinden bilden, aber auch auf die Flanken beschränkt bleiben.

Pflege: In geräumigen Terrarien, deren Seitenwände mit Rindenabschwarten verkleidet sind, bereitet die paarweise Haltung keine Probleme.

 22–28 °C
 35 °C
 Tag
 >16 cm
 A
 Typ I, feucht

Bauers Chamäleongecko

Eurydactylodes agricolae

Verbreitung und Lebensraum: Die Art kommt nur im Norden von Neukaledonien vor. Hier leben sie in niedrigen Büschen überwiegend in Galeriewäldern.

Aussehen: Die Grundfärbung ist ein Hellbeige bis Dunkelgrau, mit einer angedeuteten dunklen Querbänderung über den Körper und den Schwanz. Im Schwanz befinden sich Drüsen, die bei Gefahr ein übel riechendes Sekret absondern.

Pflege: Eine paarweise Haltung ist sinnvoll. Die Terrarien sollten nicht zu groß gewählt werden. Die Weibchen vergraben ihre zwei weichschaligen Eier im feuchten Boden. Hierbei hat sich ein bepflanzter Blumentopf bestens bewährt. Eine Korkröhre hochkant ins Terrarium gestellt, gibt den Geckos die nötige Sicherheit.

25–28 °C

nein

Nacht

>10 cm

A

Typ II, feucht

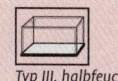

Teppichchamäleon

Furcifer lateralis

Verbreitung und Lebensraum: Das Verbreitungsgebiet dieser Chamäleons erstreckt sich über weite Teile Madagaskars. Man findet die Tiere im Regen- und im Trockenwald, aber auch in feuchten Grassavannen.

Aussehen: Auffälligstes Merkmal dieser Spezies ist die Zeichnung, der sie ihren deutschen Namen „Teppichchamäleon" verdankt. Typisch für das Muster sind der Lateralstreifen, der immer gut sichtbar ausgeprägt ist, und die Seitenflecken. Die Grundfarbe der Chamäleons kann grau,

braun oder grün ausfallen, doch die Seitenflecken und -streifen heben sich davon farblich immer etwas ab.

Pflege: Es handelt sich um eine robuste und aggressive Art, die unbedingt einzeln gehalten werden muss.

 23–26 °C 40 °C Tag >22 cm A Typ III, halbfeucht

Pantherchamäleon

Furcifer pardalis

Verbreitung und Lebensraum: Nord- und Ost-madagaskar sowie die Gegend um For-t-Dauphin, verschleppt auch auf Mauritius und Réunion. Auffallend ist, dass die Tiere ausschließlich Küstengebiete mit feucht-heißem Klima besiedeln.

Aussehen: Die Schnauzenoberseite ist durch große Schuppen seitlich und vorn deutlich erweitert. Innerhalb des großen Verbrei-tungsgebietes haben sich viele äußerst unterschiedliche Farbvarianten herausge-

bildet. Am häufigsten gehalten werden Tie-re von Nosy Bé.

Pflege: Eine sehr lebhafte und aggressive Chamäleonart, die man stets einzeln pfle-gen sollte. Sie pflanzt sich durch Eier fort, die etwa bei 28 °C in leicht feuchtem Vermi-culite gezeitigt werden müssen.

     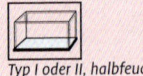

25–30 °C   *40 °C*   *Tag*   *>38 cm*   *A*   *Typ I oder II, halbfeucht*

Kanareneidechse

Gallotia stehlini

Verbreitung und Lebensraum: Die Art ist ein Endemit von Gran Canaria, wo sie bis in Höhen von fast 2000 m vorkommt. Interessanterweise bewohnt sie alle Habitate mit Ausnahme der vegetationslosen Dünen von Maspalomas. Die Tiere verbergen sich in Legesteinmauern, Felsspalten und unter Steinen.

Aussehen: Die Eidechsen weisen einen robusten, kräftigen Körperbau mit deutlich abgesetztem, dreieckigem Kopf auf. Ihre Oberseite ist rot- bis dunkelbraun. Oftmals zeigen sie auch unregelmäßige dunkle Querbänder. Kehle und Wangenbereiche prangen in orange- bis fleischfarbenen Tönen.

Pflege: Man kann die Tiere in geräumigen Terrarien paarweise pflegen. Sie sind wahre Allesfresser.

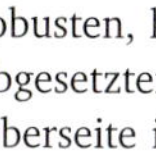

25–28 °C

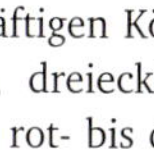

40 °C

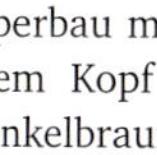

Tag

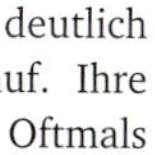

>40 cm

A und B

Typ IV oder V, trocken

Leopardleguan

Gambelia wislizenii

Verbreitung und Lebensraum: Das Verbreitungsgebiet dieser Leguane erstreckt sich über den Südwesten der USA. Dort leben sie in trockenen Gebieten oft mit sandigem Untergrund. Vereinzelte Büsche und Felsformationen werden gerne als Deckung aufgesucht.

Aussehen: Die kräftigen Tiere sind dank ihrer Fleckenzeichnung dem Untergrund hervorragend angepasst. Ihre Grundfärbung besteht aus hellgrauen bis braunen Tönen mit unterschiedlich großen Flecken, die sich bis auf den Schwanz ziehen können.

Pflege: Das Terrarium sollte in seinen Maßen der Größe und Lebhaftigkeit dieser Tiere entsprechen. Felsaufbauten mit einigen hohl liegenden Steinen dienen den Tieren als Versteckplätze.

 28–30 °C
 45 °C
 Tag
 >38 cm
 A
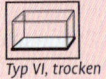 Typ VI, trocken

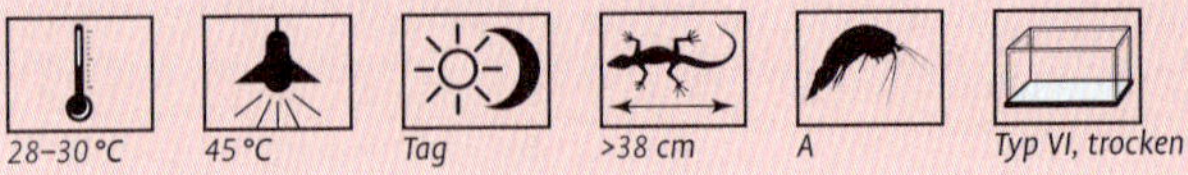

Tokee

Gekko gecko

Verbreitung und Lebensraum: Vom Nordosten Indiens bis zum Indoaustralischen Archipel reicht das Verbreitungsgebiet dieser Art. Ursprünglich typische Baumbewohner der tropischen Wälder, haben sie sich auch veränderten Umweltbedingungen sehr gut anpassen können.

Aussehen: Die graue Grundfärbung ist mit kleinen braunen bis roten Punkten übersät.

Pflege: Die Geckos bilden zum Teil größere Familienverbände, in denen nach Erreichen der Geschlechtsreife nur die weiblichen Nachkommen geduldet werden. Die Männchen bekämpfen einander, wobei es sogar zu ernsthaften Verletzungen kommen kann. Die Weibchen kleben ihre großen Eier gut versteckt an eine Unterlage an und wehren Eindringlinge ab.

25–32 °C

nein

Nacht

>35 cm

A

Typ III, feucht

Südseegecko

Gehyra oceanica

Verbreitung und Lebensraum: Die Art hat im gesamten pazifischen Raum ein riesiges Verbreitungsgebiet. Man findet sie im Wald an Bäumen, Palmen und als Kulturfolger auch an den Hütten der Einheimischen.

Aussehen: Sie sind meist einfarbig hellbraun mit einigen hellen Punkten. In der Nacht erscheinen sie wesentlich dunkler als am Tage.

Pflege: Die Art kann paarweise oder auch in Gruppen von einem Männchen mit mehreren Weibchen gepflegt werden. Die beiden hartschaligen Eier werden von den Weibchen in sicheren Verstecken abgelegt. Bei einer Temperatur unter 28 °C benötigen die Jungen mehr als 100 Tage bis zum Schlupf. Sie können bis zur Geschlechtsreife gemeinsam aufgezogen werden.

| 25–32 °C | nein | Nacht | >15 cm | A | Typ III, feucht |

Riesenschildechse

Gerrhosaurus major

Verbreitung und Lebensraum: Es handelt sich um eine bodenbewohnende Schildechse, deren riesiges Verbreitungsgebiet von Ost- bis Südostafrika reicht. Die Tiere sind an keinen speziellen Lebensraum gebunden und graben im Boden teils meterlange Gänge.

Aussehen: Die Echsen besitzen einen walzenförmigen Körper. Ihre Grundfärbung variiert von hellbraun bis schokoladenbraun. Die in Querreihen angeordneten Schuppen verleihen den Schildechsen ihr charakteristisches Aussehen.

Pflege: Die Haltung eines Paares oder eines Männchens mit mehreren Weibchen ist bei ausreichender Größe des Terrariums problemlos möglich. Die bis zu 4 weichschaligen Eier werden im feuchten Boden vergraben.

28–35 °C   45 °C   Tag   >50 cm   A   Typ III, feucht

Laurents Winkelkopfagame

Gonocephalus chamaeleontinus

Verbreitung und Lebensraum: Diese Agamen sind auf Sumatra, Java und Malaysia beheimatet. Es handelt sich um reine Regenwaldbewohner, die sich immer in der Nähe von Bachläufen aufhalten. Dort sitzen sie überwiegend im unteren Stammbereich der Bäume, von wo sie allerlei Insekten und Würmer am Boden erbeuten.

Aussehen: Charakteristisch für diese Art sind ihre hochgezogenen Brauenbögen, die spitzwinklig am Hinterkopf enden. Der Kamm ist im Nackenbereich deutlich höher als auf dem Rücken. Das Farbkleid setzt sich aus verschiedenen Grün-, Gelb- und Brauntönen zusammen.

Pflege: Es handelt sich um sehr ruhige Agamen, die manchmal stundenlang an einem Platz verweilen können.

 23–28 °C
 nein
Tag
 > 40 cm
 A
 Typ I, feucht

Große Winkelkopfagame

Gonocephalus grandis

Verbreitung und Lebensraum: Von Südthailand bis nach Borneo zieht sich das Verbreitungsgebiet. Es sind reine Regenwaldbewohner, die immer in der Nähe von Fließgewässern gefunden wurden. Hier leben sie sowohl an Bäumen als auch an Felsen. Sie können sehr gut schwimmen und tauchen.

Aussehen: Nur die Männchen haben einen Nacken- und Rückenkamm und eine grüne Grundfärbung. Weibchen sind auf der Oberseite braun bis fast schwarz mit hellen Flecken oder Querbändern. Die Flanken sind häufig blau gefärbt.

Pflege: Die Tiere lassen sich nur paarweise oder einzeln halten. Das Weibchen legt gewöhnlich 2–4 Eier, selten mehr. Bei Temperaturen um 23 °C schlüpfen die Jungen nach 75–85 Tagen.

 23–28 °C   nein   Tag   >50 cm   A Typ I, feucht

Gila-Krustenechse

Heloderma suspectum

Verbreitung und Lebensraum: Die Art ist vom Nordwesten Mexikos bis in die angrenzenden Bundesstaaten der USA verbreitet. Obwohl sie trockene Lebensräume bevorzugt, trifft man sie in reinen Wüstengebieten eher selten an. Es handelt sich um Bodenbewohner, die durchaus auch in feuchteren Regionen vorkommen.

Aussehen: Gila-Echsen besitzen einen gedrungenen Körper, einen drehrunden „Fettschwanz" und einen abgeflachten Kopf. Ihre großen Tuberkelschuppen sind wie kleine Perlen über den gesamten Körper verstreut. Die rosa Grundfärbung wird von schwarzen Flecken und Streifen unterbrochen.

Pflege: Vorsicht bei der Pflege: die paarweise zu pflegenden Echsen sind hochgiftig!

     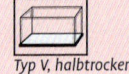

25–28 °C   45 °C   Tag   >60 cm   A und C   Typ V, halbtrocken

Gewöhnlicher Halbfingergecko

Hemidactylus frenatus

Verbreitung und Lebensraum: Diese Geckos sind Kosmopoliten, welche fast die ganze Welt bewohnen – man trifft die Art in nahezu allen Hafenstädten der Tropen an. Die Tiere leben sowohl in natürlichen Habitaten als auch an den Häusern der Großstädte. Hier jagen sie nach allerlei Insekten, die bei Nacht von den Lichtquellen der Häuser angelockt werden.

Aussehen: Über die grau- bis beigebraune Grundfärbung sind unterschiedlich geformte Flecken und Striche verstreut.

Pflege: Die Männchen verhalten sich sehr streitsüchtig, fügen einander aber nur selten ernsthafte Verletzungen zu. Die Weibchen kleben ihre zwei hartschaligen Eier in sicheren Verstecken an eine geeignete Unterlage.

| 25–28 °C | nein | Nacht | >10 cm | A | Typ III, feucht |

Europäischer Halbfingergecko

Hemidactylus turcicus

Verbreitung und Lebensraum: Die Art hat im Mittelmeerraum ein weites Verbreitungsgebiet. Darüber hinaus ist sie in die USA und einige Länder Südamerikas eingeschleppt worden. Sie bevorzugen trockene Gebiete und leben an Steinmauern, Bäumen und als Kulturfolger in Gärten und Häusern.

Aussehen: Auf dunkelbraunem bis beigebraunen Grund befinden sich viele kleine weiße Tuberkelschuppen.

Pflege: Die Art kann frei in einem Terrarienzimmer gehalten werden. Eine Winterruhe von 6–8 Wochen sollte auf jeden Fall eingehalten werden. Im Terrarium hält man sie paarweise oder in kleinen Gruppen von einem Männchen mit zwei Weibchen. Die Weibchen verstecken ihre zwei Eier häufig in Bodennähe.

     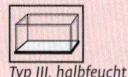

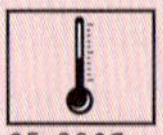

| 25–28 °C | nein | Nacht | >10 cm | A | Typ III, halbfeucht |

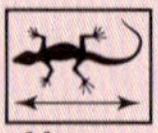

![Gewöhnlicher Halbblattfingergecko]

Gewöhnlicher Halbblattfingergecko

Hemiphyllodactylus typus

Verbreitung und Lebensraum: Der größte Teil des ausgedehnten Verbreitungsgebiets liegt in Asien. Sie kommen aber auch in Ozeanien, im Norden von Australien und auf einigen Inseln des Indischen Ozeans vor. Sie leben an Bäumen, in Büschen und auch an den Hütten der Einheimischen. Sie sind aber keine ausgesprochenen Kulturfolger.

Aussehen: Die Grundfärbung variiert von graubraun bis hellbraun. Winzige helle Punkte sind über den gesamten Körper verstreut. Der Schwanz ist häufig beige bis gelb abgesetzt.

Pflege: Die Art ist ein idealer Pflegling im gut bepflanzten Regenwaldterrarium. Die Weibchen legen ihre zwei kleinen hartschaligen Eier in Bodenverstecke ab.

 25–28 °C
 nein
 Nacht
 >10 cm
 A
 Typ III, halbtrocken

Bunte Sägeschwanzeidechse

Holaspis laevis

Verbreitung und Lebensraum: Große Teile West-, Zentral- und Ostafrikas. Die Tiere bewohnen Trocken- und Regenwälder, hauptsächlich in den Randzonen und an lichteren Stellen. Ihr eigentliches Habitat bilden die Baumstämme, wo man die Tiere zumeist an sonnenbeschienenen Flächen in mehreren Metern Höhe entdeckt.

Aussehen: Es handelt sich um Echsen mit einem relativ lang gestreckten, breiten und flachen Körper. Von den Augen bis zum Schwanzansatz verlaufen zwei türkisblaue bis gelbliche Streifen, die sich auf dem Schwanz in eine Reihe türkisblauer Flecken auflösen.

Pflege: Rückwand und Seitenwände sollten mit Rindenabschwarten verkleidet werden, vor die man lose Rindenstücke stellt.

 25–28 °C
 40 °C
 Tag
 >12 cm
 A
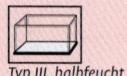 Typ III, halbfeucht

Segelechse

Hydrosaurus pustulatus

Verbreitung und Lebensraum: Diese Art kommt nur auf den Philippinen vor. Sie leben an stark bewachsen Ufern von Gewässern, die das ganze Jahr über Wasser führen. Sie können hervorragend tauchen und lange Zeit unter Wasser bleiben.

Aussehen: Auf der Oberseite überwiegen grau bis braune Farbtöne mit einer hellen Sprenkelung und einzelnen Punkten. Ein Hautsegel auf dem Schwanz ist bei den Männchen höher als bei den Weibchen.

Pflege: Ein großes Paludarium mit einem tiefen Wasserbecken ist Voraussetzung für die Haltung. Die Weibchen vergraben ihre 4–10 Eier im feuchten Boden. Bei einer Zeitigungstemperatur von 28–31 °C benötigen die Jungen 70 Tage bis zum Schlupf.

| 25–28 °C | 35 °C | Tag | <100 cm | A | Typ II, feucht |

Australische Winkelkopfagame

Hypsilurus boydii

Verbreitung und Lebensraum: Diese Art ist im Nordosten Australiens endemisch. Hier leben die Tiere auf den Bäumen des Regenwaldes. Wie die meisten Agamen bevorzugen sie den Stammbereich bis in etwa 3 m Höhe. Sie flüchten stets – nur auf den Hinterbeinen laufend – über den Boden; dort suchen sie auch nach Insekten und Würmern.

Aussehen: Die Grundfärbung variiert zwischen grau- und rotbraun. Ein Nackenkamm aus großen Stachelschuppen und ein sägeförmiger Rückenkamm sind charakteristische Merkmale dieser Art. Der Kehlsack ist mit zahlreichen Stachelschuppen besetzt.

Pflege: Eine paarweise Haltung ist möglich. Die Weibchen vergraben ihre weichschaligen Eier im feuchten Boden.

25–28 °C   nein   Tag   <45 cm   A   Typ I, feucht

Neuguineische Winkelkopfagame

Hypsilurus dilophus

Verbreitung und Lebensraum: Diese Art lebt auf Neuguinea und verschiedenen vorgelagerten Inseln. Es sind Regenwaldbewohner, die sich immer in der Nähe von Wasser aufhalten. Auf der Flucht sind sie in der Lage auf zwei Beinen zu laufen.

Aussehen: Die Grundfärbung besteht aus verschiedenen Brauntönen. Ein Kamm bestehend aus vier großen Stachelschuppen befindet sich auf dem Hinterkopf. Dieser hat keine Verbindung zu dem hohen Kamm auf dem Rücken, der sich bis auf den Schwanz hinzieht.

Pflege: In einem großen Regenwaldterrarium oder Paludarium ist eine paarweise Haltung möglich. Die Weibchen vergraben ihre zwei Eier im feuchten Boden. Über eine erfolgreiche Zucht ist nichts bekannt.

25–28 °C

nein

Tag

>55 cm

A

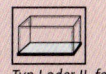
Typ I oder II, feucht

Grüner Leguan

Iguana iguana

Verbreitung und Lebensraum: Die Art bewohnt Teile Mittelamerikas und den Norden von Südamerika. Der Grüne Leguan ist ein typischer Baumbewohner der Tieflandregenwälder. Das lokale Klima ist konstant heiß und feucht mit ausgeprägter Regen- und Trockenzeit.

Aussehen: Unter der Schnauze tragen die Tiere einen Schuppenkamm, der in einen großen, häutigen Kehlsack übergeht. Der Rückenkamm, welcher bei männlichen Tieren höher als bei weiblichen ausfällt, endet auf dem ersten Schwanzdrittel. Die hellgrüne Färbung der Jungtiere geht im Alter zu Graugrün über.

Pflege: Eine Terrariengröße von 4 m² (bei 2 m Höhe) sollte bei Haltung eines Paares nicht unterschritten werden.

28–30 °C   45 °C   Tag   >200 cm   B   Typ II, feucht

Smaragdeidechse

Lacerta viridis

Verbreitung und Lebensraum: Das Verbreitungsgebiet der Smaragdeidechse erstreckt sich von Ostdeutschland bis nach Griechenland. In Deutschland gibt es zwei Arten, die östliche *Lacerta viridis* und die westliche *Lacerta bilineata*. Die Tiere leben auf Trockenwiesen und -hängen, in Weinbergen und an Bahndämmen.

Aussehen: Es handelte sich um eine große, kräftig gebaute Art. Die meist leuchtend grün gefärbte Oberseite weist zahlreiche unregelmäßige schwarze Punkte auf. Weibchen können allerdings einfarbig braun bis grün sein, während bei den Männchen Kehle und Hals häufig hellblau sind.

Pflege: Es handelt sich um einen idealen Pflegling für ein Freilandterrarium.

25–28 °C · 40 °C · Tag · >35 cm · A · Typ III oder V, feucht

Wirtelschwanzagame

Laudakia stellio

Verbreitung und Lebensraum: Das Verbreitungsgebiet des Harduns oder Schleuder-
schwanzes reicht von Südosteuropa bis weit
nach Asien hinein. Es handelt sich überwiegend um Kulturfolger, die bevorzugt an
Gebäuden, Ruinen, Legesteinmauern, Felsen und Geröllhalden vorkommen.

Aussehen: Hardune sind sehr kompakt
gebaute, kräftige Tiere, die meist eine
schmutzige Tarntracht aufweisen. Besonders schön gefärbt ist die Unterart *Laudakia
stellio picea*, die auf dunklem – fast schwar-

zem – Grund gelbe und orange Punkte und
Flecken besitzt.

Pflege: Ein Männchen kann zusammen mit
mehreren Weibchen gepflegt werden. Eine
6–8 wöchige Winterruhe von 10–15 °C sollte man auf jeden Fall einhalten.

 26–32 °C
 45 °C
 Tag
 >35 cm
 A
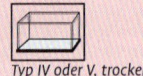 Typ IV oder V, trocken

Maskenleguan

Leiocephalus personatus

Verbreitung und Lebensraum: Die Art bewohnt nahezu das gesamte unmittelbare Hinterland der Küsten von Hispaniola. Sie besiedelt dabei offene und sandige Flächen mit schütterer Vegetation.

Aussehen: Der deutsche Name „Maskenleguan" bezieht sich auf den schwarzen Streifen, der von der Schnauzenspitze bis hinter die Augen verläuft und den Eindruck einer Maske erweckt. Die Männchen sind wesentlich bunter als die Weibchen gefärbt: ihr Rücken ist meistens braun, und an den Flanken befinden sich auf beige bis gelblichem Untergrund blaue Flecken und rote Streifenmuster.

Pflege: Diese Leguane sollten stets paarweise oder in Gruppen aus einem Männchen und zwei Weibchen gepflegt werden.

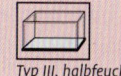

28–30 °C   45 °C   Tag   >20 cm   A   Typ III, halbfeucht

Schreibers Glattkopfleguan

Leiocephalus schreibersi

Verbreitung und Lebensraum: Die Leguane bewohnen auf Hispaniola trockene bis wüstenhafte Gebiete.

Aussehen: Ein kurzer Rückenkamm zieht sich vom Hinterkopf bis zum Schwanzende, und über die Flanken verläuft eine deutlich ausgeprägte Hautfalte. Die Grundfärbung ist hellbraun auf der Oberseite und graublau auf der Unterseite. Über die Flanken verstreute rote und weiße Punkte bilden mehrere Querbinden, die sich bis über den Bauch erstrecken. Die Männchen besitzen eine bläuliche Kehle sowie vergrößerte Postanalschuppen.

Pflege: Die Leguane lassen sich nur paarweise und in geräumigen Terrarien pflegen. Voraussetzung für die erfolgreiche Zucht ist eine kühlere Ruhephase.

 28–30 °C
 45 °C
 Tag
 <25 cm
 A
 Typ V, trocken

Schmetterlingsagame

Leiolepis belliana

Verbreitung und Lebensraum: Nordosten Thailands bis zur Malaysischen Halbinsel. Die Tiere lieben offene Flächen mit spärlichem Bewuchs. Sie graben lange, tiefe Gänge, die oft mehrere Ein- und Ausgänge besitzen.

Aussehen: Hellbraun bis Beige mit einigen gelben Flecken und Längsstreifen auf dem Oberkörper. An den Flanken finden sich rote und schwarze Querstreifen.

Pflege: Das Terrarium sollte eine höhere Sandschicht aufweisen. Ein Männchen lässt sich gemeinsam mit mehreren Weibchen pflegen. Wir konnten beobachten, wie Jungtiere mit den Eltern in den gleichen Löchern verschwanden und hervor kamen. Bei Haltung eines Paares lassen sie sich gemeinsam mit den Alttieren aufziehen.

28–35 °C   45 °C   Tag   <45 cm   A   Typ III, trocken

Krokodil-Nachtechse

Lepidophyma flavimaculata

Verbreitung und Lebensraum: Von Panama bis Nordostmexiko reicht das Verbreitungsgebiet dieser Nachtechsen. Die Tiere leben am Boden feuchter Waldgebiete. Dort verstecken sie sich tagsüber bevorzugt unter vermodertem Holz oder in der Laubschicht.
Aussehen: Die Art besitzt einen gedrungenen Körperbau. Ihre Grundfärbung variiert von hellen bis zu recht dunklen Brauntönen, über die – namentlich an den Flanken – zahlreiche gelbe Flecken von unregelmä-

ßiger Form verstreut sind. Auch die Unterseite zeigt ein helles Gelb.
Pflege: Es handelt sich um sehr scheue Terrarienbewohner, die während des Tages ihr Versteck nur manchmal zur Fütterung verlassen. Die Weibchen gebären lebende Jungtiere.

25–30 °C

nein

Nacht

<20 cm

A

Typ I, feucht

Spitzkopf-Flossenfuß

Lialis burtonis

Verbreitung und Lebensraum: Dieser stattliche Flossenfuß ist als einziger Vertreter dieser Echsengruppe sowohl in Australien als auch in Neuguinea zuhause. Es handelt sich um einen Bodenbewohner, der keinen speziellen Lebensraum bevorzugt.

Aussehen: Die Färbung der beinlosen Echsen kann von hellbeige bis dunkelgrau variieren. Es gibt sowohl einfarbige Exemplare als auch gefleckte oder gestreifte. Markant wirkt der Kopf mit seiner spitz zulaufenden Schnauze.

Pflege: Obwohl die Art in freier Natur sehr häufig vorkommt, gelangt sie nur selten in unsere Terrarien. Die Tiere benötigen Terrarien mit großer Grundfläche. In der Natur ernähren sich die Tiere bevorzugt von kleineren Echsen.

 25–32 °C   nein   Nacht   >50 cm   A   Typ VI, trocken

Lyrakopfagame

Lyriocephalus scutatus

Verbreitung und Lebensraum: Die meisten Fundberichte beziehen sich auf den Singaraya Forest (Sri Lanka). Die Art ist für die genannte Insel endemisch und meist im unteren Stammbereich dicker Bäume anzutreffen. Von hier suchen die Tiere den Boden nach Regenwürmern ab, die ihr Hauptfutter bilden.

Aussehen: Kennzeichnende Merkmale sind die dicke, fleischige „Knollennase" und die spitz auslaufenden Augenbrauenbögen. Die Männchen besitzen eine gelbe, die Weibchen hingegen eine rote Kehle.

Pflege: Ein Männchen kann in einem großen Regenwaldterrarium zusammen mit mehreren Weibchen gepflegt werden. Die Weibchen vergraben ihre bis zu 16 Eier im feuchten Bodengrund.

25–28 °C   nein   Tag   <35 cm   Regenwürmer, Insekten   Typ Regenwaldterrarium, feucht

Vielstreifenskink

Mabuya multifasciata

Verbreitung und Lebensraum: Das Verbreitungsgebiet dieses Skinks erstreckt sich fast über das gesamte tropische Asien. Es handelt sich um einen Bodenbewohner, der jedoch auch hervorragend klettern kann. Bevorzugt werden feuchte Lebensräume besiedelt.

Aussehen: Die Art besitzt einen walzenförmigen Körper. Der gesamte Oberkörper ist in verschiedenen Abstufungen braun gefärbt; über die Flanken verlaufen helle, manchmal auch rote Lateralstreifen. Die gesamte Unterseite ist zumeist hellbeige.

Pflege: Die Haltung eines Männchens mit mehreren Weibchen ist möglich. Etwa drei Monate nach der Paarung bringt das Weibchen bis zu sechs lebende Jungtiere zur Welt.

 24–28 °C
 35 °C
 Tag
 >30 cm
 A
 Typ III, halbfeucht

Feuerskink

Mochlus fernandi

Verbreitung und Lebensraum: Das Verbreitungsgebiet dieses Skinks erstreckt sich von Westafrika bis Uganda. Dabei bevorzugen die Tiere feuchte Lebensräume wie Wälder und Feuchtsavannen. Den größten Teil des Tages verbringen sie als Bodenbewohner im Erdreich verborgen.

Aussehen: Die Skinke zeigen einen walzenförmigen Körperbau und eine attraktive Färbung. Ihr Rücken ist meist gelb- bis rotbraun mit unregelmäßigen schwarzen Fle-

cken. Die Flanken hingegen tragen rote, schwarze und weiße Flecken bzw. Streifen.

Pflege: Im Terrarium sehr gut bewährt hat sich ein Bodengrund aus Orchideenerde, der mit Moosplatten, dünnen Steinplatten, Kork- oder Rindenstücken und Laub bedeckt wird.

25–28 °C

40 °C

Tag/Nacht

>35 cm

A

Typ I, feucht

Madagaskarleguan

Oplurus grandidieri

Verbreitung und Lebensraum: Isolierte Gebiete im Süden von Zentralmadagaskar. Das Klima zeichnet sich durch starke Temperaturschwankungen und geringe Niederschläge aus. Als Vegetation findet man dort eine Art Busch- bzw. Grassavanne vor – seltener hingegen Trockenwald –, aus der sich immer wieder wie Inselberge kahle Felsen erheben, welche den eigentlichen Lebensraum dieser Leguanart bilden.

Aussehen: Die Grundfärbung besteht zumeist aus einem dunklen Grauton. Auffäl-ligstes Element des Farbkleides ist ein breiter, hellblauer Aalstrich, der sich an den Rändern auflöst und bis auf den Schwanz fortsetzt.

Pflege: *Oplurus grandidieri* ist eine sehr lebhafte, hektische Leguanart.

25–30 °C	45 °C	Tag	>35 cm	A	Typ IV, trocken

Goldstaub-Taggecko

Phelsuma laticauda

Verbreitung und Lebensraum: Diese Taggeckos bewohnen Nordwestmadagaskar, die Komoren und die südlichen Seychellen. Sie bevorzugen keinen speziellen Lebensraum und sitzen tagsüber stundenlang in der Sonne.

Aussehen: Der deutsche Name „Goldstaub-Taggecko" weist bereits auf die vielen kleinen, golden schimmernden Punkte im Nackenbereich hin. Die Grundfärbung variiert von gelbgrün bis blau, und im hinteren Rückenreich finden sich rote Flecken unterschiedlicher Form und Größe.

Pflege: Die Tiere können sehr streitsüchtig sein. Je nach Terrariengröße kann man ein Paar oder eine Gruppe aus einem Männchen und mehreren Weibchen halten. Die Weibchen legen hartschalige Doppeleier.

 28–32 °C
 40 °C
 Tag
 <15 cm
 A und B
 Typ III, halbtrocken

Madagaskar-Taggecko

Phelsuma madagascariensis

Verbreitung und Lebensraum: Alle Unterarten des Madagaskar-Taggeckos kommen ausschließlich auf der Hauptinsel vor; die hier genannte ist dabei auf den feuchteren Ostteil beschränkt. Es handelt sich um Baumbewohner, die aber auch an Palmen und Bananenstauden sowie an den Hütten der Einheimischen leben.

Aussehen: Ihre Grundfärbung ist grün; hinzukommen zahlreiche kleine rotbraune Punkte auf dem Rücken.

Pflege: Eine paarweise Haltung ist angebracht. Die Männchen sind sehr streitbar und fügen einander ernsthafte, bisweilen sogar tödliche Verletzungen zu. Ein Weibchen kann pro Jahr bis zu sechs Gelege absetzen. Die beiden hartschaligen Eier werden gut versteckt abgelegt.

     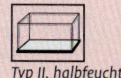

| 25–28 °C | 40 °C | Tag | >25 cm | A+B | Typ II, halbfeucht |

Augenfleck-Taggecko

Phelsuma quadriocellata

Verbreitung und Lebensraum: Heute findet man diese Geckos häufiger in Kulturlandschaften als in ihrem ursprünglichen Lebensraum, vor allem in den Bananenplantagen an der Ostküste Madagaskars. Sie bewohnen aber auch Bäume, Palmen, Bambus und andere größere glattrindige Pflanzen.

Aussehen: Die Augenflecken hinter den Vorderbeinansätzen verleihen diesen Geckos ihr typisches Aussehen. Zur grünen Grundfärbung tritt auf dem Rücken ein rotes Fleckenmuster.

Pflege: Männchen vertragen sich untereinander absolut nicht, aber auch Weibchen sind bisweilen sehr streitsüchtig. Die hartschaligen Doppeleier werden frei abgelegt. Bei 28 °C schlüpfen die Jungen nach etwa 40–50 Tagen.

 25–30 °C   nein   Tag   >10 cm   A+B   Typ I, feucht

Rundschwanz-Krötenechse

Phrynosoma modestum

Verbreitung und Lebensraum: Südwesten der USA bis nach Mexiko. Dort bewohnt die Art Wüsten und Halbwüsten, in denen die Temperaturen im Sommer bis über 40 °C steigen können. Der Untergrund ist steinig mit schütterem Bewuchs.

Aussehen: Die Tiere besitzen einen fast kreisrunden, stark abgeplatteten Körper. Ihre sehr variable Färbung setzt sich aus grauen, gelben bis braunen und sogar rötlichen Tönen zusammen und dient im natürlichen Lebensraum als perfekte Tarnung.

Pflege: Die Pflege erweist sich als recht aufwendig, ist jedoch in Terrarien mit einer großen Grundfläche und bei Imitation der klimatischen Verhältnisse möglich. Die Art benötigt als Hauptfutter Ameisen!

 28–30 °C 45 °C Tag >9 cm  A Typ V, trocken

Grüne Wasseragame

Physignathus concincinus

Verbreitung und Lebensraum: Südchina bis Thailand. Die Tiere sind sehr stark ans Wasser gebunden und leben daher ausschließlich in den Uferzonen von Gewässern. In der Nacht schlafen sie häufig auf Ästen über dem Wasser, von wo sie sich bei Gefahr sofort in die Fluten stürzen.
Aussehen: Die Färbung besteht aus verschiedenen Grüntönen, die im Alter immer dunkler werden. Männchen haben höhere Nackenkämme als die Weibchen.

Pflege: Es kommt nur ein großes Paludarium mit einem tiefen Wasserteil in Frage. Die Art sollte paarweise gepflegt werden, wobei sich in Großterrarien auch ein Männchen mit mehreren Weibchen unterbringen lässt. Die Weibchen vergraben bis zu 16 Eier im feuchten Boden.

25–30 °C   35 °C   Tag   >100cm   A   Typ II, feucht

![Australische Wasseragame]

Australische Wasseragame

Physignathus lesueurii

Verbreitung und Lebensraum: Neuguinea und die Ostküste Australiens sind die Heimat dieser Echsen. Wie die zuvor behandelte Art leben auch diese Tiere nur am Wasser, doch findet man sie genauso häufig an Felsen bei Wasserfällen oder an Bäumen. Ihre Lebensweise ähnelt jener der obigen. Im Südosten des Kontinents legen die Tiere bei Temperaturen um den Gefrierpunkt eine Winterruhe ein.

Aussehen: Über die hell- bis dunkelgraue Grundfärbung sind schwarze Flecken und Striche verteilt. Die Männchen besitzen – je nach Population – unterschiedlich gefärbte Kehlen. Der Bauch kann dunkelrot sein.

Pflege: Am besten hält man in einem großen Paludarium ein Männchen mit mehreren Weibchen.

25–30 °C   35 °C   Tag   >120 cm   A   Typ II, feucht

Kleine Plattgürtelechse

Platysaurus guttatus

Verbreitung und Lebensraum: Diese Plattech-
sen sind reine Felsbewohner, die man in
den Trockengebieten Südafrikas an Felsen
und im Geröll antrifft; in der Savanne
bewohnen sie die isolierten Granitfelsen.
Dank ihres stark abgeflachten Körperbaus
finden die Echsen noch in den schmalsten
Ritzen und Spalten Unterschlupf.
Aussehen: Der Körper ist stark abgeplattet,
der lange Schwanz mit kleinen, dornigen
Schuppen besetzt. Die Männchen zeigen
auf grünem Grund eine sehr variable

schwarze Fleckenzeichnung. Bei einigen
sind Kopf und vordere Körperhälfte stahl-
blau. Die Weibchen tragen meist ein braunes Farbkleid.
Pflege: Diese Art kann man paarweise in
geräumigen Terrarien pflegen.

     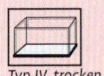

25–28 °C   40 °C   Tag   >20 cm   A   Typ IV, trocken

Stelzenläuferleguan

Plica plica

Verbreitung und Lebensraum: Nördliches Südamerika. Die Tiere sind reine Baumbewohner, die sich bis in eine Höhe von 15 m an den senkrechten, bewuchsfreien Stämmen der Urwaldriesen aufhalten (überwiegend im Schattenbereich).

Aussehen: Der Körper ist stark abgeflacht, im Nacken sowie am Hals befinden sich stachelartige Hautfortsätze. Ein kleiner Kamm zieht sich vom Nacken bis zum Schwanz. Am Hals weisen die Tiere Hautfalten auf, die sich bei Erregung zu einem kleinen, stacheligen Saum aufrichten. Grundfarbe ist ein schmutziges Grün mit dunklen Flecken, die am Hals zu einem Band verschmelzen können.

Pflege: Die Tiere sollten nur paarweise gehalten werden.

 25–28 °C
 35 °C
 Tag
 >40 cm
 A
 Typ II, feucht

Streifenköpfige Bartagame

Pogona vitticeps

Verbreitung und Lebensraum: Diese Bartagamenart ist von Zentralaustralien südlich bis in den Nordwesten von Victorias verbreitet. Sie bewohnt sowohl lichte Wälder als auch Felsen in Wüstengebieten. Die genannten Habitate sind nur spärlich bewachsen, verwandeln sich aber nach den kräftigen Regenfällen des australischen Frühjahrs in blühende Landschaften.

Aussehen: Die Grundfärbung ist hellbeige bis gelb. Die Unterseite und der Bart können sich bei den Männchen während des Imponierverhaltens schwarz färben. Mittlerweile werden auch Tiere mit einem starken Rotanteil gezüchtet.

Pflege: Ideal wäre die Haltung einer Gruppe aus einem Männchen und mehreren Weibchen.

 25–35 °C
 45 °C
 Tag
 >50 cm
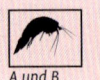 A und B
 Typ V, trocken

Sinaiagame

Pseudotrapelus sinaitus

Verbreitung und Lebensraum: Diese Agamen bewohnen ein weites Verbreitungsgebiet auf der Arabischen Halbinsel. In Wüsten und Halbwüsten sieht man sie überwiegend an größeren Steinen und an Felsen sitzen. Bei der kleinsten Beunruhigung flüchten die Tiere unter Steine oder in Erdhöhlen. Das Tag-Nachtgefälle der Temperaturen ist in ihrem Lebensraum sehr stark.

Aussehen: Der Oberkörper ist hellgrau bis graubraun gefärbt, je nach Untergrund des Lebensraums. Der vordere Bereich, der Kopf und die Vorderfüße können bei den Männchen leuchtend blau gefärbt sein.

Pflege: Die Art sollte paarweise gepflegt werden. Im Winter machen die Tiere eine mehrwöchige Ruhephase durch.

 28–35 °C   45 °C   Tag 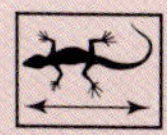   >28 cm   A 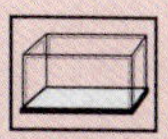   Typ IV oder VI, trocken

Faltengecko

Ptychozoon kuhli

Verbreitung und Lebensraum: Faltengeckos sind von den Nikobaren über Thailand bis nach Borneo verbreitet. Es handelt sich um Baumbewohner der tropischen Regenwälder.

Aussehen: Der abgeflachte Körper besitzt an den Seiten Hautfalten, die den Geckos durch Anschmiegen an den Untergrund eine perfekte Tarnung verschaffen. Die borkenartige Zeichnung tut ein Übriges. Das Schwanzende ist bei dieser Art glatt und nicht bis zum Ende gezackt.

Pflege: Eine paarweise Haltung bereitet keine Probleme. Die Männchen drohen einander durch Hochstellen des Körpers und wellenförmige Bewegungen des Schwanzes. Überwiegend bleibt es beim Drohen, und nur selten kommt es zu Beißereien.

 25–30 °C
 nein
 Nacht
 <20 cm
 A
 Typ I, feucht

Neukaledonischer Greifschwanzgecko

Rhacodactylus trachyrhynchus

Verbreitung und Lebensraum: Neukaledonien (etwa vom Zentrum der Hauptinsel bis zum Süden) und einige vorgelagerte Inseln bilden das Verbreitungsgebiet dieser Nachtgeckos. Es sind Baumbewohner der Restregenwälder.

Aussehen: Die Grundfärbung variiert von oliv- bis gelbgrün, mit kleinen weißen Punkten auf dem Körper. Der fleischige Schwanz ist als Greiforgan ausgebildet und wird beim Klettern aktiv eingesetzt.

Pflege: Diese Art sollte nur paarweise gehalten werden. In der Natur scheinen die Geckos feste Partnerbindungen einzugehen. Die Art ist lebendgebärend und bringt in Baumhöhlen 1–2 Jungtiere zur Welt. Jene werden einige Zeit vom Muttertier verteidigt.

 20–28 °C
 nein
 Nacht
 >30 cm
 A und B
 Typ I oder III, feucht

Tansania-Stummelschwanzchamäleon

Rhampholeon brevicaudatus

Verbreitung und Lebensraum: Ostafrika, Usambara und Uluguru Berge. Dort findet man die Tiere vor allem in den nur noch in Resten vorhandenen primären Regen- und Bergwäldern, und zwar in Höhenlagen etwa zwischen 300 und 900 m. Sie leben vor allem in der unteren Strauchschicht des Waldes.

Aussehen: Die Art ähnelt mit dem recht kurzen Schwanz und dem recht hohen, seitlich stark zusammengedrückten Körper äußerlich sehr stark einem vertrockneten Blatt. Besonders auffallend sind die beiden großen, an der Kehle befindlichen Hautlappen, welche diese Art von allen anderen unterscheidet.

Pflege: Es handelt sich um eine recht verträgliche Art, die paarweise im Terrarium gepflegt werden kann.

22–26 °C

nein

Tag

>7 cm

A

Typ I, feucht

![Somalia-Stummelschwanzchamäleon]

Somalia-Stummelschwanzchamäleon

Rhampholeon kerstenii

Verbreitung und Lebensraum: Küstenregion Ostafrikas von Somalia über Kenia bis nach Tansania. Die Chamäleons leben im immergrünen Küstenwald und dessen Randgebieten, in der Baumsavanne und sogar im Kulturland, wo man sie aber nur an geschützten Stellen unter Bäumen und in ähnlichen feuchteren Habitaten findet.

Aussehen: Die Tiere haben einen abgeflachten, länglichen Körper. Ihre normale Färbung setzt sich aus verschiedenen Brauntönen zusammen. Eine Streifenzeichnung bilden die Chamäleons nur bei Erregung aus. Besonders auffällig wirken die hornartig verlängerten Augenbrauenkanten.

Pflege: Diese Art kann leicht im Regenwaldterrarium gepflegt werden.

   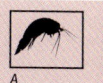

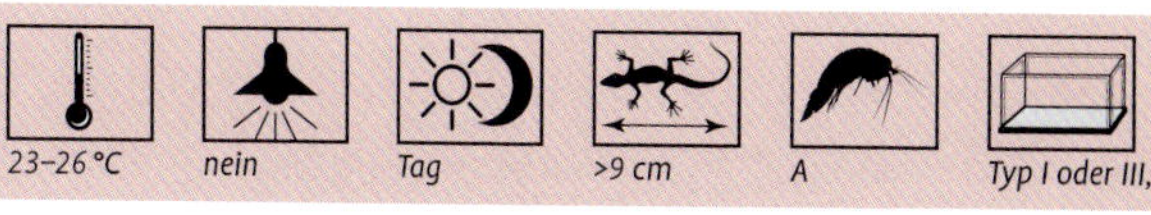

23–26 °C   nein   Tag   >9 cm   A   Typ I oder III, feucht

Stacheliges Stummelschwanzchamäleon

Rhampholeon spinosum

Verbreitung und Lebensraum: Dieses Chamäleon bewohnt die Usambara-Berge Ostafrikas in Höhenlagen oberhalb 800 m. Es handelt sich um einen reinen Waldbewohner, der vorwiegend auf Bäumen lebt, und zwar bis hoch in die Baumkronen hinauf.

Aussehen: Kennzeichnend für die Art ist ihr seitlich zusammengedrückter, ei- oder scheibenförmiger Schnauzenfortsatz, der vorne abgerundet ist. Die Färbung besteht aus verschiedenen Grau-, Grün- und Braun-

tönen; eher selten finden sich auch bläuliche, gelbe oder andere Nuancen.

Pflege: Aufgrund der niedrigen Haltungstemperaturen, die bei dieser Art erforderlich sind, können die Terrarien nur in kühlen Räumen Aufstellung finden.

 18–22 °C   30 °C   Tag   >16 cm   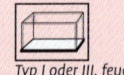 A   Typ I oder III, feucht

Chuckwalla

Sauromalus obesus

Verbreitung und Lebensraum: Man findet die Chuckwallas vom Südwesten der USA bis nach West-Mexiko in wüstenhaften Regionen, meist auf großen Felsformationen, von denen aus sie das angrenzende Areal gut einsehen können.

Aussehen: Auffällig ist vor allem der plumpe Körperbau mit den ausgeprägten Hautfalten an den Flanken und im Nacken. Die Färbung fällt überaus variabel aus: von dunkel- über rotbraun bis zu gelblichen Tönen. Die Männchen sind im vorderen Körperbereich dunkel, im hinteren jedoch zunehmend kräftiger rot oder gelb gefärbt. Weibliche Tiere tragen auf braunem Grund angedeutete dunkle Querbinden.

Pflege: Ideal ist bei diesen Leguanen eine paarweise Haltung.

 28–35 °C
 45 °C
 Tag
 >40 cm
 A und B
 Typ IV, trocken

Malachit-Stachelleguan

Sceloporus malachiticus

Verbreitung und Lebensraum: Große Teile Mittelamerikas. Die Tiere leben an Nadelbäumen (bis zu einer Höhe von ca. 10 m), aber auch an Felsen, Zäunen und Legesteinmauern. Alle genannten Lebensräume liegen in Gebieten mit ständigen nebelartigen Niederschlägen und erstrecken sich teilweise bis in Höhenlagen um 3000 m.

Aussehen: Die Männchen sind auf der Körperoberseite smaragdgrün gefärbt. Am Hals tragen sie beiderseits einen schwarzen Fleck, während die Kehle türkis ist. Die meist hellgrauen bis rötlichbraunen Weibchen weisen eine dunklere Fleckenzeichnung auf, doch auch bei ihnen kann ein leichter Anflug von Grün auftreten.

Pflege: Die Haltung erfolgt paarweise.

22–28 °C   35 °C   Tag   <25 cm   A   Typ III oder IV, halbfeucht

Östlicher Sandskink

Scincus mitranus

Verbreitung und Lebensraum: Saudi-Arabien und die Vereinigten Arabischen Emirate. Es handelt sich um einen Bewohner von freien Sandflächen und Dünenzonen in der Wüste und ihren Randgebieten. Die heißen Tagesstunden verbringen die Tiere im Sand verborgen.

Aussehen: Der stromlinienförmige Körper besitzt eine äußerst glatte Beschuppung, die den Tieren das Eingraben erleichtert. Die Oberseite ist sandfarben bis gelb und bisweilen orange. Über die Flanken verlaufen helle Linien, die in einzelne Punkte aufgelöst sein können.

Pflege: Die Art braucht eine ca. 15 cm hohe Substratschicht aus gut durchgespültem, staubfreiem Flusssand, in der sich die Tiere jederzeit verbergen können.

     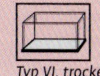

25–28 °C   40 °C   Tag   >22 cm   A   Typ VI, trocken

Krokodilschwanz-Höckerechse

Shinisaurus crocodilurus

Verbreitung und Lebensraum: Südchina. Hier leben die Echsen im Uferbereich von schwach fließenden oder stehenden Gewässern. Sie sind gewandte Schwimmer und können lange Zeit unter Wasser ausharren.
Aussehen: Die Weibchen sind beigebraun mit dunklen Flecken und Strichen, während die Männchen einen höheren Rotanteil aufweisen.
Pflege: Krokodilschwanz-Höckerechsen benötigen ein geräumiges Wasserbecken mit üppiger Randbepflanzung. Die Gruppenhaltung (ein Männchen mit mehreren Weibchen) gestaltet sich in größeren Terrarien problemlos. Zur Paarung kommt es im Anschluss an die Winterruhe, worauf Weibchen nach einer Tragezeit von 8–9 Monaten bis zu 15 Jungtiere gebären.

 25–35 °C
 40 °C
 Tag
 >40 cm
 A
 Typ I, feucht

Sechsstreifen-Langschwanzeidechse

Takydromus sexlineatus

Verbreitung und Lebensraum: Der Lebensraum dieser Eidechse umfasst Südchina, Hinterindien (Vietnam), Malaysia und Indonesien. Es handelt sich um einen reinen Bodenbewohner, der offene Graslandschaften bevorzugt.

Aussehen: Die Art besitzt einen sehr lang gestreckten und extrem schlanken Körper mit kurzen, zierlichen Gliedmaßen. Von der Gesamtlänge (bis zu 36 cm) entfallen 30 cm auf den Schwanz. Die Oberseite ist braun bis olivgrün und trägt eine Zeichnung aus hellen Längsstreifen.

Pflege: Man kann diese Echsen ohne weiteres paarweise in geräumigen Terrarien pflegen, deren Bepflanzung möglichst aus grasartigen Gewächsen bestehen sollte. Als Versteckplätze eignen sich dünne Korkröhren.

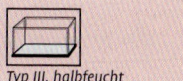

| 25–28 °C | 35 °C | Tag | >35 cm | A | Typ III, halbfeucht |

Kleiner Wundergecko

Teratoscincus microlepis

Verbreitung und Lebensraum: Man findet diese Art von Iran bis Pakistan, wo sie überwiegend Halbwüsten mit spärlichem Bewuchs bewohnt. Den Tag verschlafen die Bodengeckos in selbstgegrabenen Höhlen, die häufig erst in den feuchteren Bodenschichten enden.

Aussehen: Die Tiere zeigen auf gelblichbraunem Grund ein dunkles Wellenmuster, während die Bauchseite hell gefärbt ist.

Pflege: Ein Männchen lässt sich problemlos zusammen mit mehreren Weibchen halten.

Zur Zucht benötigen die Geckos lokal Temperaturen von 35–40 °C. Die Weibchen vergraben ihre zwei hartschaligen Eier im lockeren Sandboden. Für die Entwicklung der Embryonen sind Zeitigungstemperaturen über 30 °C erforderlich.

     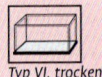

| 25–40 °C | nein | Nacht | >10 cm | A | Typ VI, trocken |

Rübenschwanzgecko

Thecadactylus rapicauda

Verbreitung und Lebensraum: Diese Art ist von Mittelamerika bis in den Norden von Südamerika und auf einigen Karibikinseln anzutreffen. Es handelt sich um Baumbewohner, denen man aber auch sehr häufig in Kulturlandschaften und Gärten begegnet.

Aussehen: Die Grundfärbung variiert von dunkel- bis hellbraun mit verschiedenen Zeichnungselementen. Dabei sind die Tiere dem jeweiligen Untergrund angepasst.

Pflege: Man sollte die Geckos nur paarweise pflegen: wir konnten unter Weibchen auch Streitigkeiten beobachten. Jene vergraben ihre zwei hartschaligen Eier unter Laub oder im lockeren Boden. Jungtiere, die im Terrarium geschlüpft waren, wurden von den Eltern nicht behelligt.

25–30 °C

nein

Nacht

<20 cm

A

Typ I, feucht

Vielstreifen-Blauzungenskink

Tiliqua multifasciata

Verbreitung und Lebensraum: West- und Nordaustraliens. Es handelt sich um Bodenbewohner in trockenen bis mäßig feuchten Habitaten. Häufig sind diese Gebiete mit Felsformationen durchsetzt.

Aussehen: Die Art besitzt einen sehr kräftigen, abgeflachten walzenförmigen Körper mit relativ kurzem Schwanz und geradezu winzigen Beinen. Der große, dreieckige Kopf ist deutlich vom Rumpf abgesetzt. Die Färbung variiert von grau bis cremegelb, darüber ziehen sich 9–12 recht breite gelbbraune bis orangerote Querbinden. Wird so ein Skink bedroht, reißt er sein Maul weit auf und streckt die blaue Zunge heraus.

Pflege: Die Spezies kann in Terrarien mit sehr großer Grundfläche gepflegt werden.

 25–28 °C
 40 °C
 Tag
 >45 cm
 A und B
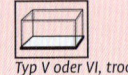 Typ V oder VI, trocken

Tannenzapfenechse

Tiliqua rugosa

Verbreitung und Lebensraum: Das Verbreitungsgebiet der Tannenzapfenechse umfasst weite Teile Australiens, Tasmanien, Neuguinea und einige indonesische Inseln. Die Tiere sind reine Bodenbewohner, die in ausgesprochen trockenen Regionen leben.

Aussehen: Aufgrund seiner großen Schuppen und des walzenförmigen Körpers ähnelt dieser Skink einem Tannenzapfen (daher auch sein deutscher Name). Die recht variable Grundfärbung deckt das gesamte Spektrum zwischen braun und schwarz ab; darüber sind häufig helle Flecken verstreut.

Pflege: Man kann die Art in geräumigen Terrarien paarweise pflegen. Für eine erfolgreiche Zucht müssen die Tiere unbedingt eine Winterruhe einlegen.

25–28 °C

40 °C

Tag

>35 cm

A und B

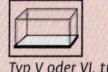
Typ V oder VI, trocken

Orangenaugen-Helmskink

Tribolonotus gracilis

Verbreitung und Lebensraum: Irian Jaya, Papua-Neuguinea, Admiralty Islands und Karkar. Man findet sie im Regenwald und an den Rändern von Kokosplantagen am Boden in und unter morschen Baumstämmen.

Aussehen: Das „Buschkrokodil" besitzt einen kräftigen, stark gepanzerten Körper. Der Rücken ist mit 4 Reihen großer Stachelschuppen besetzt, die sich bis auf den Schwanz hinziehen. Grundfarbe ist ein dunkles Braun, das sich an den Flanken leicht aufhellt.

Pflege: Man kann diese Art nur einzeln oder paarweise halten. Der Behälter wird als Regenwaldterrarium mit einer ca. 10 cm hohen, stets feuchten Bodenfüllung eingerichtet. Ein Wasserbecken muss ebenfalls vorhanden sein.

25–28 °C | 35 °C | Tag und Nacht <20 cm | A | Typ I, feucht

Goldteju

Tupinambis teguixin

Verbreitung und Lebensraum: Nördliches Südamerika. Die Art ist an keinen speziellen Lebensraum gebunden, und kommt von trockenen Halbwüsten bis in den Regenwald vor. Sie leben überwiegend am Boden, können aber auch klettern und ausgezeichnet schwimmen.

Aussehen: Es sind sehr kompakte Echsen mit kräftigen Extremitäten und spitzen Krallen. Die dunkle Grundfärbung wird von hellen Querbinden unterbrochen.

Pflege: In großen Terrarien können die Tiere paarweise gehalten werden. Die Echsen neigen dazu, sehr schnell zu verfetten, deshalb sollte man sie auch nur mäßig füttern. Die Weibchen vergraben ihre bis zu 30 Eier umfassenden Gelege im feuchten Bodengrund.

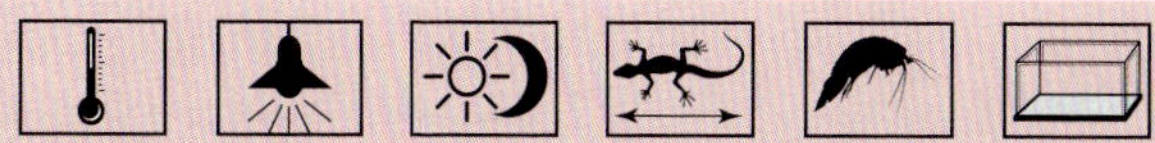

 25–32 °C 40 °C Tag >100 cm  A, B und C Typ II, feucht

Dickschwanzgecko

Underwoodisaurus milii

Verbreitung und Lebensraum: Mit Ausnahme des äußersten Nordens und des äußersten Südens ist diese Art in ganz Australien beheimatet. Es sind Krallengeckos die am Boden und sehr häufig auch in felsigen Gebieten zu finden sind.

Aussehen: Es gibt verschieden Varianten die im Aussehen variieren. Die rotbraune Grundfärbung wird von hellen Punkten, die eine Querbänderung erkennen lassen, unterbrochen.

Pflege: Eine Gruppenhaltung von mehreren Weibchen mit einem Männchen geht problemlos. Die Weibchen vergraben ihre zwei weichschaligen Eier im feuchten Sand. 24 Stunden nach dem Legen sollte die Eier nicht mehr gedreht werden. Bei 28 °C schlüpfen die Jungen nach 60–70 Tagen.

25–32 °C   nein   Nacht   <15 cm   A   Typ V, trocken

Veränderliche Dornschwanzagame

Uromastyx acanthinura

Verbreitung und Lebensraum: Diese Dornschwanzagame ist im Nordwesten Afrikas weitverbreitet. Sie lebt in steppenhaft-trockenen Sand-, Stein- und Geröllwüsten. Die Echsen legen im Boden tiefe Gänge an, wo sie bei Gefahr Schutz suchen. Während an der Oberfläche extreme Temperaturen von 50–60 °C herrschen, ist das Klima in den Höhlen wesentlich kühler und ausgeglichen.

Aussehen: Die Färbung fällt sehr variabel aus: das Spektrum reicht von grau über grün und gelb bis rot. Schwarze Flecken und Striche verteilen sich über den gesamten Körper.

Pflege: Die Art lässt sich in Gruppen aus einem Männchen und mehreren Weibchen halten. Eine Winterruhe ist dabei sehr zu empfehlen.

 28–33 °C

 45 °C

 Tag

 >45cm

 A und B

 Typ V oder VI, trocken

Henkels Plattschwanzgecko

Uroplatus henkeli

Verbreitung und Lebensraum: Diese Art kommt im Norden von Madagaskar und auf der vorgelagerten Insel Nosy Bè vor. Es handelt sich um Baumbewohner der Restregenwälder, die sich tagsüber mit ihrem flachen Körper kopfunter fest an den Untergrund anschmiegen.

Aussehen: Die Grundfärbung ist grau- bis dunkelbraun mit unterschiedlichen Zeichnungsmustern. Männchen tragen dabei große Flecken, Weibchen ein feines Sprenkelmuster. Tagsüber passen sich die Geckos optimal dem Untergrund an.

Pflege: Die Geckos lassen sich paarweise oder in Gruppen aus einem Männchen und mehreren Weibchen halten. Die Einrichtung muss zahlreiche senkrechte Stämme als Schlafplätze enthalten.

 25 °C-28 °C
 nein
 Nacht
 >26 cm
 A
 Typ I, feucht

Stachelschwanzwaran

Varanus acanthurus

Verbreitung und Lebensraum: Von Westaustralien bis nach Queensland kommt diese Art in drei Unterarten vor. Etwa die Mitte Australiens bildet die südliche Verbreitungsgrenze. In ihrem großen Verbreitungsgebiet bewohnen sie die Unterschiedlichsten Biotope. Das Klima reicht von feucht bis trocken. Felsige Gebiete werden eindeutig bevorzugt.

Aussehen: Auffallend ist der stark gewirtelte Stachelschwanz, der den Tieren auch ihren deutschen Namen gegeben hat. Der gesamte Oberkörper sowie die Extremitäten sind mit hellen Flecken mit einem dunklen Punkt in der Mitte versehen.

Pflege: Eine Gruppe von einem Männchen mit mehreren Weibchen kann problemlos vergesellschaftet werden.

 28–35 °C
 45 °C
 Tag
 >50 cm
 A
 Typ IV, trocken

Steppenwaran

Varanus exanthematicus

Verbreitung und Lebensraum: Das Verbreitungsgebiet erstreckt sich vom Senegal östlich bis in den Sudan hinein. Dieser Waran ist ein Bewohner der Baum- und Grassavannen; in der Nähe von Gewässern scheint er häufiger vorzukommen.

Aussehen: Die Grundfärbung ist graubraun mit hellen Flecken auf dem Oberkörper. Sie haben einen relativ kurzen Schwanz, er ist kürzer als die Kopf-Rumpflänge.

Pflege: Es lassen sich problemlos Gruppen aus einem Männchen und mehreren Weib-

chen bilden. Eine kühle Phase von 6–8 Wochen mit Temperaturen unter 18 °C wirkt stimulierend auf die Paarung, welche meist unmittelbar danach erfolgt. Die Weibchen vergraben ihre Gelege tief im feuchten Sandboden.

 28–35 °C
 45 °C
 Tag
 >100 cm
 A und C
 Typ V, trocken

Wüstenwaran

Varanus griseus

Verbreitung und Lebensraum: In ganz Nord-
afrika und von der Arabischen Halbinsel bis
Pakistan und Nordindien sind drei Unterar-
ten zu finden. Die Tiere bewohnen Wüsten,
Halbwüsten und Steppen.
Aussehen: Je nach Herkunft der Tiere fallen
Größe und Aussehen verschieden aus. Die
Grundfärbung variiert dabei von hellgrau
bis gelb. Über den Rücken ziehen sich 5–8
dunkle Querbinden.
Pflege: Je nach ihrer Herkunft benötigen die
Warane eine Winterruhe von 2–3 Monaten
bei etwa 12–15 °C; im Extremfall sind sogar
Werte um 10 °C erforderlich. Die Eier
werden im feuchten Sandboden vergraben.
Bei Zeitigungstemperaturen von 29–31 °C
schlüpfen die Jungen nach etwa 120 Tagen.

| 28–35 °C | 45 °C | Tag | >100 cm | A und C | Typ VI, trocken |

Pazifikwaran

Varanus indicus

Verbreitung und Lebensraum: In Nordaustralien, Neuguinea sowie auf Celebes und verschiedenen Südseeinseln ist diese Art verbreitet. Sehr gerne halten sich diese Warane in den Mangrovensümpfen der Küstenbereiche auf. Sie leben aber auch im Regenwald in der Nähe von Gewässern. Hier liegen sie gerne auf den Ästen über dem Wasser, in das sie bei Gefahr hinein springen.

Aussehen: Die Grundfärbung ist dunkelbraun bis schwarz mit dicht nebeneinander stehenden gelben Punkten.
Pflege: Eine paarweise Haltung ist möglich. Für die Eiablage benutzen die Weibchen sehr gerne große Nistkästen, die mit etwas feuchter Erde halb gefüllt werden. Es werden mehrere Gelege in einem Jahr produziert.

| 25–30 °C | nein | Tag | >130 cm | A und C | Typ II, feucht |

Smaragdwaran

Varanus prasinus

Verbreitung und Lebensraum: Die Art kommt auf Neuguinea und auf einigen vorgelagerten Inseln vor, wo die Tiere in den Kronen des Regenwaldes und der Mangroven zu Hause sind.

Aussehen: Der gesamte Körper – einschließlich des Schwanzes – ist grün gefärbt. Schwarze Flecken und Striche können vorhanden sein. Der überaus bewegliche Greifschwanz erreicht häufig die doppelte Kopf -Rumpflänge.

Pflege: Eine paarweise Haltung ist möglich, aber dann muss man dem Weibchen einige Rückzugsmöglichkeiten schaffen; der Einsatz einer Trennwand macht dabei durchaus Sinn. Zur Eiablage wird häufig ein großer Nistkasten voll feuchter Erde benutzt. Ein Gelege besteht in aller Regel aus 3–5 Eiern.

| 25–28 °C | nein | Tag | >80 cm | A | Typ II, feucht |

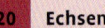

Rauhnackenwaran

Varanus rudicollis

Verbreitung und Lebensraum: Südostasien. Dieser Regenwaldbewohner lebt überwiegend im Kronenbereich der Urwaldbäume, kommt aber auch in den Mangrovensümpfen der Küstenregionen vor. Die Tiere gehen auch sehr gerne ins Wasser.

Aussehen: Die Grundfärbung ist dunkelgrau bis schwarz. Beige bis gelbe Flecken und eine Querbänderung können vorhanden sein. Im Nackenbereich befinden sich vergrößerte Schuppenreihen, die den Tieren ihren deutschen Namen eingebracht haben.

Pflege: Sinnvoll ist eine paarweise Haltung mit reichlichen Versteckmöglichkeiten und einem Nistkasten für die Eiablage. Die Weibchen vergraben ihre Gelege in der Natur wahrscheinlich in Baumhöhlen oder vermoderndem Holz.

28–32 °C

nein

Tag

<150 cm

A und C

Typ II, feucht

Granit-Nachtechse

Xantusia henshawi

Verbreitung und Lebensraum: Die Granit-Nachtechse kommt von Südkalifornien bis Mexiko vor. Sie lebt in steinigen Wüsten und Halbwüsten, und zwar stets in der Nähe größer Felsansammlungen. Den Tag verschlafen die Tiere in Felsspalten oder unter großen hohlliegenden Steinplatten.

Aussehen: Auf grauem Grund sind große, schwarze Kreisflecken verstreut, die sich am Schwanz zu Querbinden zusammenschließen.

Pflege: Nachtechsen benötigen einige Versteckmöglichkeiten, die ihnen das nötige Sicherheitsgefühl geben. Ein künstlicher Felsenaufbau, verbunden mit einem Heizstein, wäre dafür ideal. Die Tiere lassen sich paarweise halten. Die Art ist lebendgebärend.

 25–32 °C
 nein
 Nacht
 <15 cm
 A
 Typ IV, trocken

![Taylors Bieberschwanzagame]

Taylors Bieberschwanzagame

Xenagama taylori

Verbreitung und Lebensraum: Somalia und Äthiopien. Es handelt sich um Bodenbewohner, die man in trockenen, wüstenhaften Gebieten mit spärlichem Bewuchs antrifft. Dort graben sie bis zu 120 cm tiefe Höhlen, die sich bis in die feuchten Bodenschichten erstrecken und in die sie sich zum Schlafen und bei Gefahr zurückziehen.

Aussehen: Auffallendstes Merkmal der Art ist ihr am Ansatz tellerartig verbreiterter und sehr stacheliger Schwanz mit dem kurzen freien Ende. Farblich sind diese Agamen dem Untergrund ihres Lebensraumes sehr gut angepasst. Die Männchen weisen teilweise am Kopf und an der Brust blaue Töne auf.

Pflege: Die Art sollte einzeln oder paarweise gepflegt werden.

25–35 °C

45 °C

Tag

>13 cm

A

Typ VI, trocken

Karstens Ringelschildechse

Zonosaurus karsteni

Verbreitung und Lebensraum: Die Art ist überwiegend im Süden und Südwesten Madagaskars beheimatet. Als Bodenbewohner kommt sie vom Trockenwald bis in die Dornbuschsavanne vor.

Aussehen: Der Rücken ist hellbraun gefärbt. Seitlich verläuft ein heller Streifen, der schwarz eingesäumt ist. Darunter befindet sich eine helle Fleckenzeichnung auf rotbraunem Grund.

Pflege: Eine paarweise Haltung gestaltet sich problemlos. Wenn es zeitweise kühler wird, legen die Echsen eine Ruhephase ein. Im Anschluss daran kommt es zu Paarungen. Die Weibchen vergraben ihre bis zu 4 Eier im Boden. Sie können bis zu 4 Gelege pro Jahr produzieren. Nach etwa 90 Tagen schlüpfen die Jungtiere.

| 25–30 °C | 35 °C | Tag | >40 cm | A | Typ VI, feucht |

Madagaskarboa

Acrantophis madagascariensis

Verbreitung und Lebensraum: Madagaskar. Man findet sie überwiegend in der Laubschicht am Boden feuchterer Waldgebiete. Die Art ist nachtaktiv und verbringt den Tag in hohlen Baumstämmen oder unter morschem Holz.

Aussehen: Die braune Grundfärbung wird an den Seiten von dunkelbraunen bis schwarzen, hell umrandeten Flecken unterbrochen.

Pflege: Diese Schlangen benötigen eine größere Grundfläche, da sie sich gerne auf dem Boden aufhalten. Sie müssen einzeln gepflegt und zur Paarung für kurze Zeit zusammengesetzt werden. Das Weibchen bringt nach einer Tragezeit von 8–9 Monaten eine kleine Anzahl lebender Jungtiere zur Welt. Die Aufzucht ist problemlos.

25–32 °C nein Nacht >300 cm C Typ II, feucht

Grüne Peitschennatter

Ahaetulla prasina

Verbreitung und Lebensraum: Das Vorkommen dieser Spezies erstreckt sich von der Malaysischen Halbinsel bis nach Indonesien. Im Regenwald von Borneo ist sie die häufigste Schlangenart. Die Tiere leben auf Büschen, sehr häufig in der Nähe von Gewässern.

Aussehen: Der spitz zulaufende Kopf ist deutlich vom langen, dünnen Körper abgesetzt. Ihre zeichnungslos grüne Färbung verleiht den Schlangen eine hervorragende Tarnung.

Pflege: Die Umstellung der Fütterung von Echsen auf Mäuse gestaltet sich bisweilen etwas schwierig. Da es sich um eine Trugnatter handelt, ist beim Umgang mit dieser Schlange Vorsicht geboten. Bisher sind aber keine schwerwiegenden Unfälle bekannt geworden.

25–30 °C   nein   Tag   <200 cm   C   Typ I, feucht

Gefleckter Python

Antaresia maculosa

Verbreitung und Lebensraum: Diese Art ist von der Ostküste Australiens bekannt. Hier kommt sie vom feuchten Regenwald bis in halbtrockene Waldgebiete vor. Es handelt sich um einen Bodenbewohner, der nur selten ins Buschwerk emporklimmt.

Aussehen: Auf braunem Grund finden sich vom Kopf bis zum Schwanz schwarze Flecken. Die Schlange wird häufig mit der ihr sehr ähnlichen *Lialis childreni* verwechselt.

Pflege: Die paarweise Haltung bereitet keine Probleme. Eine Ruhephase mit leicht herabgesetzten Temperaturen und etwas niedrigerer Luftfeuchte wirkt sich stimulierend auf die Paarungsbereitschaft aus. Die Weibchen legen bis zu 10 Eier, die sie zwischen ihren Körperwindungen bebrüten.

 25–30 °C nein Nacht <100 cm C | Typ III, feucht

Schwarzkopfpython

Aspidites melanocephalus

Verbreitung und Lebensraum: Diese Art besiedelt ein riesiges Gebiet im Norden Australiens. Dort leben die Tiere am Boden felsiger Landschaften sowohl im tropischen Regenwald als auch im offenen und trockenen Buschland.

Aussehen: Der Name „Schwarzkopfpython" weist schon auf das Aussehen hin, denn der schwarze Kopf hebt sich deutlich vom cremefarbenen Körper mit seinen braunen Querbinden ab.

Pflege: Die Pflege sollte einzeln erfolgen, nur zur Paarung werden die Geschlechter zusammengesetzt. Für die Eiablage bietet man dem Weibchen eine Schlupfkiste mit mäßig feuchtem Moos an. Bei einer Zeitigungstemperatur von 31,5 °C benötigen die Jungen bis zum Schlupf etwas über 60 Tage.

 25–32 °C

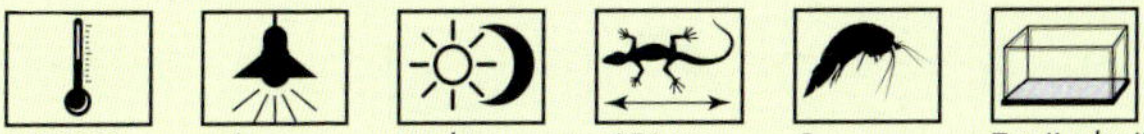

 nein

 Nacht

 >250 cm

 C

 Typ II oder III, feucht

Usambara-Buschviper

Atheris ceratophora

Verbreitung und Lebensraum: Die Art lebt in
Tansania, Ostafrika in den Usambara- und
Uluguru-Bergen. Sie bewegen sich auf Bäumen und Sträuchern und verstecken sich in
hohl liegenden Baumstümpfen oder liegen
im Geäst. Sie können ausgezeichnet klettern und mit ihrem Greifschwanz finden sie
sehr guten Halt in den Bäumen. Teilweise
sind die Tiere auch am Boden zu finden.
Aussehen: Der dreieckige Kopf setzt sich
deutlich vom Körper ab. Die gelbe Grund-

färbung weist eine unregelmäßige dunkle
Fleckenzeichnung auf.
Pflege: Die Art kann zu mehreren in einem
gut strukturierten Terrarium gepflegt werden. Die Giftwirkung ist problematisch,
aber selten tödlich. Die Art ist lebendgebärend.

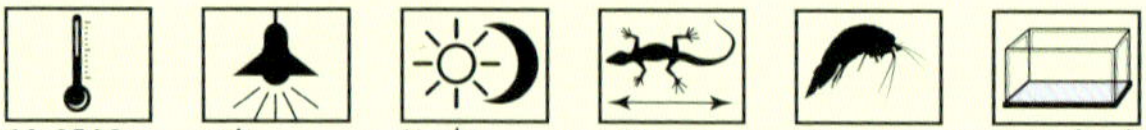

18–25 °C

nein

Nacht

>50 cm

C

Typ I, feucht

Puffotter

Bitis arietans

Verbreitung und Lebensraum: Ganz Afrika bis nach Arabien. Sie ist ein Bodenbewohner, den man bis in Höhen um 3000 m über NN antrifft.

Aussehen: Der große, breite Schädel setzt sich deutlich vom Körper ab. In Färbung und Aussehen sind diese Schlangen sehr variabel. Mit ihren sehr langen Giftzähnen und dem sehr wirksamen Toxin gehören sie zu den gefährlichsten Vertretern der Schlangenfauna Afrikas. Das Weibchen besitzt einen längeren Schwanz als das Männchen.

Pflege: Die gewöhnlich träge wirkenden Schlangen können blitzschnell zubeißen. Sie sind lebendgebärend: ein großes Weibchen bringt in der Regel 30–50 Junge zur Welt, die bei der Geburt bereits eine Gesamtlänge von 23–25 cm besitzen.

 25–30 °C nein Nacht >120cm C 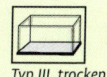 Typ III, trocken

Abgottschlange

Boa constrictor

Verbreitung und Lebensraum: Das Verbreitungsgebiet dieser Riesenschlange ist sehr ausgedehnt: es reicht von Nordmexiko bis ins nördliche Argentinien. Die Art bevorzugt keinen bestimmten Lebensraum und kommt vom Tieflandregenwald bis in Höhenlagen um 1500 m vor.

Aussehen: Der dreieckige Kopf ist deutlich vom Körper abgesetzt. Die braune Grundfärbung wird durch unterschiedlich geformte dunkle Flecken mit hellem Rand unterbrochen.

Pflege: Etwa 6 Monate nach der Paarung bringen die Weibchen ihre lebenden Jungen zur Welt. Deren Anzahl hängt von der Größe der Muttertiere ab: es können mehr als 50 sein. Selbst kleine Jungtiere sind in der Lage, kleine Mäuse zu fressen.

25–30 °C

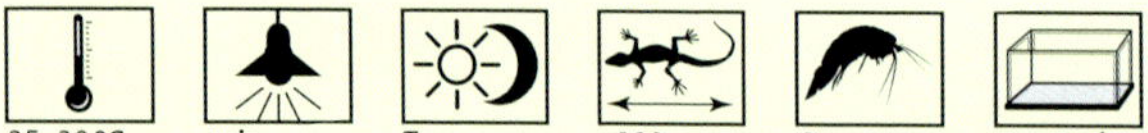

nein

Tag

>280 cm

C

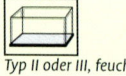
Typ II oder III, feucht

Mangroven-Nachtbaumnatter

Boiga dendrophila

Verbreitung und Lebensraum: Die verschiedenen Unterarten der Spezies sind von Südthailand bis nach Indonesien und den Philippinen verbreitet. Es handelt sich um Baum- und Buschbewohner, die nur selten den Boden aufsuchen.

Aussehen: Die gelbe Musterung hebt sich sehr wirkungsvoll von der schwarzen Grundfarbe ab und verleiht der Schlange ihr typisches Aussehen.

Pflege: Man sollte die Wirkung des Bisses dieser Trugnattern nicht unterschätzen: er kann zu schweren Vergiftungen führen. Einzelhaltung ist angebracht, da es sonst vorkommen kann, dass eine Schlange die andere auffrisst. Das Weibchen legt etwa 7–10 Eier, aus denen nach mehr als 100 Tagen die Jungtiere schlüpfen.

25–30 °C   nein   Nacht   >200 cm   C   Typ I, feucht

Greifschwanz-Lanzenotter

Bothriechis schlegelii

Verbreitung und Lebensraum: Diese Lanzenotter kommt von Südmexiko bis Venezuela vor. Sie ist eine Baumbewohnerin, die man überwiegend im feuchten Regenwald antrifft. Die Tiere dringen aber auch immer wieder in Plantagen vor, wo es häufig zu Bissunfällen kommt, die allerdings nur selten tödlich verlaufen.

Aussehen: Die Schlangen zeigen ein sehr breites Farbspektrum – auf gelbem bis grünem Grund finden sich verschiedene Flecken- und Netzmuster. Zwei bis drei deutlich verlängerte Stachelschuppen über den Augen sind charakteristisch für diese Art.

Pflege: Man kann die Schlangen paarweise in geräumigen Regenwaldterrarien pflegen. Das Weibchen kann mehr als 20 lebende Junge gebären.

 24–28 °C
 nein
 Nacht
 >80 cm
 C
 Typ I, feucht

Rauschuppige Pazifikboa

Candoia carinata

Verbreitung und Lebensraum: Die Art ist im pazifischen Raum weit verbreitet. Sie kommt von Neuguinea bis zu den Santa Cruz Inseln und auf dem Bismarck Archipel vor. Sie hält sich meist in Bäumen und Buschwerk auf, kriecht aber sehr häufig auch über den Borden.

Aussehen: Der dreieckige Kopf setzt sich deutlich vom restlichen Körper ab. Die Färbung reicht von dunkelbraun bis hin zu beigegrau. Auf dem Rücken befinden sich häufig einige größere Flecken.

Pflege: Die Schlangen können in größeren Gruppen gemeinsam gehalten werden. Die Art ist lebendgebärend, und die Weibchen bringen mehr als 20 Junge zur Welt. Die Art kann teilweise sehr aggressiv sein.

 25–30 °C   nein   Tag   <100 cm   C   Typ I, feucht

Hornviper

Cerastes gasperettii

Verbreitung und Lebensraum: Die Giftschlangenart kommt von Ägypten (Sinai-Halbinsel) bis Israel (Negev-Wüste) vor. Die Schlangen vergraben sich tagsüber häufig unter größeren Büschen im Sand, suchen aber auch Zuflucht unter Steinen oder in Nagerbauen. In der Nacht schwärmen sie von dort auf Beutezug aus.

Aussehen: Der dreieckige Kopf ist deutlich vom Körper abgesetzt. Farblich sind die Tiere dem Untergrund hervorragend angepasst: je nach Farbe des Sandes können sie cremefarben bis rotbraun ausfallen. Auf dem Rücken finden sich dunkle Flecken, die eine Querbänderung andeuten.

Pflege: Die Schlangen sollten wegen ihrer Gefährlichkeit immer einzeln gepflegt werden.

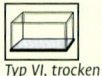

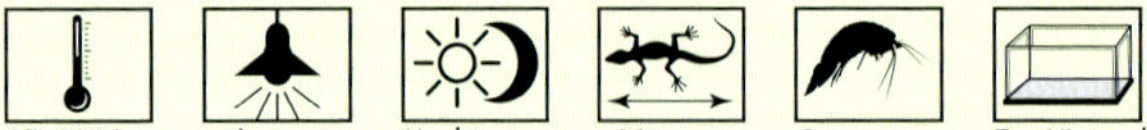

| 25–32 °C | nein | Nacht | >80 cm | C | Typ VI, trocken |

Westliche Schaufelnasenschlange

Chionactis occipitalis

Verbreitung und Lebensraum: Südwest-Nevada bis nach Nordwest-Mexiko. Es sind reine Bodenbewohner, die wüstenhafte Sandgebiete bevorzugen. Hier vergraben sie sich tagsüber oder tauchen bei Gefahr blitzschnell im Sand unter.

Aussehen: Der schaufelartige überstehende Oberkiefer weist schon auf eine wühlende Lebensweise hin. Die gelbliche Grundfärbung weist häufig einen rötlichen Schimmer auf. Über den Rücken ziehen sich schwarze, sattelartige Querbinden.

Pflege: Eine paarweise Haltung bereitet keine Probleme. Nach der etwa 4–5 Monate andauernden Winterruhe paaren sich die Schlangen. Im Frühjahr legen die Weibchen im Boden bis zu 9 Eier ab, aus denen die Jungtiere schlüpfen.

25–32 °C, Winterruhe   nein   Nacht   >30 cm   A   Typ VI, trocken

Grüner Hundskopfschlinger

Corallus caninus

Verbreitung und Lebensraum: Von Ost-Peru und Nord-Bolivien über Brasilien bis nach Guyana ist diese Art anzutreffen. Es handelt sich um Regenwaldbewohner, die sich dank ihres gut entwickelten Greifschwanzes in den Kronen der Bäume hervorragend bewegen können.

Aussehen: Der gesamte Oberkörper ist leuchtend grün gefärbt, der dreieckige Kopf deutlich vom Körper abgesetzt. Die Tiere besitzen sehr lange, nach hinten gekrümmte Fangzähne.

Pflege: Eine gleichbleibend hohe Luftfeuchtigkeit ist bei der Haltung unerlässlich. Leicht herabgesetzte Temperaturen können die Paarungsbereitschaft positiv beeinflussen. Die Weibchen setzen ihre bis zu 6 Jungtiere häufig hoch oben im Geäst ab.

25–35 °C   nein   Nacht   >300 cm   C   Typ II, feucht

Seitenwinder-Klapperschlange

Crotalus cerastes

Verbreitung und Lebensraum: Die Seitenwinder-Klapperschlange kommt vom Südosten der USA bis Nordwestmexiko vor. Sie ist ein Bodenbewohner, den man überwiegend in wüstenhaften Gebieten antrifft.

Aussehen: Charakteristisch für diese Art sind ihre stark verlängerten Augenbrauenschilde, die wie kleine Hörner wirken. Farblich sind die Tiere stets hervorragend dem jeweiligen Untergrund ihres Lebensraumes angepasst.

Pflege: Die Ernährung kann manchmal Probleme bereiten, da diese Schlangen von Natur aus vorwiegend Echsen fressen und sich bisweilen sehr schwer auf Nager umstellen lassen. Die Art ist lebendgebärend. Trotz ihrer Giftigkeit kommt es nur selten zu Bissunfällen.

 25–32 °C

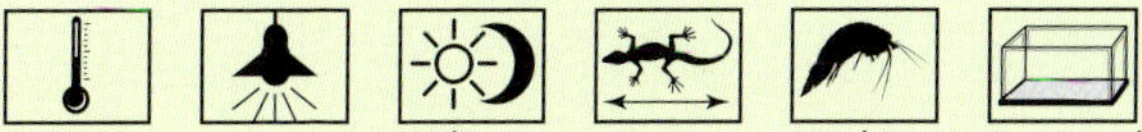

 nein

 Nacht

 <75 cm

 A und C

 Typ VI, trocken

Gewöhnliche Eierschlange

Dasypeltis scabra

Verbreitung und Lebensraum: Die Eierschlange kommt im gesamten südafrikanischen Raum vor; im Norden reicht ihr Vorkommen bis in den Sudan und nach Südarabien. Darüber hinaus wurden sie auch in mehreren Staaten Westafrikas und in Marokko gefunden. Die Tiere bewohnen Savannen und lichte Waldgebiete, während reine Wüsten und Regenwälder gemieden werden.

Aussehen: Je nach Verbreitung können die Schlangen grau bis schokoladenbraun gefärbt sein. Es gibt sowohl zeichnungslose als auch gestreifte und stark gefleckte Exemplare.

Pflege: Die Tiere ernähren sich überwiegend von Vogeleiern und benötigen zur Pflege hohe Terrarien mit guten Klettermöglichkeiten.

 25–30 °C
 nein
 Nacht
 <100 cm
 Eier
 Typ III, trocken

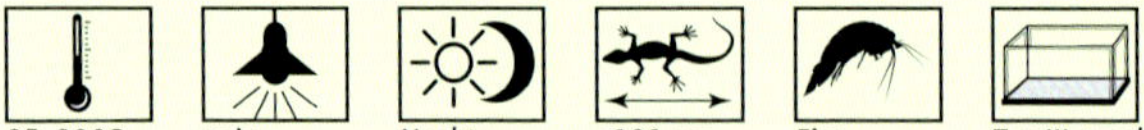

Gestreifte Bronzenatter

Dendrelaphis caudolineatus

Verbreitung und Lebensraum: Die Gestreifte Bronzenatter ist in Südostasien weit verbreitet. Sie kommt im Regenwald genauso häufig vor wie in Sekundärwäldern und Kulturlandschaften. Die Tiere sind geschickte Kletterer, die sich überwiegend auf Bäumen und in Büschen aufhalten.

Aussehen: Die Kopfoberseite ist einfarbig braun. Den hellen Bauch begrenzen seitlich ein bis zwei schwarze Längsstreifen. Der Rücken ist hellbraun bis bronzefarben mit einzelnen schwarz eingefassten Schuppen.

Pflege: Diese Art kann sich manchmal recht aggressiv gebärden und sehr kräftig zubeißen. Das Weibchen legt zweimal im Jahr 5–8 Eier, aus ihnen schlüpfen etwas über 30 cm lange Jungschlangen.

25–30 °C   nein   Tag   >150 cm   C   Typ I, feucht

Grüne Mamba

Dendroaspis viridis

Verbreitung und Lebensraum: Die Art ist in West-Afrika zuhause. Sie lebt in tropischen Regen- und Sekundärwäldern. Es handelt sich um eine sehr schnelle Art, die auf den Bäumen genau so flink ist wie auf der Erde.

Aussehen: Es gibt zwei Farbvarianten der Grünen Mamba: die eine ist durchgehend grün, die zweite bräunlich bis orange.

Pflege: Der Biss der Grünen Mamba endet unbehandelt häufig tödlich. Das Weibchen legt bis zu 10 Eier, die auf feuchtem Vermiculite gezeitigt werden. In Abhängigkeit von der Temperatur schlüpfen die Jungen nach 70–80 Tagen. Sie haben beim Schlupf bereits eine Gesamtlänge von etwas über 40 cm und besitzen schon ihre volle Giftigkeit.

25–30 °C

nein

Tag

>200 cm

C

Typ II, feucht

Schneckennatter

Dipsas catesbyi

Verbreitung und Lebensraum: Die Schneckennatter lebt in den Regenwäldern von Ecuador und Peru. Sie hält sich überwiegend am Boden auf, steigt aber auch hoch ins Geäst um dort nach Nahrung zu suchen.

Aussehen: Der Bauch ist hellbeige, der Oberkörper rotbraun mit großen dunkelbraunen Flecken, die teilweise hell umrandet sein können. Der Kopf setzt sich deutlich vom Körper ab. Am Hinterkopf findet sich ein weißes Halsband.

Pflege: Die Schlangen sollten paarweise in Regenwaldterrarien, die mit zahlreichen Versteckplätzen ausgestattet sind, gehalten werden. Sie ernähren sich ausschließlich von Gehäuseschnecken, die sie mit ihrem Unterkiefer aus dem Gehäuse ziehen.

| 25–28 °C | nein | Nacht | >120 cm | Schnecken | Typ I, feucht |

Afrikanische Strumpfbandnatter

Elapsoidea nigra

Verbreitung und Lebensraum: Die Art kommt in den Usambara-, Uluguru- und Udzungwa-Bergen von Tansania vor; außerdem wurde sie auch in Kenia (Taita Hills) gefunden. Es sind Bewohner der Falllaubschicht der Wälder.

Aussehen: Die jungen Schlangen sind graublau mit dunklen, hell eingefassten Querbinden. Im Alter zeigen sie eine dunklere Färbung mit heller Querbänderung. Der Kopf ist nur undeutlich vom Körper abge-

setzt, und die kleinen Augen haben runde Pupillen.

Pflege: Es handelt sich um eine Giftschlange, die jedoch offenbar nicht sehr aggressiv ist. Über ihre Haltung ist bisher nur wenig bekannt. Das Weibchen legt 2–5 Eier, über deren Zeitigung keine Daten vorliegen.

25–28 °C

nein

Tag

>60 cm

C

Typ I, feucht

Vierstreifennatter

Elaphe quatuorlineata

Verbreitung und Lebensraum: Italien bis Vorderasien. Dabei wird kein bestimmter Lebensraum bevorzugt. Man findet die Tiere genauso häufig in lichten, trockenen Wäldern wie in Feuchtgebieten. Überwiegend halten sie sich am Boden auf, doch können sie auch gut klettern.

Aussehen: Der Name „Vierstreifennatter" trifft eigentlich nur für vereinzelte Exemplare wirklich zu. In Zeichnung und Farbe variieren die Tiere je nach Verbreitungsgebiet sehr stark. Ihre Grundfärbung besteht überwiegend aus Gelb- und Brauntönen, und man findet sowohl gestreifte als auch gefleckte Exemplare.

Pflege: Die Terrarien sollten eine größere Grundfläche besitzen. Eine Gruppenhaltung ist möglich.

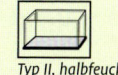

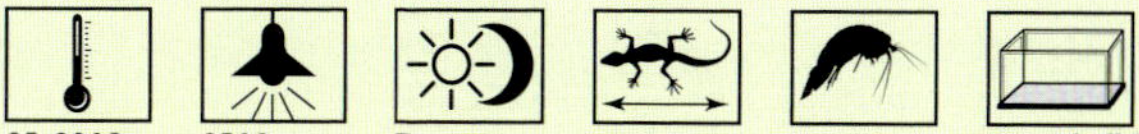

25–28 °C   35 °C   Tag   <200 cm   C   Typ II, halbfeucht

Amurnatter

Elaphe schrencki

Verbreitung und Lebensraum: Die Gebiete um die Flüsse Amur, Ussuri und Argun werden von dieser Schlange besiedelt; außerdem kommt sie von Ostsibirien bis nach Korea und Südchina vor, überwiegend in feuchteren Gebieten. Dort halten sich die Tiere sowohl am Boden als auch auf Bäumen auf.

Aussehen: Auf schwarzem bis braunem Grund finden sich häufig gelbe bis hellbeige Querbinden.

Pflege: Die Schlangen können paarweise oder in Gruppen gepflegt werden. Für ihre erfolgreiche Haltung und Zucht ist unbedingt eine längere Winterruhe erforderlich. Die Weibchen legen in der Regel weniger als 20 Eier ab. Diese werden in einem Schlupfkasten in feuchtem Moos abgelegt.

25–28 °C nein Tag <180 cm C Typ III, feucht

Regenbogenboa

Epicrates cenchria

Verbreitung und Lebensraum: Die Regenbogenboa ist von Costa Rica bis nach Argentinien verbreitet; sie bewohnt Waldgebiete und Plantagen, genauso wie auch felsige Landschaften.

Aussehen: Kurz nach der Häutung schimmern die glatten Schuppen regenbogenfarben, daher auch der deutsche Name. Die Tiere können einfarbig braun sein, tragen aber weit häufiger helle Flecken mit dunkler Umrandung.

Pflege: Da die Schlangen sehr gerne ein Bad nehmen, sollte stets ein gut temperiertes Wasserbecken vorhanden sein. Wie alle Boas ist auch die Gattung Epicrates lebendgebärend: das Weibchen bringt nach einer Tragezeit von etwa 5 Monaten häufig mehr als 10 Junge zur Welt.

25–32 °C

nein

Nacht

>300 cm

C

Typ II oder III, feucht

Sandboa

Eryx jaculus

Verbreitung und Lebensraum: Die Art ist von Südosteuropa bis nach Südwestasien und in Nordafrika weit verbreitet. Sie lebt überwiegend in steppen- bis wüstenartigen Gebieten mit spärlichem Bewuchs. Es sind Bodenbewohner, die den Tag unter Steinen oder in Erdlöchern verschlafen.

Aussehen: In Anpassung an die wühlende Lebensweise hat sich der Oberkiefer gegenüber dem Unterkiefer deutlich verlängert. Der Kopf ist kaum vom walzenförmigen Körper abgesetzt. Auf grauem bis bräunlichem Grund tragen die Tiere dunkelbraune Flecken, die ein Rautenband bilden.

Pflege: Angebracht ist hier Einzelhaltung, da die Schlangen sehr starken Futterneid zeigen und sich beim Fressen verletzen können.

25–28 °C   nein   Nacht   >60 cm   C   Typ III, feucht

Spitzkopfnatter

Gonyosoma oxycephala

Verbreitung und Lebensraum: Die Spitzkopf-natter kommt in ganz Südostasien vor und hält sich fast nur auf Bäumen auf. Häufig leben die Schlangen in der Nähe von Gewässern – auch in Mangrovensümpfen.
Aussehen: Die Tiere besitzen eine sehr lan-ge, spitz zulaufende Schnauze und einen langen, dünnen Schwanz, der bei Erregung ständig in Bewegung ist. Ihre Färbung vari-iert von grüngelb bis oliv. Häufig ist die Bauchseite gelb oder doch wenigstens hel-ler abgesetzt.

Pflege: Diese Schlangen können bisweilen sehr bissig sein. Das Weibchen legt seine bis zu 12 Eier im Terrarium in Schlupfkisten gefüllt mit feuchtem Moos ab. Bei 26–30 °C benötigen die Jungtiere etwa 95–125 Tage bis zum Schlupf.

 25–28 °C   nein   Tag   >200 cm   C    Typ I oder II, feucht

Kielschwanznatter

Helicops angulatus

Verbreitung und Lebensraum: Diese Art kommt im tropischen Südamerika vor, genauer gesagt auf Trinidad und Tobago. Wie der deutsche Name „Braun gebänderte Wasserschlange" schon andeutet, lebt sie im feuchten Element – vom Süß- bis zum Brackwasser und sehr häufig auch in Sumpfgebieten.

Aussehen: Die Grundfarbe variiert von rot bis graugelb mit leichter Querbänderung. Die Männchen besitzen einen längeren Schwanz als die Weibchen.

Pflege: Zur Haltung kommt nur ein Paludarium in Frage. Man kann mehrere Schlangen zusammen pflegen. Das Weibchen legt bis zu 20 Eier, die zu einem großen Klumpen zusammenkleben. Sie werden in feuchtem Vermiculite gezeitigt.

 25–28 °C
 nein
 Tag
 >60 cm
 C
 Typ VIII, feucht

Honduras-Königsnatter

Lampropeltis triangulum

Verbreitung und Lebensraum: Die Königsnatter bewohnt fast die gesamten USA und Teile von Mittelamerika. Innerhalb dieses riesigen Verbreitungsgebiets haben sich die Schlangen alle möglichen Lebensräume erobert. Ganz überwiegend trifft man sie auf dem Boden an.

Aussehen: Die häufigste Farbkombination besteht aus roten, schwarzen und weißen Querbinden, wobei der rote Ton von hellrot bis rotbraun variieren kann. Mittlerweile gibt es aber auch andere Farbzüchtungen, bis hin zu Albinos.

Pflege: Die Schlangen sollten einzeln gepflegt und nur zur Paarung zusammengesetzt werden, denn sonst kann es bei der Fütterung geschehen, dass sie einander gegenseitig umbringen.

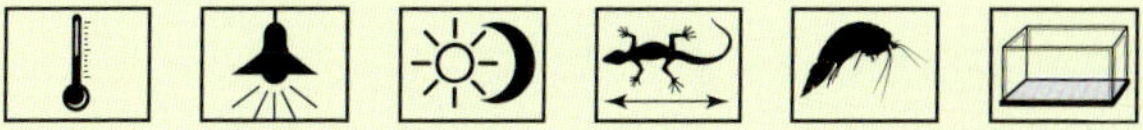

 25–30 °C nein Tag >120 cm C  Typ I oder III, feucht

Rosenboa

Lichanura trivirgata

Verbreitung und Lebensraum: Diese Schlangen kommen in den USA (Südkalifornien, Südwestarizona) und Nordwest-Mexiko (Niederkalifornien) vor. Sie sind reine Bodenbewohner, die in trockenen Sand- und Felswüsten mit spärlichem Bewuchs leben.

Aussehen: Der Kopf mit den kleinen Augen geht ohne erkennbare Zäsur in den Rumpf über. Die Grundfarbe variiert von grau bis braunrot; darüber verläuft eine mehr oder minder deutliche Längsstreifung. Die

Männchen besitzen beiderseits der Kloake einen Aftersporn.

Pflege: Es handelt sich um eine sehr ruhige und friedliche Schlange, die leicht paarweise gepflegt werden kann. Die Tiere paaren sich kurze Zeit nach ihrer 3–6 monatigen Winterruhe.

25–30 °C

nein

Nacht

<100 cm

C

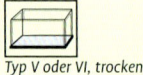
Typ V oder VI, trocken

Grüner Baumpython

Morelia viridis

Verbreitung und Lebensraum: Der Grüne Baumpython kommt in Neuguinea, auf den Salomonen und an der Nordostspitze Australiens vor. Die Schlangen sind Baumbewohner der tropischen Regenwälder.
Aussehen: Die Grundfarbe variiert von gelb über grün bis blaugrün. Längs des Rückgrats bilden weiße Flecken häufig eine Art Band.
Pflege: In größeren Terrarien kann man mehrere Tiere pflegen. Es hat sich jedoch herausgestellt, dass eine Einzelhaltung für

die Zucht vorteilhafter ist. Die Paare werden nur zur Paarung zusammengesetzt. Das Weibchen bebrütet seine Eier zwischen den Körperschlingen und sorgt durch Muskelkontraktionen für eine optimale Zeitigungstemperatur.

 25–30 °C   nein   Tag   <180 cm   C Typ II, feucht

Würfelnatter

Natrix tessellata

Verbreitung und Lebensraum: Mitteleuropa und Eurasien bis China. Sie ist eine ausgezeichnete Schwimmerin, die auch lange Zeit unter Wasser ausharren kann. Man findet sie sowohl an schnell fließenden Bächen mit Stillwasserzonen als auch im Uferbereich großer Flüsse und Seen.
Aussehen: Auf graugrünem Grund finden sich eine Würfelzeichnung oder einzelne kleine Flecken.
Pflege: Die Art kann auch in größeren Gruppen gepflegt werden. Das Weibchen ver-

gräbt seine 6–25 häufig zu einem Klumpen verklebten Eier unter faulem Holz oder in modernden Baumstümpfen. Je nach Temperatur benötigen die Jungen bis zum Schlupf 50–70 Tage. Anfangs ernähren sie sich von Kaulquappen und kleinen Fischen.

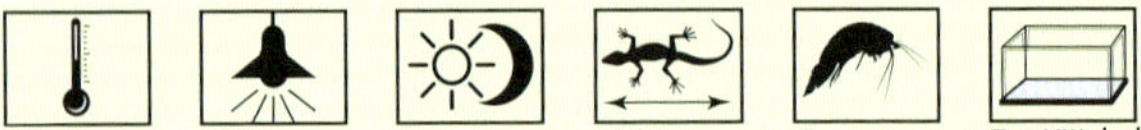

25–28 °C   35 °C   Tag   >150 cm   C   Typ VIII, halbfeucht

Buntpython

Python brongersmai

Verbreitung und Lebensraum: Diese Schlangenart kommt in Indonesien (Sumatra mit kleineren Nachbarinseln) und auf der Malaiischen Halbinsel vor. Sie lebt überwiegend in der Laubschicht am Boden von Regenwäldern und anderen Feuchtgebieten.

Aussehen: Zeichnung und Musterung sind überaus variabel. Das Spektrum der Grundfärbung reicht von gelb bis rot, und die Musterung ist dunkel davon abgesetzt. Sie kann aus einzelnen Flecken, Streifen oder einer Art Gitternetz bestehen. Auch an den unterschiedlichen Zuchtformen zeigt sich die große Variabilität dieser Spezies.

Pflege: Die Tiere sollten einzeln gepflegt werden; nur zur Paarung setzt man das Weibchen zum Männchen.

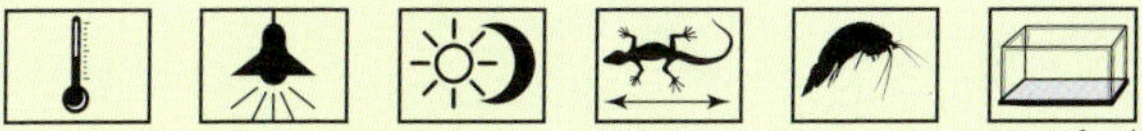

25–32 °C	nein	Tag	>200 cm	C	Typ II, feucht

Dunkler Tigerpython

Python molurus bivittatus

Verbreitung und Lebensraum: Ostasien. Die Art bevorzugt Feuchtgebiete mit größeren Gewässern, in denen sie sich sehr gern aufhält.

Aussehen: Die Grundfarbe ist dunkelbraun; über den ganzen Körper ziehen sich gelbe Längsstreifen und Querbinden. Darüber hinaus sind mittlerweile auch verschiedene Zuchtformen bekannt.

Pflege: Nur Einzelhaltung kommt hier in Frage – Vorsicht beim Umgang mit diesen sehr kräftigen Schlangen! Das Weibchen legt bis zu 50 Eier, die es selbst bebrütet. Dazu wickelt sich die Schlange um das Gelege und erhöht durch Muskelkontraktion ihre Körperwärme. Bei einer Bruttemperatur von 30,8 °C benötigen die Jungen bis zum Schlupf 60 Tage.

25–32 °C   nein   Tag   >600cm   C   Typ II, feucht

Königspython

Python regius

Verbreitung und Lebensraum: Das Hauptverbreitungsgebiet des Königspythons liegt in West- und Zentralafrika: es erstreckt sich vom Senegal bis nach Uganda. Die Tiere bewohnen die Busch- und Grassavanne bis an die Randzone des Regenwaldes. Häufig kann man sie auch in Wassernähe antreffen.

Aussehen: Auf dunkelbraunem Grund finden sich große gelbe Flecken. Die Schädeloberseite ist dunkelbraun, und von der Nasenöffnung bis zur Schläfenregion zieht sich ein gelber Streifen. Heute existieren auch sehr unterschiedliche Zuchtformen. Bei Gefahr rollen sich die Schlangen zu einem Ball zusammen.

Pflege: Die Gruppenhaltung bereitet keine Probleme – auch nicht bei der Haltung mehrerer Männchen.

 25–28 °C nein Tag >150 cm  C Typ II, halbfeucht

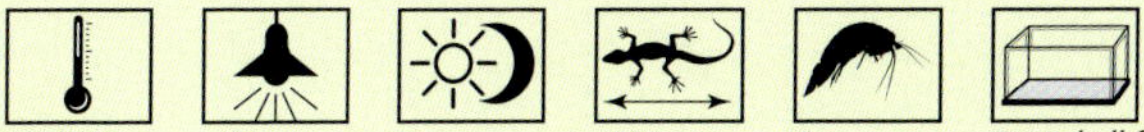

Netzpython

Python reticulatus

Verbreitung und Lebensraum: Der Netzpython ist in Südostasien weit verbreitet. Er hält sich überwiegend am Boden der Regenwälder auf, kommt aber bis an die Häuser der Einheimischen heran. Leider werden die Tiere in den meisten Gebieten wegen ihrer Haut und ihres Fleisches sehr stark bejagt.

Aussehen: Der Netzpython gehört zu den größten Riesenschlangen der Welt. Er trägt ein Gittermuster aus verschiedenen Gelb-

und Brauntönen. Es existieren mittlerweile auch sehr unterschiedliche Zuchtformen.

Pflege: Die Haltung dieser Riesenschlangen ist auf Grund ihrer Größe nicht unproblematisch. Sie werden am besten einzeln gehalten und nur zur Paarung zusammengesetzt.

25–28 °C

nein

Tag

>800 cm

C

Typ II, feucht

Hakennasennatter

Rhamphiophis rostratus

Verbreitung und Lebensraum: Diese Art besiedelt in Ostafrika ein ausgedehntes Verbreitungsgebiet. Sie lebt in trockenen bis halbtrockenen Savannen und im Buschland, wo sie sich überwiegend am Boden aufhält, aber gelegentlich auch in den Büschen umherklettert.

Aussehen: Typisch für diese Schlange ist ihr überstehender Oberkiefer, der auf ihre grabende Lebensweise hindeutet. Auf grauem Grund tragen die Tiere ein dunkelbraunes Netzmuster. Von der Schnauze bis über das Auge zieht sich beiderseits ein dunkelbraunes Band.

Pflege: Die Schlangen sollten einzeln gehalten und nur zur Paarung zusammengesetzt werden. Die Art ist schwach giftig, doch bisher sind keine Unfälle bekannt geworden.

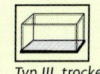

| 25–32 °C | nein | Tag | >120 cm | C | Typ III, trocken |

Langnasennatter

Rhinocheilus lecontei

Verbreitung und Lebensraum: Die Nasennatter kommt von den südwestlichen Staaten der USA bis nach Mexiko hinein vor. Sie bewohnt sandige und steinige Wüstengebiete mit spärlichem Bewuchs, ist aber auch auf Kulturland bis in Höhen um 1800 m über NN anzutreffen. Die nachtaktive Art verbringt den Tag bevorzugt unter Steinen, Brettern oder lockerem Boden.

Aussehen: Vom schwarzen Kopf an ziehen sich schwarz und beige Querbinden mit einer feinen orangen Sprenkelung über den ganzen Körper. Der spitze Kopf deutet auf die grabende Lebensweise hin.

Pflege: Nach der Winterruhe paaren sich die Schlangen, und die Weibchen legen ihre 5–8 Eier von Juni bis August im feuchten Boden ab.

25–28 °C

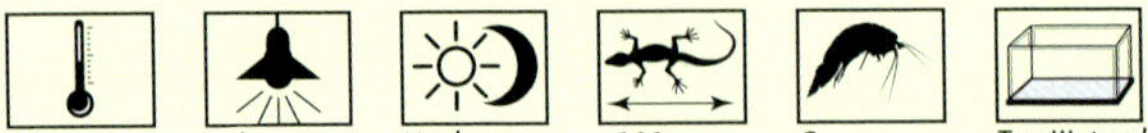

nein

Nacht

>100 cm

C

Typ III, trocken

Madagaskar-Hundskopfboa

Sanzinia madagascariensis

Verbreitung und Lebensraum: Madagaskar. Sie lebt sowohl im Regenwald als auch in der Trockensavanne. Ausgewachsene Exemplare halten sich überwiegend am Boden oder in dessen Nähe auf, während man Jungtiere häufiger in höheren Sträuchern oder auf kleinen Bäumen beobachten kann.

Aussehen: Die Grundfarbe ist bei diesen Schlangen sehr variabel: ihr Spektrum reicht von dunkel- über rotbraun bis graugrün. Die rautenartige Zeichnung der Flanken weist im Zentrum häufig einen hellen Fleck auf.

Pflege: Einzelhaltung erscheint angebracht. Auch diese Art ist lebendgebärend, und das Weibchen bringt nach einer Tragezeit von etwa 6–7 Monaten verhältnismäßig große Junge zur Welt.

| 25–28 °C | nein | Tag und Nacht | <250 cm | C | Typ II, feucht |

Hühnerfresser

Spilotes pullatus

Verbreitung und Lebensraum: Diese Art kommt von Südmexiko bis Argentinien vor. Die Schlangen leben überwiegend in Waldgebieten, wo sie sehr häufig die Nähe von Gewässern suchen. Sie halten sich überwiegend auf Bäumen auf, dringen aber auch in die Häuser von Siedlungen vor.

Aussehen: Auffallend sind die schwarzen Augen mit ihrer runden Pupille, die deutlich vom gelben bis orangen Kopf abstechen. Auf hellbeige bis hellgelbem Grund tragen die Tiere eine schwarze Rauten- und Fleckenzeichnung.

Pflege: In einem großen, hohen Feuchtterrarium lassen sich mehrere Tiere gemeinsam pflegen. Die Art kann sehr ungestüm und bissig sein und bei Störungen heftig auf die Scheiben einstoßen.

25–30 °C   nein   Tag   >300 cm   C   Typ II, feucht

Strumpfbandnatter

Thamnophis sirtalis

Verbreitung und Lebensraum: Diese Strumpfbandnatter kommt von Südkanada über weite Teile der USA bis nach Nordmexiko vor. Sie bevorzugt Feuchtgebiete und hält sich sehr gerne im Wasser auf, ist aber ansonsten in den verschiedensten Lebensräumen anzutreffen.

Aussehen: Farbe und Zeichnung sind äußerst variabel, so dass eine generalisierende Beschreibung äußerst schwer fällt. Deutlich ausgebildet sind aber stets der Rücken- und die zwei Flankenstreifen.

Pflege: Die Schlangen lassen sich auch in größeren Gruppen zusammen halten. Sie sind lebendgebärend, und ein großes Weibchen kann bis zu 80 Jungtiere zur Welt bringen, in aller Regel jedoch viel weniger.

24–28 °C

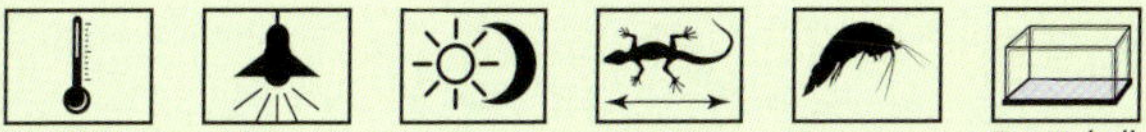

35 °C

Tag

>100 cm

C

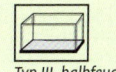
Typ III, halbfeucht

Waglers Lanzenotter

Tropidolaemus wagleri

Verbreitung und Lebensraum: Die Bambusotter kommt von Südthailand über Malaysia bis nach Sulawesi vor. Sie lebt im unteren Busch- und Baumbereich und steigt häufig auch auf den Boden herab. Sie gilt zwar als „beißfaul", und ihr Biss ist selten tödlich, aber sehr schmerzhaft – er muss auf jeden Fall ärztlich behandelt werden. Die Tiere können blitzschnell zustoßen!

Aussehen: Das Aussehen dieser Art ist sehr variabel: die Schlangen können einheitlich grün sei, aber auch schwarz mit gelben Punkten und Querbinden. Ihr dreieckiger Kopf ist deutlich vom Körper abgesetzt.

Pflege: Die Weibchen gebären lebende Junge. Ein Wurf besteht aus 11–25 Tieren, die nicht größer als 18–22 cm sind.

25–30 °C

nein

Nacht

<100 cm

C

Typ I, feucht

Europäische Hornotter

Vipera ammodytes

Verbreitung und Lebensraum: Die Hornviper kommt mit verschiedenen Unterarten vom südöstlichen Österreich bis nach Kleinasien und Syrien vor. Sie steigt dabei bis in Höhen um 2000 m über NN empor. Man findet die Tiere an sonnenexponierten Plätzen, jedoch nie in echten Sandwüsten. Trockene Areale mit zahlreichen Büschen und Legesteinmauern bilden ihren bevorzugten Lebensraum.
Aussehen: Charakteristisch für diese Art ist das Horn auf der Schnauzenspitze. Ihre

Grundfärbung variiert von rotbraun bis hellbeige, mit einem schwarzen Zickzackband auf dem Rücken.
Pflege: Das Gift wirkt auf den Blutkreislauf, weshalb Bisse unbedingt ärztlich behandelt werden müssen.

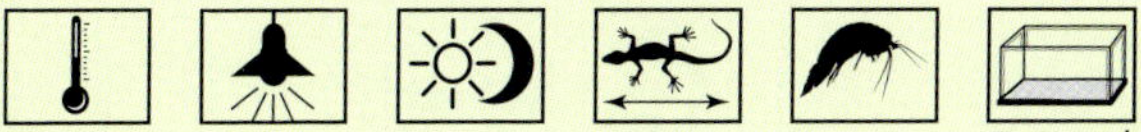

25–28 °C	nein	Tag	<100 cm	C	Typ V, trocken

Äskulapnatter

Zamenis longissima

Verbreitung und Lebensraum: Das Verbreitungsgebiet der Äskulapnatter erstreckt sich von Spanien bis zum Iran. Dabei kommen alle drei Unterarten im gesamten mittel- und südeuropäischen Raum flächendeckend vor. Sehr gerne halten sich die Schlangen in der Nähe von Legesteinmauern auf, und auch bei Häusern und in Stallungen trifft man sie häufig an.

Aussehen: Auf gelb- bis graubrauner Grundfarbe verlaufen mehr oder minder deutliche Längsstreifen. Einige Exemplare lassen auch eine vage Querbänderung aus hellen Schuppen erkennen.

Pflege: Die Schlangen legen manchmal lange Hungerphasen ein, die ihnen aber nicht schaden. Große Weibchen können bis zu 18 Eier ablegen.

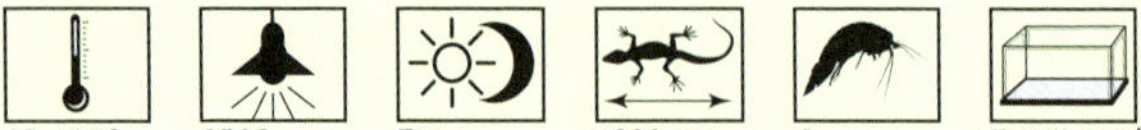

25–28 °C | 35 °C | Tag | >200 cm | C | Typ III, trocken

Leopardnatter

Zamenis situla

Verbreitung und Lebensraum: Die Leopardnatter kommt von der Türkei über Griechenland, Albanien, Ex-Jugoslawien und
Süditalien bis nach Sizilien und Malta vor.
Sie ist ein Bodenbewohner, der gern in
Legesteinmauern Zuflucht sucht.
Aussehen: Die Grundfärbung variiert von
gelblich- bis dunkelgrau. Rotbraune Flecken, die auch zu einem Längsband verschmelzen können, sind vom Kopf bis auf
den Schwanz verteilt.

Pflege: Die Art gilt als sehr stressempfindlich und sollte daher tunlichst einzeln
gepflegt werden. Die Weibchen legen in
aller Regel nur 3–5 Eier. Bei Temperaturen
von 25–29 °C schlüpfen nach 50–75 Tagen
Jungtiere. Eine Winterruhe muss unbedingt
eingehalten werden.

| 25–30 °C | nein | Tag | >100 cm | C | Typ III, trocken |

Schlangenhalsschildkröte

Chelodina longicollis

Verbreitung und Lebensraum: Diese Art bewohnt weite Teile Südost-Australiens. Man findet die Schildkröten in den unterschiedlichsten allenfalls langsam fließenden Gewässern – von Sümpfen über Bäche bis zu Flüssen.

Aussehen: Die Tiere wirken sehr eindrucksvoll – ihr Hals erreicht etwa 2/3 der Länge des schwach gewölbten Panzers. Dessen Farbe variiert von gelblich über braun bis schwarz, während Kopf, Hals und Gliedmaßen schlicht gräulich sind.

Pflege: Es handelt sich um einen gewandten Schwimmer, für den der Wasserteil unterschiedliche Tiefen von bis zu 50 cm aufweisen sollte. Die Tiere ernähren sich von kleinen Fischen, die sie durch plötzliches Aufreißen des Mauls einsaugen.

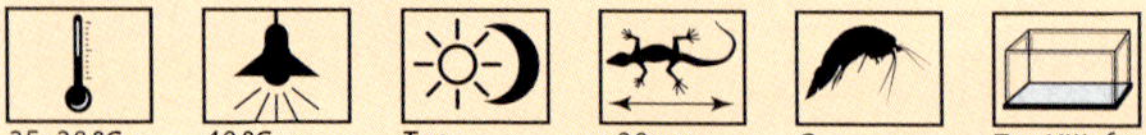

25–28 °C   40 °C   Tag   >20 cm   C   Typ VIII, feucht

Matamata

Chelus fimbriatus

Verbreitung und Lebensraum: Das Vorkommen der Fransenschildkröte erstreckt sich über die nördliche Hälfte Südamerikas. Sie bevorzugt langsam fließende Gewässer mit weichem Untergrund, etwa vegetationsreichen Seen, Teiche und Flussarme.

Aussehen: Das auffälligste Merkmal dieser Art bildet der flache, dreieckige Schädel, an dessen Seiten sich Hautfransen befinden. Die Schnauzenspitze ist schnorchelartig verlängert, der meist einfarbig braune Panzer ist mit drei kräftigen Kielen versehen.

Pflege: Die Tiere können paarweise in geräumigen, nur mäßig beleuchteten Aquaterrarien gepflegt werden. Dabei sollte der Boden mit einer Sandschicht bedeckt sein, in die sie sich leicht eingraben können.

| 25–28 °C | nein | Nacht | >40 cm | C | Typ VIII, feucht |

Zierschildkröte

Chrysemys picta

Verbreitung und Lebensraum: Ihr Verbreitungsgebiet reicht vom Südosten Kanadas bis in die Südstaaten der USA. Sie bevorzugt stehende und langsam fließende Gewässer wie Teiche, Sümpfe, Seen und Bäche, die am Ufer und unter dem Wasserspiegel eine üppige Vegetation aufweisen. Als Sonnenplätze werden aus dem Wasser herausragende Baumstämme oder Wurzeln genutzt.

Aussehen: Der flache, kiellose Rückenpanzer ist schwarzbraun bis grünlich, und die Randschilder sind nicht gesägt. Es handelt sich um eine sehr hübsch gezeichnete Spezies, deren Unterarten sich anhand ihrer Zeichnung und Farbe unterscheiden lassen.

Pflege: Die Art kann während des Sommers im Gartenteich gepflegt werden.

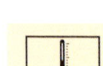 25–28 °C 40 °C Tag >25 cm  A, B, C Typ VIII, feucht

Tropfenschildkröte

Clemmys guttata

Verbreitung und Lebensraum: Das Verbreitungsgebiet der Tropfenschildkröte erstreckt sich von Südost-Kanada über weite Teile der USA. Ihre bevorzugten Lebensräume bilden Sumpfgebiete, Bäche und Tümpel mit flachen Wasserstand und allenfalls geringer Strömung. Diese Habitate zeichnen sich zumeist durch eine üppige Vegetation aus.

Aussehen: Der schwach gewölbte Rückenpanzer ist blauschwarz mit gelblichen Sprenkeln (daher auch ihr deutscher Name), doch kann diese Zeichnung mit zunehmendem Alter verblassen. Die erwähnte Zeichnung verleiht der Tropfenschildkröte ihr attraktives Aussehen.

Pflege: Die Tiere lassen sich gut in flachen Aquaterrarien mit einem großen Landteil pflegen.

| 25–28 °C | 40 °C | Tag | >12 cm | A | Typ VIII, feucht |

Amboina-Scharnierschildkröte

Cuora amboinensis

Verbreitung und Lebensraum: Diese Scharnierschildkröte besiedelt in Südostasien ein großes Verbreitungsgebiet, das sich etwa von Bangladesch bis nach Indonesien und den Philippinen erstreckt. Man findet die Tiere häufig in der Nähe von flachen, vegetationsreichen Gewässern wie Tümpeln, Teichen oder Flussarmen.

Aussehen: Bei *Cuora amboinensis* handelt es sich um eine unscheinbare Art. Ihr hoch gewölbter Panzer ist bräunlich bis schwarz. Nur Jungtiere weisen 3 Längskiele auf, die allerdings im Laufe der Zeit zunehmend abflachen.

Pflege: Man kann die Art paarweise in geräumigen Aquaterrarien mit großem Landteil pflegen. Der Wasserteil sollte dabei maximal 15 cm tief sein.

25–28 °C   35 °C   Tag   >20 cm   A und B   Typ VIII, feucht

Hinterindische Scharnierschildkröte

Cuora galbinifrons

Verbreitung und Lebensraum: Das Verbreitungsgebiet dieser Schildkröte reicht von China bis Vietnam. Sie ist ein Landbewohner, der im feuchten Falllaub und Unterwuchs kühler Bergwälder lebt. In einigen Teilen des Verbreitungsgebietes regnet es fast täglich.

Aussehen: Die Art wirkt recht ansprechend. Ihr hoch gewölbter Panzer zeigt eine hell- bis dunkelbraune Grundfärbung, die an den Seiten durch ein breites, hellgelbes bis beiges Längsband abgelöst wird.

Pflege: Zur Pflege eignen sich kühle, von der Einrichtung dem heimischen Waldboden nachempfundene Terrarien. Die etwa 10 cm hohe Bodenschicht sollte mit Moos und Laub bedeckt sein und zahlreiche Verstecke aufweisen.

 20–24 °C 30 °C Tag >18 cm A und B Typ IX, feucht

Krefft-Spitzkopfschildkröte

Emydura krefftii

Verbreitung und Lebensraum: Die Art bewohnt ausschließlich den Osten und Norden des australischen Bundesstaates Queensland. Als Biotop kommen alle Arten von Fließgewässern in Betracht. Am häufigsten sieht man die Schildkröten an ruhigen Stellen, wo sich Treibholz angesammelt hat.

Aussehen: Es handelt sich um eine recht unscheinbare Art mit einem fast ovalen Panzer von oliv- bis dunkelbrauner Farbe. Zum Teil besitzen die Tiere auch dunkle Flecken. An jeder Seite des Schädels verläuft ein gelber bis grünlicher Streifen.

Pflege: Die Art ist eine gewandte Schwimmerin und sollte paarweise in geräumigen Aquaterrarien gepflegt werden, deren Wassertiefe stellenweise 50 cm beträgt.

 25–28 °C   40 °C   Tag   >25 cm 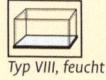 A Typ VIII, feucht

Europäische Sumpfschildkröte

Emys orbicularis

Verbreitung und Lebensraum: Die Sumpf-schildkröte bewohnt weite Teile Mittel- und Südeuropas sowie Westasiens. Man findet sie in den unterschiedlichsten Gewässerfor-men (etwa Sümpfe, Seen, Tümpel, Bäche sowie Gräben). Dabei bevorzugen die Tiere schwach fließende Gewässer mit weichem Bodengrund und üppiger Vegetation.

Aussehen: Die Art besitzt einen ovalen, nur schwach gewölbten Rückenpanzer. Seine Färbung variiert von gelb- und olivbraun über braun bis schwarz und trägt eine

Zeichnung aus unzähligen gelben Strichen oder Punkten, die oft gruppenweise strah-lenförmig angeordnet sind.

Pflege: Sumpfschildkröten lassen sich ganz-jährig im Freiland (Gartenteich) pflegen.

25–28 °C   40 °C   Tag   >25 cm   A   Typ VIII, feucht

Köhlerschildkröte

Geochelone carbonaria

Verbreitung und Lebensraum: Köhlerschildkröten bewohnen das tropische Südamerika östlich der Andenkette. Die Tiere bevorzugen Gras- und Savannenlandschaften sowie Trockenwaldregionen.

Aussehen: Der Rückenpanzer ist bei erwachsenen Exemplaren in der Mitte leicht tailliert. Er trägt bei brauner bis schwarzer Grundfarbe auf jedem Schild einen gelben Fleck. Die Extremitäten sind graubraun, viele der Kopfschuppen gelb gefleckt. Von den schildähnlichen Schuppen der Vorder-

und Hinterbeine prangen einige in leuchtendem Rot.

Pflege: Köhlerschildkröten sollten aufgrund ihres lebhaften, geselligen Wesens immer in kleineren Gruppen und in entsprechend geräumigen Terrarien gehalten werden.

    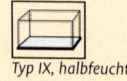

25–28 °C   40 °C   Tag   >30 cm   B   Typ IX, halbfeucht

Pantherschildkröte

Geochelone pardalis

Verbreitung und Lebensraum: Die Art bewohnt das mittlere und südliche Afrika. Ihren Lebensraum bilden trockene, sandige Halbwüsten, Busch- und Savannenlandschaften. Während des sehr heißen und trockenen Sommers können die Schildkröten, im Erdreich vergraben, eine Sommerruhe einlegen.

Aussehen: Der Rückenpanzer ist immer länger als breit, sein Hinterrand stärker als der vordere gesägt. Auf gelblichem Grund trägt er unregelmäßig geformte dunkelbraune bis schwarze Flecken.

Pflege: Man sollte die Tiere nur in großen Anlagen halten, da sie sehr aktiv sind und gern umherwandern. Während der warmen Sommermonate ist eine Unterbringung in sehr großen Freilandgehegen möglich.

    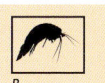

25–30 °C   40 °C   Tag   >50 cm   B   Typ IX, trocken

Strahlenschildkröte

Geochelone radiata

Verbreitung und Lebensraum: Die Strahlenschildkröte bewohnt den zentralen Süden und Südwesten Madagaskars. Ihr Lebensraum wird durch die Dornbuschvegetation geprägt. Innerhalb dieses Habitats bevorzugen die Tiere Areale mit niedrigem Buschwerk und Grasbewuchs.

Aussehen: Die Grundfarbe des stark gewölbten Rückenpanzers ist dunkelbraun bis schwarz. Seine Wirbel-, Rippen- und Randschilder tragen eine gelbe Strahlenzeichnung, die vom gelben Zentrum ausgeht. Der Bauchpanzer ist ebenfalls gelb-schwarz gezeichnet. Bei älteren Tieren wird die genannte Zeichnung zunehmend undeutlicher.

Pflege: Zur Pflege eignen sich großzügig bemessene Anlagen mit einem trockenen Bodengrund.

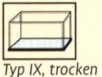

| 25–30 °C | 40 °C | Tag | >40 cm | B | Typ IX, trocken |

Spornschildkröte

Geochelone sulcata

Verbreitung und Lebensraum: Sahel-Zone von Süd-Mauretanien und Nord-Senegal bis ins nördliche Äthiopien. Ihren Lebensraum bilden extrem trockene und heiße Gebiete – Halbwüsten und Savannen bis hin zu Akazienwäldern. Die Tiere verbringen die Nacht und längere Ruhephasen in selbstgegrabenen, bis zu 3 m tiefen Höhlen.

Aussehen: Die Spornschildkröte besitzt einen hellbraunen, abgeflachten Rückenpanzer. Plastron, Kopf und Gliedmaßen sind einfarbig gelb. Ihren Trivialnamen ver-

dankt die Art den Spornen auf ihren Oberschenkeln.

Pflege: Die Tiere können nur in entsprechend hergerichteten Zimmern, Gewächshäusern oder Wintergärten mit ausreichenden Unterschlupfmöglichkeiten gepflegt werden.

25–30 °C

45 °C

Tag

>80 cm

B

Typ IX, trocken

Landkarten-Höckerschildkröte

Graptemys geographica

Verbreitung und Lebensraum: Das Verbreitungsgebiet dieser Schildkröte reicht vom Süden Kanadas bis in die nördlichen USA. Dort lebt die Art in Flüssen und Seen mit sandigen bis schlammigen Böden und einer dichten Vegetation.

Aussehen: Der Panzer ist nur mäßig gewölbt. Nur die ersten Schilder haben leichte Höcker. Die Schilder tragen auf olivgrünem bis braunem Grund ein gelbes Linienmuster. Die Gliedmaßen sind ebenfalls dunkel mit feiner gelber Linienzeichnung.

Pflege: Die äußerst lebhafte Art kann während der heißesten Wochen des Sommers in einem Freilandterrarium mit Teich gepflegt werden. Da es sich um gute Schwimmer handelt, sollte jener eine Tiefe von etwa 40 cm aufweisen.

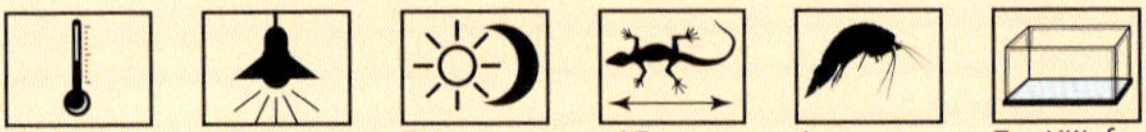

25–28 °C   40 °C   Tag   >27 cm   A   Typ VIII, feucht

Areolen-Flachschildkröte

Homopus areolatus

Verbreitung und Lebensraum: Südafrika Kapprovinz. In ihrem Verbreitungsgebiet – Trockensavannen mit dornigem und sukkulentem Pflanzenbewuchs – herrscht überwiegend ein mediterranes Klima mit heißen, trockenen Sommern und kühlen, feuchten Wintern vor.

Aussehen: Der leicht gewölbte Rückenpanzer ist oben abgeflacht. Die Zentren der Wirbel- und Rippenschilder sind rotbraun bis ockergelb mit gelber, olivgrüner oder dunkelbrauner Umrandung.

Pflege: Die Art lässt sich nur in geräumigen Terrarien pflegen, in denen man die täglichen und jahreszeitlichen Klimaschwankungen des Herkunftslandes bezüglich Temperatur, Lichtintensität und Feuchtigkeit so perfekt wie möglich simuliert.

 22–28 °C
 40 °C
 Tag
 >11 cm
 B
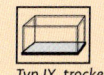 Typ IX, trocken

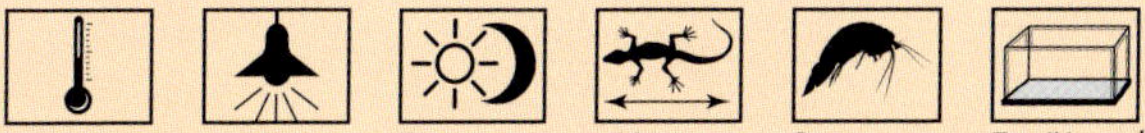

Gesägte Flachschildkröte

Homopus signatus

Verbreitung und Lebensraum: Die Art bewohnt in der westlichen Kapprovinz Südafrikas felsige Gebiete bis in 1000 m Höhe. Der Boden ihres Lebensraums ist mit Sukkulenten bewachsen.

Aussehen: Der Rückenpanzer ist hinten abgeflacht, und die einzelnen Rückenschilder sind nicht gewölbt. Seine Färbung kann elfenbeinfarbene bis rötliche Töne aufweisen. Von Zentrum jedes Rückenschildes strahlt eine variable Anzahl schwarze Flecken aus.

Pflege: Man kann die Art nur in geräumigen Terrarien pflegen; dabei müssen alle täglichen und jahreszeitlichen Klimaschwankungen ihres Herkunftsgebietes (Temperatur, Lichtintensität und Feuchtigkeit) so gut wie möglich simuliert werden.

    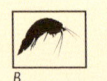 

25–28 °C · 35 °C · Tag · >10 cm · B · Typ IX, trocken

Glattrand-Gelenkschildkröte

Kinixys belliana

Verbreitung und Lebensraum: Süd- und Ostafrika. Ihren Lebensraum, die Savanne, kennzeichnet eine trockene Busch- und Grasvegetation. Das Klima in diesen Regionen zeichnet sich durch ausgeprägte Regen- und Trockenzeiten aus.

Aussehen: Der längliche, leicht gewölbte Rückenpanzer fällt hinten und an den Flanken steil ab. Seine Grundfarbe besteht aus verschiedenen Brauntönen, und die einzelnen Schilde sind mehr oder weniger dunkel umrandet.

Pflege: Die Art kann leicht paarweise oder in kleinen Gruppen in Terrarien mit großer Bodenfläche gepflegt werden. Ihr Bodengrund sollte aus einer ca. 10 cm hohen Humusschicht bestehen, die man an einer Stelle stets leicht feucht hält.

25–28 °C   40 °C   Tag   >20 cm   B   Typ IX, halbfeucht bis trocken

Stutz-Gelenkschildkröte

Kinixys homeana

Verbreitung und Lebensraum: Die Art bewohnt tropisch-feuchte, sumpfige Regenwaldgebiete in Zentralafrika, bevorzugt Lichtungen und lockerer bewaldete Randzonen.

Aussehen: Der länglich gestreckte Rückenpanzer ist kaum gewölbt und seitlich abgeflacht. In der Regel besitzt er eine hellbraune Färbung mit dunkleren Flecken im Zentrum der einzelnen Schilde.

Die Farbe von Gliedmaßen und Kopf kann von gelblich bis braun variieren und ist gelegentlich sogar fast schwarz.

Pflege: Das Terrarium zur Pflege eines Paares sollte eine Größe von mindestens 150 × 80 cm, eine ca. 10 cm hohe Bodenschicht aus stellenweise feuchtem Humus und ein feucht-warmes Klima aufweisen.

 24–30 °C
 nein
 Tag
 >21 cm
 B
 Typ IX, feucht

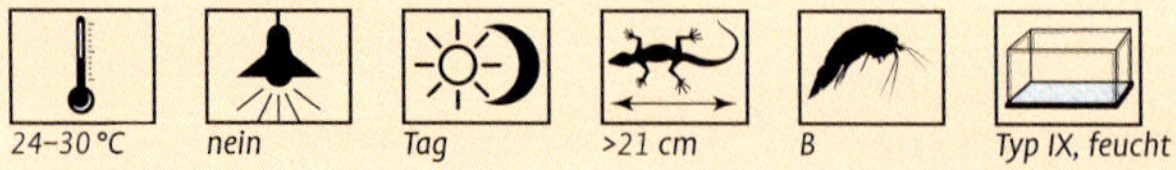

Spaltenschildkröte

Malacochersus tornieri

Verbreitung und Lebensraum: Die Spalten-schildkröte lebt an isolierten Felsformationen, die wie Inseln aus der Steppe von Kenia und Tansania emporragen.

Aussehen: Der extrem abgeflachte Panzer wird nicht viel höher als 3–4 cm. Dank einer speziellen Knochenstruktur sind seine Hornschilde weich und elastisch. Die gelben bis hellbraunen Rückenpanzerschilde besitzen hellere Zentren und dunklere Ränder, deren Breite extrem variabel ist. Bei vielen Tieren werden letztere quer von gelben Strahlen durchzogen.

Pflege: Das Terrarium sollte für ein Paar eine Grundfläche von ca. 80 × 80 cm aufweisen; allerdings ist bei dieser Art die Einzelhaltung vorzuziehen.

25–28 °C | 40 °C | Tag | >16 cm | B | Typ IX, trocken

Kaspische Wasserschildkröte

Mauremys caspica

Verbreitung und Lebensraum: Das Verbreitungsgebiet reicht vom Mittelmeerraum bis weit nach Asien hinein. Die Art bewohnt alle Gewässerarten wie Flüsse, Seen, Teiche und sogar Reisfelder.

Aussehen: Der Rückenpanzer ist braun bis olivgrün oder schwarz und trägt meist auf jedem Schild ein gelbliches strahlenförmiges Muster. Diese hellen Linien verblassen mit zunehmendem Alter des Tieres. Der gut entwickelte Bauchpanzer ist gelb mit unterschiedlichen rötlichen bis dunkelbraunen Flecken.

Pflege: Es handelt sich um eine unempfindliche Art, die aufgrund ihrer Schwimmfreudigkeit nur in großen Aquaterrarien mit ausreichenden Sonnenplätzen gepflegt werden kann.

25–30 °C   40 °C   Tag   >25 cm   A und C   Typ VIII, feucht

Höcker-Landschildkröte

Psammobates tentorius

Verbreitung und Lebensraum: Namibia bis weit nach Südafrika hinein. Die Art bewohnt Sandwüsten, Savannen, Buschland und Trockenwälder. Während der Trockenzeit graben sich die Tiere unter niedrigen Büschen im sandigen Boden ein, um erst nach heftigen Regenschauern wieder zu erscheinen.

Aussehen: Der ovale, gewölbte Panzer weist steil abfallende Flanken auf. Jedes Schild hat ein konisch oder pyramidal erhöhtes Zentrum. Die Farbe des Rückenpanzers variiert zwischen gelb, gelblich-braun, orange und rot. Auf jedem Rückenschild finden sich gelbe, braune oder schwarze Strahlen.

Pflege: Die Art kann unter Einhaltung der klimatischen Erfordernisse paarweise gepflegt werden.

25–28 °C

40 °C

Tag

>14 cm

B

Typ IX, trocken

Nelsons Schmuckschildkröte

Pseudemys nelsoni

Verbreitung und Lebensraum: Das Verbreitungsgebiet dieser Art reicht von Florida bis Georgia. Ihr bevorzugter Lebensraum sind langsam fließende, stark verkrautete Gewässer wie Flussarme, Kanäle, Gräben, Teiche; auch Sümpfe, Mangroven und Marschen werden bewohnt.

Aussehen: Der hoch gewölbte Panzer besitzt einen nur leicht gesägten Hinterrand. Auf meist recht dunklem, oftmals fast schwärzlichem Grund trägt die Art gelbe bis rötliche Zeichnungselemente.

Pflege: Die Art kann in geräumigen Behältern paarweise oder in einer Kleingruppe aus einem Männchen und zwei Weibchen gepflegt werden. An heißen Sommertagen ist die Unterbringung im Freiland möglich.

25–28 °C   40 °C   Tag   >30 cm   A und B   Typ VIII, feucht

Spinnenschildkröte

Pyxis arachnoides

Verbreitung und Lebensraum: Südwestmadagaskar. Dort findet man die Tiere während der Regenzeit in halbtrockenen bis trockenen Dornbuschgebieten.

Aussehen: Der Panzer ist längsoval und stark gewölbt; seine stark abschüssigen Seiten verlaufen nahezu parallel. Die hinteren, abwärts gebogenen Randschilder sind nicht gesägt. Jedes der dunkelbraunen bis schwarzen Wirbel- und Rippenschilder trägt ein sternförmiges Muster, das von einem gelben Zentrum ausstrahlt. Die

Nominatform kann ihren Panzer zuklappen.

Pflege: In geräumigen Terrarien mit hoher Bodenschicht (Sand-Lehmgemisch) lässt sich die Art unter strikter Einhaltung der klimatischen Bedingungen pflegen.

 25–28 °C
 40 °C
 Tag
 >15 cm
 B
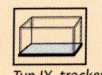 Typ IX, trocken

Pracht-Erdschildkröte

Rhinoclemmys pulcherrima

Verbreitung und Lebensraum: Weite Teile Mittelamerikas, in etwa von Mexiko bis Costa Rica. Sie bewohnt feuchte Wälder und Savannen, wo sie sich überwiegend im Uferbereich von Flüssen und in Galeriewäldern aufhält.

Aussehen: Der gewölbte Panzer weist eine überaus variable Färbung auf. Das Spektrum der Grundfarbe reicht von gelb- bis olivgrün; darüber ziehen sich zahlreiche unregelmäßig geformte schwarze Flecken, deren größte eine rötliche Umrandung aufweisen.

Pflege: Die Tiere benötigen ein großes Landteil mit zahlreichen Versteckplätzen. Das Wasserteil sollte eher klein sein (etwa 1/3 der Grundfläche) und eine maximale Tiefe von ca. 15 cm besitzen.

 25–28 °C
 40 °C
 Tag
 >20 cm
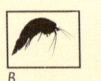 B
 Typ VIII, feucht

Maurische Landschildkröte

Testudo graeca

Verbreitung und Lebensraum: Die Maurische Landschildkröte bewohnt das Mittelmeergebiet und die Kaukasusregion. In der Regel besteht ihr Lebensraum aus trockenen, sandigen, mit Gras bewachsenen Sanddünen, Dornbuschgebieten oder lichten Eichen- und Kiefernwäldern.

Aussehen: Das Schwanzschild ist meist ungeteilt. Färbung und Zeichnung sind sehr variabel: das Spektrum reicht von gelb bis lederfarben mit dunkelbraunen, grauen oder schwarzen Flecken.

Pflege: *Testudo graeca* gehört zu jenen europäischen Landschildkröten, die etwas höhere Temperaturansprüche stellen und daher nur während der warmen Sommermonate im Freilandterrarium gepflegt werden können.

 25–28 °C   40 °C   Tag   >30 cm   B   Typ IX, trocken

Griechische Landschildkröte

Testudo hermanni

Verbreitung und Lebensraum: Das Verbreitungsgebiet der Griechischen Landschildkröte erstreckt sich von den Balearen (Spanien) über Südfrankreich und Italien entlang der Nordküste des Mittelmeeres bis in die Westtürkei. In der Regel bewohnt die Art eher trockene Habitate wie Trockenwiesen, Buschlandschaften, lichte Wälder und küstennahe Dünen, doch findet man sie heute auch auf Kulturland.

Aussehen: Der eher rundliche Panzer ist kuppelartig gewölbt mit abschüssigen Flanken und besitzt leicht abwärts gebogene hintere Randschilde sowie ein in der Regel ungeteiltes Schwanzschild.

Pflege: Von allen Landschildkrötenarten ist diese am besten für die Pflege im Garten geeignet.

 25–28 °C
 40 °C
 Tag
 >23 cm
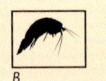 B
 Typ IX, trocken

Russische Landschildkröte

Testudo horsfieldii

Verbreitung und Lebensraum: Die Art bewohnt weite Teile Zentralasiens. Ihren Lebensraum bilden Sand- und Lehmsteppen sowie felsige Abhänge. Die Tiere leben dort in selbstgegrabenen Wohnröhren, welche 80–200 cm lang sein können. In ihrem Verbreitungsgebiet herrschen sehr heiße und trockene Sommer und sehr kalte Winter vor.

Aussehen: Der Rückenpanzer besitzt einen rundlichen Umriss; er ist fast ebenso lang wie breit und in der Mitte deutlich abge-

flacht. Auf hell- bis gelblichbraunem Grund zeigt sich eine mehr oder minder ausgeprägte dunkle Pigmentierung.

Pflege: Die Pflege im Terrarium ist nur unter Einhaltung der im heimischen Lebensraum herrschenden Klimabedingungen möglich.

25–28 °C

40 °C

Tag

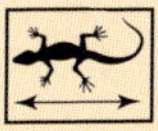

>25 cm

B

Typ IX, trocken

Breitrandschildkröte

Testudo marginata

Verbreitung und Lebensraum: Die Breitrand-schildkröte ist im südöstlichen Griechen-land und im äußersten Süden Albaniens zuhause. Ihren Lebensraum bilden ver-schiedene Trockenhabitate, wobei hügelige Buschlandschaften eindeutig den Vorzug erhalten.

Aussehen: Der längliche Rückpanzer ist unmittelbar hinter der Mitte am höchsten und hat steil abschüssige Flanken. Die hin-teren Randschilder sind verbreitert, nach oben gebogen und gezähnt. Sie besitzen eine dunkelbraune bis schwarze Grundfar-be, und in den Zentren der Rückenschilde sitzt meist ein hellerer Fleck.

Pflege: Um der Größe und dem Bewegungs-drang der Tiere gerecht zu werden, muss man sie in geräumigen Anlagen pflegen.

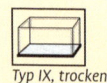

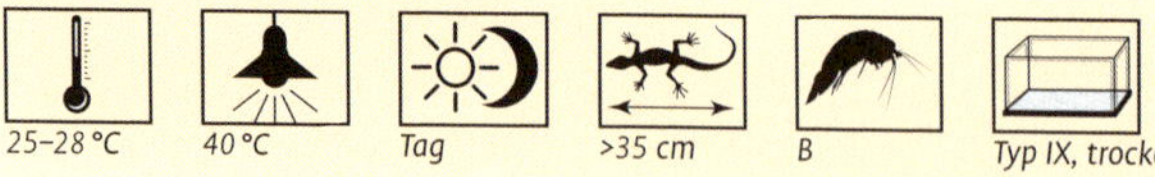

25–28 °C   40 °C   Tag   >35 cm   B   Typ IX, trocken

Rotwangen-Schmuckschildkröte

Trachemys scripta elegans

Verbreitung und Lebensraum: Die Art bewohnt weite Teile Nordamerikas. Sie bevorzugt ruhige Gewässer mit weichem, schlammigem Bodengrund, üppiger Vegetation und Plätzen zum Sonnenbaden. Die Tiere sind gewandte Schwimmer, die das Wasser nur zur Eiablage oder zum Sonnen verlassen.

Aussehen: Der flache, ovale Rückenpanzer ist relativ glatt und hinten mit leicht gesägten Randschilden versehen. Während seine Grundfarbe bei älteren Tieren meist oliv-

grün bis braun ist, zeigen die Jungen ein leuchtendes Grün mit dunkelgrüner Mäanderzeichnung.

Pflege: Die Rotwangen-Schmuckschildkröte benötigt aufgrund ihrer Größe und Bewegungsfreudigkeit ein entsprechend großes Aquaterrarium.

| 25–28 °C | 40 °C | Tag | >28 cm | A und C | Typ VIII, feucht |

Amphibien

180 Arten im Porträt

Erklärung der Piktogramme

 Temperaturspektrum des Behälterinneren im Tagesverlauf (eine Nachtabsenkung ist dem Wohlbefinden vieler Arten in aller Regel förderlich).

 Dieses Symbol verweist nur auf eine grundsätzliche Einteilung der Lurche in tag- und nachtaktive Arten. Es gibt jedoch auch allerlei Übergangsformen.

 Maximale Gesamtlänge (GL) der Tiere. Sie kann bei einzelnen Exemplaren indes deutlich von den hier gemachten Angaben abweichen, und auch geschlechtsspezifische Unterschiede treten nicht selten auf. Bei Froschlurchen wird die GL von der Schnauzenspitze bis zum Körperende, bei Schwanzlurchen von der Schnauzenspitze bis zum Schwanzende gemessen.

 Terrarientypen: I bis IV

Einleitung

Die Klasse der Amphibien muss gegenwärtig als die am stärksten bedrohte Tiergruppe unserer Erde gelten: seit rund 20 Jahren verschwindet eine Art nach der anderen, vor allem die Frösche. Selbst in intakten Biotopen ist oft kein einziges dieser Tiere mehr zu finden – sie scheinen sich in Luft aufgelöst zu haben. Neben Umweltverschmutzung, Biotopverlust, Auswirkungen des Klimawandels und die durch die Zerstörung des stratosphärischen Ozons stärkere UV-Strahlung ist wohl in erster Linie ein so genannter Chytridpilz daran schuld. Er blockiert die Hautatmung der Lurche und lässt sie förmlich ersticken.

Dieses Buch zeigt eine Auswahl der beliebtesten, derzeit im Terrarium gepflegten Schwanz- und Froschlurche und soll vor allem dem terraristischen Neuling zur ersten Orientierung dienen. Die Porträts liefern die wichtigsten Fakten zur jeweiligen Art wie Aussehen, Größe, Ernährung sowie zu Bedingungen und Besonderheiten der Haltung. Den verschiedenen Amphibientypen sind vereinfacht dargestellte Behältertypen zugeordnet, in denen ihre artgerechte Pflege möglich ist. Die Verbreitungsgebiete und Lebensräume der Tiere erleichtern es, ihre Bedürfnisse zu erkennen und den Behälter richtig einzurichten.

Grundsätzliches, Einteilung und Zuordnung der Terrarientypen

Die Amphibien lassen sich in drei große Gruppen einteilen: Die **Schwanzlurche** sind überwiegend reine Bodenbewohner, die einen Großteil des Tages in kühlen, feuchten Verstecken verbringen und eher kühlere Landstriche besiedeln; nur selten handelt es sich um reine Wasserbewohner. Allerdings leben oder besuchen die meisten von ihnen Steh- oder Fließgewässer zumindest zur Fortpflanzungszeit. Dies bedingt dann eine zweigeteilte Haltung: im Frühjahr im Aquarium und den Rest des Jahres im Terrarium.

Die **Froschlurche** haben nahezu alle Lebensräume erobert – von den Wüsten bis zu den Baumwipfeln der Regenwälder, vom Meeresrand bis in Hochgebirgsregionen. Auch rein aquatil lebende Arten sind bekannt.

Die **Blindwühlen** leben oft ähnlich wie Regenwürmer verborgen im Boden feuchter Tropenregionen, sodass das Terrarium vor allem einen hohen Bodenteil haben muss. Für die Terraristik sind Blindwühlen allerdings relativ unbedeutend.

Die einzelnen Amphibienspezies existieren nicht nur in den **unterschiedlichsten Lebensräumen** in fast allen Klimazonen außer den Permafrostgebieten, auch innerhalb ihrer Biotope entwickelten die einzelnen Arten hochspezifische Anpassungen. Daher gestalten sich **Unterbringung** und artgerechte Pflege im Terrarium höchst **differenziert**: so können neben dem eigentlichen Terrarium ein eigener Zuchtbehälter mit Dauerregen, ein Aquarium für die Fortpflanzung und Aufzucht der Kaulquappen oder ein spezielles Überwinterungsbecken nötig sein.

Eine ausführliche Darstellung ist in diesem Buch nicht möglich. Es werden hier grundlegende, stark vereinfachte Terrarientypen vorgestellt, die sich oft nur durch das Fehlen oder unterschiedliche Größen des Landteils unterscheiden. Da die Larven eigene Ansprüche an ihren **Aufzuchtbehälter** stellen, ist es empfehlenswert, sich in der vielfältigen Spezialliteratur hierzu weiterführende Informationen zu suchen.

Fütterung

Sie bereitet allgemein keine Probleme, die **ausgewachsenen** Tiere ernähren sich grundsätzlich **räuberisch**, doch nehmen auch einige rein wasserlebende Arten handelsübliches Fischfutter und entsprechende Tiefkühlkost wie Rote Mückenlarven zu sich. Das Nahrungsspektrum der **Larven** (Kaulquappen) dagegen ist deutlich größer. Es gibt reine Räuber, reine Pflanzenfresser und alle möglichen Übergangsformen. Viele Arten lassen sich mit handelsüblichem Fischfutter großziehen.

Einrichtung und Standort des Terrariums

Hier gibt es viele Möglichkeiten, die wichtigsten zu beachtenden Aspekte werden in der Beschreibung der jeweiligen Art erwähnt. Grundsätzlich sollte man die Inventargegenstände unter **praktischen Gesichtspunkten** auswählen, stets aber müssen sie alle für die Tiere unbedingt notwendigen Funktionen erfüllen. So lässt sich durch eine flache Wasserschale im Terrarium leicht ein mit Wasser gefülltes Blatt oder eine andere natürliche Wasseransammlung imitieren.

Wegen der teilweise starken Verschmutzung des Wasserteils durch die Tiere, Futter oder absterbende Pflanzen ist stets für **Sauberkeit** und mit leitungsstarken Filtern und regelmäßigen **Teilwasserwechseln** zu sorgen, je nach gepflegter Art auch für ausreichend **Sauerstoff**. Fließgewässerbewohner reagieren oft empfindlich auf kleinste Verschmutzungen. Für eine ausreichende **Wasserbewegung** im Aquarium sorgt ein entsprechend dimensionierter Innenfilter.

Bei bestimmten Arten muss man dem **Aufstellplatz** des Terrariums besondere Aufmerksamkeit schenken. Einige Schwanzlurche bewohnen rein kühle Lebensräume, sie würden die dauerhafte Unterbringung in einer beheizten Wohnung nicht vertragen und müssen in kühlen Kellerräumen oder entsprechenden Gegebenheiten untergebracht werden. Näheres dazu inklusive der Terrarientechnik siehe Henkel/Schmidt (2008): Terrarien – Bau und Einrichtung.

Behältermindestgrößen

Hierzu haben für die Froschlurche die **Arbeitsgemeinschaft Anuren** innerhalb der Deutschen Gesellschaft für Herpetologie und Terrarienkunde (DGHT) (siehe Seite 186) und für die Schwanzlurche die **Arbeitsgemeinschaft Urodelen** jeweils „Allgemeine Haltungsrichtlinien" erarbeitet, die eine akzeptable und artgerechte Behältergröße definieren:

„Als Faustformel für die Haltung adulter und gesunder **Schwanzlurche**, die länger in einem Aquarium/Terrarium untergebracht werden, lässt sich die Behältergröße folgendermaßen ermitteln:

– Gesamtlänge (GL) des Tieres (in cm × 0,01) = Grundfläche des Terrariums für 2 Tiere (in qm).

- Diese Fläche ist pro weiteres Tier × 1,25 zu nehmen.
- Die Höhe sollte ⅓ bis maximal ½ der Länge des Terrariums betragen. Bei baum- und höhlenbewohnenden Arten sind die Maße entsprechend in der Höhe zu verwenden.
- Beispiel: GL eines Tieres circa 10 cm, z. B. Molche der Gattung *Triturus* (*Lissotriton;* Teichmolch, Bergmolch) oder *Cynops* (Feuerbauchmolch): 10 × 0,01 = 0,1 qm (entspricht 40 × 25 cm Grundfläche für ein Paar)"

Für die **Froschlurche** ist das Berechnungsschema derart umfangreich, daher hier nur zwei exemplarische Beispiele:

„Es sollen 6 *Dendrobates auratus* (ATyp 1) in einem Terrarium gehalten werden:
Bodenfläche = 1200 qcm + 4 × 400 qcm= 2800 qcm, entspricht einem Bodenmaß von 60 × 47 cm. Der Bodengrund wird im Mittel 5 cm hoch eingefüllt. Höhe des Beckens = 5 cm + 25 cm = 30 cm.

5 Exemplare *Hyla ebraccata* (ATyp 4) benötigen folgende Maße:
Bodenfläche = 750 qcm + 2 × 200 qcm = 1150 qcm, entspricht einem Bodenmaß von 38 × 30 cm. Der Bodengrund wird im Mittel 5 cm hoch eingefüllt. Höhe des Beckens = 5 cm + 40 cm + 2 × 2 cm = 49 cm."

Aquarium (Typ I)

Ein reines Aquarium wird zur Pflege ausgewachsener Amphibien selten verwendet und zwar nur für solche, die vollständig wasserlebend sind oder sich zeitweise, meist zur Fortpflanzung, ausschließlich in Gewässern aufhalten. Manche **Schwanzlurche** wie der Axolotl (*Ambystoma mexicanum*), **Froschlurche** wie die Wabenkröten (*Pipa* spp.) und **Krallenfrösche** (*Xenopus* spp. und *Hymenochirus* spp.) zählen dazu. Sehr häufig benötigt wird dieser Behältertyp aber für die Kaulquappen zahlreicher Frosch- und Schwanzlurche in ihrer ausschließlich wassergebundenen ersten Lebensphase.

Aquarien unterschiedlichster Größe und Bauweise gibt es im Zoofachhandel, auch der Selbstbau ist vergleichsweise problemlos. Eher geeignet als hohes ist ein breites Modell, denn eine **große Oberfläche** gewährleistet den notwendigen **Gasaustausch** und vergrößert den **Aktionsraum** der Pfleglinge stark. Die **Beleuchtung** erfolgt, wenn erforderlich, am günstigsten mit leistungsstarken T5-Leuchtstoffröhren. Die **Wassertemperatur** wird idealerweise mit einem handelsüblichen Heizstab geregelt, den man gegen Berührungen durch die Amphibien abgeschirmt, in einer Ecke anbringt. Durch diese Position sind auch leichte Temperaturunterschiede garantiert. Die **Wasserreinigung** sollte möglichst mit einem für wesentlich höhere Literzahlen ausgelegten Aquarienfilter erfolgen. Trotzdem ist einmal pro Woche ein **Teilwasserwechsel**, etwa 30–50 % der Wassermenge, nötig. Als **Bodengrund** verwendet man am besten üblichen Aquarienkies sowie einige robuste **Wasserpflanzen,** beispielsweise die große Amazonasschwertpflanze, verschiedene Arten der Sumpfschraube, Javamoos, Wasserpest und andere. Sie sind alle im Aquarienfachhandel erhältlich. Mit

Moorkienholzwurzeln lassen sich leicht Verstecke schaffen.

Aquaterrarium mit kleinem Landteil (Typ II)

Dieses Aquarium ist mit einem mehr oder weniger großen integrierten **Landteil** ausgestattet. Bei einigen Arten wie etwa Unken reicht auch ein kleines, leicht zu erkletterndes Korkstück o. Ä. aus. Der Behältertyp eignet sich, den Ansprüchen der einzelnen Spezies angepasst, zur Pflege der unterschiedlichsten **Froschlurche**, von Unken bis zu Wasserfröschen sowie für zahlreiche Molch- und Salamanderarten.

Je nach Art eignen sich größere Glasaquarien, in die ein Landteil eingesetzt oder sorgfältig eingeklebt wird. Es gibt aber auch andere einfache, zweckmäßige Behälter wie große Plastikwannen u. Ä. Wichtig ist, dass der Landteil von den Tieren immer leicht erklommen werden kann. Daher sollte er stets leicht schräg ins Wasser hineinreichen und darf keine glatten Flächen aufweisen. Bildet eine Glasscheibe den Einstieg, muss sie mit Kork oder anderen rauen Materialien verkleidet werden. Das „Festland" wird dann mit den erforderlichen **Versteck- und Aktivitätsräumen** ausgestattet, wobei auch eine robuste Bepflanzung von Vorteil sein kann. Alternativ lässt sich der Landteil mithilfe einer größeren Plastikwanne wie einem Balkonblumenkasten bilden, der ins Aquarium gehängt oder gestellt wird. Wichtig ist die ausbruchsichere **Abdeckung** des Behälters – vor allem bei Arten, die gut klettern können. **Beleuchtet** wird, wenn erforderlich, mit leistungsstarken T5-Leuchtstoffröhren

und je nach zu pflegender Art einem Strahler, möglichst HQL oder HQI. Bei stark Wärme abstrahlenden Lampen ist unbedingt auf den nötigen Abstand zu den Tieren zu achten, um ungewollte Temperaturerhöhungen und Verbrennungen zu vermeiden.

Feuchtterrarium mit abgeteiltem Wasserteil (Typ III)

Hier handelt es sich um einen geräumigen Behälter mit einem großen, artabhängig tiefen Wasserteil, der je nach Spezies etwa ⅓ der Bodenfläche ausmacht. In diesem Behältertyp werden meist solche tropischen Laubfrösche und deren Verwandte untergebracht, die ein großes, tiefes Wasserbecken für die Fortpflanzung brauchen.

Am besten geeignet sind silikongeklebte Glasbecken, die mit einer **Lüftungsfläche** unter der Frontscheibe und einer großen im **Deckel** ausgestattet sein müssen, da einige Arten auf Staunässe oder schlecht ventilierte Luft empfindlich reagieren.

Feuchtterrarium (Typ IV)

Dieses dient zur Pflege überwiegend terrestrisch lebender Amphibienarten, die nur zum Laichen, Absetzen der fertigen Kaulquappen oder zur Wasseraufnahme eine kleine, oft auch flachere Wasseransammlung brauchen. Einige kommen ohne eigentliches, vom Bodengrund abgeteiltes „Kleingewässer" aus. Hierzu gehören zahlreiche Arten der **Pfeilgiftfrösche**, denen wassergefüllte Bromelientrichter genügen. Auch viele **Schwanzlurche** können nach der Fortpflanzungszeit im Aquarium den Rest des Jahres im Feuchtterrarium leben.

Die Arten im Porträt

| 🌡 22–28 °C | 🌙 Nacht | ↔ 3 cm | ▭ III |

Afrixalus fornasini

Kleiner Bananenfrosch

Verbreitung und Lebensraum: Dieser kleine Laubfrosch bewohnt ein großes Verbreitungsgebiet in Ostafrika. Die Tiere sind überwiegend Bewohner feuchter Lebensräume, die von den Niederungen bis hin zu den Regenwäldern reichen, wo man sie vor allem im Schilfgürtel und angrenzenden Bereich der temporären Gewässer antrifft.

Aussehen und Besonderheiten: Die Frösche können in ihrem Aussehen geringfügig variieren. Der Rücken ist manchmal komplett hellbeige, während er bei anderen Exemplaren einen braunen Mittelstreifen aufweist. Die Unterseite ist hell- bis dunkelbraun gefärbt. Die Gattung *Afrixalus* lässt sich anhand ihrer senkrechten Pupillen sehr gut von den ähnlichen *Hyperolius*-Arten (waagerechte Pupille) unterscheiden.

Pflege im Terrarium: Die Art lässt sich leicht in einem hohen Regenwaldterrarium oder vergleichbarem Paludarium unterbringen. Die Einrichtung besteht aus einem größeren Wasserteil, einer üppigen Bepflanzung und zahlreichen Klettermöglichkeiten. Wichtig für eine erfolgreiche Fortpflanzung ist unter anderem, dass einige möglichst großblättrige Ranken bis über die Wasseroberfläche reichen. Denn an diesen Blättern heften die Frösche ihre Eier. Das Gelege wird dann vom Männchen durch Falten des gewählten Blattes gewissermaßen in einer Tüte deponiert. Die Eierzahl beträgt etwa 20–30 Stück. Nach etwa 10 Tagen fallen die Larven ins Wasser, wo sie zwei Tage später zu fressen beginnen.

 22–26 °C   Nacht   5 cm   III

Agalychnis annae

Goldaugenfrosch

Verbreitung und Lebensraum: Lebt in den Regenwäldern von Costa Rica und Panama, wo er überwiegend Montanregionen bis in Höhenlagen um 1600 m ü. NN bewohnt. Die Frösche halten sich normalerweise in den Baumkronen auf und steigen nur während der Regenzeit (März/April) in die Nähe oder auf den Boden herab.
Aussehen und Besonderheiten: Die gesamte Körperoberfläche ist leuchtend grün, nur die Flanken sowie Zehen- und Fingerspitzen zeigen blaue Farbtöne. Ihre gelbe bis goldfarbene Iris hat diesen Tieren den Namen „Goldaugenfrosch" eingebracht. Wie bei allen *Agalychnis*-Arten bleiben auch hier die Männchen etwas kleiner als die Weibchen.
Pflege im Terrarium: Die Haltung erfolgt in einem Regenwaldterrarium mit üppiger Be-

pflanzung, mittleren Wasserteil und zahlreichen Kletterästen. Außerhalb der Regenzeit sollte die Luftfeuchtigkeit tagsüber bei etwa 60 % liegen und nachts auf über 90 % ansteigen. Da die Frösche nachtaktiv sind, ist eine intensive Beleuchtung nur für die Pflanzen von Bedeutung. Ein *Philodendron* kommt den Fröschen sehr gelegen, da sie an dessen Blättern schlafend den Tag verbringen. Die Laichzeit wird wie bei *Agalychnis callidryas* beschrieben, eingeleitet. Um für die nötige Stimulation zu sorgen, kann man über eine Sprühanlage Rhythmus und Länge der Sprühzeiten erhöhen. Vor der Eiablage wird das Männchen häufig von seiner Partnerin tagelang huckepack durch den Behälter getragen.

🌡️ 22–28 °C	🌙 Nacht	↔️ 5 cm	⬛ III

Agalychnis callidryas

Rotaugenfrosch

Verbreitung und Lebensraum: Kommt von Mexiko bis nach Kolumbien vor, wo zusammenhängende Waldgebiete bewohnen. Überwiegend halten sie sich dort in den höheren Schichten des Kronendachs auf, um zur Laichzeit in die Nähe ihrer Laichgewässer zu wandern, geschieht stets nach lang anhaltenden Regenfällen.

Aussehen und Besonderheiten: Die Frösche sind sehr kontrastreich gezeichnet. Auffallend wirken vor allem die roten Augen, denen sie auch ihren deutschen Namen verdanken. Die blauen Innenseiten der Hinterbeine, die blau gestreiften Flanken sowie die orangefarbene Finger und Zehen verleihen den Tieren ein unverwechselbares Aussehen.

Pflege im Terrarium: Die Art kann in hohen Regenwaldterrarien leicht gepflegt werden. Nach einigen Wochen trockener Haltung beginnt man mit dem Simulieren der Regenzeit. Hierzu setzt man die Frösche in ein separates Becken, welches fast vollständig unter Wasser steht. Eine Aquarienfilter lässt es über Tropfdüsen permanent regnen. Als Ablaichpflanze dienen großblättrige Ranken, in die die Frösche nach etwa einer Woche ihre Eier an ein Blatt über dem Wasser anheften. Einige Tage später lösen sich die fertigen Kaulquappen aus der Gallertmasse und schlängeln sich ins Wasser. Die Aufzucht der Quappen mit Fischfutter gestaltet sich problemlos, und die fertigen Jungfrösche gehen etwa nach zehn Wochen an Land. Die Art ist laut BArtSchV geschützt.

🌡️ 20–25 °C	🪟 Nacht	↔️ 8 cm	📦 III

Boophis madagascariensis

Hellaugenfrosch

Verbreitung und Lebensraum: Diese Art kommt überwiegend an der Ostküste Madagaskars vor, wo die Frösche in zusammenhängenden Waldgebieten leben. Es handelt sich um einen Baumkronenbewohner, der zur Vermehrung langsam fließende Bachläufe benötigt.

Aussehen und Besonderheiten: Einige Wissenschaftler ordnen die Art der Gruppe um *Boophis goudoti* zu. All diese Spezies tragen am hinteren Sprunggelenk einen Sporn. Die Frösche sind meistens auffällig rotbraun gefärbt. Die dunklen Querbinden an den Extremitäten zeigen bei fast allen Vertretern dieser Gruppe eine unterschiedlich starke Ausprägung. Bisher wurden ihre Gelege nur in den Schattenzonen langsam fließender Gewässer gefunden; ein Weibchen legt insgesamt über 400 Eier ab. Diese sind schwarz und 3 mm groß, mitsamt der sie umgebenden Gallertehülle etwa 7 mm. Nach einer Woche schlüpfen die Larven, um bei guter Ernährung sehr schnell heranzuwachsen. Mit einer Länge von 13–24 mm gehen die Jungfrösche an Land. Sie sind nun hellgrün mit dunkelbraunen Rückenflecken und braunen Binden an den Extremitäten.

Pflege im Terrarium: Das Terrarium sollte nicht zu klein ausfallen, da diese Frösche auch große Sprünge machen können. Infrage kommt nur ein Regenwaldterrarium mit größerem Wasserbecken, dessen Seitenwände und Rückwand mit Rindenabschwarten verkleidet werden müssen. Ein Innenfilter sollte für eine geringe Wasserbewegung sorgen.

🌡 20–25 °C	Nacht	↔ 10 cm	IV

Ceratobatrachus guentheri

Salomonen-Wimpernfrosch

Verbreitung und Lebensraum: Die Art ist auf Papua-Neuguinea und den Salomonen zu Hause. Dort lebt sie am Boden zusammenhängender tropischer Waldgebiete.

Aussehen und Besonderheiten: Die Färbung ist sehr variabel, wobei das Spektrum von braun bis goldgelb reicht. Auffallend wirken der spitz zulaufende Kopf und die lang ausgezogenen Zipfel über den Brauenbögen. Die Art lebt streng nachtaktiv und verschläft den Tag in Verstecken am Boden oder unter Falllaub. Besonders interessant ist hier die „Direktentwicklung" vom Ei zum Frosch: die etwa erbsengroßen Eier werden in einer kleinen Bodenmulde abgelegt, und die kleinen Frösche messen beim Schlupf etwa 4–5 mm. Ihre Aufzucht gestaltet sich mit dem entsprechenden Kleinstfutter wie Springschwänze, kleine Fruchtfliegen u. Ä. unproblematisch.

Pflege im Terrarium: Diese Frösche pflegt man am besten in einem geräumigen Feuchtterrarium. Ein Wasserteil ist nicht erforderlich, doch wird eine Wasserschale regelmäßig von den Tieren aufgesucht. Der Bodengrund sollte aus Torf-Erde-Gemisch bestehen und mit Moosen und Laub abgedeckt werden. Die übrige Einrichtung bildet eine stellenweise dichte Bepflanzung und einige höhere Versteckmöglichkeiten. Eine Sprühanlage sorgt für die nötige Luftfeuchtigkeit, die in der Nacht bei 90–100 % liegen sollte. In puncto Ernährung sind die Tiere nicht wählerisch und fressen alles, was kleiner als sie selbst ist. Ihr Ruf hört sich an wie Hundegebell.

 22–28 °C   Nacht   ← → 8 cm   III

Chiromantis xerampelina

Grauer Baumfrosch

Verbreitung und Lebensraum: Die Art kommt von Kenia über die gesamte Ostküste Afrikas bis nach Südafrika und Namibia vor. Man findet sie in vielen verschiedenen Landschaftstypen, vom tropischen Trockenwald bis zum trockenen Buschland, aber auch auf landschaftlich genutzten Flächen und in Gartenanlagen.

Aussehen und Besonderheiten: Die Bezeichnung „Grauer Baumfrosch" spiegelt in etwa die Färbung dieser Frösche wider. Sie besteht überwiegend aus Grautönen mit einigen dunklen Bändern an den Extremitäten sowie entsprechenden Zeichnungselementen am Rumpf. Die Tiere sind nachtaktiv, können aber manchmal auch tagsüber in der grellen Sonne sitzen. Ihre Balzphase dauert etwa drei Wochen lang. In dieser Zeit fertigen die Männchen über dem Wasser mehrere Schaumnester an; während eines bei der Partnerin aufreitet, geben auch andere während der Eiablage am Schaumnest ihren Samen dazu. In der Natur können bisweilen mehr als 30 Frösche an einem einzigen Nest versammelt sein.

Pflege im Terrarium: In einem größeren Terrarium mit kleinerem Wasserteil sollte man mehrere Männchen zusammen mit zwei bis drei Partnerinnen pflegen. Eine simulierte Regenzeit – nach vorausgehender trockener Haltung – löst das Fortpflanzungsverhalten aus. Die Eiablage erfolgt in dem erwähnten Schaumnest, aus dem sich die Larven nach einigen Tagen in das darunterliegende Wasserbecken fallen lassen. Sie werden anschließend mit Trockenfutter ernährt.

| 🌡️ 22–28 °C | 🌓 Nacht | ↔️ 3 cm | 🗄️ III |

Dendropsophus ebraccatus

Bromelien-Laubfrosch

Verbreitung und Lebensraum: Hat in Mittelamerika von Mexiko bis nach Kolumbien ein großes Verbreitungsgebiet. Einen speziellen Lebensraum kann man ihnen nicht zuordnen, denn sie kommen vom Regenwald bis in vom Menschen angelegte Hotelgärten vor. Allem Anschein nach werden dabei offene Feuchtgebiete gegenüber Regenwaldarealen bevorzugt.
Aussehen und Besonderheiten: Den großen, schlanken Körper bedecken verschiedene scharf voneinander abgegrenzte Gelb- und Brauntöne, welche leicht mit den gelben Füßen und Fingern kontrastieren. Die Weibchen werden wesentlich größer als die Männchen.
Pflege im Terrarium: Bestens geeignet zur Pflege dieser Art sind üppig mit Bromelien, kleinen Far-

nen, großblättrigen Ranken und Orchideen bepflanzte Terrarien. Nicht fehlen darf ein kleines Wasserteil, zahlreiche Kletteräste und Versteckplätze in Form von Korkröhren u. Ä. Nach einer trockenen Phase bei Temperaturen um 20 °C beginnt man mittels einer Sprühanlage, die Regenzeit zu simulieren. Die Werte sollten dann schrittweise auf etwa 28 °C steigen. Während der Eiablage kleben die Weibchen ihre Gelege dicht über dem Wasser an die Blätter der Ranken. Nach etwa sechs Tagen schlängeln sich die Larven aus den Eihüllen und fallen in das darunter befindliche Nass, dessen Temperatur nicht über 24 °C ansteigen sollte. Etwa sieben Wochen später gehen die fertigen Jungfrösche an Land.

| 🌡️ 22–28 °C | 🌙 Nacht | ↔️ 4 cm | ▢ III |

Dendropsophus leucophyllatus

Clownfrosch

Verbreitung und Lebensraum: Die Art hat in Südamerika ein weites Verbreitungsgebiet, das Bolivien, Peru, Ecuador, Kolumbien, Brasilien, den Guyana-Schild und Surinam umfasst. Ihren Lebensraum bilden dabei vor allem Regenwälder, offene Waldgebiete und Sumpflandschaften. Darüber hinaus findet man diese Frösche aber auch auf landwirtschaftlich genutzten Flächen.

Aussehen und Besonderheiten: Wir haben es hier mit sehr kontrastreich gezeichneten Tieren zu tun. Finger, Zehen und Bauchseite sind rotbraun, der Oberkörper dagegen ist schokoladenbraun mit unterschiedlich großen gelben Flecken. Die Fortpflanzung vollzieht sich an temporären Gewässern, wo zuerst die Männchen eintreffen. Sie bilden dabei häufig größere Ansammlungen. Durch ihre Rufe locken sie Weibchen an, um sich dann mit ihnen zu paaren. Eiablage und Entwicklung der Larven laufen ab wie bei *D. triangulum* beschrieben.

Pflege im Terrarium: Den Clownfrosch sollte man in geräumigen Regenwaldbecken bei einer relativen Luftfeuchtigkeit von 75–90 % pflegen. Die Einrichtung sollte aus einem kleinen Wasserteil, zahlreichen Kletterästen und einer üppigen Bepflanzung aus Farnen, Bromelien und großblättrigen Ranken gebildet werden. Auslöser für das Fortpflanzungsverhalten sind tagelange Regenfälle, die sich mithilfe einer Sprühanlage simulieren lassen. Die Ernährung der Larven kann mit Fischfutter und klein gehackten Mückenlarven erfolgen.

| 🌡 22–28 °C | ◪ Nacht | ↔ 4 cm | ▭ III |

Dendropsophus melanargyreus

Schwarzsilberner Laubkleberfrosch

Verbreitung und Lebensraum: Diese Art stammt aus Paraguay, Bolivien, Brasilien, Französisch-Guayana und Surinam, wo sie in solch unterschiedlichen Lebensräumen wie Regenwäldern, lockeren Baumbeständen und Überschwemmungsgebieten vorkommt. Alle diese Biotope werden durch fortschreitende Abholzung und Melioration immer stärker zerstört. Wahrscheinlich ist diese Froschart enger an bestimmte Habitate gebunden als andere, denn ihre Bestände gehen sichtbar zurück.

Aussehen und Besonderheiten: Es handelt sich um einen schlanken Frosch mit abgeflachtem Körper. Seine Grundfärbung kann von grau bis braun variieren. Dunkle Querbinden auf oder an Rücken und Extremitäten sind fast immer deutlich ausgeprägt. Die Männchen rufen nach heftigen Regenfällen im Umfeld temporärer Gewässer. Hier sitzen sie häufig in einer Höhe von 3–4 m auf den Blättern niedriger Büsche oder Bäume. Kaulquappen wurden aber auch schon in Wasserlöchern weit außerhalb geschlossener Waldgebiete gefunden.

Pflege im Terrarium: Man sollte die Tiere in einem gut bepflanzten Regenwaldterrarium pflegen, das mit einem kleinen Wasserteil versehen ist. Hierbei darf eine Höhe von 80–100 cm nicht unterschritten werden. Damit die Frösche in Paarungsstimmung geraten, benötigen sie mehrere Tage lang anhaltende Regenfälle. Hierbei ist eine Sprühanlage sehr hilfreich. Bei ausreichender Größe des Beckens lassen sich ohne Probleme auch mehrere Paare vergesellschaften.

| 🌡 22–26 °C | 🌙 Nacht | ↔ 4 cm | ▭ III |

Dendropsophus triangulum

Amazonas-Bromelienfrosch

Verbreitung und Lebensraum: Die Art bewohnt das Amazonas-Becken von Kolumbien über Ecuador und Peru bis nach Brasilien, wo die Frösche überwiegend in Regenwaldgebieten, aber auch in offenen Sumpflandschaften vorkommen. Besonders häufig findet man sie in der Nähe von temporären Gewässern und kleinen Teichen.

Aussehen und Besonderheiten: Die rotbraune Grundfärbung wird von dunkelbraunen, gelb umrandeten Flecken unterbrochen, die in unterschiedlicher Intensität und Größe auftreten können. Während der Regenzeit versammeln sich die Männchen an temporären Gewässern und rufen dort im Chor. Kommt es zur Paarung, so kleben die Weibchen ihre Eier dicht über der Wasseroberfläche an Blätter. Ein Gelege kann dabei zwischen 20 und 80 Stück enthalten. Die Larven schlüpfen mit zappelnden Bewegungen und rutschen über die Blattspitze in das darunter befindliche Gewässer. Hier schwimmen sie sofort frei umher und verstecken sich in der Vegetation.

Pflege im Terrarium: Man pflegt diese Art am besten in einem gut bepflanzten Regenwaldterrarium. Rückwand und Seitenwände sollten dicht mit Rindenabschwarten verkleidet werden, damit sie als zusätzlicher Kletterraum dienen. Nicht fehlen darf ein kleines Wasserteil und zahlreiche Kletteräste. Zur Einleitung der Fortpflanzung, die in der Natur – je nach Vorkommen der Frösche – zu verschiedenen Zeiten stattfindet, lässt man es im Terrarium mittels einer Sprühanlage tagelang „regnen".

| 20–27 °C | Nacht | 6 cm | III |

Gastrotheca marsupiata

Beutelfrosch

Verbreitung und Lebensraum: Diese Spezies kommt in den Regenwäldern der Anden von Ecuador, Peru und Bolivien vor. Sie kann lokal in größeren Populationen auftreten. Häufig sieht man die Frösche auch auf überschwemmtem Kulturland. Die großen Temperaturunterschiede zwischen den Jahreszeiten und beim Tag-Nacht-Gefälle müssen bei der Zucht berücksichtigt werden.

Aussehen und Besonderheiten: Auf hellbraunem Grund finden sich unregelmäßig angeordnete grüne und dunkelbraune Flecken. Die Weibchen besitzen auf ihrem Rücken eine Bruttasche. Während der Eiablage geben die Männchen ihren Samen in die Bruttasche, wo auch die Befruchtung der anschließend hinzukommenden Eier stattfindet. Die Gelege können bis zu 200 Stück umfassen, die etwa 27–30 Tage in der Tasche bleiben und danach in langsam fließenden oder stehenden Gewässern abgesetzt werden. Nach etwa acht Wochen gehen die kleinen Frösche an Land. Sie erlangen mit rund 15 Monaten die Geschlechtsreife.

Pflege im Terrarium: Die Art kann in geräumigen Feuchtterrarien gepflegt werden, die ein kleines Wasserteil aufweisen. Eine üppige Bepflanzung mit großblättrigen Rankengewächsen wie Philodendron muss ebenfalls vorhanden sein. Für die Fortpflanzung scheint eine zeitweilig kühlere Haltung mit anschließender Regenzeit und ein Temperaturanstieg ausschlaggebend zu sein. Die Kaulquappen lassen sich gemeinsam in kleinen Aquarien mit Fischfutter aufziehen.

| 18–25 °C | Nacht | 3 cm | III |

Heterixalus madagascariensis

Madagaskar-Riedfrosch

Verbreitung und Lebensraum: Die Heimat dieser Riedfrösche ist Madagaskar. Ihr ausgedehntes Verbreitungsgebiet liegt an der Nord- und zentralen Ostküste. Die Frösche leben sowohl auf Lichtungen zusammenhängender Waldgebiete als auch auf offenen Flächen. Tagsüber sitzen sie normalerweise versteckt unter Blättern oder in Pflanzentrichtern, doch gelegentlich sieht man die Tiere auch in der prallen Sonne.

Aussehen und Besonderheiten: Die Färbung erweist sich als sehr variabel. In der Nacht sind die Frösche meist hellbraun, am Tage dagegen – je nach Sonneneinstrahlung – gelb bis blau. Verschiedene kleine dunkle Punkte oder Linien verlaufen von der Nase bis zu den Extremitäten. Die Art besitzt kein äußerlich sichtbares Trommelfell.

Pflege im Terrarium: Diese Frösche sollten in einem Regenwaldterrarium gehalten werden, welches über einen kleinen Wasserteil verfügt. Eine üppige Bepflanzung und zahlreiche Kletteräste vervollständigen die Einrichtung. Damit die Frösche in Paarungsstimmung geraten, wird nach einer Trockenphase eine mehrtägige Regenperiode simuliert. Diese wirkt als Auslöser für das Rufverhalten der Männchen. Unmittelbar darauf kommt es zur Eiablage, und die Weibchen laichen im Wasser ab, wo sie ihre Eier an Wasserpflanzen kleben. Wenige Tage später sieht man die Larven bereits frei im Wasser schwimmen. Sie können mit Fischfutter und zerstampften Mückenlarven aufgezogen werden.

20–26 °C	Nacht	5 cm	III

Hyla arborea

Europäischer Laubfrosch

Verbreitung und Lebensraum: Diese Art besitzt in Europa ein großes Verbreitungsgebiet, wobei sie jedoch nicht flächendeckend, sondern häufig nur als isolierte Lokalpopulation anzutreffen ist. Je nach Jahreszeit findet man die Frösche in den unterschiedlichsten Biotopen: während der Fortpflanzungssaison (April–Mai) sammeln sie sich an den verschiedenen Gewässertypen, um danach bis zur Überwinterung wieder in die angrenzenden Habitate überzusiedeln. Ab Oktober ziehen sich die Tiere dann in frostfreie Verstecke zurück.

Aussehen und Besonderheiten: Je nach Temperatur und Sonneneinstrahlung variiert die Färbung der Lurche von Grün bis Grüngelb, Grau oder gar Blau. Ein dunkler Seitenstreifen zieht sich dabei stets von der Schnauze bis zu den Hinterbeinen. Während der Fortpflanzungszeit können die Männchen sehr lautstark rufen. Die Weibchen kleben ihre Laichballen unter dem Wasserspiegel an Pflanzen; es werden stets mehrere davon mit jeweils bis zu 100 Eiern abgelegt. Der Schlupf der Quappen erfolgt temperaturabhängig. Die fertigen Jungfrösche gehen etwa nach 50–80 Tagen an Land.

Pflege im Terrarium: Diese Lurche sollte man am besten in einem geschlossenen Freilandterrarium oder einem Gewächshaus oder Wintergarten halten. Solche Baulichkeiten müssen bei diesen hervorragenden Kletterern jedoch absolut ausbruchsicher und gut vor Überhitzung geschützt sein. Die Art ist laut BArtSchV geschützt.

 20–28 °C   Nacht   5 cm   III

Hyla cinerea

Amerikanischer Laubfrosch

Verbreitung und Lebensraum: Das Verbreitungsgebiet des Amerikanischen Laubfrosches umfasst den Südosten der USA bis nach Texas. Hier leben die Tiere auf den Bäumen von Feuchtwäldern und in der dichten Vegetation am Ufer von Stillgewässern. Es sind insgesamt drei Unterarten beschrieben worden.

Aussehen und Besonderheiten: Ihre Körperoberseite ist stets hell- bis dunkelgrün gefärbt. Ein heller Streifen zieht sich an den Flanken vom Kopf bis auf die Extremitäten. Der Rücken kann einfarbig sein, aber auch verschiedene helle Punkte aufweisen, wogegen die Bauchseite stets rein weiß ist. Männchen besitzen eine kehlständige Schallblase, und das Quaken mehrerer Tiere erinnert an das Läuten von Kuhglocken. Die Paarungszeit beginnt – je nach Verbreitung – zwischen März und Mai. Der Laich wird in mehreren Klumpen im Wasser abgelegt. Nach etwa sechs Tagen schlüpfen die Larven, und die Jungfrösche gehen nach rund 60 Tagen an Land.

Pflege im Terrarium: Die Art kann in geräumigen Feuchtterrarien gepflegt werden, die einen kleinen Wasserteil aufweisen. Eine üppige Bepflanzung mit großblättrigen Rankengewächsen sollte immer vorhanden sein. Während der Regenphase stimulieren sich die Männchen gegenseitig mit ihren Rufen. Sie werden vor der Eiablage von ihren Partnerinnen mehrere Tage lang herumgetragen, ehe es zur Eiablage im Wasserteil kommt. Die Aufzucht der Kaulquappen bereite keine großen Probleme.

 22–28 °C Nacht ↔ 7 cm III

Hyla gratiosa

Bellender Baumfrosch

Verbreitung und Lebensraum: Die Art ist im Osten der USA von North Carolina über Florida bis nach Louisiana zu Hause. Sie kommt sowohl in Waldgebieten als auch in offenen Landschaften mit dichter Vegetation vor. Zur Fortpflanzung schreiten die Tiere an temporären und langsam fließenden Gewässern.

Aussehen und Besonderheiten: Es handelt sich um den größten und von der Struktur her stattlichsten endemischen Laubfrosch der USA. Die Art ist imstande, ihre Farbe zu ändern. Die Frösche können daher fallweise hellgrün bis braun gefärbt sein. Dunkle Flecken sind regellos über den Rücken verteilt, und ein heller Streifen zieht sich von der Schnauze bis zu den Extremitäten. Die Laichzeit dauert vom März bis in den August hinein; die Weibchen paaren sich nur einmal und können dabei bis zu 2000 Eier absetzen; Männchen verpaaren sich dagegen häufig mit mehreren Partnerinnen. Die Quappen schlüpfen nach etwa einer Woche und gehen anderthalb bis zwei Monate später als Jungfrösche an Land. Ihre Aufzucht erfolgt mit Fischfutter, kleingehackten Mückenlarven und gefrorenen Wasserflöhen. Zur Geschlechtsreife gelangen die Jungfrösche erst mit vier Jahren.

Pflege im Terrarium: Das Feuchtterrarium sollte wenigstens 100 cm hoch sein und einen kleinen Wasserteil aufweisen. Eine dichte Bepflanzung, zahlreiche Kletteräste vervollständigen die Einrichtung. Während der Laichzeit ist eine Sprühanlage zur Simulation der Regenzeit unerlässlich.

| 20–25 °C | Nacht | 5 cm | III |

Hyla versicolor

Grauer Laubfrosch

Verbreitung und Lebensraum: Diese Art lebt im Norden und Nordosten der USA. Die Frösche scheinen an kein spezifisches Habitat gebunden zu sein und bewohnen alle Vegetationszonen. Ihre mehrmonatige Winterruhe verbringen sie verborgen unter Holz oder in frostsicheren Erdspalten.

Aussehen und Besonderheiten: Die Grundfärbung besteht aus verschiedenen Grautönen. Als Zeichnungselemente können angedeutete Streifen oder Punkte vorhanden sein. Die Schallblase der Männchen weist eine blaue Färbung auf. Je nach Temperatur beginnt die Laichzeit zwischen Ende April und Ende Mai. Ausschlaggebend dafür sind mehrere Tage lang anhaltende Temperaturen von mindestens 15 °C. Es werden stets nur kleinere Laichballen aus 10–40 Eiern an Pflanzen oder andere Gegenstände geklebt. Insgesamt kann ein Weibchen jedoch bis zu 2000 Eier ablegen. Die Larven schlüpfen nach etwa 3–7 Tagen und gehen – abhängig von ihrer Ernährung – sechs bis neun Wochen später an Land.

Pflege im Terrarium: Die Art lässt sich sehr gut in einem Freilandterrarium pflegen. Im Herbst sollte man sie an einem frostfreien Platz überwintern. Im Frühjahr beginnen die Frösche sich zu paaren. Männchen sind nach ein bis zwei Jahren, Weibchen nach etwa zwei Jahren geschlechtsreif. Die Tiere können ein Alter von sieben bis neun Jahre erreichen. Gefressen werden die üblichen Futtertiere wie Grillen und Heimchen, Schaben, Stubenfliegen, Wachsmotten und deren Raupen, Ofenfischchen usw.

🌡️	22–26 °C	☾	Nacht	↔	3 cm	▭ III

Hyperolius argus

Augenfleck-Riedfrosch

Verbreitung und Lebensraum: Die Art ist im ostafrikanischen Raum weit verbreitet, wo man sie vom Süden Somalias bis in den Südosten der Republik Südafrika antrifft. Die Tiere bewohnen dort sowohl Feuchtsavannen als auch zusammenhängende Waldgebiete. Während der Regenzeit findet man sie in Gesellschaft anderer *Hyperolius*-Arten an temporären Gewässern.

Aussehen und Besonderheiten: Bei einem derart großen Verbreitungsgebiet können die Frösche naturgemäß im Aussehen stark variieren. Das Spektrum ihrer Grundfärbung reicht von Aubergine bis Grün. Auffallend wirken die hellen, dunkelbraun umrandeten Flecken weiblicher Tiere, welche auch zu größeren zusammenhängenden Flächen verschmelzen können. Männchen besitzen dagegen auf der Oberseite nur kleine

dunkle Punkte. Die Tiere sind streng nachtaktiv und schlafen tagsüber offen auf den Blättern größerer Pflanzen.

Pflege im Terrarium: Der Behälter sollte als Regenwaldbecken eingerichtet werden. Die Haltung bereitet keine Probleme, doch benötigen die Frösche als Stimulation zur Fortpflanzung eine lang anhaltende Regenzeit. Davor sollte man sie eine Zeit lang etwas trockener pflegen. Mit einer Sprühanlage ist es kein Problem, eine solche Regenperiode zu simulieren. Nachdem es zum Amplexus, der Umklammerung, gekommen ist, legen die Weibchen ihre Eier an Pflanzen auf der Wasseroberfläche ab. Die Larven sollte man in sauberem Wasser als Kleingruppen aufziehen.

20–28 °C		Nacht		3 cm		III	

Hyperolius marmoratus taeniatus

Gestreifter Riedfrosch

Verbreitung und Lebensraum: Dieser Lurch ist im Osten Afrikas, von Kenia bis Südafrika, weit verbreitet. Es handelt sich dabei überwiegend um Tieflandbewohner, die häufig in der Vegetation von Feuchtgebieten anzutreffen sind. Ihren bevorzugten Lebensraum bilden die dicht bewachsenen Ufersäume von Seen und anderen größeren Gewässern wie künstlich angelegten Wasserlöchern oder Talsperren. Hier versammeln sich die Frösche während der Regenzeit zu Hunderten im Schilfgürtel. In der Trockenperiode hingegen verstecken sie sich am Boden unter Steinen; sie wurden aber auch schon in Häusern gefunden.

Aussehen und Besonderheiten: Die Tiere weisen eine Zeichnung als scharf abgegrenzten Längs-

streifen auf, dessen Farben variieren und die sich teilweise auch in gepunktete Linien auflösen können. Kurz nach dem Amplexus legen die Weibchen ihre 150–650 Eier als Klumpen von je etwa 20 Stück im Wasser ab. Die Larven sprengen die Gallertehülle nach etwa fünf Tagen. Ihre gesamte Entwicklung dauert etwa 6–8 Wochen. Danach halten sich die Jungfrösche noch einige Zeit im Uferbereich auf.

Pflege im Terrarium: Diese Riedfrösche kann man gut in einem üppig bepflanzten Feuchtterrarium unterbringen. Sie stellen auch ideale Bewohner von Paludarien dar. Ein größerer Wasserteil mit darüberreichender Bepflanzung darf niemals fehlen. Auslöser für die Fortpflanzung ist eine längere kühle Trockenphase mit anschließender Regenzeit.

🌡 22–26 °C	🌙 Nacht	↔ 4 cm	▭ III

Hyperolius mitchelli

Mitchells Riedfrosch

Verbreitung und Lebensraum: Das Verbreitungsgebiet reicht vom Nordosten Tansanias bis nach Mozambique. Die Art lebt sowohl in zusammenhängenden Waldgebieten als auch in offenen Feuchtsavannen. Wir fanden die Tiere auf überfluteten Wiesen und in Sumpfgebieten. Häufig begegnet man ihnen auch in Gesellschaft anderer Froscharten an temporären Gewässern.

Aussehen und Besonderheiten: Auf rotbraunem Grund finden sich an Oberkörper und Extremitäten zahlreiche kleine dunkle Punkte. Besonders auffallend wirkt ein weißer Streifen, der seitlich vom Kopf bis zu den Hinterbeinen reichen kann. Er ist gelb und schwarz umsäumt. Zu diesem Grundmuster gibt es alle möglichen Variationen.

Pflege im Terrarium: Es sollten stets mehrere Exemplare dieser Art gemeinsam in einem geräumigen Feuchtterrarium gepflegt werden, welches mit einem kleinen Wasserteil ausgestattet ist. Eine vorgetäuschte Regenzeit löst die Fortpflanzungsperiode und somit auch den Beginn des Rufens der Männchen aus. Die Frösche leben streng nachtaktiv und kommen erst hervor, wenn es wirklich dunkel ist. Sobald es zur Paarung gekommen ist, setzen die Weibchen mehrere Gelege ab, die jeweils zwischen 50 und 100 Eier enthalten. Diese werden dicht über der Wasseroberfläche an Pflanzen oder andere Gegenstände geheftet. Nach etwa einer Woche fallen die Larven von dort ins Wasser. Sie lassen sich mit Algen (Spirulina) und Fischfutter ernähren.

🌡️	22–28 °C	🌙	Nacht	↔	4 cm	▭	III

Hyperolius puncticulatus

Punktierter Riedfrosch

Verbreitung und Lebensraum: Diese Art besiedelt in Kenia und Tansania ein riesiges Verbreitungsgebiet. Man findet sie dort vom Grasland bis in zusammenhängende Wälder. Dabei halten sich die Frösche stets nicht unweit von Wasseransammlungen auf.

Aussehen und Besonderheiten: Es gibt verschiedene Zeichnungsvarianten: auf gelbem bis braunem Grund können über den ganzen Körper verstreut schwarz gesäumte Punkte vorkommen, die aber bisweilen auch nur seitlich am Kopf als Streifen auftreten. Nach langen Regenfällen beginnen die Männchen zu quaken und versammeln sich am Wasser. Die Weibchen suchen anschließend mit einem Partner auf dem Rücken nach geeigneten Eiablageplätzen. Die Gelege werden dicht über der Wasseroberfläche an Pflanzen oder andere Gegenstände geklebt, von wo die Larven nach etwa 2–3 Tagen ins Wasser fallen. Etwa drei Wochen später brechen ihre Hinterbeine hervor, und einen Monat darauf gehen die ersten Frösche an Land.

Pflege im Terrarium: Die Art kann in hohen Regenwaldterrarien leicht gepflegt werden. Nach einigen Wochen trockener Haltung beginnt man mit dem Simulieren der Regenzeit. Als Ablaichpflanze dienen großblättrige Ranken, in die die Frösche nach etwa einer Woche ihre Eier an ein Blatt über dem Wasser anheften. Einige Tage später lösen sich die fertigen Kaulquappen aus der Gallertmasse und schlängeln sich ins Wasser. Die Aufzucht der Quappen mit Fischfutter gestaltet sich problemlos.

 20–24 °C   Nacht   4 cm   III

Hyperolius riggenbachi hieroglyphicus

Hieroglyphen-Riedfrosch

Verbreitung und Lebensraum: Die Art kommt ausschließlich in Westafrika, genauer in einem Gebiet von Kamerun bis nach Nigeria vor. Dabei sind die Frösche allem Anschein nach auf Höhenlagen beschränkt, wo sie montane Wälder und daran grenzende offene Feuchtgebiete bewohnen.

Aussehen und Besonderheiten: Die Lurche zeigen einen deutlichen Geschlechtsdimorphismus. Während Weibchen auf dunklem Grund eine helle Linienzeichnung besitzen, sind Männchen grün mit gelben Lateralstreifen. Zehen und Finger prangen in leuchtendem Rot. Bisher konnte man zwei Unterarten nachweisen. Die Männchen rufen nachts von Pflanzen über dem Wasser. Zum Ablaichen kommt es in Stillge-

wässern oder an den Ufern langsam fließender Bachläufe. Die Eier werden an Wasserpflanzen geheftet, und die ersten Larven schwimmen nach etwa einer Woche frei umher.

Pflege im Terrarium: Diese Riedfrösche sollten in nicht zu warmen, hohen und üppig bepflanzten Regenwaldterrarien gehalten werden. Eine simulierte Regenzeit dient als Auslöser für das Fortpflanzungsverhalten. Nachdem beide Tiere Paarungsbereitschaft erkennen lassen, kann man sie in ein separates Aquaterrarium mit etwa 15–20 cm hohem Wasserstand und einem kleinen Landteil setzen. Schon nach einer kurzen Phase des Dauerregens schreiten die Tiere zur Eiablage. Die Länge ausgewachsener Kaulquappen beträgt etwa 42 mm. Gefüttert werden sie mit klein gehackten Mückenlarven.

22–26 °C	Nacht	4 cm	III

Hypsiboas crepitans

Gladiator-Laubfrosch

Verbreitung und Lebensraum: Kommt im gesamten Norden Südamerikas und auf den vorgelagerten Inseln Trinidad und Tobago vor. Man findet sie dort ebenso häufig als Kulturfolger in Plantagen und Gärten wie inmitten geschlossener Waldgebiete, wo sie auch bis in Höhenlagen oberhalb von 2000 m ü. NN vorkommen.

Aussehen und Besonderheiten: Innerhalb dieses riesigen Verbreitungsgebiets unterscheiden sich die Frösche nach Farbe und Zeichnung erheblich. Es scheinen sogar verschiedene Arten in diesem Komplex zu stecken. Die Männchen sitzen während der Regenzeit sehr häufig hoch über temporären Gewässern, um von dort aus Weibchen anzulocken. Ein Weibchen kann mehr als 2000 Eier legen, die es, geschützt von einer Galleteschicht, im Wasser deponiert.

Pflege im Terrarium: Der Gladiator-Laubfrosch lässt sich leicht in einem hohen Regenwaldterrarium oder vergleichbarem Paludarium unterbringen. Die Einrichtung besteht aus einem größeren Wasserteil, einer üppigen Bepflanzung und zahlreichen Klettermöglichkeiten. Eine lang anhaltende Regenzeit stellt den Auslöser für das Fortpflanzungsverhalten dar. Hierzu ist vorteilhaft, die Laubfrösche in ein separates, zum Regenterrarium umfunktioniertes Aquarium zu setzen. Die Kaulquappen können eine Gesamtlänge von bis zu 14 cm erreichen. Gefüttert werden sie mit Spirulina, klein gehackten Mückenlarven und Fischfutter. Man sollte sie in mehreren Gruppen aufziehen.

🌡️ 22–26 °C	Nacht	↔ 4 cm	III

Hypsiboas punctatus

Neongrüner Laubfrosch

Verbreitung und Lebensraum: Die Art verfügt über ein riesiges Verbreitungsgebiet: es umfasst Mittelamerika und das gesamte nördliche Südamerika bis Argentinien. Darüber hinaus kommen die Tiere auch auf den Inseln Trinidad und Tobago vor. Durch ihre gute Anpassungsfähigkeit haben sie sich alle Lebensräume erobert, vom Regenwald bis zu den Gärten von Häusern. In der Nähe größerer Gewässer oder Wasser führender Gräben sind die Lurche häufig anzutreffen. Tagsüber sitzen sie dort versteckt unter Blättern oder in Blattachseln, und häufig werden sie schon in der Dämmerung aktiv.

Aussehen und Besonderheiten: Das Spektrum der Grundfarbe reicht von hellgrün über gelb bis rotbraun. Ein dunkler Lateralstreifen zieht sich von der Schnauzenspitze bis zu den Hinterbeinen. Auf dem Rücken kann eine Mehrzahl dunkler Punkte vorhanden sein. Während der Regenzeit, manchmal auch schon nach kurzen Regenschauern hört man die Männchen rufen. Sie versammeln sich dazu häufig in größeren Populationen an Wasserlöchern. Hier sitzen sie auf Büschen und den Blättern niedriger Bäume, um die Weibchen zu erwarten. Die Fortpflanzung vollzieht sich nachts, und die Eiablage erfolgt in flachen Gewässern.

Pflege im Terrarium: Diese Frösche sind in einem gut bepflanzten Regenwaldbecken problemlos zu halten. Wenn auch ein größeres Wasserbecken vorhanden ist, kann man sie mittels einer simulierten Regenzeit leicht zur Paarung stimulieren.

 20–25 °C   Nacht   7 cm   III

Hypsiboas rosenbergi

Rosenbergs Baumfrosch

Verbreitung und Lebensraum: Das Verbreitungsgebiet dieser Art liegt im nordwestlichen Südamerika, genauer gesagt erstreckt es sich von Ecuador bis Kolumbien, wo sie Höhenlagen bis 900 m ü. NN bewohnt. Der eigentliche Lebensraum sind tropische Waldgebiete.

Aussehen und Besonderheiten: Die Grundfärbung variiert von Hell- bis Graubraun, wobei sich ein schwarzer Streifen von der Schnauzenspitze etwa bis zur Körpermitte zieht. Vom Oberkörper bis zum Bauchrand erstreckt sich ein unterschiedlich stark ausgeprägtes Netzmuster. Die Iris ist beigegrau mit waagerechter Pupille. Männchen können während der Paarungszeit gegenüber Artgenossen sehr aggressiv sein. Bei den sich daraus ergebenden Kämpfen sind sogar Todesfälle möglich. Zur Paarung legen die Männchen am Rande von Gewässern eine Art selbst gegrabenen Pool an, aus dem sie Partnerinnen anlocken. Sie legen ihre bis zu 700 Eier in diesen Miniaturteichen ab und von dort schwemmt der nächste Regenguss die Kaulquappen in ein größeres Still- oder Fließgewässer.

Pflege im Terrarium: Es kommen nur geräumige Regenwaldterrarien mit kleinerem Wasserteil infrage. Die Haltung eines Männchens mit mehreren Weibchen bereitet keine Probleme. Erst nach tagelangen Regenfällen geraten die Männchen in Paarungsstimmung. Eine größere Wasserfläche ist Voraussetzung für die erfolgreiche Eiablage. Die Quappen sollte man auf mehrere Gefäße oder größere Aquarien aufteilen.

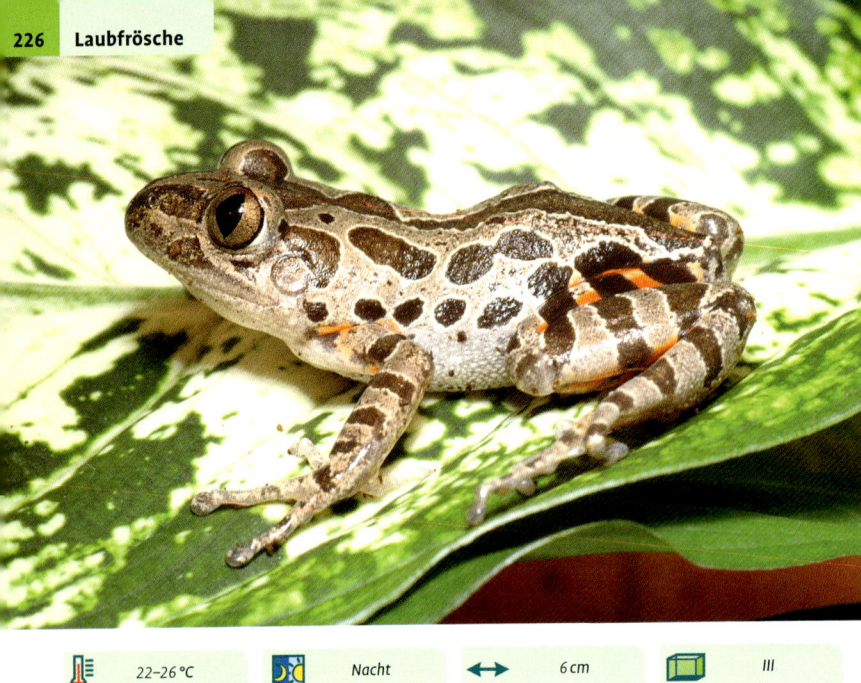

🌡 22–26 °C	Nacht	↔ 6 cm	▭ III

Kassina maculata

Rotbeiniger Rennfrosch

Verbreitung und Lebensraum: Das Verbreitungsgebiet dieser Frösche reicht von Kenia bis in den
Nordosten Südafrikas. Sie bewohnen dort überwiegend offene Savannen und Feuchtgebiete.
Während der Trockenzeit vergraben sich die Tiere
im lockeren Boden oder unter Gegenständen,
und nach Beginn der Regenzeit suchen sie die
Ufer von Still- und temporären Gewässern auf.
Aussehen und Besonderheiten: Die Art besitzt
einen länglichen, vergleichsweise schlanken Körperbau. Auf hell- bis graubraunem Grund finden
sich unregelmäßige dunkelbraune Flecken, die
an den Extremitäten in Streifen übergehen. Die
Innenseiten der Gliedmaßen sind rot gefärbt.
Die Frösche besitzen senkrechte Pupillen.
Pflege im Terrarium: Die Tiere sollten in einem
Terrarium mit möglichst großer Grundfläche

untergebracht werden, da sie sich überwiegend
auf dem Boden aufhalten. Ein gut grabfähiges
Substrat aus nicht faulenden Materialien wird
mit Moosplatten und mit einigen Rindenstücken abgedeckt, sodass die Frösche die
Möglichkeit erhalten, sich zu verstecken. Für
ein ausgeglichenes Klima sorgt die üppige Bepflanzung. Eine lang anhaltende Regenzeit stellt
den Auslöser für das Fortpflanzungsverhalten
dar. Hierzu ist es vorteilhaft, die Laubfrösche
in ein separates, zum Regenterrarium umfunktioniertes Aquarium zu setzen. Die Männchen
rufen vom Wasser aus und paaren sich dort auch
mit den Weibchen, die ihre Eier ballenweise an
Pflanzen heften.

 22–28 °C   Nacht   5 cm   III

Kassina senegalensis

Senegal-Streifenfrosch

Verbreitung und Lebensraum: Das Verbreitungsgebiet dieses Lurchs reicht in Afrika von südlich der Sahara bis zur Südspitze des Kontinents. Die Frösche bevorzugen dabei keinen bestimmten Lebensraum; man findet sie in trockenen, offenen Savannen, aber auch in feuchten Niederungen und lichten Wäldern.

Aussehen und Besonderheiten: Auf dem gelblichbraunem Grund finden sich unterschiedlich große dunkelbraune Flecken und Streifen. Die Frösche laichen während der Regenzeit in temporären Gewässern, wobei die Weibchen ihre Eier einzeln oder in kleinen Gruppen an Pflanzen und anderen Gegenständen ablegen. Hierbei werden sie vom Männchen direkt befruchtet. Ein Weibchen kann bis zu 600 Stück produzieren. Nach 3–4 Tagen schlüpfen die Larven. Mit 80 mm Gesamtlänge werden sie im Verhältnis zum voll entwickelten Frosch riesengroß. Die Kaulquappen sind dunkel mit goldgelben bis roten Flecken. Je nach Verbreitung können hier aber große Unterschiede auftreten.

Pflege im Terrarium: Die Frösche lassen sich als Kleingruppe in einem halbtrockenen Terrarium problemlos vergesellschaften. Nach einer mehrmonatigen halbtrockenen bis trockenen Phase kann man sie in ein Aquaterrarium umsetzen, wo eine Sprühanlage mehrere Tage lang Regen simuliert. Die Männchen beginnen dann zu rufen, locken die Weibchen an, und nach einiger Zeit kommt es zur Eiablage. Die Aufzucht der Kaulquappen und Jungfrösche bereitet keinerlei Probleme.

 22–28 °C   Nacht   7 cm   III

Leptopelis flavomaculatus

Grüner Waldsteigerfrosch

Verbreitung und Lebensraum: Diese Art kommt von Kenia über Tansania bis nach Zimbabwe vor. Es handelt sich um Bewohner geschlossener Regenwaldgebiete. Man findet sie aber auch in offenen, halbfeuchten Wäldern. Ganz überwiegend grenzen diese Habitate an überflutete Wiesen und Sumpflandschaften.

Aussehen und Besonderheiten: Während die Männchen braun sind, zeigen die Weibchen eine grüne Grundfärbung. Die meist grünen Jungtiere weisen ihrerseits eine feine dunkle Pigmentierung auf. Die Tiere ähneln sehr stark *L. vermiculatus* und werden auch häufig mit dieser Spezies verwechselt. Der dunkelbraune, beidseitig von der Schnauze bis hinter das Vorderbein reichende Streifen ist typisch für diese

Art. Ihr deutscher Name „Grüner Waldsteiger" ist etwas irreführend, da Brauntöne bei den meisten Fröschen überwiegen. Auch hier wird die Eiablage durch heftige Regenfälle ausgelöst. Die Tiere verstecken ihre Eier häufig am Boden unter Laub oder im Gras direkt am Wasser. Die Quappen schlängeln sich nach einigen Tagen zum nassen Element.

Pflege im Terrarium: Die Frösche lassen sich in einem gut bepflanzten Regenwaldbecken halten. Zur Zucht kann man sie in ein größeres, gut strukturiertes Paludarium umsetzen. Das Wasser darf allerdings nicht zu tief sein und sollte treibende Wasserpflanzen – ruhig auch künstliche – enthalten. Zur Stimulation des Paarungsverhaltens lässt man es über eine Sprühanlage tagelang regnen.

20–26 °C	Nacht	8 cm	III

Leptopelis uluguruensis

Gepunkteter Waldsteigerfrosch

Verbreitung und Lebensraum: Das Verbreitungsgebiet dieser Frösche liegt in Ostafrika. Hier leben sie in den östlichen Usambaras und in der Region von den Ulunguru- bis zu den Uzungwa-Bergen. Dort bewohnen sie feuchte Regenwälder auf Höhenlagen bis 300 m ü. NN.

Aussehen und Besonderheiten: Das Spektrum der Grundfarbe reicht von Braun über Gelb bis Hellgrün, jeweils mit variabler Fleckenzeichnung: während bräunliche Frösche häufig helle, teilweise gelbe Flecken besitzen, weisen grüne Tiere eine hellgrüne bis beigefarbene Zeichnung auf. Die Fortpflanzung wird durch heftige Regenfälle eingeleitet, woraufhin die Tiere ihre Eier am Rand von temporären Gewässern, aber auch an den Ufern langsam fließender Bäche ablegen. Befinden sich dort größere Blattpflanzen, so werden die Eier dicht über dem Wasserspiegel daran geheftet. Die Kaulquappen schlängeln sich dann nach einigen Tagen, häufig während stärkerer Regenfälle, ins feuchte Element.

Pflege im Terrarium: Diese Frösche werden in einem gut bepflanzten Regenwaldterrarium gehalten, welches mit einem kleinen Wasserteil ausgestattet ist. Sein stets leicht feuchter Bodengrund sollte etwa 5–10 cm hoch mit Walderde aufgefüllt und mit Moosplatten abgedeckt werden. Bei zu trockener Haltung vergraben sich die Tiere im Substrat. Als Auslöser für die Eiablage benötigen sie tagelange Regenfälle und einen geräumigen Wasserteil. Über eine erfolgreiche Zucht liegen keine Berichte vor.

 20–24 °C   Nacht   ↔ 8 cm   III

Leptopelis vermiculatus

Juwelen-Laubfrosch

Verbreitung und Lebensraum: Diese Art kommt in verschiedenen Bergregionen von Tansania vor. Hier bewohnt sie Regenwaldgebiete auf Höhenlagen zwischen 150 und 1800 m ü. NN. Da die betreffenden Gebiete weiträumig voneinander isoliert sind, findet auch kein Austausch unter den Populationen statt, was den Genpool der Frösche stark einschränkt. Durch die fortschreitende Abholzung ist die gesamte Fauna dieser Bergregionen zusätzlich stark bedroht.

Aussehen und Besonderheiten: Die Juwelen-Laubfrösche gehören zu den stattlichsten Vertretern der Waldsteigerfrösche. Männchen hingegen bleiben, wie bei den meisten Spezies stets etwas kleiner. Ihre Jugendfärbung weist auf grünem Grund eine wurmartige Zeichnung auf. Bei ausgewachsenen Tieren nimmt der Anteil der braunen Töne immer weiter zu. Auslöser für die Paarungsaktivitäten sind kräftige, lang anhaltende Regenfälle.

Pflege im Terrarium: Zur Unterbringung eignen sich nur gut bepflanzte Regenwaldbecken, die mit einem geräumigen Wasserteil versehen sind. Dieser muss regelmäßig gesäubert werden und ein nach hinten leicht ansteigendes Ufer aufweisen. Als Substrat empfehlen sich verschiedene nicht faulende Materialien, die mit Moos, Rindenstücken u. Ä. abgedeckt werden. Vervollständigt wird die Einrichtung durch zahlreiche Kletteräste, einer dekorativen Wurzel, einige mittelgroße Korkröhren und einer Bepflanzung mit großblättrigen Ranken.

| 24–28 °C | Tag/Nacht | 11 cm | III |

Litoria aurea

Gold-Laubfrosch

Verbreitung und Lebensraum: Diese Art ist in großen Teilen Australiens zu Hause, darüber hinaus auch in Neuseeland und Neukaledonien sowie auf Vanuatu. Man findet sie häufig an den Säumen größerer Waldgebiete, aber auch in offenen, etwas feuchteren Habitaten und Gartenanlagen.

Aussehen und Besonderheiten: Die Grundfarbe ist ein leuchtendes Grün, wird aber durch goldgelbe bis braune Flächen überlagert. Ein heller Lateralstreifen zieht sich beidseitig vom Auge bis zu den Hinterbeinen. Die Fortpflanzungszeit beginnt auf der südlichen Halbkugel etwa Ende September und reicht bis in den März hinein. Die Männchen rufen vom Wasser aus und locken so ihre Partnerinnen an. Beim Laichen kann ein großes Weibchen weit über 5000 Eier ablegen.

Dazu werden flache Gewässer mit üppiger Vegetation eindeutig bevorzugt. Die Laichballen sinken bis auf den Grund, und bereits nach 2–3 Tagen schlüpfen die Larven. Ihre Entwicklung zum fertigen Frosch kann sehr unterschiedlich lange Zeit beanspruchen: je nach Temperatur und Futterangebot vergehen zwei bis elf Monate.

Pflege im Terrarium: Das Terrarium sollte nicht zu klein dimensioniert sein, da die Frösche zu gewaltigen Sprüngen fähig sind. Eine größere Grundfläche, verkleidete Seiten- und Rückwand, eine überaus üppige Bepflanzung mit großblättrigen Ranken und ein größeres Wasserbecken sind für eine tiergerechte Pflege unbedingt erforderlich. Als Nahrung dienen die üblichen Futtertiere.

| 🌡 24–28 °C | 🌙 Nacht | ↔ 10 cm | ▭ III |

Litoria caerulea

Korallenfinger-Laubfrosch

Verbreitung und Lebensraum: Das Verbreitungsgebiet dieser interessanten Art liegt ursprünglich im Nordosten Australiens. Jedoch wurden diese Frösche durch den Menschen nach Neuseeland und in die USA verschleppt, wo sie mittlerweile stabile Populationen gegründet haben. Es handelt sich um Baum- und Gebüschbewohner, die dank ihrer guten Anpassungsfähigkeit auch in trockeneren Gebieten vorkommen.

Aussehen und Besonderheiten: Im Gegensatz zu den nächstverwandten Spezies besitzen die massigen Lurche hinter dem Kopf stark vergrößerte Drüsenwülste. Ihre Färbung kann je nach Befinden und Tageszeit von Braun bis Hellgrün variieren. Auf dem Oberkörper zeigen sich bisweilen einige weiße bis gelbliche, dunkel um-

randete Flecken. Den Tag verschlafen die Tiere in etwas kühleren Verstecken.

Pflege im Terrarium: Bewährt haben sich große Waldterrarien, die mit einem großen, etwa 10–15 cm tiefen Wasserteil, zahlreichen Kletterästen und einer aufgelockerten Bepflanzung ausgestattet sind. Nach tagelangen Regenfällen beginnen die Männchen zu rufen. In den meisten Fällen kommt es bald darauf schon zur Eiablage. Innerhalb von 2–3 Tagen legen die Weibchen mehrere Laichballen mit insgesamt bis zu 3000 Eiern im Wasser ab. Bei einer Temperatur von etwa 30 °C entwickeln sich die Larven sehr schnell. Sie sollten in großen Gefäßen wie Aquarien, Plastikwannen, große Schüsseln o. Ä. mit guten Filteranlagen und reichlich Fischfutter aufgezogen werden.

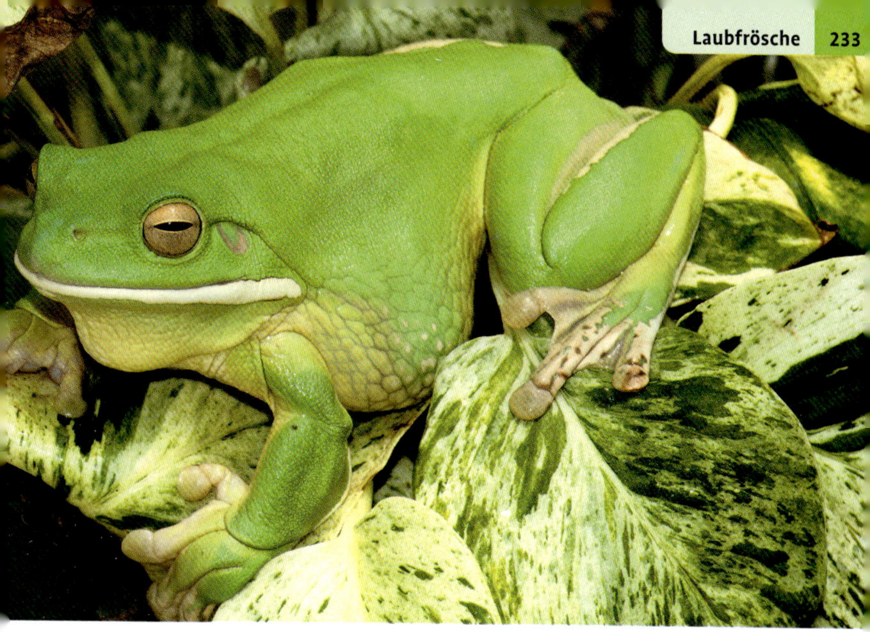

 24–28 °C   Nacht ↔ 11 cm   III

Litoria infrafrenata

Riesen-Laubfrosch

Verbreitung und Lebensraum: Heimat dieser Spezies sind Neuguinea, einige Nachbarinseln und der Norden von Australien, wo man sie vor allem im tropischen Regenwald und seinen Randgebieten aber auch in Hotelanlagen und auf Plantagen recht häufig findet. In Nordaustralien konnten wir binnen einer Nacht in einem Hotelgarten mehr als 80 dieser Frösche zählen, die sich überwiegend rund um den Swimmingpool versammelt hatten.

Aussehen und Besonderheiten: Diese Art besitzt einen massigen Körperbau. Der Oberkörper ist durchgehend grün, während die Flanken zum Bauch hin ein helles Gelb aufweisen. Auffällig und kennzeichnend für diese Art ist die weiße Unterlippe. Die Frösche besitzen an Fingern und Zehen große Haftscheiben, die es ihnen trotz ihrer Größe und Schwere ermöglichen, auch an glatten Flächen emporzuklettern.

Pflege im Terrarium: Die Art benötigt größere Terrarien mit einer dichten Bepflanzung und zahlreichen Kletterästen. Bewährt haben sich hier Behälter mit einer Duschtasse. Zur durch tagelange Regenfälle ausgelösten Fortpflanzung ist auch eine größere Wasserfläche erforderlich. Die sehr laut rufenden Männchen können in einer Mietwohnung recht störend wirken. Während des Amplexus legt das Weibchen innerhalb von 2–3 Tagen mehrere Laichballen im Wasser ab. Insgesamt können diese mehr als 2000 Eier enthalten. Je nach Wassertemperatur schlüpfen die Quappen drei bis fünf Tage später.

22–28 °C   Nacht   9 cm   III

Osteopilus septentrionalis

Kuba-Laubfrosch

Verbreitung und Lebensraum: Dieser Frosch kommt auf Kuba, den Bahamas und im Süden Floridas vor. Die Tiere sind in offenen Waldgebieten genau so häufig anzutreffen wie im Kulturland. Es handelt sich um einen Buschbewohner, der den Tag auf Blättern schlafend verbringt.

Aussehen und Besonderheiten: Die Färbung variiert von Braungelb bis Olivbraun. Haftscheiben an Fingern und Zehen verschaffen diesen Fröschen auch an glatten Flächen einen guten Halt. Die Männchen kann man wie bei vielen Arten an ihrer Kehlfalte erkennen und sie bleiben auch etwas kleiner als ihre Partnerinnen.

Pflege im Terrarium: Man hält die Tiere in einem hohen, gut bepflanzten Regenwaldbecken. Zur Zucht muss auf eine mehrwöchige, trockene Kühlphase eine warme Regenzeit erfolgen. Dafür erhöht man die Temperatur und lässt eine Sprühanlage ab und zu regnen. Anschließend werden die Frösche am besten in ein anderes Terrarium mit großen temperiertem (28 °C) Wasserbecken und einer Regenanlage, die kräftige Regenschauer simuliert, überführt. Nun fangen die Männchen nach kurzer Zeit an zu rufen. Abgelaicht wird im Wasser. Je nach Wassertemperatur benötigen die Quappen für ihre Entwicklung 30 Tage bis mehrere Monate. So ergibt sich die Möglichkeit zu steuern, dass die Jungfrösche nicht alle auf einmal an Land gehen. Die Larven müssen auf mehrere Aquarien aufgeteilt werden. Sie fressen neben Fischfutter auch Algen und Salat.

 20–25 °C   Nacht   12 cm   III

Phyllomedusa bicolor

Riesen-Makifrosch

Verbreitung und Lebensraum: Diese Frösche leben im gesamten Norden von Südamerika, wo sie tropische Regenwälder bewohnen. Während der Regenzeit versammeln sich die Tiere in der Nähe temporärer Gewässer.

Aussehen und Besonderheiten: Auffallend sind die extrem langen Extremitäten und der kantige Körperbau. Die Oberseite ist grün mit einzelnen hellen Flecken, die Bauchseite beige. Die Tiere produzieren ein wachsartiges Hautgift, das von einheimischen Schamanen zur Heilung spezieller Krankheiten genutzt wird. Die Eiablage vollzieht sich nach einer längeren Trockenzeit beim Einsetzen kräftiger, lang anhaltender Regenschauer. Wie bei allen *Phyllomedusa*-Arten vollzieht sich die Eiablage auch bei dieser Spezies in zu Tüten verklebten Blättern. Die Larven fallen nach einigen Tagen in die darunterliegenden temporären Gewässer, besonders während heftiger Regenfälle.

Pflege im Terrarium: Haltung und Zucht stellen noch immer eine große Herausforderung dar, denn frisch importierte Frösche sind häufig massiv von Innenparasiten befallen und haben somit keine großen Überlebenschancen. Eine längere Quarantänezeit mit entsprechender Behandlung ist bei jedem Neuerwerb unerlässlich. Für die Unterbringung kommen nur große Terrarien oder Teiche in Gewächshäusern infrage. Es erfordert sehr viel Geduld bis die Frösche, meist erst nach jahrelanger Haltung, zur Fortpflanzung schreiten. Diese Spezies ist nicht für Anfänger geeignet.

| | 20–24 °C | | Nacht | ↔ | 5 cm | | III |

Phyllomedusa hypochondrialis

Tigerbein-Makifrosch

Verbreitung und Lebensraum: Die Habitate dieser Art erstrecken sich über das gesamte nördliche Südamerika. Sie bewohnt hauptsächlich feuchte Regenwälder, in denen die Frösche tagsüber auf den Blättern von Büschen und Bäumen schlafen.

Aussehen und Besonderheiten: Auf der Oberseite zeigen die Tiere ein leuchtendes Grün. Ihre Extremitäten sind an den Innenseiten, ähnlich wie die Flanken, orange mit schwarzen Querbinden. Der Bauch hingegen ist hellbeige. In ihrem Lebensraum herrscht in den Monaten November bis Mai eine relative Trockenperiode. Die Regenzeit fällt in die Zeit von Juni bis Oktober. Dann rufen die Männchen aus der Nähe temporärer Gewässer, und unmittelbar darauf kommt es zur Fortpflanzung. Für die Eiablage werden Blätter über dem Wasser zu einer Tüte verklebt, in der das Weibchen seine bis zu 70 Eier umfassenden Gelege deponiert. Erst nach 9–11 Tagen schlängeln sich die Larven aus der Gallerte und rutschen in die daruntergelegene Wasseransammlung. Je nach Temperatur gehen sie circa 10–12 Wochen später als Jungfrösche an Land.

Pflege im Terrarium: Zur Haltung eignen sich größere Regenwaldterrarien, die mit einem kleinen Wasserteil versehen sind. Je nach Größe des Terrariums lassen sich auch mehrere Paare vergesellschaften. Zur Fortpflanzung muss man nach einer Trockenperiode eine Regenzeit simulieren. Hierbei hat sich das Umsetzen der Tiere in ein Aquaterrarium mit Sprühanlage bewährt.

🌡️ 20–28 °C	☀️ Nacht	↔️ 8 cm	▯ III

Phyllomedusa sauvagii

Chaco-Geisterfrosch

Verbreitung und Lebensraum: Heimat dieser Froschart ist die Waldsteppe des Gran Chaco von Bolivien, Argentinien, Paraguay und Brasilien. Dort herrscht ein subtropisches bis tropisches Klima. Die Tiere sind Baumbewohner, die sich nur in der Regenzeit zur Paarung an die Gewässer begeben. In ihren Habitaten gibt es große Temperaturunterschiede, und während der kalttrockenen Jahreszeit legen die Lurche eine Ruhephase ein. In dieser bisweilen mehrere Wochen andauernden Phase sind sie von einer wachsartigen Schicht umgeben, die ein Austrocknen des Organismus verhindert.

Aussehen und Besonderheiten: Der gesamte Körper wirkt etwas gedrungen. Seine Färbung variiert von Hell- bis Dunkelgrün, und auf der Bauchseite finden sich helle Längsstreifen. Die Männchen bekommen in der Fortpflanzungszeit an der Außenfläche ihrer Daumen schwarze Schwielen. Die Weibchen deponieren die bis zu 300 Eier umfassenden Gelege – wie bei allen Phyllomedusen üblich – in zu einer Tüte zusammengeklebten Blättern über dem Wasser.

Pflege im Terrarium: Es kommt nur ein hohes, mindestens 100 cm, luftiges Terrarium infrage. Besser noch wäre die Haltung im Gewächshaus. Nach einer wochenlangen kühlen und trockenen Phase erhöht man die Temperatur langsam auf über 30 °C und lässt es einige Tage später ununterbrochen regnen. Während die Männchen sehr schnell in Paarungsbereitschaft geraten, haben die Weibchen häufig noch keine Eier angesetzt.

 20–24 °C   Nacht ↔ 7 cm   III

Phyllomedusa tomopterna

Tiger-Makifrosch

Verbreitung und Lebensraum: Diese Spezies ist im gesamten Norden Südamerikas beheimatet. Überwiegend findet man sie in den feuchten Regenwäldern des oberen Amazonasbeckens, aber auch in den angrenzenden Habitaten sowie feuchten Niederungen mit lockerem Baumbestand. Da die Frösche nachtaktiv sind, verschlafen sie den Tag, dicht an ihre Unterlage gepresst, auf oder unter Blättern.

Aussehen und Besonderheiten: Der Oberkörper ist durchgehend grün, wogegen die Flanken, die Innenseiten der Extremitäten sowie Finger und Zehen auf orangefarbenem Untergrund dunkelbraune Streifen zeigen. Die bis zu 90 Eier umfassenden Gelege werden in einer aus Blättern geformten Tüte abgelegt. Hierfür werden Blätter dicht über dem Wasserspiegel gewählt, sodass die Kaulquappen später direkt ins nasse Element hinunterrutschen können.

Pflege im Terrarium: Die Art wird paarweise oder in kleinen Gruppen in großen Regenwaldterrarien gepflegt, die mit einem geräumigen Wasserteil ausgestattet sind. Der Bodengrund wird aus nicht faulenden Materialien gebildet und mit Moos und Rindenstücken abgedeckt. Wichtig sind großblättrige Ranken, die bis über das Wasserteil reichen. Wenn man es mithilfe einer Sprühanlage einige Zeit kräftig regnen lässt, kann es schon nach einiger Zeit passieren, dass man die Tiere im Amplexus vorfindet. Meist werden die Männchen dann tagelang von den Weibchen herumgetragen, ehe es zu einer Eiablage kommt.

🌡 22–28 °C	🌙 Nacht	↔ 8 cm	▢ III

Phyllomedusa vaillantii

Gespenster-Makifrosch

Verbreitung und Lebensraum: Auch diese Art besitzt wie fast alle Vertreter der Gattung ein großes Verbreitungsgebiet im nördlichen Südamerika. Sie bewohnt überwiegend die großen Regenwaldgebiete, die Tiere sind aber darüber hinaus auch auf großen überfluteten Flächen mit lockerem Baumbestand häufig anzutreffen. Die Makifrösche leben in Höhenlagen bis 450 m ü. NN. Den Tag verschlafen sie auf Blättern oder in den Blattachseln großer Pflanzen.

Aussehen und Besonderheiten: Der Oberkörper sowie die Außenseiten der Extremitäten sind häufig leuchtend grün. An den Flanken befinden sich einige dunkel umrandete Flecken in verschiedenen Farbtönen. Die Unterseite ist hellbeige abgesetzt. Der gesamte Körper wirkt etwas kantig. Wie bei allen Arten dieser Gattung ist die Pupille senkrecht geschlitzt. Bei der Paarung legen die Weibchen bis zu 600 Eier, die durch eine dickflüssige Gallerteschicht zusammengehalten werden, in zu einer Tüte verklebten Blättern ab. Wenn die orangefarbenen Kaulquappen nach einigen Tagen in das Wasser rutschen, schließen sie sich zu so genannten Schulen zusammen und schwimmen – nach Größen geordnet – als Schwarm frei im Wasser umher.

Pflege im Terrarium: Zur Haltung eignen sich größere Regenwaldterrarien, die mit einem kleinen Wasserteil versehen sind. Je nach dessen Größe lassen sich auch mehrere Paare vergesellschaften. Zur Fortpflanzung muss man nach einer Trockenperiode eine Regenzeit simulieren.

| 🌡️ 24–28 °C | 🌓 Nacht | ↔️ 8 cm | ▭ III |

Polypedates leucomystax

Weißbart-Ruderfrosch

Verbreitung und Lebensraum: Diese Froschart besitzt ein riesiges Verbreitungsgebiet, das ganz Süd- und Südostasien umfasst. Sie kommt dort sowohl in geschlossenen Regenwaldgebieten als auch in den Vorgärten von Städten vor. Darüber hinaus leben die Lurche in fast allen größeren Parkanlagen. Sie vermehren sich sogar in Gartenteichen und Straßengräben.

Aussehen und Besonderheiten: Die Grundfärbung kann von hell- bis dunkelbraun variieren. Zusätzlich treten bisweilen Streifen und vereinzelte Punkte auf. Die Männchen bleiben wesentlich kleiner als ihre Partnerinnen. Da die Frösche ein sehr großes Verbreitungsgebiet besiedeln, gibt es keine einheitliche Fortpflanzungszeit. Sie legen Schaumnester in Pflanzen dicht über dem Wasserspiegel oder in der Vegetation direkt am Ufer an. Wir fanden sie in 3 m Höhe in einem Baum, direkt über einem kleinen Wasserloch. Im Schaum werden etwa 100–400 Eier abgelegt. Die Larven schlüpfen nach etwa vier Tagen alle kurz hintereinander und schlängeln sich dann ins Wasser. Sie fressen alles, was ihnen vors Maul kommt – sogar die eigenen Geschwister. Je nach Temperatur und Ernährung gehen die ersten Jungfrösche circa vier Wochen später an Land.

Pflege im Terrarium: Es kommt nur ein hohes Becken mit einem größeren Wasserteil und üppiger Bepflanzung infrage. Die Haltung gestaltet sich insgesamt unproblematisch. Eine Regenanlage versetzt bei längerem Betrieb die Männchen in Fortpflanzungsbereitschaft.

🌡 22–28 °C	🌙 Nacht	↔ 10 cm	⬛ III

Polypedates otilophus

Ohren-Ruderfrosch

Verbreitung und Lebensraum: Dieser Frosch ist in Indonesien und Malaysia verbreitet. Wir fanden ihn beispielsweise tief im Regenwald von Borneo. Heimat dieser Art sind überwiegend geschlossene Waldgebiete.

Aussehen und Besonderheiten: Die Färbung variiert von Hell- bis Graubraun. Häufig ist an Flanken und Beinen auch ein hell beigefarbener Ton mit verschiedenen dunklen Punkten und Streifen zu beobachten. Die Frösche besitzen eine vom Auge bis über das Trommelfell reichende Knochenleiste. Männchen bleiben kleiner und sind häufig an den Brunftschwielen des ersten und zweiten Fingers zu erkennen. Tagsüber sitzen die Tiere hoch oben in den Baumkronen, von wo sie erst nachts in die tiefer gelegene Vegetation herabsteigen. In der freien Natur fällt ihre Fortpflanzungszeit in die Monate April bis Juni – immer abhängig von der jeweiligen Regenzeit. Auch bei dieser Art wird während der Eiablage mit den Hinterbeinen ein Schaumnest geschlagen, in dem die Frösche ihre Eier deponieren. Diese Nester liegen bis in Höhen um 2 m über temporären Gewässern, meist an den Blättern von Bäumen. Je nach Festigkeit kann es dabei vorkommen, dass solch ein Gebilde nach zwei bis drei Tagen komplett ins Wasser fällt.

Pflege im Terrarium: Es kommt nur ein hohes Terrarium mit größerem Wasserteil, üppiger Bepflanzung und zahlreichen Kletterästen infrage. Eine Regenanlage bringt auch bei dieser Art durch längeren Betrieb die Männchen in Paarungsstimmung.

| 🌡️ 22–28 °C | 🌙 Nacht | ↔️ 5 cm | ▭ III |

Rhacophorus appendiculatus

Rüschenhemd-Laubfrosch

Verbreitung und Lebensraum: Das riesige Verbreitungsgebiet dieser Spezies reicht von Indien über Myanmar (Burma), Malaysia, Indonesien und Vietnam bis auf die Philippinen, wo die Tiere überwiegend Wälder und deren Randgebiete bewohnen. Darüber hinaus findet man sie aber auch in feuchten Niederungen mit lockerem Baumbestand. Wir entdeckten die Lurche tief im Regenwald Borneos an sumpfigen Stellen mit kleinen, temporären Wasserflächen. Sie saßen in der Nacht auf den Blättern niedriger Gewächse bis in eine Höhe von etwa 1,5 m.

Aussehen und Besonderheiten: Die Grundfärbung besteht aus verschiedenen Braun-, Beige- und Grüntönen, die in unterschiedlichen Mustern und Anteilen über den Körper verteilt sind. Der Bauch ist dabei stets heller als die Oberseite. An den Extremitäten finden sich fransige Hautlappen, die manchmal auch den Körper zieren; sie dienen eventuell zur Tarnung, wenn die Frösche tagsüber, dicht an Blätter geschmiegt, ihre Schlafstellung einnehmen. Wie die meisten *Rhacophorus*-Arten baut auch diese ihre Schaumnester an Blättern über einem stehenden Gewässer. Die Larven schlängeln sich nach einigen Tagen aus dem Gelege und lassen sich ins Wasser fallen, wo sie tagsüber regungslos auf dem Gewässergrund liegen.

Pflege im Terrarium: Zur Pflege eignen sich mittelgroße Regenwaldbecken, die mit einem geräumigen Wasserteil versehen sind. Man kann ruhig mehrere Paare miteinander vergesellschaften.

| 🌡️ 20–24 °C | 🌙 Nacht | ↔️ 8 cm | ▭ III |

Rhacophorus arboreus

Grüner-Japan-Laubfrosch

Verbreitung und Lebensraum: Diese Art ist in Japan zu Hause, wo die Frösche Wälder, subtropische und tropische Feuchtgebiete sowie feuchtes Kulturland bewohnen. Sie kommen dabei vom Meeresniveau bis in Höhenlagen um 2000 m ü. NN vor. Während der kalten Jahreszeit verkriechen sich die Tiere unter Laub und Moos oder an anderen frostfreien Plätzen.

Aussehen und Besonderheiten: Während die Weibchen bis zu 80 mm groß werden, sind männliche Tiere mit maximal 60 mm ausgewachsen. Das Farbkleid ist häufig einfarbig grün, doch auf dem Oberkörper können überdies zahlreiche braune Punkte und Striche vorhanden sein. Auch bei dieser Art wird das Fortpflanzungsverhalten durch lang anhaltende Regenfälle ausgelöst – natürlich saisonal bedingt, d.h.

in Verbindung mit der richtigen Temperatur. Aus der Körperflüssigkeit des Weibchens wird mit den Hinterbeinen ein Schaumnest geschlagen, in dem das Weibchen etwa 300–800 Eier ablegt. Bei Temperaturen um 25 °C entwickeln sich die Larven normal. Werte über 30 °C erwiesen sich hingegen als schädlich. Das Schaumnest schützt die Eier nicht nur vor dem Austrocknen und vor Fressfeinden, sondern auch gegen allzu starke Temperaturschwankungen.

Pflege im Terrarium: Das Becken sollte für zwei Paare ein Volumen von mindestens 1 cbm besitzen und üppig bepflanzt sein. Zur Fortpflanzung setzt man die Frösche am besten in ein Aquaterrarium und lässt es dann mittels Sprühanlage tagelang „regnen".

| 22–28 °C | Nacht | 15 cm | III |

Rhacophorus dennysi

Chinesischer Flugfrosch

Verbreitung und Lebensraum: Das Verbreitungsgebiet dieser Art erstreckt sich über weite Teile von China, Vietnam, Laos, Myanmar (Burma) und Thailand. Dort bewohnen die Frösche überwiegend bewaldete Gebiete, doch kommen sie auch in Plantagen und Gartenanlagen vor.

Aussehen und Besonderheiten: Die Frösche sind durchgehend grün, wobei einige dunkle Flecken vorhanden sein können. Ein jahreszeitlicher Rhythmus mit Wintertemperaturen unter 15 °C scheint für die Zucht wichtig zu sein. Wenn die Werte zu stark absinken, vergraben sich die Frösche im Boden. Nach erneut ansteigenden Temperaturen mit anschließenden Regenfällen beginnen die Männchen zu rufen. Während der Paarung, im Amplexus bauen die Paare ein Schaumnest. Hierbei wird austretende Körperflüssigkeit des Weibchens mit den Hinterbeinen zu Schaum geschlagen, in dem das Weibchen bis zu 300 Eier deponiert. Diese Nester können in Pflanzen dicht über dem Wasserspiegel, aber auch am Rande von Gewässern liegen. Nach einigen Tagen schlängeln sich die Larven ins nasse Element. Sie sind nicht kannibalisch veranlagt.

Pflege im Terrarium: Eine frostfreie Haltung im Gewächshaus oder Wintergarten wäre optimal. Während der Sommermonate lässt man es dann kräftig regen. Eine Bepflanzung mit großblättrigen Pflanzen wie *Philodendron* oder *Scindapsus* und armdicke Äste werden von den Fröschen gerne angenommen. Ein größeres Wasserbecken muss stets vorhanden sein.

 22–26 °C   Nacht   10 cm   III

Rhacophorus maximus

Riesen-Ruderfrosch

Verbreitung und Lebensraum: Das Vorkommen dieser Froschart reicht von Indien über Bangladesch und Thailand bis China. Es handelt sich um Tieflandbewohner, die man aber auch noch in Höhenlagen um 600 m ü. NN antreffen kann. Die Tiere leben in geschlossenen und offenen Wäldern sowie überschwemmten Sumpfgebieten.

Aussehen und Besonderheiten: Auf der Oberseite sind die Lurche grün, wogegen ihre Unterseite komplett beige bis hellgelb ist. Finger und Zehen tragen gut entwickelte Haftscheiben und können durchweg gelb gefärbt sein. Die waagerechten Schlitzpupillen liegen inmitten einer orangefarbenen bis gelblichen Iris. Infolge des riesigen Verbreitungsgebietes gibt es keine einheitliche Fortpflanzungszeit. Häufig kopulieren die Frösche auf eine Trockenperiode folgenden heftigen Regenfälle. Die dabei entstehenden Wasseransammlungen oder überfluteten Sümpfe und Felder werden zuerst von den rufenden Männchen besetzt. Während der Eiablage bauen die Paare am Boden große Schaumnester, in denen das Weibchen seine Eier ablegt. Die Larven schlängeln sich dann einige Tage später zum Wasser.

Pflege im Terrarium: Eine Haltung in einem frostfreien Gewächshaus oder Wintergarten wäre optimal für die Art. Während des Sommers setzt man sie in ein separates Becken und lässt es dann bis zur Eiablage stundenweise kräftig regen. Die Larven sollten einzeln aufgezogen werden, da sie bisweilen eine kannibalische Veranlagung zeigen.

🌡️ 22–28 °C	Nacht	↔ 10 cm	III

Rhacophorus nigropalmatus

Borneo-Flugfrosch

Verbreitung und Lebensraum: Heimat dieser Frösche ist das Gebiet von Thailand über Malaysia bis Indonesien. Dort bewohnen die Frösche überwiegend das Kronendach der Urwaldbäume. Zeitweise sieht man aber auch einzelne Exemplare in niedrigen Büschen sitzen – stets unweit von Bachläufen oder Stillgewässern.

Aussehen und Besonderheiten: Während die Oberseite ein durchgehendes Grün zeigt, sind der Bauch und die Innenseiten der Extremitäten hellbeige bis gelb. Ein auffallendes Merkmal bei dieser Art bilden auch die riesigen Spannhäute zwischen Zehen und Fingern. Der Name Flugfrosch ist hier insofern treffend gewählt. Es handelt sich jedoch mehr um einen Gleitflug, mit dem die Frösche mehr als 20 m vom Absprungort entfernt zur Landung ansetzen. Wie sie beim Losspringen Finger und Zehen spreizen und dabei die großen „Fallschirme" entfalten, ist ein faszinierendes Erlebnis; solche Flüge kann man leider aber nur in der freien Natur verfolgen. Die Vermehrung vollzieht sich wie bei allen *Rhacophorus*-Arten, d.h. es werden Schaumnester über dem Wasser angelegt.

Pflege im Terrarium: Es kommt nur ein üppig bepflanztes riesiges Regenwaldbecken oder beheiztes Gewächshaus infrage. Auch bei dieser Art wird das Fortpflanzungsverhalten nach einer kühlen, etwas trockeneren Haltungsphase durch den Anstieg der Temperatur und tagelange Regenfälle ausgelöst. Hierfür können die Frösche in ein Paludarium umgesetzt werden.

🌡️ 22–26 °C	🌙 Nacht	↔️ 6 cm	⬜ III

Rhacophorus owstoni

Owstons Grüner Baumfrosch

Verbreitung und Lebensraum: Diese Art ist ein Endemit der japanischen Inselwelt. Es handelt sich um einen Tieflandbewohner, der vom subtropischen bis tropischen Regenwald über feuchte Niederungen bis ins Kulturland vorkommt. Besonders häufig trifft man ihn an den Rändern von Reisfeldern an. Wichtig sind dabei Rückzugsgebiete wie vereinzelte Baumbestände und niedriges Buschwerk.

Aussehen und Besonderheiten: Die Frösche sind oberseits durchgehend grün, mit beigefarbener bis gelber Bauchseite sowie ebenfalls gelben Finger und Zehen, einschließlich der gut entwickelten Haftscheiben. Schwimmhäute an Händen und Füßen findet man hier nur ansatzweise vor. Die Männchen besitzen gelblich weiße Brunftschwielen. Während der Eiablage sondern die Weibchen aus ihrer Kloake eine Flüssigkeit ab, die durch Bewegungen der Hinterbeine zu Schaum geschlagen wird. In dieser Masse werden die Eier deponiert und dabei vom Männchen befruchtet. Die Nester liegen an den Ufern temporärer Gewässer oder auf überschwemmten Wiesen und Feldern.

Pflege im Terrarium: Zur Pflege eignet sich nur ein üppig bepflanzter Behälter oder ein Gewächshaus. Auch bei dieser Spezies wird die Fortpflanzung nach einer kühlen, etwas trockeneren Haltung durch den Anstieg der Temperatur und tagelange Regenfälle ausgelöst. Dafür sollten die Frösche in ein entsprechend hergerichtetes Terrarium übersiedeln, welches einen Wasserteil und großblättrige Ranken aufweist.

| 🌡️ 22–28 °C | 🌙 Nacht | ↔ 8 cm | ▭ III |

Rhacophorus pardalis

Gefleckter Flugfrosch

Verbreitung und Lebensraum: Diese Art kommt in Malaysia sowie auf Sumatra, Borneo und den Philippinen vor. Hier leben die Frösche in Primär- und Sekundärwäldern bis in Höhen um 1000 m ü. NN. Sie sind Baumbewohner, die überwiegend nur zur Fortpflanzungszeit in die tiefer gelegene Vegetation heruntersteigen. Meist halten sie sich in der Nähe von langsam fließenden Bächen oder sumpfigen Gebieten auf.

Aussehen und Besonderheiten: Die Grundfärbung kann von Braungelb bis Rotbraun variieren. Charakteristisch für diese Art sind die leuchtend-roten Schwimmhäute an Füßen und Händen. Große Haftscheiben verschaffen den Tieren auch hoch oben in den Baumkronen einen sicheren Halt. Ihre Schaumnester werden an Pflanzen über dem Wasser angelegt, aber auch in großen wassergefüllten Baumhöhlen; teilweise können sie sogar in der Laubschicht am Boden neben den Gewässern liegen. Die Quappen erreichen eine Gesamtlänge von etwa 40 mm. Es kommt in der Natur immer wieder vor, dass mehrere Paare ihre Nester zu unterschiedlichen Zeiten an der gleichen Stelle bauen.

Pflege im Terrarium: Zur Pflege eignen sich üppig bepflanzte Regenwaldterrarien, Wintergärten oder Gewächshäuser. Dabei sollte eine Höhe von 100 cm und ein Volumen von 1 cbm nicht unterschritten werden. Diese Größe reicht für zwei Paare. Die Einrichtung sollte aus einem Wasserteil, zahlreichen Kletterästen, einer größeren dekorativen Wurzel und großblättrigen Pflanzen bestehen.

 22–28 °C   Nacht   ↔ 10 cm   III

Rhacophorus reinwardtii

Java-Flugfrosch

Verbreitung und Lebensraum: Diese Art hat in Indonesien ein riesiges Verbreitungsgebiet. Darüber hinaus kommen die Frösche auch in Malaysia, Thailand sowie wahrscheinlich Laos und Südchina vor. Die Tiere leben ausschließlich in tropischen Regenwäldern. Dort halten sie sich die meiste Zeit hoch oben im Kronendach der Bäume auf.

Aussehen und Besonderheiten: Auf der Oberseite sind die Frösche einfarbig grün. Ihr Bauch, die Flanken sowie Finger und Zehen zeigen eine gelbe Färbung. Dazu kommen als Kontrast die blauen bis blauschwarzen Schwimmhäute. Letztere sind so großflächig, dass die Frösche beim Absprung aus großer Höhe durch das Auseinanderspreizen ihrer Füße einen Gleitflug absolvieren können. Diese Fähigkeit brachte den Vertretern der Gattung auch den Namen „Flugfrösche" ein. Wie alle übrigen Arten legt auch dieser Frosch seine Eier in vorher angefertigten Schaumnestern ab. Diese werden oberhalb einer Wasseransammlung an Pflanzen geheftet. Die Larven fallen einige Tagen später nach heftigen Regengüssen ins nasse Element.

Pflege im Terrarium: Es kommt nur ein üppig bepflanztes riesiges Regenwaldbecken oder beheiztes Gewächshaus infrage. Auch bei dieser Art wird das Fortpflanzungsverhalten nach einer kühlen, etwas trockeneren Haltungsphase durch den Anstieg der Temperatur und tagelange Regenfälle ausgelöst. Hierfür sollten die Frösche in ein separates, entsprechend hergerichtetes Terrarium umgesetzt werden.

22–28 °C	Nacht	8 cm	III

Smilisca phaeota

Masken-Laubfrosch

Verbreitung und Lebensraum: Das Heimatgebiet dieser Art liegt in Costa Rica, Nicaragua und dem nördlichen Kolumbien. Vom Regenwald und dessen Randgebieten bis zu öffentlichen Parks und Gärten sind die Frösche überall anzutreffen. Nach kräftigen Regenschauern hört man die Männchen aus Büschen in Gewässernähe rufen. Sie kommen bis in Höhenlagen um 1000 m ü. NN vor.

Aussehen und Besonderheiten: Auf überwiegend grünem Grund trägt der Oberkörper einige braune Flecken. Es gibt aber auch fast rein braune Exemplare – dieses Phänomen kann indes tagesabhängig sein. Der dunkelbraune Streifen hinter dem Auge ist typisch für die Art. Die Frösche pflanzen sich auch bei kurzen Regenschauern fort, sofern nur geeignete Laichgewässer vorhanden sind. Die Weibchen können dabei mehr als 300 Eier pro Gelege produzieren. Schon nach drei Tagen schlüpfen die Kaulquappen aus den Eiern und gehen auf Nahrungssuche. Im Aquarium akzeptieren sie alle Arten an Fischfutter als Nahrung. Schon nach etwa 30 Tagen gehen die fertigen Jungfrösche an Land. Dies hängt selbstverständlich von der Wassertemperatur und dem Futterangebot ab.

Pflege im Terrarium: In einem reich bepflanzten Behälter lassen sich problemlos mehrere Paare unterbringen. Dieser Frosch kann durchaus auch Anfängern empfohlen werden. Zur Fortpflanzung setzt man die Tiere in ein Aquaterrarium mit einer Regenanlage und einer großblättrigen Rankpflanze.

| 22–28 °C | Nacht | ↔ 6 cm | III |

Smilisca sordida

Grauer Laubfrosch

Verbreitung und Lebensraum: Diese Froschart stammt aus Mittel- und Südamerika. Ihr Verbreitungsgebiet reicht von Honduras bis weit nach Kolumbien hinein. Die Frösche leben in subtropischen und tropischen Feuchtgebieten, aber auch in Gärten und Plantagen. Teilweise besiedeln sie sogar städtische Parks. Man trifft sie bis in Höhenlagen von mehr als 1500 m ü. NN an.

Aussehen und Besonderheiten: Auf grau- bis rotbraunem Grund finden sich unterschiedlich große dunkelbraune Rückenflecken. Die Extremitäten tragen häufig dunkelbraune Querbinden. Es gibt unterschiedliche Strategien der Eiablage: allem Anschein nach deponiert ein Teil der Weibchen ihre Eier zu Beginn der Fortpflanzungszeit offen im Wasser und setzt spätere Gelege dann verborgen im Laub u. Ä. im Uferbereich ab. Dieses Vorgehen verhindert, dass die nachträglich gelegten Eier durch die bereits geschlüpften Quappen gefressen werden. Ein Laichballen kann zwischen 20 und 50 Eier enthalten.

Pflege im Terrarium: Die Art wird paarweise oder in kleinen Gruppen in großen Feuchtterrarien gepflegt, die mit einem geräumigen Wasserteil ausgestattet sind. Der Bodengrund wird aus nicht faulenden Materialien gebildet und mit Moos und Rindenstücken abgedeckt. Wichtig sind großblättrige Ranken und zahlreiche Kletteräste. Zur Fortpflanzung setzt man die Paare in ein Aquaterrarium und lässt es tagelang regnen. Die Larven können mit Fischfutter und klein gehackten Mückenlarven aufgezogen werden.

| 🌡️ 22–28 °C | 🌓 Nacht | ↔ 4 cm | ▭ III |

Sphaenorhynchus lacteus

Orinoco-Kalk-Laubfrosch

Verbreitung und Lebensraum: Das Verbreitungsgebiet dieser Frösche liegt im nördlichen Südamerika. Dort kann man die Art in Kolumbien, Ecuador, Peru, Brasilien, Französisch-Guayana, Guyana und Surinam sowie auf den Inseln Trinidad und Tobago finden. Einen speziellen Lebensraum bevorzugen die Tiere nicht; vielmehr kommen sie vom Regenwald bis in lockere Baumbestände sowie in Gärten und Plantagen vor. Die Lurche können auch stundenlang in der prallen Sonne verweilen.

Aussehen und Besonderheiten: Die Farbe der Oberseite variiert von Gelb- bis Hellgrün, wobei die Innenseiten der Hinterbeine häufig blau sind. Ein gelber Streifen zieht sich beiderseits von der Schnauzenspitze bis hinter die gelb eingefassten Augen. In der freien Natur leben die Frösche überwiegend von Ameisen. Während der Regenzeit versammeln sich die rufenden Männchen in Gewässernähe. Hier hocken sie bis in etwa 2 m Höhe in den Büschen.

Pflege im Terrarium: Für die Unterbringung kommt nur ein gut bepflanztes Regenwaldbecken infrage. Ein geräumiges Wasserteil, zahlreiche Kletteräste, eine dekorative Wurzel und eine üppige Bepflanzung bilden die Einrichtung. Damit die Frösche in Fortpflanzungsstimmung geraten, benötigen sie nach einer trockenen Phase lang anhaltende Regenschauer. Danach beginnen die Männchen sofort zu rufen. Als Futter werden überwiegend kleine Fruchtfliegen, Blattläuse, Springschwänze u. Ä. angenommen.

 24–26 °C Nacht 4 cm III

Theloderma corticale

Vietnamesischer Moosfrosch

Verbreitung und Lebensraum: Das Verbreitungsgebiet dieser Art umfasst Vietnam und ein kleines Areal in China. Ihren Lebensraum bilden dort feuchte subtropische und tropische Auenwälder, Montanwälder, feuchte Niederungen und felsige Gebiete. Sehr häufig werden die Frösche an den Ufern von Bachläufen mit Felsufern in deren Nischen angetroffen. Sie kommen bis in Höhen von über 3000 m ü. NN vor.

Aussehen und Besonderheiten: Wie schon ihr Name andeutet, sind diese Tiere auf moosbewachsenen Steinen fast nicht zu erkennen. Sie weisen eine grün, braun und dunkel gemusterte Tarnzeichnung auf. In der Natur kleben die Weibchen ihre Gelege häufig ans Ufer von Fließgewässern. Dabei werden in dichten Abständen mehrere Klumpen mit bis zu 30 Eiern abgelegt.

Pflege im Terrarium: Nach einer etwas kühleren und trockenen Phase wird die Temperatur im Regenwaldterrarium erhöht und eine Regenzeit simuliert. Dies kann auch in einem speziell dafür hergerichteten Aquaterrarium erfolgen. Die Weibchen heften ihren Laich in kleinen Ballen an geeignete Gegenstände. Erst nach 13–15 Tagen schlängeln sich die Larven ins Wasser. Sie ernähren sich von allerlei tierischen Produkten, fressen aber gern auch Fischfutter. Je nach Wassertemperatur und Futterangebot kann ihre Entwicklung zwischen 90 Tage und sechs Monate beanspruchen. Wenn die Jungfrösche an Land gehen, nehmen sie in den ersten Tagen noch keine Nahrung zu sich.

20–24 °C	Nacht	8 cm	III

Trachycephalus resinifictrix

Baumhöhlen-Kröten-Laubfrosch

Verbreitung und Lebensraum: Diese Art bewohnt das Stromgebiet des Amazonas von Brasilien bis nach Kolumbien. Ihr Habitat sind die Bäume im Regenwald, wo sie recht oft vorkommt.

Aussehen und Besonderheiten: Die Männchen sind sichtbar kleiner als ihre Partnerinnen und besitzen paarige Schallblasen. Die dunkelbraune Grundfärbung wird von hellen cremeweißen Punkten und Bändern durchzogen. Gut entwickelte Haftscheiben geben den Fröschen beim Klettern in den Bäumen den nötigen Halt. In der freien Natur legen die Weibchen ihre Eier häufig in Baumhöhlen ab, doch auch Wasseransammlungen in großen Aufsitzerpflanzen des Kronendachs werden genutzt. Es gibt keine festen Paarungszeiten. Je nach Regenmenge beginnen die Männchen zu rufen. In einer Wohnung kann das sehr störend wirken. Zur Eiablage kommt es nach heftigen Regenfällen, meist im Anschluss an eine trockenere Phase. Die Larven ernähren sich von Algen und unbefruchteten oder abgestorbenen Eiern.

Pflege im Terrarium: In menschlicher Obhut legen die Weibchen ihre Eier als Oberflächenfilm auf der Wasseroberfläche ab. Bei einer Gesamtzahl von 1000–3000 Stück nehmen jene sehr viel Platz ein. Ist die verfügbare Wasserfläche zu klein, so sterben die Larven in den unteren Eiern ab. Bei einer Temperatur von 28–29 °C schlüpfen die Quappen bereits nach 24–30 Stunden. Etwa zwei Wochen später brechen die Hinter- und etwa 22 Tage darauf die Vorderbeine durch.

| 22–26 °C | Nacht | 11 cm | III |

Trachycephalus venulosus

Milchiger Kröten-Laubfrosch

Verbreitung und Lebensraum: Diese Art besiedelt in Mittel- und Südamerika ein riesiges Verbreitungsgebiet, das von Mexiko bis Argentinien reicht. Darüber hinaus kommt sie auch auf den Inseln Trinidad und Tobago vor. Sie bewohnt geschlossene Waldgebiete sowie offene und auch landwirtschaftlich genutzte Flächen.

Aussehen und Besonderheiten: Die Frösche haben einen breiten Kopf mit abgerundeter Schnauze. Ihr gut sichtbares Trommelfell ist bei den Weibchen deutlich größer. Am Hinterkopf und an den Flanken sitzen zahlreiche Drüsen. Die Haftscheiben von Zehen und Fingern sind gut entwickelt und geben den Fröschen an glatten Flächen einen festen Halt. Die Grundfärbung variiert zwischen Braungelb und Graubraun, wobei die Flanken häufig etwas heller abgesetzt

sind. Die Tiere können ein Sekret absondern, das auf der Haut des Pflegers eine heftige Reaktion hervorrufen kann. Sollte es ins Auge geraten, kann es zu zeitweiliger Erblindung führen. Der austretende Körperschaum schützt die Frösche auch vor potenziellen Feinden und gegen Austrocknung.

Pflege im Terrarium: Zur Pflege eignen sich nur geräumige Feuchtterrarien, die mit einem Wasserteil ausgestattet sind. Darin können etwa ein bis zwei Paare gepflegt werden. Die Zucht gelingt nur nach Simulation langer, heftiger Regenfällen. Die Weibchen legen ihre Eier wie einen Film auf die Wasseroberfläche. Bereits nach einem Tag schlüpfen schon die ersten Kaulquappen.

 22–26 °C Nacht ↔ 8 cm III

Triprion petasatus
Entenschnabel-Laubfrosch

Verbreitung und Lebensraum: Diese Frösche kommen von Honduras, Belize und Guatemala bis Mexiko vor. Sie bevorzugen keinen speziellen Lebensraum: man findet die Tiere im Regenwald ebenso wie in offenen Waldgebieten, Plantagen und Gartenanlagen.

Aussehen und Besonderheiten: Die Art besitzt einen schmalen Körper mit länglichen Extremitäten. Auffallend ist der Kopf mit dem stark verknöcherten Schädeldach und der verlängerten Schnauze. Das Farbspektrum variiert von Olivbraun bis -grün, jeweils mit einigen dunklen Punkten. Angeblich verweilen die Frösche während der Trockenzeit in Baumhöhlen und verschließen deren Öffnungen mit ihrem Schädeldach. Während der Regenzeit hocken die Männchen in der Nähe temporärer Gewässer und rufen dort aus Bäumen und Büschen. Sie sitzen dabei bis in Höhen von circa 2,5 m. Hier findet auch häufig die Eiablage statt. Nach einiger Zeit begeben sich die Paare ins Wasser und die Weibchen legen ihre Eier in größeren Klumpen ab. Die Quappen besitzen gut entwickelte Zähne.

Pflege im Terrarium: Die Frösche können in einem feuchten Regenwaldbecken mit geräumigem Wasserteil gepflegt werden. Das Terrarium sollte mindestens 80 cm hoch und üppig mit Ranken bepflanzt sein. Die Tiere benötigen eine trockene Phase mit anschließender Regenzeit, um in Paarungsstimmung zu geraten. Die Männchen quaken dann ähnlich wie Enten. Es können mehrere Paare vergesellschaftet werden.

 20–25 °C   Tag ↔ 3 cm   III

Mantella betsileo

Braunrücken-Mantella

Verbreitung und Lebensraum: Das Verbreitungsgebiet dieser Art erstreckt sich über weite Teile
Nord- und Ostmadagaskars sowie lokal be-
grenzte Areale im Südwesten des Landes. Darüber hinaus leben die Frösche auf den vorgelagerten Inseln Nosy Bé und Nosy Boraha. Die Frösche
sind Bodenbewohner, die man sowohl in Regen-
als auch Trockenwäldern, an deren Rändern, auf
feuchten Wiesen und in Straßengräben antrifft,
teilweise sogar in größeren Populationen.

Aussehen und Besonderheiten: Die Farbe der
Körperoberseite kann von Gelb- bis Rotbraun
variieren. Die dunkelbraunen bis schwarzen
Flanken werden durch je einen hellen Streifen
vom Oberkörper abgegrenzt. Die Eier werden
in der Nähe temporärer Gewässer im Falllaub
abgelegt. Nach dem Schlupf schlängeln sich die
Kaulquappen während heftiger Regenfälle in
nächste Gewässer.

Pflege im Terrarium: Diese Lurche sollten in
einem feuchten Aquaterrarium mit großer Bodenfläche, kleinem Wasserteil und aufgelocker-
ter Bepflanzung gehalten werden. Ideal ist eine
zweite, innen liegende Bodenplatte, die schräg
nach hinten ansteigt und am unteren Ende im
Wasserteil endet. Als Bodengrund eignet sich
eine dünne Korkschicht, die mit Moosplatten
und Laub abgedeckt wird. Dort werden auch die
Eier abgelegt. Bei separater Aufzucht der Kaulquappen in einem kleinen Aquarium erzielt man
die besten Erfolge. Die Wasserhöhe sollte jedoch
auf wenige Zentimeter begrenzt sein.

🌡️ 22–26 °C	🌙 Tag	↔️ 4 cm	🟩 III

Adelphobates galactonotus

Gesprenkelter Baumsteiger

Verbreitung und Lebensraum: Das Verbreitungsgebiet liegt in Brasilien südlich des Amazonas. Ihr Biotop bilden sowohl der tropische Regenwald als auch feuchte Sekundärwälder. Es handelt sich um Bodenbewohner, die gerne in der Nähe umgestürzter Bäume verweilen.

Aussehen und Besonderheiten: Die Frösche können sehr unterschiedlich gefärbt sein. Man findet fast weiße, gelbe und alle möglichen Übergangsformen – bis hin zu tiefroten Exemplaren. Bauch und Extremitäten sind dabei fast durchweg schwarz gezeichnet. Männchen erkennt man an den größeren Haftscheiben ihrer Finger und am deutlich schlankeren Habitus.

Pflege im Terrarium: Man pflegt die Tiere als Kleingruppen in geräumigen Regenwaldterrarien. Der Boden kann mit einer Schicht Laub, Rindenstücke und Moosplatten abgedeckt werden. Eine Bepflanzung mit Bromelien, Orchideen oder klein bleibenden Farnen macht das Becken attraktiver und verleiht den Fröschen gleichzeitig mehr Sicherheit. Diese Froschart betreibt Brutpflege: die Eier werden in schwarzen, waagerecht liegenden Filmdosen oder in Laichhäusern abgelegt, wo die Männchen sie regelmäßig bewässern, um die geschlüpften Larven später einzeln zum Wasser zu transportieren. Einzelaufzucht ist dringend geboten, da die Quappen ausgesprochen zum Kannibalismus neigen. Nach etwa acht Wochen gehen die fertigen Jungfrösche an Land. Als Nahrung dienen nur kleine Futtertiere wie Fruchtfliegen u. Ä.

 22–26 °C   Tag   3 cm   III

Allobates brunneus

Brauner Raketenfrosch

Verbreitung und Lebensraum: Diese Spezies kommt in Teilen Brasiliens und Boliviens vor. Als Lebensraum bevorzugt sie kleine Bachläufe in Regenwaldgebieten, wo die Tiere bis in Höhenlagen um 500 m ü. NN auftreten. In ihrem Verbreitungsgebiet trifft man sie häufig auf begrenzten Arealen in größerer Anzahl an.

Aussehen und Besonderheiten: Wir haben es hier mit relativ kleinen Fröschen zu tun, wobei die Weibchen etwas massiger wirken als ihre Partner. Die helle Bauchseite ist vom dunkelbraunen Körper deutlich abgesetzt. Ein Lateralstreifen fehlt niemals, wogegen die Querbinden auf den Hinterbeinen nicht immer vorhanden sein müssen.

Pflege im Terrarium: Da diese Lurche auch in der Natur größere Gruppen bilden, erscheint die Haltung mehrerer Tiere in einem geräumigen Regenwaldterrarium durchaus sinnvoll. Wenn man dabei die Möglichkeit hat, einen kleinen Bachlauf nachzubilden, sollte dies unbedingt geschehen. Einige Rankpflanzen, Bromelien und klein bleibende Farne vervollständigen die Einrichtung. Die 10–12 Eier werden in schwarzen Filmdosen abgelegt, wo sie die Männchen auch gegen größere Frösche heftig verteidigen. Nach etwa zwei Wochen schlüpfen die Larven und werden dann vom Männchen alle auf einmal zum Wasser transportiert. Als fertige Jungfrösche gehen sie etwa zehn Wochen später an Land. Beim Umsetzen ist Vorsicht geboten, da die Kleinen äußerst stressempfindlich sind. Ihre Aufzucht bereitet ansonsten keine Probleme.

 24–26 °C   Tag   3 cm   III

Allobates femoralis

Schenkelfleck-Baumsteiger

Verbreitung und Lebensraum: Kommt in großen Teilen Amazoniens vor sowie in Ecuador, Peru, Kolumbien, Brasilien und auf dem gesamten Guyana-Schild. Die Pfeilgiftfrösche leben dort sowohl in Primärregen- als auch Sekundärwäldern. Sie sind Bodenbewohner, die man in der Laubschicht des Waldbodens nur schwer entdecken kann.

Aussehen und Besonderheiten: Die Färbung der Tiere ist dem Untergrund perfekt angepasst. Sie besteht vorwiegend aus verschiedenen Brauntönen, doch am Armansatz und an den Hinterbeinen tragen die Frösche jeweils einen gelb bis orange gefärbten Fleck. Ein heller Lateralstreifen zieht sich von der Schnauzenspitze bis zu den Hinterbeinen. Männchen kann man am besten anhand ihrer Rufe identifizieren, außerdem bleiben sie geringfügig kleiner als ihre Partnerinnen.

Pflege im Terrarium: Diese Spezies pflegt man in feuchten Regenwaldbehältern. Die Männchen locken mit ihren Rufen die laichbereiten Weibchen an, welche ihre 10–36 Eier auf am Boden liegenden Blättern ablegen. Die Entwicklung der Larven dauert etwa 15–20 Tage. Danach nimmt das Männchen, das während der gesamten Zeit die Gelege bewacht und bewässert hat, die Larven auf den Rücken und bringt sie ins Wasser. Die Kaulquappen sollten in kleinen Gruppen aufgezogen werden. Ihre Entwicklung zum fertigen Frosch nimmt 40–50 Tage in Anspruch; danach gehen sie an Land und erlangen nach etwa zehn bis zwölf Monaten die Geschlechtsreife.

 20–24 °C   Tag   4 cm   III

Ameerega bassleri

Basslers Baumsteiger

Verbreitung und Lebensraum: Heimat dieser Frösche sind die feuchten Montanwälder einer Bergkette in Peru. Dort leben die Tiere in Höhenlagen zwischen 500 und 1100 m ü. NN. Es handelt sich um Bodenbewohner, deren Männchen ihre Stimme gern auf kleinen Lichtungen erschallen lassen, wobei sie einander gegenseitig stimulieren.

Aussehen und Besonderheiten: Es handelt sich um eine sehr variable Art. Der Oberkörper kann von blau über grün und gelb bis orange gefärbt sein. Seine Unterseite ist schwarz mit blauer Sprenkelung, die Haut auf der Oberseite sehr stark granuliert.

Pflege im Terrarium: Entsprechend der Größe der Tiere sollte die Grundfläche nicht zu klein ausfallen. Am besten pflegt man diese Art paarweise. Laichbereite Weibchen nähern sich den rufenden Männchen und es kommt zum so genannten Kopf-Amplexus. Für die Eiablage nutzen die Lurche gern umgestülpte Blumentöpfe oder Kokosnussschalen, unter denen sich eine Petrischale befindet (als Eingang muss man dafür ein kleines Stück herausbrechen). Ein Weibchen kann bis zu 50 Eier ablegen, die vom Männchen sofort befruchtet werden. Nachdem sich das Weibchen entfernt hat, bewacht, bewässert und verteidigt das Männchen das Gelege. Die Kaulquappen können zusammen aufgezogen werden. Nach etwa 6–8 Wochen gehen die Jungfrösche an Land. Bei guter Ernährung erlangen die Tiere mit etwa neun Monaten die Geschlechtsreife. Sie können auch größere Futtertiere bewältigen.

 18–22 °C   Tag   4 cm   III

Ameerega silverstonei

Silverstones Baumsteiger

Verbreitung und Lebensraum: Bei dieser Art handelt es sich um einen Bewohner der peruanischen Cordillera Azul. Den Lebensraum der Frösche bilden die Randbereiche feuchter Prämontanwälder in Höhenlagen von 1300–1800 m ü. NN. Infolge der regelmäßigen Nebelbildung zeichnet sich ihr Habitat durch eine hohe Umgebungsfeuchte aus.

Aussehen und Besonderheiten: Ihre Größe und die rote, schwarz gemusterte Färbung verleihen den Fröschen ein unverwechselbares Aussehen. Die Haut ist stark granuliert.

Pflege im Terrarium: Man sollte die Spezies in geräumigen, dicht bepflanzten Regenwaldterrarien pflegen. Ideal wäre dabei eine Nebelanlage, welche die Luftfeuchtigkeit in den frühen Morgenstunden für einen längeren Zeitraum erhöht.

Hohe Temperaturen müssen unbedingt vermieden werden. Die Männchen rufen überwiegend am frühen Morgen. Unter Freilandbedingungen werden die Eier in der Laubschicht abgelegt und vom Männchen bewacht. Ein ausgewachsenes Weibchen kann bis zu 60 Eier produzieren. Das Männchen bringt alle Larven zusammen ins Wasser. Während deren Aufzucht zumeist keine Probleme bereitet, erwiesen sich die Jungfrösche leider als sehr anfällig. Sie färben sich auch häufig nicht rot, sondern zeigen nur ein verwaschenes Gelb bis Braun. Bisher gibt es keine Erklärung für dieses Phänomen; der untersuchte Mageninhalt eines Freilandexemplars bestand überwiegend aus verschiedenen Ameisenarten.

🌡️ 20–26 °C	☀️ Tag	↔️ 3 cm	🗄️ III

Ameerega petersi

Peters Pfeilgiftfrosch

Verbreitung und Lebensraum: Das Verbreitungsgebiet liegt in den östlichen Ausläufern der Anden sowie im angrenzenden Tiefland Ost-Perus, in Höhenlagen zwischen 170 und 800 m ü. NN. Gefunden wurden die Tiere dort vornehmlich in Tiefland- und Prämontanregenwäldern.

Aussehen und Besonderheiten: Die Oberseite der Frösche ist grau- bis rotbraun und stark granuliert; zwei grünlich gelbe Lateralstreifen ziehen sich von den Hinterbeinen zum Kopf und treffen an der Schnauze zusammen. Die blaue Unterseite hingegen zeigt eine schwarze Marmorierung. Diese Spezies ist im Terrarium selten anzutreffen und wurde bisher nur vereinzelt nachgezüchtet.

Pflege im Terrarium: Der Boden im Terrarium sollte mit einer Laubschicht abgedeckt und mit klein bleibenden Rankgewächsen und Bromelien bepflanzt werden. Eine Regenanlage und ein kleines Wasserbecken vervollständigen das Inventar. In der freien Natur legen die Frösche ihre Eier in zusammengerollten Blättern ab, während sich im Terrarium schwarze Filmdosen am besten bewährt haben. Das aus etwa 8–10 Eiern bestehende Gelege wird von beiden Elterntieren bewacht, und das Männchen – seltener das Weibchen – transportiert die geschlüpften Quappen zum Wasser. Über eine erfolgreiche Zucht liegen uns bislang keine Daten vor. Ernährt werden die Frösche mit den üblichen Futtertieren: Blattläuse, Fruchtfliegen, Bohnenkäfer, Ofenfischchen, Springschwänze usw.

20–26 °C	Tag	5 cm	III

Ameerega trivittata

Dreistreifen-Blattsteiger

Verbreitung und Lebensraum: Hier haben wir es mit einer der im nördlichen Südamerika am weitesten verbreiteten Pfeilgiftfroscharten zu tun: die Tiere kommen vom Amazonasbecken bis in die Peruanische Cordillera Occidental vor, wo man sie noch in einer Höhe von 1200 m ü. NN antrifft. Sie sind Bodenbewohner, die in Primärregen- und Sekundärwäldern sowie deren Randgebieten leben.

Aussehen und Besonderheiten: Das große Verbreitungsgebiet hat entsprechend vielfältige Farbvarianten hervorgebracht: die häufigste trägt auf schwarzem Untergrund grüne bis gelbe Flecken und Streifen, seltener ist die rötliche Form anzutreffen. Die kleinen, meist schlanker bleibenden Männchen bilden feste Reviere, die sie auch gegen Geschlechtsgenossen verteidi-

gen. Die Weibchen nehmen nur rufende Männchen zur Kenntnis.

Pflege im Terrarium: Angesichts der enormen Sprungkraft dieser Frösche kommen nur Terrarien mit einer wirklich großen Grundfläche infrage. Die Haltung sollte dabei paarweise erfolgen. Ein Weibchen kann bis zu 40 Eier, selten mehr, ablegen. Danach entfernt es sich, und das Männchen übernimmt die Bewachung des Geleges. Nach etwa 14–17 Tagen versucht es, alle Larven auf einmal zum Wasser zu transportieren. Je nach Ernährung und Wassertemperatur benötigen die Kaulquappen bis zur Metamorphose zwischen 40 und 90 Tage; man sollte sie auf mehrere Aquarien aufteilen. Ihre Aufzucht bereitet keine großen Probleme.

🌡️ 24–28 °C	🌓 Tag	↔️ 5 cm	▭ III

Dendrobates auratus

Gold-Baumsteiger

Verbreitung und Lebensraum: Das Verbreitungsgebiet dieser Art liegt in Mittelamerika, wo es sich etwa von Nicaragua bis nach Kolumbien erstreckt. Man findet die Frösche sowohl an der Karibik- als auch an der Pazifikseite, und zwar bis in Höhenlagen um 1000 m ü. NN. Auf Oahu (Hawaii) wurden im Jahr 1932 insgesamt 206 Tiere ausgesetzt, die dort mittlerweile eine stabile Population bilden konnten. Die Art bewohnt unterschiedliche Lebensräume, vom Regenwald bis zu bewirtschafteten Plantagen.

Aussehen und Besonderheiten: Eine verbindliche Beschreibung dieser Frösche ist angesichts ihrer Variabilität so gut wie unmöglich. Es gibt fast rein schwarze, schwarzblaue, schwarzgrüne und bronzefarbene, aber auch braunbeigefarbene Tiere. Dazwischen existieren alle mögli-chen Übergänge. Die Weibchen sind größer und besitzen zumeist kleinere Fingerscheiben als ihre Partner. Das Männchen lockt sie durch sein Rufen an und führt sie dann zur Ablaichstelle. Dabei legen die Frösche immer wieder Pausen ein, und das Weibchen streicht dem Partner mit der Hand über den Rücken.

Pflege im Terrarium: Im Terrarium lebt diese Art häufig sehr zurückgezogen; bei guter Bepflanzung bekommt man sie nur selten zu sehen. Die Männchen verteidigen ihre Reviere gegeneinander. Die 6–8 Eier werden vom Männchen bewacht, das die Larven nach 14–18 Tagen zum Wasser bringt. Die Aufzucht der Quappen sollte einzeln in kleineren Behältern erfolgen.

| 🌡️ 24–28 °C | ☾☀ Tag | ↔ 4 cm | ▭ III |

Dendrobates leucomelas

Gebänderter Pfeilgiftfrosch

Verbreitung und Lebensraum: Das Hauptverbreitungsgebiet dieser Spezies liegt in Venezuela. Darüber hinaus kommt sie aber auch in den angrenzenden Regionen Kolumbiens und Brasiliens vor. Die Frösche leben dort sowohl in Regenwäldern und deren Randgebieten als auch in Waldgebieten mit saisonalen Regen- und Trockenperioden. Häufig trifft man sie auch an Bachläufen mit steinigem Uferbereich an.

Aussehen und Besonderheiten: Die häufigste Farbmorphe zeigt auf schwarzem Grund eine gelbe Bänderzeichnung, über die unregelmäßige schwarze Flecken verteilt sind. Darüber hinaus gibt es die verschiedensten Übergangsformen – bis hin zu grüngelben und orangefarbenen Varianten.

Pflege im Terrarium: Diese Art sollte man paar-

weise in großen Regenwaldterrarien pflegen. Bei Gruppenhaltung kam es immer wieder vor, dass die Frösche einander die Gelege wegfressen. Sie laichen auf Blättern, in Filmdosen und in Petrischalen unter halbierten Kokosnussschalen ab. Das Weibchen setzt etwa 2–8 Eier ab, die anschließend vom Männchen besamt werden, welches nach 12–15 Tagen stets nur ein bis zwei Larven gleichzeitig zum Wasser bringt. Eine Einzelaufzucht erscheint sinnvoll, da es ansonsten unter den Kaulquappen immer wieder zu kannibalischen Übergriffen kommt. Je nach Temperatur und Futterangebot benötigen die Larven 85–90 Tage, bis sie als Jungfrösche an Land gehen. Nach etwa einem Jahr erlangen die Tiere die Geschlechtsreife.

 24–28 °C   Tag   6 cm   III

Dendrobates tinctorius

Färberfrosch

Verbreitung und Lebensraum: Vorkommen über das gesamte Guyana-Schild, von Guyana und Surinam über Französisch-Guayana bis nach Brasilien. Ihren Lebensraum bilden überwiegend die Tieflandregenwälder, doch kommen die Frösche auch in Galeriewäldern und deren Randgebieten vor, dabei steigen sie vom Meeresniveau bis in Höhenlagen um 600 m ü. NN empor.
Aussehen und Besonderheiten: Die Weibchen sind größer und kräftiger als ihre Partner und besitzen schmalere Fingerscheiben. Von einer Einheitsfärbung kann bei dieser Art nicht die Rede sein. Es gibt die unterschiedlichsten Rassenkreise, und man sollte unbedingt die einschlägige Literatur zu Rate ziehen.
Pflege im Terrarium: In großen Behältern können durchaus mehrere Tiere gepflegt werden. Es

gibt aber auch hier individuelle Unterschiede: häufig unterdrücken sogar die Weibchen einander, und es kommt auch zu Kämpfen. Die Frösche halten sich überwiegend in der Laubschicht am Boden auf. Ihre Gelege werden in Petrischalen unter umgestülpten Hälften von Kokosnussschalen abgesetzt. Das Männchen bewacht die Eier und bewässert diese regelmäßig. Nach etwa 12–21 Tagen schlängeln sich die 2–12 Larven aus den Eihüllen, worauf sie das Männchen zum Wasser transportiert. Da die Larven kannibalisch veranlagt sind, sollten man sie unbedingt einzeln aufziehen. Als Nahrung dienen dabei Fischfutter, gefrorene Mückenlarven usw.

🌡️ 22–26 °C	☀️ Tag	↔️ 3 cm	🔲 III

Epipedobates tricolor

Dreistreifen-Baumsteiger

Verbreitung und Lebensraum: Diese Art kommt aus Ecuador, wo man sie überwiegend auf den Westabhängen der Anden antrifft. Die Frösche leben in Höhenlagen zwischen 600 und 1800 m ü. NN. Ihr Habitat bilden überwiegend Waldreste entlang von Bachläufen.

Aussehen und Besonderheiten: Das Spektrum der Grundfärbung reicht von Dunkel- bis Rotbraun. Eine beige bis gelbe Längsstreifung, die zwischen schmalen Streifen und breiten Flecken variiert, kann vorhanden sein. Wir führen die Frösche hier unter dem Artnamen *Epipedobates tricolor*, obwohl die meisten in unseren Terrarien gepflegten Exemplare der Spezies *E. anthonyi* angehören. Da es aber für Laien sehr schwer ist, die beiden Taxa zu unterscheiden, existieren schon sehr viele Hybriden, die oftmals unter der Bezeichnung *Epipedobates tricolor* angeboten werden.

Pflege im Terrarium: Diese Frösche gelten wegen ihres trillernden Rufes als die Kanarienvögel unter den Amphibien. In Haltung und Zucht sehr unproblematisch, lassen sie sich leicht gruppenweise in Regenwaldterrarien pflegen. Die bis zu 40 Eier umfassenden Gelege werden vom Männchen bewacht und regelmäßig bewässert. Das Männchen versucht nach etwa 9–15 Tagen, alle Larven zusammen auf seinen Rücken zu nehmen. Es kann vorkommen, dass die Quappen mehrere Tage lang umhergetragen werden, bevor er sie in einem Wasserbecken absetzt. Die Aufzucht ist unproblematisch, und mit dem üblichen Futter gedeihen die Kaulquappen recht gut.

| 20–24 °C | | Tag | | 3 cm | | IV |

Excidobates mysteriosus

Marañon-Baumsteiger

Verbreitung und Lebensraum: Heimat dieser Spezies ist Peru, wo sie in der Cordillera del Condor Höhenlagen um 900 m ü. NN bewohnt. Bei ihrem Habitat handelt es sich überwiegend um Waldreste, die durch Rodungen weiter stark beeinträchtigt werden. Hier bilden mit zahlreichen Bromelien bewachsene, häufig einzeln stehende Bäume den engeren Lebensraum der Frösche. Die Spezies ist durch die fortschreitende Zerstörung ihrer Umwelt bedroht.

Aussehen und Besonderheiten: Der Untergrund kann schokoladen- bis rotbraun gefärbt sein. Über den gesamten Körper verteilt finden sich kleine, helle Kreisflecken. Während die Tiere in ihrem Verbreitungsgebiet als gefährdet gelten, lassen sie sich im Terrarium sehr gut halten und nachzüchten.

Pflege im Terrarium: Das Becken sollte etwas höher ausfallen und üppig mit Bromelien bepflanzt werden. Die Gruppenhaltung mehrerer Männchen und Weibchen bereitet in größeren Terrarien keine Probleme. Die Gelege werden in Filmdosen, in Petrischalen und auch auf Blättern abgesetzt. Manchmal kommt es vor, dass sich dabei mehrere Weibchen mit einem Männchen zusammentun. Die Eier werden vom Männchen bewacht, das die nach 16–23 Tagen schlüpfenden Larven anschließend einzeln in die Blattachseln von Bromelien bringt. Man sollte die Quappen aber besser vorher entfernen, um sie einzeln aufzuziehen. Nach etwa zehn bis zwölf Monaten erlangen die Jungfrösche ihre Geschlechtsreife.

🌡️ 18–24 °C	🌓 Tag	↔️ 1,5 cm	▣ IV

Minyobates steyermarki

Yapacana-Pfeilgiftfrosch

Verbreitung und Lebensraum: Heimat dieser Art ist der Süden von Venezuela. Sie wurde dort auf einem kleinen isolierten Tepui (Inselberg) gefunden, dem Cerro Yapacana, wo sie in Höhenlagen zwischen 600 und 1200 m ü. NN lebt. Die Frösche bewohnen in der freien Natur am Boden wachsende Bromelien.

Aussehen und Besonderheiten: Es handelt sich um relativ kleine Lurche, deren Weibchen mit 16 mm ausgewachsen sind; Männchen bleiben noch etwas darunter. Ihre Grundfärbung ist ein kräftiges Rot bis Rotbraun, durch das sich kleine schwarze Punkte und Flecken ziehen.

Pflege im Terrarium: Die Art sollte nur paarweise gepflegt werden und ist in der Haltung etwas heikel. Eine Bepflanzung mit Bromelien kommt den Verhältnissen im heimischen Habitat sehr nahe: die Frösche verstecken sich sehr gerne in deren Blattachseln. Sie laichen in Filmdosen, Laichhäuschen und manchmal auch auf den Blättern der erwähnten Pflanzen ab. Ein Gelege besteht aus 3–9 Eiern, die vom Männchen regelmäßig bewässert werden. Nach dem Schlupf transportiert das Männchen die Larven in die Blattachseln von Bromelien. Die 8–10 mm langen Quappen benötigen für ihre Entwicklung etwa 10–14 Tage. Eine separate Aufzucht bei einer verläuft normalerweise problemlos. Die Kaulquappen werden mit Fischfutter und klein gehackten Mückenlarven ernährt. Nach etwa 10–12 Wochen gehen die fertigen Jungfrösche an Land. Mann kann sie mit dem üblichen Kleinstfutter aufziehen.

| 23–26 °C | Tag | 4 cm | IV |

Oophaga histrionica

Punktierter Pfeilgiftfrosch, Harlekin-Pfeilgiftfrosch

Verbreitung und Lebensraum: Heimat dieser Spezies ist die Choco-Region an der Pazifikküste Kolumbiens. Ihre Verbreitung erstreckt sich dabei vom Meeresniveau bis in Höhen um 1000 m ü. NN. Das genannte Gebiet zeichnet sich dadurch aus, dass es im Jahresverlauf nur wenige regenfreie Tage gibt. Das Habitatspektrum der Frösche reicht vom feuchtwarmen Regenwald bis zu Bananenplantagen.

Aussehen und Besonderheiten: Überaus variabel gefärbte Art mit brauner, grüner, blauer, gelber oder orange Grundfärbung sowie Netzmuster oder Punktzeichnung.

Pflege im Terrarium: Die permanent hohe relative Luftfeuchtigkeit des heimischen Lebensraums sollte auch im Terrarium simuliert werden. Wichtigste Voraussetzungen für die erfolgreiche Haltung und Zucht sind daher eine Nebel- sowie eine Sprühanlage. Bei Haltung mehrerer Tiere kann es zum Fressen der Gelege kommen. Die Eier werden in Filmdosen, Laichhäuschen oder auf Blättern abgelegt. Bei dieser Art versorgen im Übrigen die Weibchen das Gelege. Da sie die 2–6 Eier nicht regelmäßig bewässern, würden jene bei zu geringer Luftfeuchte sehr schnell austrocknen. Die Larven werden vom Weibchen nach dem Schlupf einzeln in Bromelientrichter oder mit Wasser gefüllte Filmdosen transportiert, wo sie als Nahrung regelmäßig unbefruchtete „Nähreier" erhalten. Eine separate Aufzucht mit Ersatzfutter wie Hühnerei oder dem Laich anderer Froscharten bringt nur mäßigen Erfolg.

🌡️ 18–23 °C	🌙☀️ Tag	↔️ 3,5 cm	▭ IV

Oophaga lehmanni

Rotgeringelter Pfeilgiftfrosch

Verbreitung und Lebensraum: Kommt in der kolumbianischen Chocó-Region vor, wo sie in Höhenlagen von 600–1200 m ü. NN lebt. Es handelt sich um Bodenbewohner, die gerne auch einige Meter hoch in die Vegetation klettern. Ihren Lebensraum bilden überwiegend die steilen Berghänge des örtlichen Primärregenwaldes. Hohe relative Luftfeuchtigkeit und ständige Regenfälle sind typisch für dieses Gebiet.

Aussehen und Besonderheiten: Die Grundfärbung variiert von Dunkelbraun bis Schwarz. Es gibt Populationen mit orangefarbenen, roten, gelben und blauen Querbinden. Daneben existieren aber auch Frösche, bei denen die erwähnte Bänderzeichnung überwiegt. Finger- und Zehenspitzen sind häufig weiß abgesetzt. Die Art ist in der Zucht sehr schwierig.

Pflege im Terrarium: Da diese Spezies etwa im gleichen Lebensraum wie die vorherige vorkommt, kann man sie unter ähnlichen Bedingungen pflegen. Sie sollten lediglich etwas kühler gehalten werden. Auch hier ist eine hohe Luftfeuchtigkeit die wichtigste Voraussetzung für die erfolgreiche Haltung und Zucht. Das Gelege sowie die Kaulquappen werden ebenfalls vom Weibchen versorgt. Zur Zucht benötigt man ausreichend mit Wasser gefüllte Bromelien, Filmdosen oder zu einem U geformte Schläuche: diese etwa 10 cm langen Gebilde von rund 1,5 cm Durchmesser werden entsprechend zusammengebunden, mit Wasser gefüllt und dann an einer geeigneten Stelle des Terrariums befestigt.

🌡️ 22–28 °C	🌙 Tag	↔ 2,5 cm	▭ IV

Oophaga pumilio

Erdbeerfröschchen

Verbreitung und Lebensraum: Man findet diese Art an der Karibikküste Mittelamerikas, etwa von Südost-Nicaragua bis Panama. Die größte Variabilität in der Färbung erreichen die Frösche auf den Inseln des Archipels von Bocas del Toro. Ihr Habitat bilden feuchte Tieflandregenwälder, ebenso Sekundärvegetation und sogar verwilderte Kakaoplantagen. Die Tiere halten sich überwiegend in Bodennähe auf, klettern aber auch an den üppig mit Bromelien und Tillandsien bewachsenen Bäume empor.

Aussehen und Besonderheiten: Was die Färbung angeht, gehört die Spezies zu den variabelsten Froschlurchen. Doch es gibt auch einheitliche Populationen, beispielsweise so genannte „Blaubeiner", bei denen der Körper durchgehend rot und nur die Beine blau sind.

Pflege im Terrarium: Das Terrarium sollte reichlich mit Bromelien bepflanzt sein. In einem größeren Becken können mehrere Paare oder auch Männchen mit einer Überzahl an Weibchen gepflegt werden. Männchen können untereinander und gegenüber anderen Pfeilgiftfröschen sehr aggressiv sein, was im Extremfall zum Tode der unterdrückten Tiere führt. Bei dieser Art bringen die Weibchen ihre Larven in mit Wasser gefüllte Behälter wie Bromelien, Filmdosen o. Ä. und versorgen sie dort mit unbefruchteten Eiern. Die Entwicklung von der Quappe zum fertigen Jungfrosch dauert etwa 43–52 Tage. Hierzu gibt es in den einschlägigen Büchern jede Menge Informationen.

22–28 °C		Tag		2 cm		IV

Oophaga vicentei

Vicentes Pfeilgiftfrosch

Verbreitung und Lebensraum: Diesen Pfeilgift-frosch findet man an der Karibik- und Pazifik-küste von Zentral-Panama. Ihren Lebensraum bilden nicht nur die mit Epiphyten bewachsenen Baumriesen sondern auch ähnlich geartete Solitärbäume.

Aussehen und Besonderheiten: Die Tiere sind farblich nicht ganz so variabel wie die eben be-handelte Spezies. Das Spektrum der Grundfarbe reicht dabei von Rot über Gelb bis Grün. Da-neben gibt es auch Frösche mit verschiedenen dunklen Zeichnungsmustern und sogar einfar-bige Exemplare. Männchen kann man gut an der deutlich dunkleren Kehlregion erkennen. Es handelt sich um Baumbewohner, die geschickt auf den Ästen der mit Bromelien und Tillandsien bewachsenen Urwaldriesen umherklettern.

Pflege im Terrarium: Das Becken sollte tunlichst eher hoch als lang ausfallen. Eine üppige Be-pflanzung mit Bromelien muss dabei im oberen Bereich stets vorhanden sein. Da Männchen untereinander sehr aggressiv sind, kommt nur eine paarweise Haltung infrage. Die Weibchen fressen sich gegenseitig die Gelege weg. Die Vermehrung geht ähnlich wie bei den vorhe-rigen Arten vonstatten. Für ihre Entwicklung benötigen die Eier 13–15 Tage. Auch hier bringt das Weibchen die Larven einzeln ins Wasser und versorgt sie anschließend mit unbefruchteten Eiern. Die Entwicklung von der Quappe bis zum fertigen Frosch beansprucht etwa 52–62 Tage. Mit dem üblichen Kleinstfutter gestaltet sich die Aufzucht der Jungtiere problemlos.

| 22–25 °C | | Tag | | ↔ 4 cm | | III |

Phyllobates bicolor

Zweifarbiger Blattsteiger

Verbreitung und Lebensraum: Das Vorkommen dieser Art beschränkt sich auf die Westhänge der Cordillera Occidental (Kolumbien). Dort findet man die Frösche in Höhenlagen von etwa in 500–1500 m ü. NN.

Aussehen und Besonderheiten: Auf der Oberseite reicht das Farbspektrum von leuchtend Gelb bis Orange, wogegen die Unterseite häufig schwarz bis grüngelb ist. Das Trommelfell und die Nasenlöcher weisen meist eine schwarze Färbung auf. Die Tiere sind Bodenbewohner, die in einem gut strukturierten Terrarium gern etwas höhere Stellen aufsuchen.

Pflege im Terrarium: Untereinander gebärden sich die Frösche nicht sehr aggressiv, sodass man sie gut in kleinen Gruppen pflegen kann. Ihr Paarungsvorspiel verläuft immer nach dem gleichen Schema: das Männchen ruft und das Weibchen nähert sich ihm; danach streicht es dem Partner ab und zu über den Rücken und beide begeben sich zum Eiablageplatz. Dort nehmen sie rücklings zueinander Platz, und wahrscheinlich ist dies der Moment, in dem das Männchen sein Sperma abgibt. Kurze Zeit darauf verlässt es den Paarungsort, und das Weibchen legt nun bis zu 40 Eier ab, in der Regel allerdings weniger. Das Männchen kommt nur einmal zurück und bewässert die Eier. Anschließend sucht es das Gelege erst wieder auf, um die geschlüpften Larven zum Wasser zu bringen. Manchmal läuft das Männchen allerdings auch tagelang mit den Quappen umher. Diese Art bewältigt größere Futtertiere.

🌡️ 24–27 °C	Tag	↔ 5 cm	III

Phyllobates terribilis

Goldener Blattsteiger

Verbreitung und Lebensraum: Es handelt sich um Bodenbewohner des Tieflandregenwaldes, die aus dem Stromgebiet des Rio Sainja in Kolumbien stammen. Das Habitat dieser Pfeilgiftfrösche wird durch hohe Niederschlagsmengen gekennzeichnet, im Jahresverlauf bis zu 4000 mm.

Aussehen und Besonderheiten: Während es Weibchen bis auf 48 mm bringen, bleiben Männchen etwas kleiner. Das Farbspektrum der Lurche reicht von einfarbig Gelb über Hellorange bis Cremefarben. Jungtiere sind schwarz mit einem breiten gelben Dorsolateralstreifen. Wildfänge verfügen über ein extrem starkes Hautgift, dessen Wirksamkeit jedoch im Terrarium nach kürzester Zeit erlischt, bei Nachzuchten war es nicht mehr nachweisbar.

Pflege im Terrarium: Die paarweise Haltung in geräumigen Regenwaldterrarien hat sich als optimal erwiesen. Nur in sehr großen Behältern kommt auch eine Gruppenhaltung infrage. Die Weibchen sind sehr produktiv, und es kann alle 10–15 Tage zu einem Gelege kommen. In der Regel werden es aber insgesamt nicht mehr als 20 Eier. Nach etwa 13 Tagen schlüpfen die Larven; das Männchen nimmt dann alle Quappen auf seinen Rücken und trägt sie manchmal über mehrere Wochen mit sich herum; in dieser Zeit ernähren sie sich von ihrem gut gefüllten Dottersack. Es kommt sogar vor, dass das Männchen Larven aus zwei Gelegen transportiert, bevor es allesamt im Wasser absetzt. Die Kaulquappen können gemeinsam in einem Aquarium aufgezogen werden.

🌡️ 24–28 °C	🌙 Tag	↔ 3 cm	⬜ III

Phyllobates vittatus

Gestreifter Blattsteiger

Verbreitung und Lebensraum: Das Verbreitungsgebiet dieser Frösche erstreckt sich entlang der Pazifikküste von Costa Rica bis nach Panama. Die Tiere sind typische Bewohner der feuchten Tieflandregenwälder und leben etwas versteckt in der Laubschicht. Dabei bevorzugen sie den Wurzelbereich großer Bäume oder verstecken sich unter am Boden liegendem Totholz. Von dort aus lockt das Männchen durch seine trillernden Rufe Weibchen an.

Aussehen und Besonderheiten: Die Grundfärbung des Körpers kann von Schwarz bis Türkisblau variieren. Ein typisches Merkmal bilden die gelben bis dunkelroten Dorsolateralstreifen, die an der Schnauze zusammentreffen, manchmal mit zusätzlichem Mittelstreifen. Dieser Frosch ist allen Anfängern zu empfehlen.

Pflege im Terrarium: Obwohl die Tiere untereinander nicht besonders aggressiv sind, kommt es in kleineren Terrarien bei der Pflege mehrerer Paare ständig zu Streitereien. Hierbei hat sich gezeigt, dass die Gelege teilweise nicht mehr optimal versorgt wurden. Das Paarungsritual läuft nach dem gleichen Schema wie bei anderen Phyllobaten. Die Weibchen legen etwa 8–20 Eier, die vom Männchen bewässert werden. Nach etwa 15–20 Tagen werden die Larven vom Männchen auf den Rücken genommen und zum Wasser transportiert, wobei es sie vorher häufig noch einige Tage herumträgt. Bei einer Wassertemperatur von 23–25 °C benötigen die Quappen rund 75 Tage, bis sie als Jungfrösche an Land gehen.

🌡️ 25–726 °C	❄️☀️ Tag	↔️ 2 cm	🗄️ IV

Ranitomeya amazonica

Bauchflecken-Baumsteiger

Verbreitung und Lebensraum: Da diese Art noch nicht vollständig erforscht ist, gibt es hinsichtlich ihrer Verbreitung unterschiedliche Angaben. Gesichert ist das Vorkommen in Peru, wo man die Frösche in einem Radius von etwa 70 km rund um Iquitos (Amazonas) antrifft. Sie leben in primären und sekundären Regenwäldern sowie deren Umfeld. Bei der erwähnten Stadt gibt es offene Waldgebiete mit zahlreichen am Boden wachsenden Bromelien, in denen man immer wieder Frösche und Kaulquappen findet.

Aussehen und Besonderheiten: Der Oberkörper ist orange bis rot, und häufig zeichnet sich auf der Grundfärbung ein schwarzes, vom Kopf zum Hinterteil reichendes „Y" ab. Die bläulichen bis grünlichen Extremitäten zieren zahlreiche schwarze Punkte.

Pflege im Terrarium: Als Paar kann man die Frösche auch in kleineren Terrarien pflegen. Eine Bepflanzung mit kleinen Bromelien und Rankpflanzen gibt den Tieren die nötige Sicherheit. Da sie sehr gerne klettern, kann ihr Becken ruhig etwas höher ausfallen. Die 2–10 Eier werden bevorzugt in etwas höher angebrachten schwarzen, mit etwas Wasser gefüllten Filmdosen unterhalb des Wasserspiegels angeheftet. Nach einer Entwicklungszeit von etwa zwölf Tagen kommt das Männchen zurück, um die geschlüpften Larven aufzunehmen. Diese werden vom Männchen manchmal noch einige Tage herumgetragen, bevor es sie einzeln in die wassergefüllten Blattachseln von Bromelien entlässt.

🌡️ 22–25 °C	🔆 Tag	↔️ 2,5 cm	⬛ IV

Ranitomeya fantastica

Rotkopf-Baumsteiger

Verbreitung und Lebensraum: Man findet diese attraktive Art in den Bergketten der Cordillera Oriental und der Cordillera Azul von Peru. Die Frösche bewohnen dort prämontane Bergregenwälder bis in Höhen von 200–900 m ü. NN. Sie sind am Boden ebenso anzutreffen wie mehrere Meter hoch an mit Bromelien bewachsenen Bäumen.

Aussehen und Besonderheiten: Wir haben es hier mit einer sehr variablen Art zu tun, die kein einheitliches Muster aufweist; auf ihrem orangefarbenen Kopf tragen die sehr attraktiven Tiere häufig einen schwarzen, schmetterlingsförmigen Flecken.

Pflege im Terrarium: Man pflegt diese sehr versteckt lebenden Frösche am besten paarweise. Ihr Terrarium sollte etwas höher ausfallen und im oberen Bereich mit einigen Bromelien bepflanzt sein. Die Weibchen legen ihre 2–12 Eier offen auf Blättern oder in waagerecht angebrachten Filmdosen ab. Das Männchen bewässert die Gelege in unregelmäßigen Abständen; nach etwa 14 Tagen nimmt es jeweils ein bis zwei Larven auf den Rücken und setzt sie einzeln in mit Wasser gefüllten Bromelienblattachseln ab. Die Kaulquappen müssen einzeln aufgezogen werden, da sie untereinander und auch gegenüber Larven anderer Arten sehr aggressiv sind. Versorgt man sie ausreichend mit Fischfutter, gefrorenen Mückenlarven usw., gestaltet sich die Aufzucht unproblematisch. Die Jungfrösche erlangen bei guter Ernährung schon nach einem halben Jahr die Geschlechtsreife.

| 🌡️ 22–28 °C | 🔲 Tag | ↔️ 2 cm | ▭ IV |

Ranitomeya imitator

Falscher Fünfstreifen-Baumsteiger

Verbreitung und Lebensraum: Diese Art kommt in verschiedenen Teilen Perus vor, wobei man Hochland- und Tieflandpopulationen kennt. Entsprechend verschieden gestalten sich daher die Lebensbedingungen.

Aussehen und Besonderheiten: Genau so unterschiedlich fällt auch die Färbung aus. Wie der Name andeutet, imitieren die Frösche in Färbung und Zeichnung verschiedene andere Arten. Ihr bekanntestes Farbkleid bildet dabei ein schwarzes Netzmuster auf leuchtend grünem, orangefarbenem oder goldgelbem Grund. Es gibt aber auch Exemplare, die *Rhanitomeya fantastica* und *Rhanitomeya lamasi* „kopieren".

Pflege im Terrarium: Es kommt nur ein gut bepflanztes Regenwaldterrarium in Betracht. Eine Sprühanlage sollte dabei zweimal am Tage das Terrariuminnere kräftig übersprühen. Die 1–3 Eier werden an senkrechten Flächen angeklebt. Eier und Larven sind sehr hell, fast weiß gefärbt. Das Männchen, seltener auch das Weibchen, bewässert die Gelege. Nach 16–20 Tagen nimmt das Männchen die Larven auf den Rücken und transportiert sie in verschiedene Bromelienachseln. Danach führt es seine Partnerin zu den Quappen, worauf sie diese mit Nähreiern füttert. Eine Einzelaufzucht der Larven mit Fischfutter und Mückenlarven ist ebenfalls möglich. Dazu sollte man die Eier jedoch schon vorher entfernen und außerhalb der Blattrichter zeitigen. Jungfrösche erlangen schon mit sechs bis acht Monaten die Geschlechtsreife.

| 🌡 20–25 °C | ☀ Tag | ↔ 2 cm | ▢ IV |

Ranitomeya lamasi

Pasco-Baumsteiger

Verbreitung und Lebensraum: Das Verbreitungsgebiet liegt am Ostabhang der Cordillera Azul im zentralen Osten Perus, und zwar auf Höhenlagen um 300–1700 m ü. NN. Das Spektrum der lokalen Vegetation reicht dabei vom primären Tieflandregenwald bis zu Prämontanwäldern. In einigen Regionen bewohnen die Frösche auch Bambushaine.

Aussehen und Besonderheiten: Auch bei dieser Spezies finden sich die unterschiedlichsten Farbvarianten. Die auf dem Bild zu sehende Zeichnungsform gibt es auch in Gelb, Orange und Grün. Die Extremitäten können blau mit schwarzen Flecken sein, aber auch grau oder grün mit schwarzer Zeichnung.

Pflege im Terrarium: Die Art hält man am besten in recht feuchten, dicht bepflanzten Regenwaldterrarien, die neben einer Sprüh- eventuell auch eine Nebelanlage besitzen. Feuchter Nebel scheint der Auslöser für das gesteigerte Rufverhalten der Männchen zu sein. Eine dichte Bepflanzung kommt den scheuen Fröschen sehr entgegen. Die Weibchen kleben ihre 2–4 sehr hellen Eier möglichst an glatte, senkrechte Flächen. Dies können Blätter von Pflanzen sein, aber auch die Innenwände schwarzer Filmdosen. Dabei werden Nischen mit einer höheren Feuchtigkeit eindeutig bevorzugt. Nach etwa 14 Tagen bringt das Männchen die Larven einzeln zu verschiedenen Wasserstellen. Die Kaulquappen gebärden sich untereinander sehr aggressiv. Man zieht sie daher am besten einzeln auf. Jungfrösche sind nach zwölf Monaten geschlechtsreif.

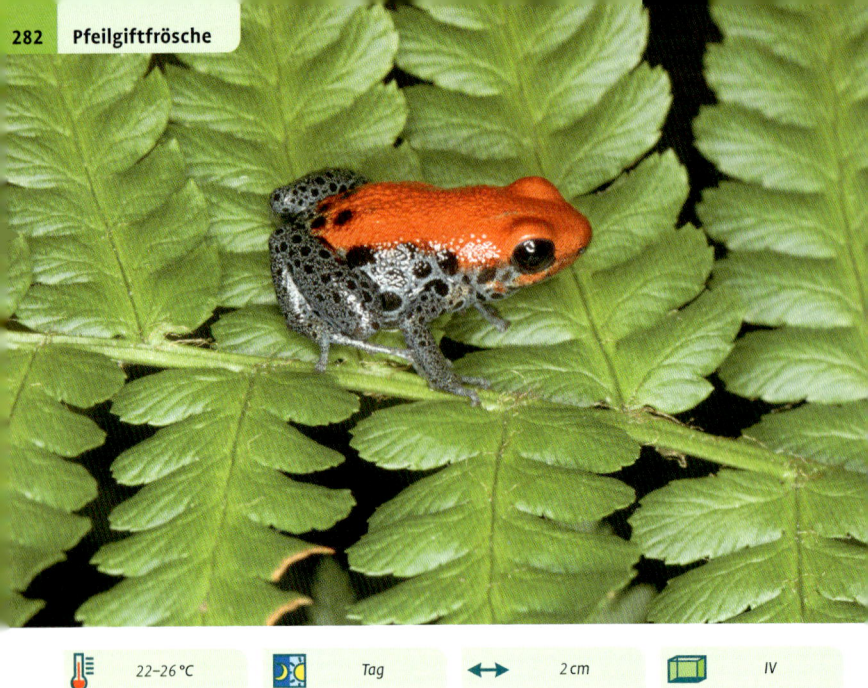

🌡️ 22–26 °C	🗓️ Tag	↔️ 2 cm	📦 IV

Ranitomeya reticulata

Netz-Baumsteiger

Verbreitung und Lebensraum: Das Verbreitungsgebiet dieser Art umfasst das Tal des unteren Rio
Huallaga und die Umgebung von Iquitos (Peru).
Darüber hinaus kennt man vereinzelte Populationen aus Ecuador und Kolumbien. Die Frösche
bewohnen Tieflandregenwälder und offene
Waldgebiete, wo man sie in der Laubschicht,
aber häufig auch kletternd antrifft. Oft kommt
die Art sympatrisch mit *R. amazonicus* vor.
Aussehen und Besonderheiten: Der Oberkörper
ist vom Kopf bis auf den Rücken leuchtend rot
bis rotbraun gefärbt. Der restliche Rumpf und
die Extremitäten tragen auf blauem Grund ein
Netzmuster aus unterschiedlich großen schwarzen Flecken und Punkten.
Pflege im Terrarium: Es erscheint eine paarweise
Haltung angebracht, doch ist auch die Vergesellschaftung eines Männchens mit mehreren
Weibchen möglich. Die Weibchen legen ihre
1–5 Eier in waagerecht angebrachten Filmdosen
ab. Eine hohe relative Luftfeuchtigkeit wird
durch den Einsatz einer Nebel- und Sprühanlage
erreicht. Nach etwa 10–15 Tagen nimmt das
Männchen je eine Larve auf den Rücken und
transportiert sie zu einer Wasseransammlung;
dabei folgt ihm das Weibchen, das die Kaulquappen später mit Nähreiern versorgt. Die
Larven können auch einzeln aufgezogen und mit
Fischfutter ernährt werden. Nach 75–85 Tagen
gehen sie als Jungfrösche an Land. Bei guter
Fütterung erreichen die Kleinen schon mit sechs
Monaten die Geschlechtsreife.

 22–26 °C Tag 2 cm IV

Ranitomeya variabilis

Einpunkter

Verbreitung und Lebensraum: Diese Art bewohnt die Südkette der Cordillera Oriental im peruanischen Departement San Martín. Dort trifft man die Frösche in primären Prämontanwäldern auf Höhenlagen von 600–1200 m ü. NN an, und zwar vom Boden bis in die mit Bromelien bewachsenen Baumkronen.

Aussehen und Besonderheiten: Die Variabilität betrifft bei dieser Art überwiegend Größe und Anordnung der schwarzen Punkte. Darüber hinaus können die Frösche bei gelbem bis türkisblauem Oberkörper eine bläulich grüne Unterseite zeigen. Ihr deutscher Name Einpunkter leitet sich vom isolierten Punkt auf der Schnauze her.

Pflege im Terrarium: Nur in größeren, dicht bepflanzten Regenwaldterrarien kann man auch mehrere Frösche gemeinsam pflegen. Die Weibchen kleben ihre 3–11 Eier unter der Wasseroberfläche an; dies kann in mit Wasser gefüllten Filmdosen, aber auch in Bromelientrichtern geschehen. Die Befruchtung findet dabei schon vorher auf einem Blatt oder in der Dose statt. Das Männchen holt die nach 10–15 Tagen schlüpfenden Larven wieder ab, um sie einzeln in verschiedenen Blattachseln oder mit Wasser gefüllten Filmdosen abzusetzen. Die Kaulquappen müssen einzeln mit Aquarienfischfutter aufgezogen werden, da sie ausgesprochen kannibalisch veranlagt sind. Wenn die Jungfrösche an Land gehen, sind sie noch sehr klein. Als Nahrung benötigen sie anfangs unbedingt Kleinstfutter wie Springschwänze und Blattläuse.

| 22–28 °C | | Tag | | 2 cm | | IV |

Ranitomeya ventrimaculata

Bauchflecken-Baumsteiger

Verbreitung und Lebensraum: Das Verbreitungsgebiet erstreckt sich über das gesamte nördliche Südamerika. Entsprechend verschieden präsentieren sich auch ihre Lebensräume: man findet die Tiere im Tieflandregenwald, in Galeriewäldern, auf Plantagen und deren Randgebieten bis in Höhenlagen um 1000 m ü. NN.

Aussehen und Besonderheiten: Der Größe des Verbreitungsgebiets entspricht die Variabilität des äußeren Erscheinungsbildes: Das Farbspektrum reicht von Gelb über Grün bis Rot, jeweils mit unterschiedlicher Flecken- und Streifenzeichnung. Mittlerweile wurden von diesen Tieren auch Albinos gezüchtet.

Pflege im Terrarium: *Ranitomeya ventrimaculata* lässt sich in geräumigen, eher höheren Regenwaldterrarien leicht paarweise oder als Kleingruppe pflegen. Das Männchen lockt die Partnerin an eine Bromelie, wo es sein Sperma ins Wasser abgibt; sie legt dann die dabei vom Männchen befruchteten Eier unter dem Wasserspiegel ab. Nach etwa zehn Tagen kommt das Männchen wieder zum Gelege zurück und beginnt einige Tage später, die Larven aus der Gallerte zu befreien. Danach verlässt es mit ein bis zwei Quappen das Wasser und wiederholt diese Prozedur so lange, bis sich alle Larven auf seinem Rücken befinden. Diese werden anschließend einzeln in verschiedenen Blattachseln abgesetzt. Die Kaulquappen sind kannibalisch veranlagt und müssen daher einzeln mit Fischfutter und Entsprechendem aufgezogen werden.

🌡	22–26 °C	🌙	Nacht	↔	5 cm	▭	III

Hylarana picturata

Wasserfrosch

Verbreitung und Lebensraum: Das Verbreitungsgebiet dieser Art erstreckt sich über weite Teile Indonesiens, Bruneis und Malaysias. Ihren Lebensraum bilden dort subtropische und tropische Regen-, aber auch Sekundär- und Auwälder. Es handelt sich stets um sehr feuchte Habitate unweit von Flüssen oder um echte Sumpfgebiete, wo die Frösche oft im Uferbereich leben. Die Art gilt infolge der Zerstörung ihrer Habitate als bedroht.

Aussehen und Besonderheiten: Dieser wunderschöne Wasserfrosch besitzt einen relativ schlanken Körper. Auch hier sind die Weibchen deutlich größer und kräftiger gebaut. Auffallend wirkt der abgeflachte Kopf mit der spitz zulaufenden Schnauze und den hervorstehenden Augen. Die Grundfärbung bildet oftmals ein sattes Beigegelb. Darauf tragen die Frösche oft einen grünlichen Strich, der über der Schnauzenspitze beginnt und längs der Schnauzen- und Rückenkanten verläuft. Der übrige Rücken ist mit grünlichen oder hellen Flecken gemustert, während die Gliedmaßen entsprechende Querbinden tragen.

Pflege im Terrarium: Diese Art wird in geräumigen, mit zahlreichen Versteckplätzen ausgestatteten Regenwaldterrarien gepflegt, deren Rück- und Seitenwände man mit Kork verkleidet. Ihr Inventar besteht aus einer großen Wurzel, üppigen Pflanzen und einem Wasserteil, der etwa ein Viertel der Grundfläche ausmachen sollte. Das Fortpflanzungsverhalten wird durch den Beginn der Regenzeit ausgelöst.

🌡️ 20–26 °C	Nacht	↔ 7 cm	▭ III

Hylarana signata
Gefleckter Schmuckfrosch

Verbreitung und Lebensraum: Heimat dieser Art ist das Gebiet von Süd-Thailand über Malaysia bis Borneo. Ihren Lebensraum bilden primäre Regen-, aber auch ältere Sekundärwälder bis in Höhenlagen um 1500 m ü. NN. Während des Tages verbergen sich die Tiere unter Totholz oder in Baumhöhlen, um bei Einbruch der Nacht in Ufernähe auf Futtersuche zu gehen.

Aussehen und Besonderheiten: Die etwa mittelgroßen Frösche besitzen einen kräftigen Körper mit mäßig langen Beinen. Auffallend wirkt der abgeflachte Kopf mit seiner spitz zulaufenden Schnauze und den hervorstehenden Augen. Grundfarbe der Körperoberseite ist ein dunkles Braun oder Schwarz; dazu kommt ein sehr variables Muster aus unregelmäßigen gelben, grünen, orangefarbenen oder rötlichen Flecken.

Ferner können die Tiere häufig einen von der Schnauzenspitze über deren Kante und die Grenzlinie zwischen Rücken und Flanken verlaufenden, orangefarbenen Streifen aufweisen.

Pflege im Terrarium: Die Spezies lässt sich in geräumigen Regenwaldbecken mit zahlreichen Versteckplätzen und einem großen Wasserteil pflegen, deren Einrichtung aus einer großen Wurzel, üppigen Pflanzen und zahlreichen Versteckmöglichkeiten gebildet wird. Die Frösche fressen alle üblichen Futtertiere – Grillen, Heimchen, kleine Heuschrecken, Schaben, Wachsmotten und deren Raupen, Mehlwürmer, Ofenfischchen, Bohnenkäfer und Fliegen.

 24–28 °C Nacht ←→ 11 cm II

Lepidobatrachus laevis

Chaco-Pfeiffrosch

Verbreitung und Lebensraum: Das Verbreitungsgebiet dieser Frösche erstreckt sich über die Gran-Chaco-Region in Argentinien, Paraguay und kleinen Teilen von Brasilien. Das Klima ist geprägt durch häufige Dürreperioden und immer wieder große Regenmassen, die für gelegentliche Überflutungen sorgen. Die Frösche leben dort in temporären Wasseransammlungen. Die trockene Zeit verbringen sie vergraben unter der Erde und werden wieder aktiv, wenn der Regen die Teiche füllt.

Aussehen und Besonderheiten: Dieser große, gedrungene, beinahe kugelrunde Frosch besitzt einen breiten Kopf mit sehr kurzer Schnauze. Arme und Beine sind vergleichsweise kurz, sodass die Tiere nicht zu großen Sprüngen befähigt sind. Grundfarbe der Körperoberseite ist ein variables Grau; dazu kommt ein sehr variables Muster aus unregelmäßigen gelben Flecken. Die Männchen lassen sich leicht an der grauen Kehle erkennen.

Pflege im Terrarium: Die Spezies lässt sich in geräumigen Aquarien, mit einem etwa 10 cm hohen Wasserstand und einem kleinen Landteil pflegen. Die Wassertemperaturen sollen bei etwa 25 °C liegen. Die Frösche ernähren sich überwiegend von Fischen, die einfach ins Wasserteil gesetzt werden. Daneben werden aber auch Regenwürmer, kleine Krebse, Nacktschnecken und Wasserinsekten erbeutet. Das Einhalten einer Trockenruhe in einem separaten Landterrarium ist ihrer Gesundheit sehr zuträglich und für die Fortpflanzung Voraussetzung.

🌡️ 20–25 °C	🌙 Nacht	↔️ 20 cm	▭ II

Lithobates catesbeiana

Amerikanischer Ochsenfrosch

Verbreitung und Lebensraum: Diese Spezies bewohnt weite Teile des östlichen und mittleren Nordamerika und wurde in zahlreiche Länder, so auch nach Deutschland verschleppt. Ihre Lebensräume bilden meist offene Gewässer wie Flussufer, Teiche, Tümpel und Seen aber auch Reisfelder und Sumpflandschaften. Bevorzugt werden dicht bewachsene Uferränder und Schilfgürtel. Die Überwinterung erfolgt sowohl auf dem Boden der Gewässer als auch verborgen in frostsicheren Erdspalten.

Aussehen und Besonderheiten: Es handelt sich um den größten Vertreter der echten Frösche in Nordamerika. Wichtigstes Unterscheidungsmerkmal ist das enorm große Trommelfell, welches bei den Männchen etwa das Doppelte des Augendurchmessers ausmacht. Die kompakt gebauten Tiere besitzen eine braune bis gräuliche oder olivgrünliche Grundfärbung, von der sich einige Flecken abheben können. In der Natur ernährt sich die Art von anderen Amphibien, verschiedensten Insekten, Schnecken sowie gelegentlich auch Kleinsäugern und Küken verschiedener Wasservögel.

Pflege im Terrarium: Die Art lässt sich in geräumigen, gut strukturierten riesigen Aquaterrarien pflegen. Wichtig ist dabei ein großer, stets sauber gehaltener Wasserteil. Die Landpartie wird wie ein Ufer gestaltet und muss mit Rindenabschwarten verkleidete Wände aufweisen. Besser jedoch ist die ganzjährige Pflege in einem absolut ausbruchsicheren Freilandterrarium mit großem Gartenteich.

20–25 °C	Nacht	3 cm	III

Lithobates palustris

Amerikanischer Sumpffrosch

Verbreitung und Lebensraum: Diese Spezies bewohnt weite Teile des östlichen Nordamerika. Ihre Lebensräume bilden meist bewaldete Regionen und liegen oft in der Nähe von kühlen, klaren Bächen und Teichen oder in Sumpfgebieten. Als Laichgewässer kommen unterschiedlichste Typen von Überschwemmungswiesen bis hin zu Seen infrage; sie alle dürfen jedoch keinen Fischbesatz aufweisen. Die Überwinterung erfolgt sowohl auf dem Boden der Gewässer als auch verborgen in frostsicheren Erdspalten.

Aussehen und Besonderheiten: Es handelt sich um die kleinste, zu den Leopardfröschen gehörende Wasserfroschart Nordamerikas. Die kompakt gebauten Tiere besitzen eine braune bis gräuliche Grundfärbung, von der sich die eher rechteckigen, dunkelbraunen Flecken – die

anderen Arten der Gattung haben eher rundliche – deutlich abheben. Wichtigstes Unterscheidungsmerkmal sind jedoch die Innenseiten der Hinterbeine, die in leuchtendem Gelb oder Orange prangen.

Pflege im Terrarium: Die Art lässt sich in geräumigen, gut strukturierten Aquaterrarien pflegen. Wichtig ist dabei ein großer, stets sauber gehaltener Wasserteil. Die Landpartie wird wie ein Waldterrarium gestaltet und muss zahlreiche Versteckplätze und mit Rindenabschwarten verkleidete Wände aufweisen, da diese Frösche ein ausgeprägtes Fluchtverhalten zeigen: sobald ihr Pfleger die kritische Annäherungsdistanz unterschreitet, suchen sie mit gewaltigen Sätzen das Weite.

| 🌡 20–25 °C | 🌓 Nacht | ↔ 10 cm | ▭ II |

Odorrana hosii

Felsfrosch

Verbreitung und Lebensraum: Vorkommen über weite Teile Südostasiens, genauer von Thailand bis Malaysia und Indonesien. Dort findet man die Frösche ausschließlich im Uferbereich von schnell fließenden Flüssen, Bachläufen und besonders häufig in der Nähe von Wasserfällen im Regenwald bis 1500 m ü. NN. Bei Gefahr springen sie ins Wasser und schwimmen stromaufwärts.

Aussehen und Besonderheiten: Es handelt es sich um mittelgroße, kräftig gebaute Tiere mit langen Hinterbeinen, die sie zu weiten Sprüngen befähigen und einem in der Draufsicht länglich dreieckigen Kopf. Die Männchen sind vergleichsweise kleiner und besitzen aber ein deutlich größeres Trommelfell. Ihre Oberseite ist intensiv grün gefärbt, zum Teil mit unregelmäßigen dunklen Streifen durchzogen.

Pflege im Terrarium: Die Art kann in geräumigen Terrarien mit großem Wasserteil gepflegt werden. Für die erforderliche Wasserbewegung und Sauberkeit sorgt man mit einem leistungsstarken Aquarienfilter. Sehr von Vorteil wäre ein größerer Wasserfall, den es fertig im Fachhandel zu erwerben gibt. Die Rückwand und die Seitenwände muss man unbedingt mit Felsimitationen o. Ä. verkleiden, damit die Tiere nicht dagegenspringen. Den Uferbereich gestaltet man mit mit Felsüberhängen und entsprechenden Versteckplätzen. Als Nahrung dienen die üblichen Futtertiere wie Grillen, Heimchen, Wachsmotten und deren Raupen, Mehlwürmer u. Ä.

🌡️ 20–25 °C	🌙 Nacht	↔️ > 7 cm	📦 III

Pelophylax porosus

Japanischer Wasserfrosch

Verbreitung und Lebensraum: Das Verbreitungsgebiet dieser Art beschränkt sich auf Japan, wo sie ausschließlich offene Landschaften bewohnt. Daher findet man die Frösche hauptsächlich an geschützten Uferstellen oder in deren Umfeld in Wiesen, Gärten, Reisfeldern und anderen Feuchtgebieten des Flachlands. Als Gewässertyp kommt alles infrage, von Tümpeln über Gräben bis zu Flüssen.

Aussehen und Besonderheiten: Es handelt sich um mittelgroße, kräftig gebaute Tiere mit langen Hinterbeinen, die sie zu weiten Sprüngen befähigen. Ihre Oberseite ist blass-, oliv- oder schokoladenbraun mit unregelmäßigen dunklen Flecken und Punkten. Am in der Draufsicht länglich dreieckigen Kopf verläuft beiderseits je eine dunkle Linie von der Schnauzenspitze zu den Augen. Unterhalb dieser und hinter den Augenhöhlen folgt oft ein leuchtend grünes Feld. Oberhalb des dunklen Bandes wiederum befindet sich je eine Hautfalte, die von den Augen bis in die Leistengegend reicht. Unterarme und Hinterbeine weisen Querbinden auf.

Pflege im Terrarium: Die Art kann in geräumigen Behältern mit großem Wasserteil gepflegt werden. Die Rückwand und die Seitenwände muss man unbedingt verkleiden, damit die Tiere nicht dagegenspringen. Als Nahrung dienen die üblichen Futtertiere wie Grillen und Heimchen, Wachsmotten und deren Raupen, Mehlwürmer u. Ä.

| 22–28 °C | Tag/Nacht | > 10 cm | II |

Pelophylax saharicus

Sahara-Wasserfrosch

Verbreitung und Lebensraum: Erstreckt sich über große Teile Nordafrikas, etwa von Marokko und der Westsahara bis Ägypten. Außerdem wurde der Frosch auf die Kanaren verschleppt. Ursprünglich fand man die Tiere in allen größeren Oasen der Sahara, doch heute kommen sie praktisch in fast allen Wasseransammlungen vor – von Gebirgsbächen bis zu offenen Zisternen.

Aussehen und Besonderheiten: Die Färbung dieser Art ist überaus variabel und reicht im Grundton von Grau und Braun bis zu einem leuchtenden Grün. Darauf können dunkle Fleckenmuster vorhanden sein. Die Beine tragen oft Querbinden. An den Hinterfüßen besitzen die Tiere Schwimmhäute. Die Männchen haben kräftigere Arme sowie Brunstschwielen auf den innersten Fingern.

Pflege im Terrarium: Aufgrund seiner enormen Größe kann dieser Frosch nur in riesigen Aquaterrarien, Gewächshäusern oder Wintergärten mit integriertem Miniteich gepflegt werden. Dabei sollten etwa ²/₃ der Grundfläche auf den reich mit Schwimmpflanzen bewachsenen Wasserteil entfallen. Den größten Teil des Tages verbringen die Tiere an der Oberfläche treibend, am Ufer oder auf Wasserpflanzen, wo sie vorbeikommendes Futter erwarten. Als Nahrung kommen alle üblichen Futtertiere infrage, von Grillen und Heimchen, mittleren Heuschrecken, Schaben, Wachsmotten und deren Raupen bis zu Mehlwürmern, Fliegen usw.

 20–25 °C Nacht 24 cm III

Pyxicephalus adspersus

Afrikanischer Ochsenfrosch

Verbreitung und Lebensraum: Das Verbreitungsgebiet dieser Art erstreckt sich über den Süden
und den Südosten Afrikas. Der Ochsenfrosch ist
ein Bewohner der Savannenlandschaft, der den
überwiegenden Teil des Jahres in selbst gegrabenen Erdhöhlen verbringt, um sich vor Trockenheit zu schützen. Nur während der Regenzeit
trifft man die Tiere in großer Anzahl an den sich
bildenden temporären Gewässern an.
Aussehen und Besonderheiten: Dieser große,
gedrungene Frosch besitzt einen breiten Kopf
mit sehr großer Schnauze. Arme und Beine sind
vergleichsweise kurz, aber sehr muskulös. Die
Oberseite weist eine warzig körnige Struktur auf,
auch befinden sich dort mehrere in Längsrich-
tung verlaufende Hautfalten. Grundfarbe der
Körperoberseite ist ein variables Grün, Grau oder
Braun. Gelegentlich treten dunkle Flecken oder
auch ein heller Längsstreifen auf der Rückenmitte auf. Bei dieser Art sind ausnahmsweise
die Männchen deutlich größer. Die Tiere laichen
in diesen kleinen Gewässern, und die Larven
durchlaufen eine wenige Wochen umfassende
Entwicklungszeit, bewacht vom Männchen.
Pflege im Terrarium: Die Spezies lässt sich in
geräumigen Terrarien mit einem kleinen, flachen
Wasserteil leicht pflegen. Besser jedoch wären
Wintergärten oder Gewächshäuser. Wichtig ist
ein gut grabfähiges Bodensubstrat aus nicht
faulenden Materialien. Da die Art sehr aggressiv
ist, sollten die Tiere einzeln oder maximal paarweise gepflegt werden.

 22–28 °C　　 Nacht　　 4 cm　　 II

Staurois natator

Heuschreckenfrosch

Verbreitung und Lebensraum: Diese Art besitzt ein großes Verbreitungsgebiet, das sich über Malaysia, Indonesien (mit Brunei) bis auf die Philippinen erstreckt. Dort bewohnen die Frösche Tieflandregenwälder, wo sie in unmittelbarer Nähe von Flussläufen leben. Oft werden sie hier auf großen Steinen im Spritzwasserbereich sitzend angetroffen. Kaulquappen dieser Art findet man vor allem in Vertiefungen mit langsamer Fließgeschwindigkeit.

Aussehen und Besonderheiten: Es handelt sich um einen recht schlanken, mittelgroßen Frosch, wobei die Weibchen deutlich größer und kräftiger sind. Auffallend wirkt der abgeflachte Kopf mit seiner spitz zulaufender Schnauze und den hervorstehenden Augen. Grundfärbung und Zeichenmuster sind sehr variabel: auf grünem Grund zeigen die Tiere auf Kopf und Rücken ein schwarzes, ins Grünliche spielendes Muster, das gegen die Flanken scharf abgegrenzt ist. Auch ihre Gliedmaßen können schwarze Querbinden tragen.

Pflege im Terrarium: Die Art lässt sich leicht paarweise in geräumigen, stets feuchten Regenwaldterrarien halten, durch die ein kleiner Bachlauf fließt. Für die dazu erforderliche Wasserbewegung kann man mittels eines leistungsstarken Innenfilters sorgen. Die Frösche halten sich überwiegend in Ufernähe auf. Gefressen werden die üblichen Futtertiere wie Grillen und Heimchen, kleine Heuschrecken, Schaben, Wachsmotten und deren Raupen, Mehlwürmer, Ofenfischchen usw.

 18–24 °C   Nacht   6 cm   I/II

Bombina orientalis

Chinesische Rotbauchunke

Verbreitung und Lebensraum: Das Verbreitungsgebiet dieser Unke reicht vom äußersten Südosten Sibiriens bis nach China und Korea. Dabei bewohnt die Art ausschließlich das Tiefland bis in Höhenlagen um 500 m ü. NN. Die Tiere leben meist in der Nähe verschiedener Still- oder Fließgewässer wie Bäche, Tümpel und Gräben. Teilweise gehen die Lurche im Spätsommer an Land, wo sie fortan Wälder und Feuchtwiesen bewohnen. Die Spezies überwintert in frostfreien Unterschlüpfen.

Aussehen und Besonderheiten: Es handelt sich um die farblich wohl attraktivste Unkenart. Ihre leuchtend grüne bis graubräunliche Oberseite ist mit Warzen übersät und trägt ein Muster aus unregelmäßigen schwarzen Tupfen. Der Bauch hingegen ist häufig leuchtend rot bis orange mit schwarzer Marmorierung; auch die Fingerspitzen können eine intensiv rote Färbung zeigen. Die Pupillen sind dreieckig. Männchen besitzen keine Schallblase und rufen daher sehr leise.

Pflege im Terrarium: Die Art lässt sich problemlos als Kleingruppe in geräumigen Aquaterrarien mit überwiegendem Wasser- und kleinem Landteil pflegen, der mit Moosplatten oder hohl liegenden Rindenstücken abgedeckt sein sollte. Die Zucht gestaltet sich relativ einfach: nach einmonatiger kühler Haltung (bei 10 °C) erhöht man die Wassertemperatur allmählich wieder auf etwa 20 °C, und schon wenige Tage später erfolgen die ersten Eiablagen an fein gefiederten Wasserpflanzen. Die Art ist laut BArtSchV geschützt.

🌡️ 20–26 °C	🌙 Nacht	↔ >5 cm	🗄️ II

Bombina variegata

Gelbbauchunke, Tieflandunke

Verbreitung und Lebensraum: Das Verbreitungsgebiet dieser Spezies erstreckt sich über das
Berg- und Hügelland von Mittel- und Südeuropa.
Sie weist eine enge Bindung an ihre Heimatgewässer auf, üblicherweise Bach- und Flussauen.
Man findet die Tiere aber auch in temporären
Wasseransammlungen wie Traktorspuren, Pfützen und kleinsten Gräben. Meist sind diese sich
schnell erwärmenden und vegetationsarmen
Biotope frei von konkurrierenden Arten und
Fressfeinden. Heute findet man die Unken überwiegend in Steinbrüchen und Kiesgruben sowie
auf Truppenübungsplätzen.

Aussehen und Besonderheiten: Auffallend sind
der insgesamt leicht abgeflachte Körper und der
flache Kopf mit den relativ eng zusammenste-
henden Augen und der abgerundeten Schnauze.

Die Pupillen sind herzförmig, und ein äußeres
Trommelfell fehlt. Die Oberseite weist eine
lehm- bis graubraune Färbung auf, wobei in der
Nackengegend manchmal schmale dunklere
Drüsenkomplexe und verwaschene, helle Flecken auftreten können. Ihren Namen verdanken
die Tiere der meist leuchtend gelb bis orangefarbenen Unterseite, über die sich gräuliche bis
schwarze Punkte und Flecken ziehen.

Pflege im Terrarium: Die Unken können in
Aquaterrarien, besser noch in Gartenteichen
mit ausgedehnten Flachwasserzonen gepflegt
werden. Im Terrarium sollte der Wasserteil etwa
50 % der Grundfläche ausmachen, während der
gut strukturierte Landteil zahlreiche Versteckplätze wie hohl liegende Rindenstücke oder
Steinplatten aufweisen muss. Die Art ist gemäß
der BArtSchV geschützt.

 20–26 °C   Nacht   ↔ 13 cm   III

Amietophrynus gutturalis

Afrikanische Kröte

Verbreitung und Lebensraum: Die Afrikanische Kröte besitzt im südlichen, zentralen und östlichen Afrika ein großes Verbreitungsareal. Ihren natürlichen Lebensraum bilden dabei trockene subtropische bis tropische Waldgebiete ebenso wie feuchte Auenwälder, Trocken- und Feuchtsavannen. Selbst Ackerland, Weideflächen, ländliche Gärten und städtische Gebiete werden besiedelt. Als Laichgewässer akzeptiert die Art alle vorhandenen Wasseransammlungen.

Aussehen und Besonderheiten: Auch diese Spezies weist die typische kompakte Körperform, waagerechte Schlitzpupillen, auffällige Ohrdrüsen und relativ kurze Beine auf. Ihre Haut ist mit zahlreichen kleinen und mittelgroßen Warzen übersät. Was Farbe und Zeichnungsmuster angeht, ist die Kröte überaus variabel. Der Grundton kann grau oder hell- bis dunkelbraun sein. Auf dem Rücken tragen die Tiere dabei eine Vielzahl dunkler oder olivgrüner Flecken. Auch bei dieser Art werden die Weibchen deutlich größer.

Pflege im Terrarium: Der Behälter sollte einen kleinen Wasserteil aufweisen. Der mindestens 20 cm hohe Bodengrund des Landteils wird aus einem gut grabfähigen Sand-Lehm-Gemisch gebildet und mit hohl liegenden Steinplatten und Rindenstücken abgedeckt. Um das erforderliche Feuchtigkeitsgefälle zu garantieren, wird das Substrat stets nur von einer Seite her nachgefeuchtet. Als Nahrung eignen sich alle üblichen Futtertiere.

 20–28 °C Nacht > 12 cm III

Amietophrynus mauritanicus

Berberkröte

Verbreitung und Lebensraum: Heimat dieser
Art ist Nordafrika von Marokko über Algerien
bis Tunesien. Dort trifft man die Kröten überall
an, wo noch eine ausreichende Bodenfeuchte
garantiert ist. Ihren ursprünglichen Lebensraum
bildeten Gebirgslandschaften und Steppen
ebenso wie Flusstäler und Oasen. Heute jedoch
sind die Tiere sogar in bewässerten Parkanlagen
von Großstädten zu finden. Tagsüber verbergen
sie sich unter Steinen, im schattigen Gebüsch
und an anderen noch leicht feuchten Orten.
Aussehen und Besonderheiten: Die große Kröte
zeichnet sich durch einen gedrungenen, kräftigen Körper, waagerechte Pupillen, auffällige
Ohrdrüsen und recht kurze Beine aus. Ihre Haut
ist mit Warzen von unterschiedlicher Größe

übersät. Die Grundfärbung des Rückens kann
braun bis olivgrün sein, die Unterseite hingegen
ist weiß bis gelblich. Das Zeichnungsmuster
besteht aus dunkelbraunen, teilweise auch olivgrünen bis schwarzen oder doch schwarz umrandeten Flecken. Die Männchen erweisen sich
im direkten Vergleich als deutlich kleiner.
Pflege im Terrarium: Diese Tiere benötigen ein
geräumiges Terrarium mit kleinem Wasserteil.
Sein Bodengrund kann aus Lauberde bestehen
und sollte immer ein gewisses Feuchtigkeitsgefälle aufweisen. Wichtig sind zahlreiche
Versteckplätze in Form von hohl liegenden Rindenstücken oder Korkplatten. Zur Bepflanzung
eignen sich nur robuste Arten. Als Nahrung
kommen alle üblichen Futtertiere infrage.

 20–26 °C Nacht 13 cm III

Amietophrynus regularis

Pantherkröte

Verbreitung und Lebensraum: Die Pantherkröte ist die am weitesten verbreitete Krötenart Afrikas. Sie bewohnt fast den ganzen Kontinent mit Ausnahme des Nordwestens und Südens. Diese Bodenbewohner findet man hauptsächlich in zumindest zeitweise trockenen Lebensräumen. Den Tag verbringen sie in einem selbst gegrabenen Versteck oder unter Steinen, um sich nachts auf die Suche nach Futter zu machen. Als Laichgewässer akzeptiert die Art alle verfügbaren Wasseransammlungen.

Aussehen und Besonderheiten: Auch diese Spezies weist die für Kröten typische kompakte Körperform, waagerechte Schlitzpupillen, auffällige Ohrdrüsen und recht kurze Beine auf. Ihre Haut ist mit zahlreichen kleinen Warzen übersät und einheitlich hell- bis dunkelbraun gefärbt.

Auf dem Rücken können die Tiere überdies eine Vielzahl dunkler Flecken tragen. Während der Paarungszeit geht die Färbung der Männchen deutlich ins Gelbliche über. Auch bei dieser Art werden die weiblichen Tiere sichtbar größer.

Pflege im Terrarium: Der Behälter sollte über einen kleinen Wasserteil verfügen. Der mindestens 20 cm hohe Bodengrund des Landteils wird aus einem gut grabfähigen Sand-Lehm-Gemisch gebildet und mit hohl liegenden Steinplatten und Rindenstücken abgedeckt. Um für das erforderliche Feuchtigkeitsgefälle zu sorgen, wird das Substrat immer nur von einer Seite her nachgefeuchtet. Das Weibchen legt im Wasser einen gallerteartigen Doppelstrang mit circa 12 000 Eiern ab.

 20–25 °C   Nacht   ↔ 10 cm   III

Anaxyrus cognatus

Präriekröte

Verbreitung und Lebensraum: Die Präriekröte ist in weiten Teilen Nordamerikas zu Hause, etwa vom Süden Kanadas über weite Teile der zentralen USA bis in den Norden von Mexiko. Als natürliche Habitate kommen vor allem offene Landschaftstypen wie Feuchtgebiete, Wiesen und Weiden, landwirtschaftlich genutzte Flächen und Gärten infrage, doch werden auch trockene Lebensräume wie die Randzonen von Wüsten, Buschland, Baum- und Strauchsteppen besiedelt. Dabei muss jedoch immer ein Gewässer vorhanden sein.

Aussehen und Besonderheiten: Die Präriekröte besitzt den krötentypischen kompakten Körperbau. Ihr Kopf ist ausgesprochen breit und endet in einer stumpfen Schnauze. Die Haut ist sehr warzig, vor allem auf dem Rücken, aber auch an den Extremitäten. Die sehr variable Grundfärbung kann gräuliche, bräunliche oder grünliche Töne aufweisen. Darauf zeigen Kopf, Rücken und Extremitäten dunkle Flecken, die meist hell eingefasst sind. Die Bauchseite hingegen ist cremefarben bis weißlich. Die Männchen bleiben deutlich kleiner und lassen sich zudem leicht an ihrem aufblasbaren Kehlsack erkennen. Die langen Hinterbeine weisen zum Graben mächtige Sporne auf.

Pflege im Terrarium: Für den etwa 20 cm hohen Bodengrund wählt man ein leicht grabfähiges Gemisch aus Lehm, Torf und Sand. Gefressen werden alle üblichen Futtertiere. Für die erfolgreiche Zucht ist das Einhalten einer Winterruhe erforderlich.

 15–21 °C   Nacht   > 5 cm   III

Anaxyrus debilis

Grüne Kröte

Verbreitung und Lebensraum: Das Verbreitungsgebiet dieser Art reicht von Kansas über Südost- und Südwest-Colorado, Südost-Arizona, New Mexico und Texas bis in den Norden von Mexiko. Die Grüne Kröte führt dort ein verborgenes Leben: meist gräbt sie sich im sandigen Erdreich der Halbwüsten und Steppen ein. Während der Fortpflanzungszeit trifft man die Tiere in allen dankbaren Wasseransammlungen wie Teichen, Gräben, Pfützen, Rindertränken u. Ä.

Aussehen und Besonderheiten: Die Grüne Kröte ist eine vergleichsweise kleine Spezies mit flachem Körper; sie besitzt längliche Ohrendrüsen und eine warzige Haut. Wie ihr Name schon besagt, ist die Oberseite zum Teil leuchtend oder gelbgrün. Hinzu kommen kleine, unregelmäßig angeordnete schwarze Flecken und Striche. Die Unterseite zeigt eine weiße oder beige Färbung. Die Männchen lassen sich im direkten Vergleich leicht an der dunkleren Kehlhaut erkennen.

Pflege im Terrarium: Das Terrarium dieser Tiere sollte ein halbtrockenes bis trockenes Milieu mit kleinem Wasserteil nachbilden. Als Bodengrund eignet sich ein leicht grabfähiges Gemisch aus Lehm, Torf und Sand. Dieses sollte im Landteil etwa 15 cm hoch sein und von einer Seite her immer nachgefeuchtet werden, sodass sich im Substrat ein Feuchtigkeitsgefälle bildet. Gefressen werden alle üblichen Futtertiere. Für die erfolgreiche Zucht ist das Einhalten einer Winterruhe erforderlich.

 22–26 °C   Nacht   >7 cm   III

Anaxyrus punctatus

Rotpunktkröte

Verbreitung und Lebensraum: Die Art besitzt in den USA ein großes Verbreitungsgebiet, das von Kalifornien bis nach Texas reicht. Es handelt sich dabei um sehr trockene, fast wüstenhafte Gebiete, in denen man die Kröten nur in der Nähe permanenter Wasseransammlungen oder Feuchtigkeitsquellen findet. Tagsüber verbergen sich die Tiere tief in Felsspalten, um dann nachts auf die Suche nach Beute zu gehen.

Aussehen und Besonderheiten: Ihren Namen verdankt die Rotpunktkröte dem häufigsten Zeichnungsmuster. Die Grundfarbe variiert von Beige über Grau- bis Dunkelbraun, teilweise mit rötlichem Einschlag und ist mit orangefarbenen bis rötlichen Flecken übersät, bei denen es sich um kleine Warzen handelt. Die Art besitzt einen gedrungenen, kräftigen Körper mit abge-

flachtem Kopf, auffällige Ohrdrüsen und recht kurze Beine. Die durchweg kleineren Männchen lassen sich leicht an ihrer dunklen Kehlfärbung erkennen.

Pflege im Terrarium: Auch diese Kröte ist ein vergleichsweise anspruchsloser Pflegling. Ihr Terrarium sollte ein halbtrockenes bis trockenes Milieu mit kleinem Wasserteil nachbilden. Als Bodengrund eignet sich ein leicht grabfähiges Gemisch aus Lehm und Sand, das man stets nur von einer Seite her nachfeuchten darf, damit sich im Substrat ein Feuchtigkeitsgefälle bildet. Die Lurche fressen alle üblichen Futtertiere.

| 20–26 °C | Nacht | > 10 cm | III |

Anaxyrus terrestris

Floridakröte

Verbreitung und Lebensraum: Das Verbreitungsgebiet der Floridakröte beschränkt sich auf den Südosten der USA, d. h. Florida und die angrenzenden Bundesstaaten. Die Kröten kommen dort fast überall in den Küstenebenen vor. Ihr Habitat ist durch sandige Böden gekennzeichnet, in die sich die Tiere schnell eingraben können. Als Laichgewässer nehmen sie die unterschiedlichsten Gewässertypen an, von Seen über Teiche bis zu großflächigen Sumpfgebieten.

Aussehen und Besonderheiten: Die Art zeichnet sich durch einen gedrungenen, kräftigen Körper, ausgeprägte Schädelgrate, waagerechte Pupillen, auffällige Ohrdrüsen und relativ kurze Beine aus. Ihre Färbung ist recht variabel und kann zwischen Braun, Beige, Grau, Schwärzlich und Rötlich schwanken. Auf dem Rücken tragen die Tiere zahlreiche Warzen und einen großen, dunklen Einzelfleck. Gelegentlich kommt noch ein Aalstrich hinzu. Die Männchen sind kleiner als ihre Partnerinnen und haben eine dunkle Kehle.

Pflege im Terrarium: Das Becken sollte einen kleineren Wasser- und einen großen Landteil aufweisen. Der mindestens 20 cm hohe Bodengrund wird aus einem gut grabfähigen Sand-Lehm-Gemisch gebildet und mit hohl liegenden Steinplatten und Rindenstücken abgedeckt. Um für das erforderliche Feuchtigkeitsgefälle im Substrat zu sorgen, wird jenes stets nur von einer Seite her nachgefeuchtet. Die Art frisst alle üblichen Futtertiere; eine Überwinterung ist nicht erforderlich.

| 🌡️ 22–26 °C | 🌙 Nacht | ↔️ > 6 cm | ▢ III |

Ansonia leptopus

Bachkröte

Verbreitung und Lebensraum: Sie bewohnt ein großes Gebiet, von Malaysia bis nach Borneo. Ihren Lebensraum bilden primäre Tieflandregenwälder. Während des Tages verbergen sich die Tiere unter Totholz oder in Baumhöhlen, um nach Einbruch der Nacht in Ufernähe auf Futtersuche zu gehen. Rufende Männchen kann man auf Steinen und Felsen der Uferzonen entdecken.
Aussehen und Besonderheiten: Die etwa mittelgroße Art besitzt einen recht schlanken Körper mit langen Beinen. Auffallend wirken der abgeflachte Kopf mit spitz zulaufender Schnauze und die stark warzige Haut. Grundfarbe der Körperoberseite ist ein dunkles Braun, das bis ins Rötliche spielen kann. Die Gliedmaßen zeigen vage dunkle Querbinden. Männchen bleiben deutlich kleiner als ihre Partnerinnen.

Pflege im Terrarium: Die Art ist ein seltener Gast in unseren Terrarien und lässt sich leicht in geräumigen Regenwaldbecken mit zahlreichen Versteckplätzen und großem Wasserteil pflegen. Die Einrichtung kann beispielsweise aus einer großen Wurzel und zahlreichen Pflanzen bestehen. Der Bodengrund wird mit Moospolstern und einer hohen Laubschicht abgedeckt, in die sich die Kröten gerne zurückziehen. Sie fressen alle mittelgroßen Futtertiere: Grillen, Heimchen, kleine Heuschrecken, Schaben, Wachsmotten und deren Raupen, Mehlwürmer, Asseln, Ofenfischchen, Bohnenkäfer und Fliegen.

 22–26 °C   Nacht   > 4 cm   III

Ansonia spinulifer

Schlanke Bachkröte

Verbreitung und Lebensraum: Das Verbreitungsgebiet dieser Art erstreckt sich über weite Teile Malaysias und Indonesiens. Die Kröten sind dort in den feuchtheißen Regenwäldern des Tieflandes zu Hause. Rufende Männchen kann man nachts leicht auf Blättern über Bachläufen beobachten.

Aussehen und Besonderheiten: Die Schlanke Bachkröte gehört zu den kleinen Arten und weist einen recht schlanken Körperbau auf. Dank der zahlreichen großen Stacheldornen auf Rücken und Flanken sind die Tiere eigentlich unverwechselbar. Die größten Warzen verlaufen dabei in Reihen auf dem Rücken. Die eigentliche Grundfarbe variiert zwischen Hellbeige und Braun; davon können sich helle und rötliche Partien deutlich abheben. Die Rückenwarzen sind

oft schwarz. Auch bei dieser Art erweisen sich die Männchen im direkten Vergleich als kleiner und schlanker.

Pflege im Terrarium: Die Tiere können in Regenwaldbecken mit einem langsam fließenden Bachlauf gepflegt werden. Für die erforderliche Wasserbewegung sorgt man durch einen Innenfilter. Der Landteil lässt sich attraktiv bepflanzen, da die Kröten aufgrund ihres geringen Gewichts die Vegetation nicht beschädigen. Neben zahlreichen Gewächsen sollten eine Wurzel oder ähnliche Klettergelegenheiten sowie eine hohe Laubschicht eingebracht werden. Zweimal täglich ist das gesamte Terrarieninnere zu überbrausen. Als Nahrung dienen die üblichen Futtertiere.

| 🌡 20–25 °C | Nacht | ↔ 10 cm | ▭ III |

Bufo gargarizans

Chinesische Stachelkröte

Verbreitung und Lebensraum: Das Verbreitungsgebiet dieser Art erstreckt sich von Russland über China und Korea bis nach Japan, und zwar bis in Höhenlagen von rund 800 m ü. NN. Die wichtigsten Lebensräume bilden dabei Waldgebiete, aber auch offenere Landschaftstypen bis hin zu Wiesen und Weiden. Immer handelt es sich jedoch um Habitate mit hoher Luftfeuchtigkeit. Die Art scheint ein Kulturfolger zu sein: man findet sie selbst in den Gärten von Großstädten. Als Laichgewässer kommen Flüsse, Bäche, Teiche und Pfützen infrage.

Aussehen und Besonderheiten: Die relativ plumpen Tiere besitzen einen gedrungenen, auf der Oberseite von warzigen Hautdrüsen und Stacheln übersäten Körper mit breitem, kurzschnauzigem Kopf, an dessen Hinterseite große paarige Ohrdrüsen sitzen. Die Oberseite ist meist dunkelgrau, olivgrau oder -braun, teilweise mit drei breiten Längsstreifen. Über die Flanken zieht sich ein dunkles Band mit grauen bis gelblichen Flecken. Die Weibchen werden bedeutend größer als ihre Partner.

Pflege im Terrarium: Diese Kröte ist ein recht anspruchsloser Pflegling und lässt sich recht gut in einem geräumigen Feuchtbehälter, aber auch frei im Gewächshaus oder Wintergarten halten. Die Tiere ziehen sich dann tagsüber in feuchte Verstecke zurück, während sie nachts auf der Suche nach Fressbarem den gesamten Raum durchstreifen und dabei alles erbeuten, was sie gerade noch verschlingen können.

 15–21 °C Tag/Nacht > 15 cm III/IV

Bufo viridis

Wechselkröte

Verbreitung und Lebensraum: Das Verbreitungsgebiet dieser Kröte erstreckt sich über weite Teile Europas, Westasiens und Nordafrikas: es umfasst ungefähr den Raum von Schweden über Estland bis tief nach Russland hinein, Frankreich, ganz Süd- und Südosteuropa, viele Mittelmeerinseln und die Küstenregion Nordwestafrikas. Die Art ist gut an Trockenheit und Wärme angepasst. Ihr bevorzugtes Habitat bilden daher stark sonnenexponierte, trockenwarme Landstriche mit gut grabfähigen Böden und eher schütterer Gras- und Krautvegetation. Man trifft die Tiere folglich vor allem auf Feldern und in Abgrabungsflächen an. Ihre Laichgewässer müssen flach und vegetationsarm sein, dabei werden temporäre Tümpel mit stark mineralischen Böden bevorzugt.

Aussehen und Besonderheiten: Auch diese Art besitzt die krötentypische kompakte Körperform, waagerecht geschlitzte Pupillen, auffällige Ohrdrüsen am Hinterkopf und vergleichsweise kurze Beine. Ihre Haut ist mit zahlreichen kleinen und mittelgroßen Warzen übersät. Auf der Oberseite zeigt sie eine hellgraue bis bräunliche Grundfärbung mit den für diese Spezies charakteristischen, mehr oder weniger scharf abgegrenzten mittel- bis dunkelgrünen Flecken.

Pflege im Terrarium: Die Wechselkröte lässt sich leicht in einem offenen, unbeschatteten Freilandterrarium mit temporären Kleingewässern pflegen. Gefressen werden alle üblichen Futtertiere. Die Art ist laut BArtSchV geschützt.

| 🌡 18–25 °C | 🔲 Nacht | ↔ 8 cm | ▭ III |

Epidalea calamita

Kreuzkröte

Verbreitung und Lebensraum: Das Verbreitungsgebiet erstreckt sich von Portugal und Spanien
im Westen durch ganz Frankreich, Deutschland,
Tschechien, Polen und Weißrussland bis in die
baltischen Staaten und die Westukraine. An der
Nordgrenze erreicht die Art Südskandinavien,
England und Irland, wo jedoch bis heute nur
Restpopulationen überlebt haben. Die Kröte bewohnt Landschaften ohne geschlossene Pflan-
zendecke, wichtig ist nur das Vorhandensein von
anstehendem Gestein und grabfähigen Böden.
Daher findet man die Tiere heute vor allem in
Sand- oder Schottergruben, Steinbrüchen und
den angrenzenden Gebieten. Als Laichgründe
dienen häufig klare temporäre Gewässer.
Aussehen und Besonderheiten: Es handelt sich
um eine mittelgroße Krötenart mit gedrunge-
nem Körper, stark nach vorn abfallendem Kopf,
gerundeter Schnauze, waagerecht-elliptischen
Pupillen, auffälligen Ohrdrüsen und vergleichsweise sehr kurzen Beinen, sodass die Tiere selten
hüpfen, sondern sich gewöhnlich mausartig
huschend vorwärts bewegen. Ihre Hautoberflä-
che ist trocken und warzig. Grundfarbe der Körperoberseite ist ein helles, marmoriertes Braun-
oder Olivgrün. Über den Rücken zieht sich der
namengebende, dünne gelbe Aalstrich.
Pflege im Terrarium: Die Kreuzkröte kann leicht
in einem offenen, unbeschatteten Freilandterrarium mit temporären Gewässern gepflegt
werden. Sie ist laut BartSchV geschützt.

| 18–26 °C | Nacht | > 15 cm | III |

Incilius alvarius

Rote Colorado-Kröte

Verbreitung und Lebensraum: Das Verbreitungsgebiet dieser größten nordamerikanischen Krötenart umfasst die Sonora-Wüste und reicht daher vom Südwesten der USA bis nach Nordmexiko. Dort bewohnt die Spezies alle feuchten Habitate wie Bäche und Seen, aber auch bewässerte Gärten und Felder. Im Gift der Tiere wurde Bufotenin nachgewiesen, ein halluzinogenes Alkaloid auf Tryptaminbasis, das ähnlich wie LSD wirkt. Die Lurche können ein Alter von rund 15 Jahren erreichen.

Aussehen und Besonderheiten: Diese große Kröte zeichnet sich durch einen besonders kräftigen und gedrungenen, fast schon plumpen Körperbau, waagerechte Pupillen, auffällige Ohrdrüsen und vergleichsweise kurze Beine aus. Ihre Haut ist eher glatt, lederartig und nur mit weni-gen Tuberkeln versehen. Die Grundfärbung variiert stark von Braun bis Olivgrün; dazu kommt eine weiße Unterseite. Die Männchen erweisen sich im direkten Vergleich als deutlich kleiner.

Pflege im Terrarium: Das Becken sollte einen kleineren Wasser- und einen großen Landteil aufweisen. Der mindestens 20 cm hohe Bodengrund wird aus einem gut grabfähigen Sand-Lehm-Gemisch gebildet und mit hohl liegenden Steinplatten und Rindenstücken abgedeckt. Um das erforderliche Feuchtigkeitsgefälle zu gewährleisten, feuchtet man das Substrat immer nur von einer Seite her nach. Die Bepflanzung hat hier reine dekorative Funktion. Diese Art frisst alle üblichen Futtertiere; eine Überwinterung ist nicht erforderlich.

🌡️ 22–25 °C	🌙 Nacht	↔️ 10 cm	🗄️ III

Incilius melanochlorus

Waldkröte

Verbreitung und Lebensraum: Die Waldkröte wurde bisher nur in einigen isolierten Teilen Costa Ricas in Höhenlagen bis 1080 m ü. NN gefunden. Es handelt sich um streng an den Lebensraum Regenwald angepasste Tiere.

Aussehen und Besonderheiten: Auch diese Spezies weist die für Kröten typische kompakte Körperform auf. Sie besitzt waagerechte Schlitzpupillen und einen ziemlich glatten, nur mit wenigen Warzen besetzten Rücken. Nur zu den Flanken hin und am Bauch treten zahlreiche Wärzchen auf. Die Grundfarbe der Körperoberseite variiert von Gelb bis Dunkelbraun, und auch die Zeichnung kann sehr unterschiedlich ausfallen: neben einer Vielzahl blattähnlicher Muster aus hell- bis dunkelbraunen oder -grauen Tönen finden sich unregelmäßige Fleckenmuster. Die Unterseite hingegen weist helle Partien und kleine rote Flecken auf.

Pflege im Terrarium: Die Art ist ein seltener Gast in unseren Behältern, lässt sich aber leicht in einem geräumigen Regenwaldterrarium mit zahlreichen Versteckplätzen und kleinem Wasserteil pflegen. Die Einrichtung kann beispielsweise aus einer großen Wurzel und zahlreichen Pflanzen gebildet werden. Der Bodengrund wird mit Moospolstern und einer hohen Laubschicht abgedeckt, in die sich die Tiere gerne zurückziehen. Sie fressen alle mittelgroßen Futtertiere: Grillen, Heimchen, kleine Heuschrecken, Schaben, Wachsmotten und deren Raupen, Mehlwürmer, Asseln und Ofenfischchen.

 15–21 °C   Nacht   ↔ 5 cm   III

Ingerophrynus parvus

Kleine Kröte

Verbreitung und Lebensraum: Stammt aus Südostasien, aus dem Gebiet von Burma bis Sumatra. Den Lebensraum der Tiere bilden dort lichte Wälder bis in Höhenlagen von ca. 800 m ü. NN. Dort leben sie in der Laubstreu oder sie klettern in der Vegetation umher.

Aussehen und Besonderheiten: Die relativ kleinen Tiere besitzen einen recht schlanken Körper mit mäßig langen Gliedmaßen; trotzdem können sie gut springen. Ihre Haut ist mit kleinen, leicht zugespitzten Warzen übersät. Auf dem Rücken zeigen die Kröten eine rötlich braune, bräunliche oder schwärzliche Färbung, teilweise mit hellem Zeichenmuster. Die Gliedmaßen wiederum tragen breite dunkle Querbinden. Auf gut strukturierter Baumrinde sind die Tiere somit hervorragend getarnt.

Pflege im Terrarium: Man hält diese Kröten in Regenwaldbecken mit einem Wasserteil. Der Landteil kann attraktiv bepflanzt werden, da die kleinen Lurche aufgrund ihres geringen Gewichts die Vegetation nicht beschädigen. Neben zahlreichen Pflanzen sollten stets auch Kletteräste, eine Wurzel, mehrere Korkröhren sowie eine hohe Laubschicht eingebracht werden. Zweimal täglich muss man das gesamte Behälterinnere überbrausen. Die Fortpflanzung erfolgt unabhängig von der Jahreszeit. Als Nahrung dienen die üblichen Futtertiere: kleine und mittlere Grillen und Heimchen, Mehlwürmer, Ofenfischchen, Bohnenkäfer u. Ä.

🌡️ 20–24 °C	🌙 Nacht	↔️ 16 cm	▭ III

Megophrys nasuta

Zipfel-Krötenfrosch

Verbreitung und Lebensraum: Die Art ist in Südostasien weit verbreitet, wo man sie etwa von den Philippinen über Indonesien und Malaysia bis nach Thailand antrifft. Es handelt sich um Bodenbewohner subtropischer Regenwälder. Dank ihrer guten Tarnung hocken die Frösche nahezu unsichtbar in der Laubstreu, sowohl im Tief- als auch im Bergland, aber stets unweit von Gewässern.

Aussehen und Besonderheiten: Die Art besitzt einen krötenhaften Körper mit kurzem, breitem und leicht zugespitztem Kopf. Ihre Haut ist glatt. Namengebend waren hier die zipfelförmigen Hautfortsätze über Augen und Nase. Die Oberseite zeigt auf hellbraunem bis braunem Grund kleine schwarze Flecke. Die Flanken und Teile der Gliedmaßen sind davon deutlich dunkelbraun abgesetzt. Auch bei dieser Art bleiben die Männchen deutlich kleiner und schlanker. Bei den üblichen Importsendungen kommen auf ein Weibchen oft mehrere hundert Männchen.

Pflege im Terrarium: Aufgrund ihrer enormen Größe kann man diese Tiere nur in riesigen Regenwaldterrarien mit einem Wasserteil pflegen. Besser noch wären beheizte Gewächshäuser oder Wintergärten. Der Landteil wird mit fest verankerten Steinen, einer stellenweise hohen Laubschicht und robusten Pflanzen, einer größeren Wurzel und einigen Kletterästen versehen. Zweimal täglich muss das gesamte Behälterinnere überbraust werden. Die Frösche bewältigen sogar sehr stattliche Futtertiere.

18–23 °C	Tag	4 cm	III

Melanophryniscus klappenbachi

Schwarzkrötchen

Verbreitung und Lebensraum: Das Verbreitungsgebiet dieser Art erstreckt sich über den gesamten Norden Argentiniens sowie angrenzende Teile von Paraguay und Bolivien. Ihren Lebensraum bilden subtropische oder tropische trockene bis feuchte Buschlandschaften sowie Weideland. Die Lurche werden nur an regnerischen Tagen aktiv, sonst verbergen sie sich unter Steinen und Totholz.

Aussehen und Besonderheiten: Es handelt sich um kleine Froschlurche, wobei die Weibchen deutlich größer und fülliger als ihre Partner sind. Der Körper ist krötentypisch gedrungen und mit kurzen Hinterbeinen versehen. Weitere Kennzeichen sind die kurze Schnauze und die stark warzige, sehr drüsenreiche Haut. Farblich wirkt diese Art überaus attraktiv: ihre Oberseite zeigt eine mattschwarze Grundfärbung mit unregelmäßiger strahlend weißer bis gelber Streifenzeichnung. Finger- und Zehenspitzen können orange bis rot gefärbt sein. Auf der gesamten Unterseite einschließlich der Gliedmaßen sind ebenfalls helle Streifen und Punkte vorhanden. Die Hautdrüsen produzieren hochgiftige Alkaloide, die den Kröten Schutz vor Parasiten und Fressfeinden bieten.

Pflege im Terrarium: Die Einrichtung des Behälters sollte ein halbtrockenes bis trockenes Milieu mit kleinem Wasserteil nachbilden. Als Bodengrund eignet sich ein leicht grabfähiges Gemisch aus Lehm, Torf und Sand, das man mit einigen hohl aufliegenden Steinen und Rindenstücken abdeckt.

🌡️ 20–24 °C	🌙 Nacht	↔️ 10 cm	📦 III

Nectophryne hosii

Baumkröte

Verbreitung und Lebensraum: Das Verbreitungs-gebiet dieser Art erstreckt sich von Süd-Thailand, über Malaysia und Sumatra bis Kalimantan (Borneo). Ihren eigentlichen Lebensraum bilden dort primäre Regenwälder, wo man die ausge-wachsenen Tiere auf Bäumen und Sträuchern antreffen kann, immer in der Nähe von Fließge-wässern. Nur die Jungtiere halten sich in ihrer ersten Lebensphase am Boden auf und gehen erst allmählich zu einer kletternden Lebensweise über. Während der Fortpflanzungsperiode legen die Kröten in sauberen Fließgewässern zahlrei-che Eierschnüre ab.

Aussehen und Besonderheiten: Die mäßig schlanken Kröten besitzen eine sehr kurze Schnauze, auffällige Ohrdrüsen am Hinterkopf und eine mit kleinen Warzen übersäte Haut; dazu kommen waagerechte Schlitzpupillen und lange, gut zum Klettern geeignete Gliedmaßen. Die Weibchen sind grünlich braun, teilweise auch blaugrün bis purpurrötlich, und tragen vor allem an Flanken und auf Gliedmaßen gelbe Flecken. Bei den Männchen hingegen dominie-ren bräunliche Töne.

Pflege im Terrarium: Die Art wird in Regen-waldbehältern mit einem langsam fließenden Bachlauf gepflegt. Für die erforderliche Wasser-bewegung sorgt man mittels eines Innenfilters. Der Landteil sollte üppig bepflanzt und mit einer Wurzel, zahlreichen Kletterästen und Korkröh-ren bestückt werden. Zweimal täglich ist das gesamte Terrarieninnere zu überbrausen. Als Nahrung dienen die üblichen Futtertiere.

 22–28 °C   Nacht   > 15 cm   III

Peltophryne peltocephalus

Kubakröte

Verbreitung und Lebensraum: Sie ist ein Ende-mit von Kuba und einigen vorgelagerten Inseln (Isla de la Juventud und Archipiélago de Sabana-Camaguey). Sie bewohnt dort die unterschied-lichsten Habitate, von Wäldern über Plantagen und Gärten bis hin zu Flussufern, die etwa von Meereshöhe bis in Höhenlagen um 300 m ü. NN reichen. Man trifft die Kröte oft auch in Meeres-nähe oder direkt am Strand an. Tagsüber verbirgt sie sich unter Steinen, in Höhlen, in der Kanali-sation, unter Totholz, in der Laubstreu oder im Müll, aber auch in von anderen Tieren angeleg-ten Gängen. Als Laichgewässer dienen ihr flache, langsam fließende Bäche und Wassergräben.

Aussehen und Besonderheiten: Die stattlichen Tiere zeichnen sich durch einen gedrungenen, kräftigen Körper, auffällige Ohrdrüsen und vergleichsweise kurze Beine aus. Ihre Haut ist mit Warzen unterschiedlicher Größe übersät. Auf braunem oder rotbraunem Grund findet sich eine helle bis gelbe Strichzeichnung, die bisweilen an ein Fischgrätenmuster erinnert. Die Unterseite hingegen ist grau. Männchen bleiben stets deutlich kleiner.

Pflege im Terrarium: Diese Kröte ist ein recht an-spruchsloser Pflegling, der sich gut frei in einem Gewächshaus oder Wintergarten halten lässt. Die Tiere ziehen sich dann tagsüber an feuchte Versteckplätze zurück, während sie nachts auf der Suche nach Fressbarem umherstreifen und dabei alles erbeuten, was sie gerade noch ver-schlingen können.

| 🌡️ 22–26 °C | 🌙 Nacht | ↔ > 18 cm | ▯ III |

Phrynoidis asper

Asiatische Riesenkröte

Verbreitung und Lebensraum: Die Tiere besiedeln in Südostasien ein riesiges Verbreitungsgebiet, das die Staaten Myanmar (Burma), Thailand, Malaysia, Vietnam, Indonesien und Brunei umfasst. Ihren eigentlichen Lebensraum bilden dort primäre Regenwälder bis in Höhenlagen um 1500 m ü. NN, wo man die Tiere auf dem Boden findet, immer unweit von Fließgewässern.

Aussehen und Besonderheiten: Auch diese riesige Krötenart zeichnet sich durch einen gedrungenen, kräftigen Körper, waagerechte Pupillen, auffällige Ohrdrüsen und ziemlich kurze Beine aus. Ihre Haut ist mit Warzen oder Tuberkeln bedeckt. Die wesentlich kleineren Männchen besitzen Brunstschwielen an der Basis des ersten Fingers. Das Spektrum der Grundfärbung reicht in der Regel von Dunkelbraun über Grau bis Schwarz und ist mit unregelmäßigen schwarzen Flecken durchsetzt.

Pflege im Terrarium: Die Art erweist sich als recht anspruchsloser Pflegling und lässt sich gut frei im Gewächshaus oder Wintergarten halten. Die Kröten ziehen sich dann tagsüber an feuchte Versteckplätze zurück, um nachts auf der Suche nach Fressbarem umherzustreifen, wobei sie alles erbeuten, was sie gerade noch verschlingen können. Will man die Tiere in einem Terrarium pflegen, so muss dieses gewaltige Ausmaße aufweisen. Außerdem darf ein kleiner Wasserteil, besser noch ein fließender Bach niemals fehlen. Als Nahrung dienen alle üblichen Futtertiere.

| | 20–25 °C | | Nacht | | > 20 cm | | III |

Phrynoidis juxtaspera

Große Flusskröte

Verbreitung und Lebensraum: Das Verbreitungsgebiet dieser Lurche erstreckt sich über weite Teile Malaysias, Indonesiens und Bruneis. Ihren eigentlichen Lebensraum bilden subtropische bis tropische Regenwälder, aber auch Plantagen, Gärten und andere kultivierte Flächen bis in Höhenlagen um 1500 m ü. NN. Dabei handelt es sich jedoch stets um recht feuchte Habitate, wo die Kröten unweit von Flüssen auf Felsen sitzen.

Aussehen und Besonderheiten: Die Art besitzt einen robusten Körper mit verhältnismäßig langen Beinen. Daher sind die Tiere auch gute Springer. Ihre Haut ist mit zahlreichen Warzen überzogen. Auffallend wirken vor allem die wulstigen Ohrdrüsen und die Schwimmhäute zwischen den Zehen. Als Grundfarbe der Oberseite kommen gräuliche bis bräunliche oder olivgrüne Farbtöne vor, die an den Flanken in hellere, sogar Rötliche übergehen können. Die Weibchen werden stets deutlich größer.

Pflege im Terrarium: Aufgrund ihrer enormen Größe lässt sich diese Art nur in riesigen Regenwaldbecken pflegen, die mit einem Bachlauf ausgestattet sind. Besser wären indes Gewächshäuser oder Wintergärten. Für die erforderliche Wasserbewegung sorgt man mittels eines Innenfilters. Der Landteil wird mit fest verankerten Steinen oder Kunstfelsen dekoriert und mit robusten Rankgewächsen bepflanzt. Zweimal täglich muss das gesamte Behälterinnere überbraust werden. Als Nahrung dienen die üblichen Futtertiere.

🌡 20–26 °C	🌙 Nacht	↔ 18 cm	▭ III

Rhaebo guttatus

Tropfenkröte

Verbreitung und Lebensraum: Die Tropfenkröte besitzt ein riesiges Verbreitungsgebiet, das sich vom Guayana-Schild aus nahezu über das gesamte Amazonasbecken erstreckt. Ihren eigentlichen Lebensraum bilden Regen-, aber auch Sekundärwälder und Plantagen. Dort gehen die Tiere nachts am Waldboden auf die Futtersuche.
Aussehen und Besonderheiten: Die Art zeichnet sich durch einen kräftigen, gedrungenen Körper, sehr große Ohrdrüsen und vergleichsweise kurze Beine aus. Im Gegensatz zum Befund bei den meisten anderen Kröten ist ihre Haut ziemlich glatt und nur mit wenigen Tuberkeln besetzt. Grundfarbe von Rücken und Kopfoberseite ist ein variabler, meist heller Braunton, der durch eine schräg verlaufende Reihe kleiner Warzen gegen die Flanken abgegrenzt wird. Letztere

sowie das Gesicht und oft auch die Gliedmaßen zeigen ein dunkleres Braun.
Pflege im Terrarium: Die Tiere sind recht anspruchslose Pfleglinge und lassen sich gut frei in einem Gewächshaus oder Wintergarten halten. Sie ziehen sich dann tagsüber an feuchte Verstecke zurück, um nachts auf Beutesuche zu gehen. Dabei wird alles erbeutet, was die Kröten gerade noch verschlingen können. Will man diese Spezies in einem Terrarium pflegen, so muss es gewaltige Ausmaße besitzen und auch ein kleiner Wasserteil darf nie fehlen. Gefressen werden alle üblichen Futtertiere.

 22–26 °C   Nacht   5 cm   III

Rhinella margaritifer

Falllaubkröte

Verbreitung und Lebensraum: Das genaue Verbreitungsgebiet dieser Art ist nicht bekannt. Es reicht vermutlich von Panama bis weit ins Amazonasgebiet hinein. Dort leben die Kröten in der Laubstreu auf dem Regenwaldboden.

Aussehen und Besonderheiten: Die kleinen, sehr attraktiven Tiere sind dem Leben im Falllaub der tropischen Wälder hervorragend angepasst. Sie besitzen einen robusten Körper mit relativ kurzen Beinen. Der Kopf zeigt eine dreieckige Form, ist etwas ausladend über den Augen und läuft dann sehr spitz zu. Die Haut ist mit kleinen Warzen übersät. Am Übergang zwischen Rücken und Flanken verläuft eine Reihe großer Warzen, die den Rücken optisch vergrößern und ihm eine blattförmige Struktur verleihen. Diese Art besitzt eine sehr variable Färbung. Sie variiert auf der Oberseite von Dunkelbraun bis Hellgrau und spielt manchmal sogar ins Rötliche. Auch die Zeichnung kann sehr unterschiedlich sein: das Spektrum recht von einer Vielzahl blattförmiger Muster aus hell- bis dunkelbraunen oder -grauen Tönen bis zu unregelmäßiger Fleckung und einem schwarzen Grätenmuster. Gelegentlich tritt auch ein sehr dünner weißlicher Aalstrich auf. Die Männchen erweisen sich im direkten Vergleich als etwas kleiner.

Pflege im Terrarium: Die Tiere lassen sich in Regenwaldbecken mit einem kleinen Wasserteil pflegen. Der Landteil kann attraktiv bepflanzt werden, da die Kröten aufgrund ihres geringen Gewichts die Vegetation nicht beschädigen.

🌡️	23–28 °C		Nacht	↔	8 cm		III

Rhinella typhonius

Große Falllaubkröte

Verbreitung und Lebensraum: Der Artstatus
dieser Tiere ist umstritten. Ihr Verbreitungsgebiet erstreckt sich über das nördliche Südamerika. Dort leben die Kröten in der Laubstreu von
Regenwäldern.

Aussehen und Besonderheiten: Diese sehr
attraktive Kröte ist dem Leben im Falllaub der
tropischen Wälder hervorragend angepasst. Sie
besitzt einen vergleichsweise schlanken Körper
mit kurzen Beinen. Der Kopf ist von dreieckiger
Form: etwas ausladend über den Augen und
dann sehr spitz zulaufend. Die Haut ist mit
kleinen Warzen übersät. Am Übergang vom
Rücken zu den Flanken verläuft eine Reihe großer Warzen, die den Rücken optisch vergrößern
und ihm eine blattförmige Struktur verleihen.
Diese Art zeichnet sich durch eine sehr variable
Färbung aus: ihr Rücken kann dunkelbraun bis
hellgrau, manchmal aber auch rötlich sein. Auch
die Zeichnung fällt sehr unterschiedlich aus: das
Spektrum reicht von einer Vielzahl blattförmiger
Muster aus hell- bis dunkelbraunen oder -grauen
Tönen über ein unregelmäßiges Fleckenschema
bis zu einer schwarzen Grätenzeichnung. Gelegentlich tritt auch ein sehr dünner weißlicher
Aalstrich auf. Die Männchen erweisen sich im
direkten Vergleich als ein wenig kleiner.

Pflege im Terrarium: Die Art wird in Regenwald-
terrarien mit kleinem Wasserteil gepflegt. Der
Landteil lässt sich attraktiv bepflanzen, da die
Kröten aufgrund ihres geringen Gewichts die
Pflanzen nicht beschädigen.

 20–26 °C   Nacht   > 8 cm   III

Scaphiopus couchii

Schaufelfuß-Kröte

Verbreitung und Lebensraum: Diese Kröte kommt vom Süden der USA bis nach Mexiko vor, vereinfacht gesagt etwa von Texas und Oklahoma bis Kalifornien sowie weit nach Mexiko hinein (einschließlich Baja California). Dabei überdauert die Art die Trockenperioden, indem sie sich in den Boden eingräbt, wo ihr Überleben durch eine wasserfeste, den ganzen Körper umgebende Hülle gewährleistet wird. Das Tier verharrt so circa einen Meter unter der Erdoberfläche in einem Ruhezustand, bis der nächste Regen einsetzt. Sie hat aber mittlerweile auch die Kulturlandschaft für sich erobert und kann dort in jeder Wasseransammlung angetroffen werden.

Aussehen und Besonderheiten: Die Tiere zeichnen sich durch einen gedrungenen, kräftigen Körper mit vergleichsweise kurzen, aber kräftigen Beinen aus. Auf der Unterseite jedes Hinterfußes tragen sie je eine länglich sichelförmige, schwarze Hornschwiele, die sie in die Lage versetzt, sich rückwärts sehr rasch in sandige Erde einzugraben. Ihre Färbung ist recht variabel: auf grünlichem oder gelblich grünem Grund zeigen Weibchen im Dunkeln eine Art Grätenmuster, während Männchen nur vage dunkle Flecken, ein reduziertes Grätenmuster oder keine Zeichnungselemente aufweisen. Die Weibchen werden etwas größer als ihre Partner.

Pflege im Terrarium: Die Art ist recht anspruchslos. Das Behälterinnere sollte ein halbtrockenes bis trockenes Milieu mit kleinem Wasserteil nachbilden.

🌡️ 20–26 °C	🔲 Nacht	↔️ >7 cm	🔲 III

Phrynomantis bifasciatus

Rotgebänderter Wendehalsfrosch

Verbreitung und Lebensraum: Das Verbreitungsgebiet dieser Art reicht von Südafrika über Namibia, Mosambik, Angola und Botswana nördlich bis Tansania und Kenia. Ihren eigentlichen Lebensraum bildet offenes, ziemlich arides Buschland. Hier leben die Frösche verborgen im Erdreich, in Spalten oder unter Steinen. Sie verlassen ihren schützenden Bau nur in der Nacht.

Aussehen und Besonderheiten: Der Wendehalsfrosch hat einen mäßig robusten Körper, von dem sich der große Kopf deutlich absetzt, und kleine, schlanke Gliedmaßen. Diese ermöglichen nur eine laufende Fortbewegung, sodass der Körper immer hoch aufgerichtet ist. Die glatte, glänzende Haut fühlt sich trocken an. Besonders auffallend wirkt ihre Warnfärbung: auf schwarzem oder dunkelbraunem Grund zeigen die Tiere durchgehende oder unterbrochene leuchtend rote bis orangefarbene Streifen, die sich von der Schnauze über die Augenlider bis zum Körperende hinziehen. Zahlreiche Exemplare tragen auch auf dem hinteren Rücken einen großen roten oder orangefarbenen Fleck. Auf Armen und Beinen finden sich ebenfalls rote Binden oder Flecken. Die Unterseite der Frösche ist hellbraun oder grau mit dicht gestreuten, deutlich erkennbaren weißen Flecken.

Pflege im Terrarium: Der Behälter sollte relativ trocken gehalten werden, muss aber auch feuchte Verstecksplätze und einen kleinen Wasserteil enthalten. Zur Zucht sollte man das Terrarieninnere ausgiebig beregnen.

 20–26 °C   Nacht   5 cm   III

Phrynomerus microps

Westafrikanischer Wendehalsfrosch

Verbreitung und Lebensraum: Das Verbreitungsgebiet dieser Art reicht von Westafrika bis nach Zentralafrika hinein. Es handelt sich um Bewohner der Feucht- und Trockensavanne, die den Tag unter Steinen, Totholz oder in Erdspalten verborgen zubringen. Nachts verlassen die Lurche ihr schützendes Versteck, um in der näheren Umgebung auf Nahrungssuche zu gehen. Zur Fortpflanzung nutzt die Spezies temporäre Gewässer.

Aussehen und Besonderheiten: Der Wendehalsfrosch besitzt einen mäßig robusten Körper, von dem sich der große Kopf deutlich absetzt, sowie relativ kurze Hinter- und lange Vorderbeine. Daher erinnert seine Fortbewegungsweise mehr an eine Maus als an einen Frosch. Die glatte, glänzende Haut fühlt sich trocken an.

Auf schwarzem oder dunkelbraunem Grund zeigen die Tiere eine durchgehende oder sich auflösende rotbraune bis braune Färbung. Auch auf den Innenseiten der Beine finden sich rote Binden. Sonst sind die Gliedmaßen dunkelbraun und mit einigen hellen Flecken.

Pflege im Terrarium: Das Becken sollte einen kleinen Wasserteil aufweisen. Der Bodengrund wird aus einem gut grabfähigen Sand-Lehm-Gemisch gebildet und mit hohl aufliegenden Steinplatten und Rindenstücken abgedeckt. Um für das erforderliche Feuchtigkeitsgefälle im Substrat zu sorgen, feuchtet man es nur von einer Seite her nach. Zur Zucht sollte das Terrarieninnere ausgiebig beregnet werden. Die Art frisst die üblichen Futtertiere.

🌡 24–26 °C	🌙 Nacht	↔ 20 cm	▭ l

Pipa pipa

Große Wabenkröte

Verbreitung und Lebensraum: Diese Spezies besitzt ein ausgedehntes Verbreitungsgebiet, das sich über das nördliche Südamerika bis Bolivien erstreckt. Die Wabenkröten führen auf dem schlammigen Boden tropischer Flüsse und Kanäle ein völlig aquatisches Leben. Mithilfe von sternförmigen Tastorganen an den Fingerspitzen erkennen sie, wenn sie auf Futter stoßen.
Aussehen und Besonderheiten: Wabenkröten besitzen einen extrem abgeflachten Körper und einen ebensolchen dreieckigen Kopf mit winzigen, lidlosen Augen. Ihre Gliedmaßen sind kurz und kräftig, die Zehen durch große Schwimmhäute verbunden. Die graue, dunkel gefleckte Haut fühlt sich runzelig und rau an.
Pflege im Terrarium: Die Tiere lassen sich paarweise in geräumigen Aquarien halten. Der Bodengrund sollte aus feinem Kies gebildet werden. Wichtig sind auch einige spaltenförmige Versteckmöglichkeiten und ein leistungsfähiger Filter. Man füttert die Kröten mit Regenwürmern und Tubifex, doch die meisten gewöhnen sich auch an Frostfutter wie Bachflohkrebse und Mückenlarven. Berühmt ist diese Spezies für ihre eigenartige Fortpflanzungsweise: das Weibchen schiebt die Eier bei der Eiablage auf seinen Rücken, wo sie haften bleiben und mit der Zeit von der Haut des Weibchens wabenartig überwuchert und eingekapselt werden, daher auch der Name. Nach elf bis zwölf Wochen entschlüpfen den Wabenzellen schließlich voll entwickelte Jungkröten.

 23–28 °C Tag/Nacht ↔ 12 cm III

Ceratophrys cornuta

Surinam-Hornfrosch

Verbreitung und Lebensraum: Die Art besitzt ein großes Verbreitungsgebiet im zentralen Südamerika, wo die Tiere in Wäldern und anderen Feuchtgebieten leben. Dort verbergen sie sich im Boden, in der Laubstreu oder zwischen Moos und warten als Ansitzjäger auf zufällig vorbeikommende Beute.

Aussehen und Besonderheiten: Dieser große, robuste, fast kugelrunde Frosch besitzt einen mächtigen Kopf, dessen Breite etwa 50 % der Gesamtlänge entspricht. Seinen Namen verdankt er den hornartigen Zipfeln über den Augen. Arme und Beine sind vergleichsweise kurz, sodass die Tiere sich hauptsächlich laufend fortbewegen. Die Haut auf dem Rücken und an den Flanken ist mit konischen Tuberkeln übersät, der Bauch hingegen fast glatt. Männchen bleiben etwa ⅓ kleiner als ihre Partnerinnen. Der grüne, braune oder beigefarbene Rücken ist mit variablen braunen Flecken versehen.

Pflege im Terrarium: Obwohl es sich um sehr stattliche Frösche handelt, ist ihr Platzbedarf eher bescheiden, da sich die Tiere nur ungern bewegen, wenn man einmal vom Schnappen nach Futter absieht. Aufgrund ihrer enormen Gefräßigkeit empfiehlt sich Einzelhaltung. Nur zur Paarung setzt man die Geschlechter zusammen. In das Terrarium kommt eine hohe, feuchte Erdschicht, damit sich die Lurche eingraben können. Diese darf niemals austrocknen, und auch eine flache Wasserschale muss stets vorhanden sein. Die Frösche fressen alles, was sie überwältigen können.

 23–26 °C Nacht 17 cm III

Ceratophrys cranwelli

Chaco-Hornfrosch

Verbreitung und Lebensraum: Diese Spezies stammt aus dem argentinischen Chaco, kommt aber vermutlich auch im angrenzenden Paraguay vor. Bei dieser Region handelt es sich um eine savannenartige Landschaft mit ausgeprägten Regen- und Trockenzeiten. Die Frösche leben eingegraben im feuchten Erdreich und legen bei zu hohen Temperaturen eine Sommerruhe ein.

Aussehen und Besonderheiten: Auch diese Art zeichnet sich durch ihre robuste, kugelige Gestalt aus. Über jedem Auge sitzt ein hornartiger Zipfel. Arme und Beine sind vergleichsweise kurz. Die Färbung ist recht variabel und kann aus beigefarbenen, braunen, sogar leuchtend grünen Tönen bestehen.

Pflege im Terrarium: Die stattlichen Tiere stellen wieder eher bescheidene Ansprüche an die Behältergröße. Aufgrund ihrer enormen Gefräßigkeit empfiehlt sich Einzelhaltung. Lediglich zur Paarung setzt man die Geschlechter zusammen. Das Terrarieninventar besteht aus einer hohen, stets feuchten Erdschicht aus möglichst nicht faulenden Materialien, in die sich die Frösche eingraben können. Auch eine flache Wasserschale darf nicht fehlen. Die Substratschicht kann man mit Moosplatten abdecken, wobei einige robuste Pflanzen den optischen Eindruck des Beckens verbessern. Während der Pflege ist unbedingt auf ausreichende Terrarienhygiene zu achten; der Behälter muss daher regelmäßig gereinigt werden. Die Frösche fressen alles, was sie nur überwältigen können.

 23–26 °C   Tag/Nacht   18 cm   III

Ceratophrys ornata

Schmuck-Hornfrosch

Verbreitung und Lebensraum: Das Verbreitungsgebiet dieser Art erstreckt sich von Argentinien
über Uruguay bis nach Brasilien. Dabei handelt
es sich um die so genannte feuchte Pampa, eine
Art Grassteppe mit regelmäßigen Niederschlägen. Die Tiere vergraben sich dort im feuchten
Untergrund so weit, dass nur noch ihre Augen
herausschauen. Nun verharren sie völlig unbeweglich, bis potenzielle Beute in ihre Reichweite
gelangt. Dann springen sie aus dem Schlamm
hervor und verschlingen das Opfer.
Aussehen und Besonderheiten: Durch seine
rundliche, plumpe Körperform und die sehr kurzen Gliedmaßen wirkt der Schmuck-Hornfrosch
recht massig. Er besitzt einen riesigen Kopf, dessen Breite etwa der Hälfte seiner Gesamtlänge
entspricht. Über den beiden großen Augen ragen

zwei kleine „Hörner" empor. Normalerweise ist
die warzige Haut leuchtend grün bis gelbgrün,
darüber legt sich ein Muster aus großen, rötlich
schwarzen und gelb umrandeten Flecken oder
Streifen. Männchen bleiben deutlich kleiner.
Pflege im Terrarium: Auch diese Art kommt
trotz ihrer enormen Größe mit einem eher be-
scheidenen Terrarium aus. Wichtig ist eine hohe
Bodenschicht, möglichst aus nicht faulendem
Material wie Kokosfasernerde, die etwa 20 cm
hoch eingefüllt und stets feucht gehalten werden muss. Auf dieses Substrat kann man einige
Moosplatten legen. Eine flache Wasserschale
sollte nicht fehlen. Auch für diese Art kommt
nur Einzelhaltung infrage.

| 🌡️ 20–25 °C | 🪟 Nacht | ↔ > 10 cm | 📦 III |

Dyscophus guineti

Tomatenfrosch

Verbreitung und Lebensraum: Das Verbreitungsgebiet dieser Lurche liegt an der Ostküste
Madagaskars. Bekanntester Fundort ist dabei
Maroansetra, wo die Tomatenfrösche während
der Regenzeit in großer Stückzahl Gräben aufsuchen. Außerhalb der Fortpflanzungszeit führt
die Art auf dem Regenwaldboden ein eher verborgenes Leben.

Aussehen und Besonderheiten: Dieser große,
gedrungene, beinahe kugelrunde Frosch besitzt
einen breiten Kopf mit sehr kurzer Schnauze.
Arme und Beine sind vergleichsweise kurz, sodass die Tiere nicht zu großen Sprüngen fähig
sind. An den Hinterfüßen tragen sie schaufelför-
mig umgebildete Grabschwielen, mit denen sie
sich geschwind im Erdreich eingraben können.
Auch bei dieser Art sind die Weibchen bedeutend größer und kräftiger als ihre Partner. Die
Färbung der Oberseite und das rundliche Aussehen gaben dem Frosch seinen Namen: die glatte
Haut ist leuchtend orange, rot oder rotbraun,
sodass die Lurche an Tomaten erinnern.

Pflege im Terrarium: Die Tiere werden in geräumigen Regenwaldbecken mit großem Wasserteil
untergebracht. Auf den Boden des Landteils
gibt man eine hohe, stets feucht gehaltene Erdschicht aus nicht faulenden Materialien, in die
sich die Frösche eingraben können. Auf dieses
Substrat kommen einige Moospolster und eine
Laubstreu. Mehrere dickere Kletteräste und eine
üppige Bepflanzung vervollständigen das Inventar. Die Art ist laut BArtSchV geschützt.

20–25 °C	Nacht	> 5 cm	III

Kalophrynus pleurostigma

Schwarzfleckenklebfrosch

Verbreitung und Lebensraum: Diese Spezies besitzt in Südostasien ein riesiges Verbreitungsgebiet, welches von China über Burma und Thailand bis nach Malaysia und Borneo sowie die Philippinen reicht. Die Art lebt dort in der Falllaubschicht von Regenwäldern, wobei sie sich zeitlupenartig wie ein Chamäleon fortbewegt und kaum jemals springt.

Aussehen und Besonderheiten: Die Tiere haben sich perfekt dem Leben im Falllaub der tropischen Wälder angepasst. Sie besitzen einen eher kompakten Körper mit vergleichsweise kurzen Beinen. Ihr Kopf ist kaum vom Rumpf abgesetzt und läuft spitz zu. Die Haut ist mit kleinen, stachelartigen Tuberkeln übersät, und am Übergang zwischen Rücken und Flanken verläuft eine Reihe großer Stachelwarzen, die den Rücken optisch vergrößern und ihm eine blattförmige Struktur verleihen. Die Färbung dieser Art gestaltet sich sehr variabel, auf dem Rücken von Dunkelbraun bis Hellgrau, manchmal spielt sie sogar ins Rötliche. Auch die Zeichnung kann sehr unterschiedlich ausfallen: das Spektrum reicht von Streifen bis zu unregelmäßigen Flecken. Die Männchen erweisen sich im direkten Vergleich als etwas kleiner.

Pflege im Terrarium: Die Art wird in Regenwaldbehältern mit kleinem Wasserteil gehalten. Der Landteil lässt sich attraktiv bepflanzen, da die Kröten aufgrund ihres geringen Gewichts die Vegetation nicht beschädigen. Sie fressen nur kleine Futtertiere.

🌡 22–26 °C	◫ Nacht	↔ 7 cm	▢ III

Kaloula pulchra

Indischer Ochsenfrosch

Verbreitung und Lebensraum: Dieser Frosch stammt aus Südostasien, genauer aus dem Gebiet von Indien und Nepal bis China und Malaysia. Seinen Lebensraum bilden tropische und subtropische Wälder bis in Höhenlagen um 750 m ü. NN, wo die Tiere den Tag im Erdreich oder unter Steinen verborgen zubringen, um nachts auf die Jagd zu gehen. Nur während der Fortpflanzungszeit findet man sie in Tümpeln und langsamen Fließgewässern.

Aussehen und Besonderheiten: Dieser robuste, rundliche Frosch besitzt einen kleinen, kurzen Kopf. Seine Schnauze läuft spitz zu und ist vergleichsweise schmal. Arme und Beine sind kurz, sodass sich die Tiere hauptsächlich laufend fortbewegen. An ihren Hinterfüßen sitzen schwach entwickelte Schwimmhäute und ein großer,

scharfrandiger, schaufelförmiger Fersenhöcker. Die Färbung erweist sich als recht variabel: die Körperoberseite ist meist grau, beige oder braun mit einem braunen und ockergelben Flankenstreifen sowie gelben und braunen Flecken.

Pflege im Terrarium: Die Art wird in Regenwaldterrarien gepflegt, deren Einrichtung aus einer hohen, stets leicht feuchten Erdschicht, einigen dekorativen Wurzeln, Korkröhren, dickeren Ästen und einer üppigen Bepflanzung besteht. Auf dieses Substrat kommen einige Moospolster und eine Laubstreu. Der Wasserteil braucht nicht allzu groß bemessen sein, muss aber ein leichtes Erklettern des Landbereichs ermöglichen.

🌡️ 22–26 °C	🌙 Nacht	↔️ 2,5 cm	▭ III

Microhyla borneensis

Borneo-Engmaulfrosch

Verbreitung und Lebensraum: Stammt aus Südostasien, von Thailand über Malaysia bis Borneo. Die lokal sehr häufigen Frösche leben auf dem Boden der Regenwälder. Tagsüber verbergen sie sich in der Falllaubschicht. Zur Fortpflanzung nutzen sie temporäre Teiche.

Aussehen und Besonderheiten: Die Frösche besitzen einen keilförmigen Körper; ihre Haut ist fein granuliert und mit rundlichen Warzen überzogen. Die Gliedmaßen, vor allem die Hinterbeine, sind kräftig ausgebildet und befähigen den Frosch zu weiten Sprüngen. Auf beigefarbenem, braunem oder leicht rötlichem Grund findet sich ein vage angedeutetes schwarzes Zeichnungsmuster. Die Unterseite hingegen ist einfarbig grau. Die Männchen bleiben deutlich kleiner als die Weibchen.

Pflege im Terrarium: Zur Unterbringung dieser Tiere eignen sich kleine, gut strukturierte Regenwaldbecken, die man angesichts des geringen Gewichts der Frösche auch mit empfindlicheren Pflanzen wie Tillandsien und Orchideen bestücken kann. Ein kleiner Wasserteil darf niemals fehlen. Mehrere Kletteräste, hohle Korkröhren, klein bleibende Farne und Ranken vervollständigen das Inventar. Der Bodengrund wird mit Moosplatten und einer stellenweise hohen Laubschicht abgedeckt. Zweimal täglich muss das gesamte Terrarieninnere überbraust werden. Als Nahrung akzeptieren die Frösche nur kleine Futtertiere wie Fruchtfliegen, Springschwänze, Blattläuse u. Ä.

 19–22 °C   Nacht ↔ 4 cm   III

Scaphiophryne gottlebei

Bunter Engmaulfrosch

Verbreitung und Lebensraum: Die Art besitzt nur ein kleines, isoliertes Verbreitungsgebiet im zentralen Südwesten Madagaskars. Bei ihrem Habitat im Isalo-Massiv handelt es sich um Fluss-bett-Schluchten mit sandigen Böden, die von steil aufragenden Felswänden begrenzt werden. Dieser dunkle, kühle Lebensraum weist eine hohe relative Luftfeuchtigkeit auf. Die örtliche Vegetation besteht ausschließlich aus vereinzelten Bäumen.

Aussehen und Besonderheiten: Der Frosch ist ein kleiner, attraktiv gefärbter Lurch mit kompaktem Körper, kurzen, aber kräftigen Gliedmaßen und einem kleinen Kopf mit schmaler Schnauze. Die Finger tragen Krallen, die es den Tieren gestatten, an den senkrechten Felswänden des Cañons emporzuklimmen. Die Haut der Frösche ist glatt; ihre Färbung besteht aus weißen, rötlichen, grünlichen und schwarzen Feldern, die bei den Weibchen in aller Regel heller und kontrastreicher ausfallen. Auch bleiben die Männchen deutlich kleiner.

Pflege im Terrarium: Die Art wird in Felsterrarien gehalten, deren Rückwand und Seitenwände man mit Steinplatten oder Kunstfelsen verkleidet. Die übrige Einrichtung sollte aus einer hohen, stets leicht feuchten Sandschicht sowie einigen Korkröhren und Wurzelstücken bestehen. Auch ein kleiner Wasserteil, besser noch ein langsam fließender Bach darf nicht fehlen. Gefüttert werden die Frösche mit kleinen Futtertieren. Die Spezies ist laut BArtSchV geschützt.

| 🌡 18–23 °C | 🌙 Nacht | ↔ 4 cm | ▱ III |

Scaphiophryne marmorata

Marmorierter Engmaulfrosch

Verbreitung und Lebensraum: Das Verbreitungsgebiet dieser Art liegt im Zentralen Osten Madagaskars, also im prämontanen Regenwaldgürtel in Höhenlagen von 800–1000 m ü. NN. Dort leben die Frösche vermutlich in der Laubschicht auf dem stets feuchten Waldboden. Zu Gesicht bekommt man die nachtaktiven Jäger eigentlich nur nach starken Regenfällen, wenn sie sich in großer Zahl an temporären Pfützen versammeln.

Aussehen und Besonderheiten: Die Tiere besitzen einen kompakten, teilweise leicht rundlichen Körper, mit kurzen, aber kräftigen Gliedmaßen. Finger- und Zehenspitzen sind stark verbreitert, und die ziemlich glatte Haut trägt eine Reihe großer Tuberkel. Der Kopf

ist vergleichsweise klein, genauso wie die Schnauze. Die Färbung der Lurche erinnert mit ihrer Tarnfärbung an moosbewachsene Steine, über den grünen Grund ziehen sich unregelmäßige braune Streifen und Flecken.

Pflege im Terrarium: Die Art wird in Regenwaldbecken mit einem kleinen Wasserteil, zahlreichen Kletterästen, hohlen Korkröhren, einer ausladenden Wurzel und üppiger Bepflanzung gehalten. Den Bodengrund bildet eine hohe, stets feuchte Erdschicht aus nicht faulenden Materialien, in die sich die Frösche eingraben können. Zweimal täglich muss das gesamte Terrarieninnere überbraust werden. Als Nahrung dienen die üblichen Futtertiere: kleine und mittlere Grillen und Heimchen, Mehlwürmer, Wachsraupen, Ofenfischchen, Bohnenkäfer u. Ä.

20–26 °C	Tag	4 cm	III

Atelopus barbotini

Barbotins Stummelfußfrosch

Verbreitung und Lebensraum: Das Verbreitungsgebiet dieser Art erstreckt sich über den Guyana-Schild im nördlichen Südamerika, wo es bis in Höhenlagen von circa 300 m ü. NN reicht. Der eigentliche Lebensraum ist abgesehen von den Uferbereichen der zahllosen Regenwaldflüsse, in denen die Frösche auch laichen, nahezu unerforscht. Durch Importe gelangen fast ausschließlich Männchen zu uns, die von den Einheimischen beim Rufen entlang der Flüsse leicht entdeckt und dann eingefangen werden. Weibchen scheinen demgegenüber eher Zufallsfunde zu sein, da sie vermutlich eine sehr zurückgezogene Lebensweise in der Laubschicht des Waldbodens führen.
Aussehen und Besonderheiten: Es handelt sich um recht schlanke Tiere mit abgeflachtem Körper und spitz zulaufendem Kopf. Die Grundfarbe dieser attraktiven Art ist dunkelbraun bis schwarz, dazu kommt eine Zeichnung aus violetten, sehr variabel angeordneten Strichen und Punkten. Der hellgelbe Bauch ist mit schwarzen Flecken übersät.
Pflege im Terrarium: Die Tiere lassen sich in einem geräumigen, üppig bepflanzten Regenwaldbecken pflegen, durch das ein entsprechend modellierter Bachlauf fließt. Am leichtesten bewerkstelligt man dies, indem man einen Behälter mit entsprechenden Zu- und Abflüssen plant, baut oder anfertigen lässt. Um für eine ausreichende Wasserbewegung zu sorgen, müssen entsprechend leistungsfähige Pumpen und Aquarienfilter installiert werden.

🌡️ 15–20 °C	🌙 Tag	↔️ 5 cm	📦 III

Atelopus peruensis

Peru-Stummelfußfrosch

Verbreitung und Lebensraum: Diese Art konnte bisher nur aus den nördlichen peruanischen Anden in den Departements Cajamarca, Ancash und Piura nachgewiesen werden, wo sie Höhenlagen zwischen 2800 und 4200 m ü. NN bewohnt. Die Frösche leben dort in einer feuchten montanen Grassteppe, durch die zahlreiche kühle Bäche fließen. Die Vegetation insgesamt ist sehr spärlich.

Aussehen und Besonderheiten: Es handelt sich um mittelgroße, vergleichsweise eher kompakt gebaute Frösche. An den Hinterbeinen besitzen sie zwischen den Zehen Schwimmhäute. Ihre Haut ist recht warzig. Der Rücken zeigt ein kräftiges Grün, das an den Flanken in Schwarz übergeht, und überdies tragen sie dort zahlreiche weiße Tuberkel. Arme und Beine sind ebenfalls grün, und die Unterseite prangt in lebhaftem Orange.

Pflege im Terrarium: Geeignet sind kühle Becken, in die man einen Bachlauf integriert. Um ausreichenden Durchfluss zu garantieren, muss das Becken mit Zu- und Abflüssen versehen sein. Der Landteil wird einfach aus einer mindestens 5 cm hohen, stets leicht feuchten Bodenschicht gebildet, die man teilweise mit Moosplatten, hohl aufliegenden Steinen und Rindenstücken abdeckt. Als Bepflanzung eignen sich Ziergräser und kleine Farne. Damit eine ausreichende Strömung entsteht, werden entsprechend dimensionierte Pumpen oder Aquarienfilter eingesetzt. Als Futter erhalten die Frösche Fruchtfliegen, Blattläuse, Ofenfischchen, Bohnenkäfer u. Ä.

🌡 20–24 °C	Tag	↔ 4 cm	III

Atelopus spumarius

Harlekinfrosch

Verbreitung und Lebensraum: Das Verbreitungsgebiet dieser Art umfasst das obere
Amazonasbecken der Staaten Peru, Brasilien und
Kolumbien. Es handelt sich um Bewohner der
Tieflandregenwälder, die man häufig in der Nähe
von Wasserläufen, auch Schwarzwasserflüssen
antrifft.

Aussehen und Besonderheiten: Der Harlekinfrosch besitzt einen schlanken, abgeflachten
Körper mit recht schmalem Kopf und spitz
zulaufender Schnauze. Seine Gliedmaßen sind
lang, die Finger mäßig lang und an den Spitzen
leicht verdickt. Die nahezu glatte Haut zeigt eine
sehr variable Färbung: es finden sich unregelmäßige, schwarze oder braune Flecken, die auch
ineinander übergehen können. Daneben gibt es
Exemplare, bei denen der Rest der Fläche orange,

grün oder gelb ist; bei einigen sind die Flanken
dunkel abgesetzt, bei anderen wiederum nicht.
Der Bauch ist stets hellgelb mit schwarzen
Flecken.

Pflege im Terrarium: Die Spezies lässt sich in
geräumigen Regenwaldbehältern pflegen, die
mit einem Bachlauf versehen wurden. Für die
erforderliche Wasserbewegung sorgt dabei ein
Innenfilter. Der Landteil kann attraktiv bepflanzt
werden, da die Kröten aufgrund ihres geringen
Gewichts die Pflanzen nicht beschädigen. Neben
einer üppigen Bepflanzung sollte man eine Wurzel oder andere Klettergelegenheiten und eine
hohe Laubschicht einbringen. Zweimal täglich
muss das gesamte Terrarieninnere überbraust
werden. Als Nahrung dienen die üblichen Futtertiere.

 15–21 °C   Nacht   4 cm   II/III

Atelopus zeteki

Panama-Stummelfußfrosch

Verbreitung und Lebensraum: Der Panama-Stummelfußfrosch stammt, wie schon sein Name sagt, aus Panama, wo er ausschließlich niederschlagsreiche Bergwälder in Höhenlagen von 335–1315 m ü. NN bewohnt. Die Frösche leben dort auf dem Boden, klettern aber manchmal auch hoch in die Vegetation empor. Im Gegensatz zu anderen Stummelfußfroscharten laichen diese Tiere in mit Regenwasser gefüllten Baumhöhlen oder temporären Pfützen ab. Während der Paarung klammern sich die Männchen auf dem Rücken ihrer Partnerinnen fest und lassen sich wie unsere einheimischen Erdkröten umhertragen.

Aussehen und Besonderheiten: Es handelt sich um recht schlanke Tiere mit abgeflachtem Körper und spitz zulaufendem Kopf. Die überaus attraktiven Frösche besitzen eine glatte, meist gelbliche bis gelborangefarbene Haut, die ein überaus variables Muster aus schwarzen Flecken und Streifen trägt. Um sich vor Fressfeinden zu schützen, sondern die Lurche das Nervengift Tetrodotoxin ab.

Pflege im Terrarium: Die Art wird in Regenwald-behältern gepflegt, die man mit einem kleinen Wasserteil ausstattet. Der Landteil lässt sich attraktiv bepflanzen, weil die kleinen Kröten aufgrund ihres geringen Gewichts die Pflanzen nicht beschädigen. Neben einer üppigen Vegetation sollten stets auch Kletteräste, eine Wurzel, einige Korkröhren sowie eine hohe Laubschicht ins Terrarium eingebracht werden. Die Tiere sind laut BArtSchV streng geschützt.

 15–20 °C Tag 18 cm l

Ambystoma andersoni

Anderson's Salamander

Verbreitung und Lebensraum: Das Verbreitungsgebiet dieser Art beschränkt sich auf die Laguna en Zacapú im Nordwesten des mexikanischen Bundesstaates Michoacán und einen ihrer kleinen Zuflüsse. Dort bewohnen die fast ausschließlich im Wasser anzutreffenden Tiere offene, eher kühle und sauerstoffreiche Gewässer, die oft von Schilfgürteln umgeben sind. Der Bodengrund ist schlammig, der Salzgehalt des Biotops sehr niedrig.

Aussehen und Besonderheiten: Die auffallendsten Merkmale dieser Art sind ihr plumper Körperbau und der vergleichsweise kurze, von einem hohen Hautsaum umgebene Schwanz. Der große Kopf ist nur schwach vom Körper abgesetzt, und die Außenkiemenbüschel sind gut sichtbar. Grundfärbung ist zumeist ein verwaschenes Braun mit einem recht variablen Muster aus schwarzen Flecken, die oft ineinander übergehen.

Pflege im Terrarium: Diese Art sollte möglichst paarweise oder in kleinen Gruppen in einem geräumigen Aquarium gepflegt werden, dessen Wasserstand maximal 10 cm beträgt. Der Behälter muss so aufgestellt sein, dass kein direktes Tageslicht auf ihn fallen kann. Der Bodengrund lässt sich aus feinem Kies bilden, auf den man einige Steine als Höhlen bzw. Verstecke stellt. Zur Bepflanzung eignen sich robuste Arten wie Wasserpest und Javamoos. Gefressen werden Wirbellose aller Art, die den typischen Ansitzjägern vors Maul geschwommen kommen. Ihre Fortpflanzung ist im Aquarium schon wiederholt gelungen.

 15–23 °C   Tag/Nacht ←→ 22 cm   II/III

Ambystoma gracile

Zierlicher Querzahnmolch

Verbreitung und Lebensraum: Das ausgedehnte Verbreitungsgebiet dieser Art erstreckt sich längs der Westküste Nordamerikas, etwa von Nordkalifornien bis Alaska. Dabei findet man die Tiere vorwiegend in offenen Landschaften und zwar bis in Höhenlagen von etwa 3000 m ü. NN. Vorwiegend handelt es sich dabei um Sümpfe, Flussniederungen und ähnliche Feuchtgebiete. Die überwiegend landbewohnenden Molche trifft man nur während der Fortpflanzungszeit in seichten Gewässern an.

Aussehen und Besonderheiten: Wie viele Querzahnmolche ist auch diese Spezies vor allem an den gut ausgeprägten Rippenfurchen, dem seitlich abgeflachten Schwanz, den gut entwickelten Gliedmaßen mit 4 bis 5 Zehen, der glatten Haut und dem breiten Kopf zu erkennen.

ihre Färbung schwankt zwischen braunen und dunkelgrauen Farbtönen.

Pflege im Terrarium: Der geräumige Behälter sollte so eingerichtet sein, dass der Wasserteil etwa die Hälfte des Bodens bedeckt und maximal 15 cm tief ist. Der Landteil muss nicht durch eine eingeklebte Glasscheibe abgetrennt sein, er sollte nur leicht zu erklettern und beispielsweise durch aufgestapelte Steinplatten vom Wasser getrennt sein. Hinter den Steinplatten kann man das Substrat aus nicht faulenden Materialien wie Kies oder Lekaton bilden. Der gesamte Bodengrund wird sodann mit Moos, Laub u. Ä. abgedeckt. Einige robuste Pflanzen, Rindenstücke und Wurzeln vervollständigen die Einrichtung. Diese Art benötigt eine Winterruhe.

18–22 °C	Nacht	12 cm	IV

Ambystoma macrodactylum

Langzehen-Querzahnmolch

Verbreitung und Lebensraum: Das Verbreitungsgebiet dieser Art erstreckt sich entlang der Pazifikküste Nordamerikas, etwa vom südöstlichen Alaska bis Kalifornien. Die Molche leben in lichten Mischwäldern mit lockerem Bodengrund. Dort findet man sie in der losen Laubstreu, unter Baumstämmen, in Gesteinsspalten und im lockeren Substrat, wo sie schlafend den Tag zubringen. Erst mit Einbruch der Dämmerung verlassen sie ihre Verstecke und begeben sich auf die Suche nach Nahrung.

Aussehen und Besonderheiten: Die Art besitzt einen länglich schlanken Körper. Ihre Grundfärbung ist braun bis schwarz, wobei an den Flanken sehr variable kleine Flecken von weißlicher bis silberner Farbe auftreten können. Auf dem Rücken beginnt am Hinterkopf ein breiter, blassorange bis gelblicher Strich, der sich bis zum Schwanz erstreckt. Diese Zeichnung kann aber auch fast vollständig verblassen und nur noch als verwaschener Streifen in Erscheinung treten.

Pflege im Terrarium: Die Spezies kann außerhalb der Fortpflanzungszeit leicht in einem normalem Standardterrarium gepflegt werden. Nur während der kurzen Fortpflanzungszeit im Frühjahr benötigt sie ein Aquarium (Bodengrund feiner Kies, Bepflanzung mit robusten Arten und ein kleiner Landteil) mit guter Wasserqualität. Das Substrat des Landteils sollte aus nicht faulenden Materialien bestehen und mit Moos, Laub, Steinplatten und Rindenstücken abgedeckt werden.

 18–23 °C   Nacht   24 cm   II/III

Ambystoma maculatum

Flecken-Querzahnmolch

Verbreitung und Lebensraum: Das Verbreitungsgebiet dieser Spezies erstreckt sich vom südlichen Kanada über den gesamten Osten der USA bis nach Nordmexiko. Er reicht dabei vom Tiefland bis in Höhenlagen über 2500 m ü. NN. Die Art bewohnt überwiegend lichte Wälder, Wiesen oder sumpfige Habitate, wo man sie unter Laubstreu oder morschem Holz verborgen antrifft. Im Frühjahr suchen die Molche zur Fortpflanzung die Flachbereiche stehender oder langsam fließender Gewässer auf.

Aussehen und Besonderheiten: Dieser Molch besitzt einen kräftigen, gedrungenen Körper, von dem sich der große Kopf mit der breiten, abgerundeten Schnauze deutlich absetzt. Sein Rumpf weist an den Flanken gleichmäßig verteilte Querfurchen auf. Die variable Färbung der Oberseite variiert von Grau über Blauschwarz bis Schwarz. Namengebend sind hier die beiden unregelmäßigen, gelblich bis orange gefärbten Fleckenreihen, die sich vom Kopf bis zur Schwanzspitze erstrecken.

Pflege im Terrarium: Der Landteil sollte vom Wasser aus leicht zu erklettern sein. Sein Bodengrund kann aus allen nicht faulenden Materialen gebildet werden und wird mit Laub, Moos und Rindenstücken abgedeckt. Vervollständigen lässt sich die Einrichtung durch einige klein bleibende Farne und eine dekorative Wurzel. Der große Wasserteil sollte etwa 10–20 cm tief sein. Im Terrarium kann diese Art ein Alter von 20 Jahren erreichen. Eine Winterruhe bei Temperaturen um die 10 °C ist unbedingt erforderlich.

 18–23 °C Tag/Nacht ←→ 30 cm l

Ambystoma mexicanum

Axolotl

Verbreitung und Lebensraum: Das Verbreitungsgebiet dieser Art umfasst nur zwei Seen in einem vulkanischen Becken unweit von Mexiko-Stadt, den Lago di Chalco und den Lago di Xochimilco.

Aussehen und Besonderheiten: Die Tiere besitzen einen kräftigen, gedrungenen Körper. Auffallendste Merkmale sind der kräftige, seitlich abgeflachte Ruderschwanz mit Flossensaum, die deutlich ausgeprägten Rippenfurchen an den Flanken und die breiten Außenkiemenbüschel zu beiden Seiten des leicht abgeflachten Kopfes. Die Gliedmaßen ihrerseits sind recht kurz und kräftig. Während die Tiere in der freien Natur eine dunkelgraue oder braun marmorierte, am Bauch meist leicht aufgehellte Färbung zeigen, erfreuen sich im Terrarium leuzistische (stark aufgehellte) und albinotische (pigmentlose) Varianten großer Beliebtheit.

Pflege im Terrarium: Wegen ihrer Größe sollte man diese Molche möglichst nur in kleinen Gruppen und entsprechend geräumigen Aquarien pflegen. Der Bodengrund bildet man aus feinem Kies, auf den als Versteckplätze einige höhlenartig angeordnete Steine gestellt werden. Zur Bepflanzung eignen sich robuste Arten wie Wasserpest und Javamoos. Im Idealfall wären diese Tiere in weichem Regenwasser zu halten. Sie fressen alle möglichen Wirbellosen, die den typischen Ansitzjägern vors Maul geschwommen kommen. Ihre Fortpflanzung im Aquarium ist schon wiederholt gelungen. Auslöser ist dabei ein zeitweiliges Absenken der Wassertemperatur.

 18–21 °C   Tag/Nacht   12 cm   III/IV

Ambystoma opacum

Gebänderter Querzahlmolch

Verbreitung und Lebensraum: Das Verbreitungsgebiet dieser Spezies erstreckt sich über weite Teile der östlichen USA; es reicht in etwa von New Hampshire (Neuengland) bis Florida. Dort kann man die Molche vor allem in feuchten Waldgebieten und Sümpfen, aber auch in trockeneren Habitaten antreffen.

Aussehen und Besonderheiten: Die wunderschön gezeichneten Tiere zeigen auf lackschwarzem Grund leuchtend silberne bis weiße Flecken und Bänder, die sich über den ganzen Körper ziehen und der Art ihren Namen gaben. Ihre Unterseite ist meist einfarbig schwarz.

Pflege im Terrarium: Zur Haltung eignen sich geräumige Waldterrarien. Ihre Einrichtung sollte aus einem nach hinten ansteigenden Hang bestehen, den man leicht aus entsprechenden Korkplatten u. Ä. formen kann. Darauf kommen eine Laubschicht und Moospolster, hohl liegende Rindstücke, Korkröhren etc. als Versteckmöglichkeiten. Zur Bepflanzung eignen sich u. a. klein bleibende Farne. Der Stellplatz des Behälters sollte möglichst schattig gewählt sein. Zur Beleuchtung reicht eine Leuchtstoffröhre vollkommen aus. Ernährt werden diese Molche mit Würmern, Nacktschnecken und diversen Insekten. In der Natur legen die Weibchen ihre Eierklumpen in ausgetrockneten Tümpeln unter hohl liegenden Steinen u. Ä. ab. Dort werden sie von den Müttern versorgt, bis Niederschläge die Gewässer wieder auffüllen, sodass sich die Quappen im nassen Element zu Ende entwickeln können.

 18–21 °C   Tag/Nacht   30 cm   II

Ambystoma tigrinum

Tigersalamander

Verbreitung und Lebensraum: Diese häufig gepflegte Art bewohnt weite Teile Nordamerikas und kommt gebietsweise recht häufig vor. Ihr Verbreitungsareal erstreckt sich dabei von Südwestkanada bis Mexiko. Innerhalb dieser ausgedehnten Region hat die Spezies jedoch zahlreiche Unterarten ausgebildet. Man findet die Molche vor allem in schattigen Laubwäldern, Flusstälern und Cañons, aber ebenso gut auf Wiesen und im Quellbereich von Wasserläufen.

Aussehen und Besonderheiten: Auffallend sind auch hier der kompakt-plumpe Körperbau und der sehr breite Kopf mit den kleinen Augen. Die Färbung der Tiere fällt recht abwechslungsreich aus und variiert überdies auch innerhalb der Unterarten sehr stark. Auf braunem, olivgrünem oder schwarzem Grund zeigen die Molche meist eine aus breiten Flecken und Streifen bestehende Zeichnung in gelben bis beigen Farbtönen. Ihre Bauchunterseite ist gelblich oder olivgrün. In der Natur kommt es vor, dass ausgewachsene Tiere als „Dauerlarven" ständig im Wasser leben und ihre Kiemen daher nie verlieren (so genannte Neotenie).

Pflege im Terrarium: Zur Haltung eignen sich vor allem geräumige, kühle und schattige Aquaterrarien mit großen Wasserteilen, oder man bringt die Tiere während der Fortpflanzungsperiode in einem Aquarium, für den Rest des Jahres hingegen in einem kühlen Waldterrarium unter. Für die erfolgreiche Fortpflanzung benötigen sie unbedingt eine kühle Überwinterung.

🌡️ 20–22 °C	🌙 Nacht	↔️ 75 cm	▭ I

Amphiuma tridactylum

Dreizehen-Aalmolch

Verbreitung und Lebensraum: Das Verbreitungsgebiet des Dreizehen-Aalmolches umfasst Teile des zentralen Südens der USA; es erstreckt sich in etwa vom Mississippi-Graben bis nach Texas hinein. Innerhalb dieses Areals besiedeln die Molche nahezu alle Gewässertypen, von kleinen Teichen bis zu großen Seen, aber man findet sie auch auf Überschwemmungswiesen sowie in Sümpfen und langsam fließenden Flüssen. Nur bei regnerischem Wetter kann es vorkommen, dass die Tiere ihre Heimatgewässer verlassen, um auf feuchten Wiesen auf Nahrungssuche zu gehen.

Aussehen und Besonderheiten: Die Art besitzt einen lang gestreckten Körper und erinnert so mehr an einen Aal als an einen typischen Schwanzlurch. Besonders auffallend wirken die nur schwach ausgebildeten Gliedmaßen: die Tiere besitzen lediglich verkümmerte Vorderbeine, die mit jeweils drei Zehen versehen sind. Letztere waren auch namengebend und dienen als Unterscheidungsmerkmal gegenüber allen anderen Arten dieser Familie. Die Körperfärbung ist meist einfarbig grauschwarz bis braun, wobei die Bauchseite stets etwas hellere Töne aufweist.

Pflege im Terrarium: Entsprechend seiner fast ausschließlich aquatischen Lebensweise bringt man den Dreizehen-Aalmolch in möglichst geräumigen Aquarien unter. Ihr Wasser muss ständig durch einen starken Filter gereinigt werden. Als Nahrung dienen Würmer, Schnecken, Kleinkrebse und Wasserinsekten aller Art.

🌡️ 16–22 °C	🌙 Nacht	↔️ 12 cm	▱ IV

Bolitoglossa pesrubra

Palmen-Salamander

Verbreitung und Lebensraum: Diese leider nur selten importierten Schleuderzungen-Salamander stammen durchweg aus Costa Rica, wo sie vor allem in Gebirgsregionen beheimatet sind. Ihren Lebensraum bilden dabei ausgesprochen feuchte Habitate, nämlich die eher kühlen Bergregen- und die so genannten Feenwälder. Hier trifft man die Tiere auf dem Boden und in der Laubschicht genauso an wie auf feuchten Felsen, an den Stämmen der Urwaldriesen und in der Vegetation kletternd. Bevorzugt halten sie sich in immerfeuchten Verstecken auf, beispielsweise an Bergbächen und in den Trichtern von Bromelien.

Aussehen und Besonderheiten: Die Lurche besitzen vergleichsweise schlanke, längliche Körper. Von ihrer recht variablen braunen bis schwärzlich graubraunen Grundfärbung heben sich die Gliedmaßen deutlich ab: es gibt Exemplare mit leuchtend orangefarbenen Beinen, aber auch solche, wo nur die Vorderbeine schwach gelblich abgesetzt sind. Die Art gehört zu den lungenlosen Salamandern, nimmt also den Sauerstoff über die Schleimhäute der Mundhöhle und die Haut auf.

Pflege im Terrarium: Gepflegt werden Palmen-Salamander in dicht bepflanzten und somit recht attraktiv wirkenden Regenwaldterrarien. Den aus nicht faulenden Materialien gebildeten Bodengrund muss man dabei stets feucht halten. Zweimal täglich wird das gesamte Behälterinnere überbraust. Auch ein flacher Wasserteil – z. B. in Form einer kleinen Schale – darf niemals fehlen.

| 15–21 °C | Tag/Nacht | 15 cm | III/IV |

Bolitoglossa subpalmata

Costa-Rica-Salamander

Verbreitung und Lebensraum: Diese Spezies wurde bislang nur in Costa Rica und Panama nachgewiesen. Dort bewohnen die Salamander Höhenlagen von 1500 bis 3000 m ü. NN, also die Regionen des Bergregen- und des noch höher gelegenen Nebelwaldes. Dabei handelt sich um sehr feuchte Habitate, wo die Tiere überwiegend auf dem Boden in Moospolstern oder zwischen Falllaub zu entdecken sind. Die Lurche sind sogar bei Temperaturen um 13 °C noch aktiv.

Aussehen und Besonderheiten: Es handelt sich um einen schlanken, recht lang gestreckten Salamander. In ihrer Färbung sind diese Lurche sehr variabel: man findet einheitlich dunkelbraune, aber auch hellbraune, beige und sogar fast gelbe Exemplare. Ihr Rumpf weist 13 Querfurchen auf, und die Männchen tragen am Kinn so genannte Brunstdrüsen. Die Weibchen legen etwa alle zwei Jahre ein Gelege aus etwa 25 Eiern ab. Diese werden vom Weibchen bewacht und regelmäßig gewendet. Dann schlüpfen aus ihnen nach etwa 4–5 Monaten kleine, schon voll entwickelte Salamander. Erst nach mehreren Jahren werden Vertreter dieser Art geschlechtsreif.

Pflege im Terrarium: Man pflegt die Tiere am besten in einem kühlen Regenwaldterrarium. Feuchte Verstecke, eine hohe Moosschicht und einige Steinplatten als Unterschlupf sind unbedingt notwendig. Die Haltung kann nur erfahrenen Terrarianern empfohlen werden. Als Nahrung dienen die verschiedensten Arten von kleinen Wirbellosen.

	24–26 °C		Tag/Nacht		15 cm		II

Cynops ensicauda

Schwertschwanzmolch

Verbreitung und Lebensraum: Das Verbreitungsgebiet dieser Art umfasst einen Großteil der südjapanischen Inselwelt. Dort trifft man die Molche vor allem in kleineren Stillgewässern wie stark verkrauteten Teichen, Be- und Entwässerungsgräben und sogar überfluteten Reisfeldern an. Nach der ins Frühjahr fallenden Fortpflanzungszeit verlassen einige Tiere die Laichgewässer, um zum Landleben überzugehen. Sie halten sich dann an feuchten Stellen unter Steinen und Totholz auf.

Aussehen und Besonderheiten: Schwertschwanzmolche besitzen einen leicht gedrungenen Körper, der an den Flanken und in Kopfnähe kleinere Wülste aufweist. Entlang des Rückgrats verläuft eine gut sichtbare Drüsenleiste. Die Grundfärbung der Tiere ist schwarzbraun; nur selten zeigen einige vage Rückenflecken oder je einen gelblichen Flanken-Längsstreifen. Die Unterseite hingegen prangt in leuchtendem Orange bis Rot. Die Haut erscheint leicht gekörnt.

Pflege im Terrarium: Gehalten wird diese Spezies in einem Aquaterrarium, das man aufgrund ihrer relativ hohen Wärmetoleranz ruhig auch in normal beheizten Wohnräumen aufstellen kann. Allerdings ist darauf achten, dass die Temperaturen niemals längerfristig 26 °C übersteigen. Kurzzeitig vertragen die Lurche aber auch Werte von 30 °C. Voraussetzung für ihre erfolgreiche Zucht ist ein Absenken der Wassertemperatur auf 15–18 °C, kombiniert mit einer Reduktion der Beleuchtungsphase auf circa 8 Stunden pro Tag.

20–24 °C   Tag 13 cm I und III

Cynops pyrrhogaster

Japanischer Feuerbauchmolch

Verbreitung und Lebensraum: Der Japanische Feuerbauchmolch bewohnt neben den japanischen Hauptinseln Honshu (Hondo), Shikoku und Kyushu einige kleinere, diesen vorgelagerte Eilande. Aufgrund dieses großen, in sich nicht zusammenhängenden Verbreitungsgebietes hat auch diese Art zahlreiche Lokalformen ausgebildet. Die Tiere leben in sauberen Still- sowie langsam strömenden Fließgewässern, wo man sie vor allem an stark verkrauteten Stellen antrifft.
Aussehen und Besonderheiten: Auch diese Spezies besitzt eine braune bis schwarze Oberseite, auf der gelegentlich kleine orange bis rote Flecken verteilt sein können. Ihr Bauch zeigt wiederum ein leuchtendes Orange- bis Tiefrot, das bisweilen sehr variabel mit schwarzen und weißen Flecken unterschiedlichster Größe und Anordnung übersät ist. Besonders auffallend wirkt eine kleine Leiste, die entlang der Rückenmitte verläuft. Die Haut der Tiere fühlt sich vergleichsweise rau oder leicht körnig an. Nur während der Fortpflanzungszeit kann man die Männchen leicht an ihrem unterschiedlich stark ausgeprägten Schwanzfaden erkennen.
Pflege im Terrarium: Man hält die Art während der Fortpflanzungszeit in einem Aquarium, für den Rest des Jahres dagegen in einem Terrarium mit kleinem Wasserteil. Jedoch lassen sich die Tiere auch ganzjährig in Aquarien mit kleiner Landpartie pflegen. Als Auslöser für die Fortpflanzung wirkt eine mehrwöchige Überwinterung bei Temperaturen um 10 °C.

| 🌡 18–20 °C | 🔆 Nacht | ↔ 14 cm | ▭ III |

Desmognathus fuscus

Brauner Bachsalamander

Verbreitung und Lebensraum: Der Braune Bachsalamander besitzt unter allen Schwanzlurchen
Nordamerikas das größte Verbreitungsareal;
aufgrund seines riesigen Ausdehnungsgebietes
haben sich zahlreiche Unterarten ausgebildet.
Den eigentlichen Lebensraum der Tiere scheinen schattige Laubwälder zu bilden, wo man
sie während der Fortpflanzungszeit bevorzugt
entlang kleiner Bachläufe findet. Den Tag verbringen die Lurche an immerfeuchten Versteckplätzen, unter Totholz u. Ä.
Aussehen und Besonderheiten: Die Art hat
einen relativ gedrungenen Körper, von dem
sich der breite Kopf deutlich absetzt. Auffällig
wirkt auch ihr relativ kurzer Schwanz. Grundfarbe der Körperoberseite ist ein rotbrauner bis
brauner Ton, über den sich sehr variable graue

oder schwärzliche Flecken ziehen können. Bei
dieser Art sind die Geschlechter leicht zu unterscheiden, da nur Männchen eine helle, vom
Auge bis zu den Mundwinkeln verlaufende Linie
aufweisen.
Pflege im Terrarium: Diese Salamander hält
man in Aquaterrarien, deren Wasserteil maximal
⅓ der Bodenfläche bedeckt. Ihre Einrichtung
sollte aus zahlreichen Verstecken in Form von
Korkröhren oder anderem sowie einer üppigen
Laubschicht gebildet werden. Zur Bepflanzung
eignen sich klein bleibende Farnarten. Wichtig
ist eine mehrmonatige Überwinterung bei
Temperaturen von 8–10 °C. Ernährt werden diese
Lurche mit den üblichen Futtertieren: Würmer,
Schnecken und kleinere Insekten.

 23–26 °C Nacht 12 cm III

Eurycea bislineata

Zweistreifenmolch

Verbreitung und Lebensraum: Die Art besiedelt im Nordosten der USA und in Südost-Kanada ein großes Verbreitungsgebiet, das etwa von Quebec bis nach Virginia reicht. Dort bewohnt sie hauptsächlich lichte Laubwälder in Hanglagen, die an langsam fließende Bachläufe oder Flüsschen grenzen. Man findet die Tiere unter vermoderndem Holz, in Felsspalten und anderen stets feuchten Verstecken.

Aussehen und Besonderheiten: Der Zweistreifenmolch hat einen sehr schlanken, auffällig lang gestreckten Körper, von dem sich der kleine Kopf nur schwach absetzt. Der Schwanz mutet Im Verhältnis zum Rumpf vergleichsweise lang an. Die Grundfärbung der Tiere variiert zwischen gelblichen und braunen Farbtönen. Auffällig sind dabei schwarze Linien, die entlang des Rückgrats sowie an den Grenzen zwischen Rücken und Flanken verlaufen und sich in Punkte auflösen können.

Pflege im Terrarium: Zur Unterbringung eignen sich kleinere Waldterrarien mit kleinem Wasserteil. Der wenige Zentimeter hohe Bodengrund wird mit Laub, Moospolstern und Rindenstücken abgedeckt. Zur Vervollständigung des Inventars dienen eine aufgelockerte Bepflanzung mit klein bleibenden Farnen und eine dekorative Wurzel. Zur Fortpflanzung liegen bisher nur Berichte aus der Natur vor: dort werden die Eier an den Unterseiten von Steinen oder Holzstücken unweit kleiner Gewässer abgelegt. Die Weibchen betreiben Brutpflege, indem sie ihre Gelege bei Bedarf nachfeuchten.

🌡 20–24 °C	☼☾ Tag/Nacht	↔ 10 cm	▭ l

Hypselotriton cyanurus

Kweichow-Feuerbauchmolch

Verbreitung und Lebensraum: Das Verbreitungsgebiet dieses attraktiven Molches liegt in den Bergregionen von Südchina. Auch von dieser Spezies sind bereits mehrere Unterarten beschrieben worden, die zum Teil ausschließlich oberhalb von 2400 m ü. NN vorkommen. Als Lebensraum bewohnen die Tiere überwiegend kleine Stillgewässer, die sich oft durch einen starken Pflanzenbewuchs auszeichnen.

Aussehen und Besonderheiten: Die Molche sind oberseits braunschwarz, teilweise auch schiefergrau bis beige gefärbt. Namengebend war in diesem Falle die leuchtende Fleckenzeichnung der Körperunterseite. Außerdem tragen die Lurche auf jeder Wange einen gelben Fleck. Ihre Haut fühlt sich schwach körnig an. Entlang der Rückenmitte verläuft eine leicht erhöhte Leiste. Männchen kann man während der Fortpflanzungszeit unschwer an den auffällig blau gefärbten Schwänzen erkennen. Ausgewachsene Weibchen sind generell etwas größer als ihre Partner.

Pflege im Terrarium: Diese Art sollte man möglichst paarweise oder in kleinen Gruppen in einem geräumigen, gut bepflanzten Aquarium pflegen, das durch eine T5-Leuchtstoffröhre erhellt und laufend von einem Aquarienfilter gereinigt wird. Sein Bodengrund kann aus feinem Kies bestehen, auf dem man aus einigen Steinen Höhlen als Verstecktplätze anlegt. Zur Bepflanzung eignen sich robuste Arten wie Wasserpest und Javamoos. Als Futter dienen alle möglichen Wirbellosen.

| 🌡️ 15–25 °C | Tag/Nacht | ↔️ 8 cm | ▭ II |

Hypselotriton orientalis

Chinesischer Feuerbauchmolch

Verbreitung und Lebensraum: Das Verbreitungsgebiet dieser beliebten Art erstreckt sich über weite Teile von Zentral- und Ostchina. Dort leben die Tiere in langsam fließenden und stehenden Gewässern, bevorzugt an stark verkrauteten Stellen.

Aussehen und Besonderheiten: Es handelt sich um vergleichsweise kräftig gebaute Lurche mit leicht abgeflachtem Körper und deutlich abgesetztem Kopf. Ihre Oberseite ist einfarbig dunkel, das heißt schwarzgrau bis schwarz. Der Bauch hingegen zeigt einen leuchtend gelblichen, orangefarbenen oder roten Ton und ist mit variablen schwarzen Flecken übersät. Die Haut fühlt sich leicht körnig an.

Pflege im Terrarium: Diese Art kann man leicht in einem Aquaterrarium mit kleinem Landteil pflegen. Der Wasserstand sollte dabei 15–20 cm betragen, und ein leichter Aufstieg zum „Festland" muss möglich sein. Als Bodengrund eignet sich feiner Kies, worauf einige Steine als Höhlen oder Versteckplätze gesetzt werden. Zur Bepflanzung kommen nur robuste Arten wie Wasserpest und Javamoos infrage. Die Nahrung der Lurche besteht aus allem, was in ihr vergleichsweise kleines Maul passt. Voraussetzung für die erfolgreiche Fortpflanzung im Terrarium ist eine mehrwöchige Reduktion der Temperaturen auf etwa 10 °C, verbunden mit gleichzeitigem Landleben. Das anschließende Umsetzen in ein normal temperiertes Aquarium löst dann das Paarungsverhalten aus. Die Weibchen heften ihre Eier an Wasserpflanzen.

| 🌡️ 18–24 °C | 🌙 Nacht | ↔️ 10 cm | ▭ I und IV |

Lissotriton vulgaris

Teichmolch

Verbreitung und Lebensraum: Das Verbreitungsgebiet dieser überaus anpassungsfähigen Art
umfasst weite Teile Europas und des nordwestlichen Vorderasiens. Auch die Teichmolche leben
während des Frühjahrs in ihren Laichgewässern,
kleinen Tümpeln, Weihern und Gräben mit üppiger Vegetation. Im Sommer verlassen die Molche das nasse Element und suchen eher offene
Landschaftstypen auf, wogegen geschlossene
Waldgebiete gemieden werden.
Aussehen und Besonderheiten: Der Teichmolch
besitzt einen schlanken Körper mit schmalem
Kopf und glatter Haut. Die wunderschön gefärbten Tiere tragen auf gelbbraunem Grund zahlreiche dunkle Flecken. Während der Fortpflanzungszeit bilden die Männchen einen hohen,
am Saum gewellten Kamm aus, der bis zum

Schwanzende reicht. Den unteren Rand jeder
Schwanzseite ziert ein orangerotes Band, dem
sich nach oben hin ein blausilbriges anschließt.
Pflege im Terrarium: Man hält den Teichmolch
während des Frühjahrs in einem Aquarium mit
üppiger Bepflanzung, das ihm jederzeit die Möglichkeit bietet, einen kleinen Landteil zu ersteigen. Nach dem Verlassen des Wassers kann er
in einem Terrarium gepflegt werden, das ihm
unterschiedlich feuchte Verstecke und nicht zu
kühle Temperaturen bietet. Die Überwinterung
der Molche erfolgt von November bis März bei
etwa 5 °C. Nach ihrem Ende wandern die Tiere
ins Wasser und pflanzen sich dort fort. Dieser
einheimische Molch ist nach der BArtSchV geschützt.

18–22 °C	Tag/Nacht	12 cm	I/II

Neurergus kaiseri

Zagros-Molch

Verbreitung und Lebensraum: Das winzige Verbreitungsgebiet dieser Art liegt in den südlichen Ausläufern des Zagros-Gebirges der Provinz Luristan, Südwest-Iran, und zwar auf Höhenlagen zwischen circa 500 und 1430 m ü. NN. Die Molche bewohnen dort oft unterirdisch verlaufende Gewässer, da es sich um eine Gebirgshalbwüste mit ausgesprochen spärlicher Vegetation handelt.

Aussehen und Besonderheiten: Diese überaus attraktive Molchart besitzt einen leicht gedrungenen Körper mit flachem Kopf; ihr Schwanz macht etwas weniger als 50 % der Gesamtlänge aus. Die Grundfärbung der Oberseite variiert zwischen hell- und dunkelbraunen Farbtönen, über die große weiße Punkten oder Flecken verstreut sind. Auf der Unterseite zeigen die Tiere ein lebhaftes Orange oder Rot. Nur während der Fortpflanzungszeit kann man die Männchen an ihrer halbkugelig angeschwollenen Kloake erkennen.

Pflege im Terrarium: Die Art lässt sich leicht ganzjährig im Aquarium halten; den Bodengrund kann man aus feinem Kies bilden, worauf einige Steine als Höhlen oder Versteckplätze gestellt werden. Zur Bepflanzung eignen sich robuste Arten wie Wasserpest und Javamoos. Nur zum Stimulieren der Fortpflanzung ist eine kühle Winterphase von circa 2 Monaten Dauer bei Temperaturen von 10–12 °C erforderlich. Ernährt werden die Tiere mit Würmern, Wasserschnecken und anderen Wirbellosen. Die Spezies ist im Übrigen nach der BArtSchV und WA Anhang I geschützt.

 18–22 °C   Tag/Nacht   ←→ 19 cm   I/II

Neurergus strauchii

Strauchs Bachsalamander

Verbreitung und Lebensraum: Die Art bewohnt in zwei Unterarten kleine isolierte Gebiete in Anatolien (Zentraltürkei), genauer gesagt das westliche Gebirgsvorland am Van-See. Dort findet man die Molche in kleinen Gebirgsbächen, wo sie sich etwa von Mai bis September, also nach dem Versiegen des Schmelzwassers, aufhalten. Ihre Heimat ist vergleichsweise vegetationsarm, wenn man einmal von Gräsern und spärlichem Buschwerk absieht.

Aussehen und Besonderheiten: Bei dieser attraktiv gefärbten Art handelt es sich um recht schlanke Tiere, deren Schwanz etwa die Hälfte der Gesamtlänge in Anspruch nimmt. Sie besitzen eine schwarze Grundfärbung mit auffallend kontrastierendem Zeichnungsmuster aus gelben bis hellorangefarbenen Rundflecken.

Nur während der Fortpflanzungszeit kann man die Männchen leicht an einigen kleinen blauen Flecken auf den Schwanzseiten erkennen.

Pflege im Terrarium: Die Tiere werden während des Sommers in Aquarien mit sehr sauberem Wasser gepflegt. Deren Einrichtung sollte aus einer Kiesschicht und zahlreichen Versteckplätzen in Form von hohl liegenden Steinen bestehen. Auf eine Bepflanzung kann völlig verzichtet werden. Um die im natürlichen Habitat anzutreffende Strömung zu imitieren, muss man unbedingt starke, leistungsfähige Filter einsetzen. Der Landteil sollte aus rutschsicher aufgestapelten Steinplatten gebildet werden. Diese Art ist nach der BArtSchV geschützt.

 20–24 °C　　 Tag/Nacht　　↔ 14 cm　　 I und III

Notophthalmus viridescens

Grünlicher Wassermolch

Verbreitung und Lebensraum: Diese Molche bewohnen ein ausgedehntes Verbreitungsgebiet, das vom Südosten Kanadas bis zum Golf von Mexiko reicht und somit große Teile der mittleren und östlichen USA umfasst. Ihren Lebensraum bilden oftmals Laub- und Nadelwälder. Während die Erwachsenen häufig im Wasser leben, verbringen Jungtiere ihre ersten Lebensjahre in feuchten Verstecken auf dem festen Land. Adulte Exemplare findet man zumindest während der Fortpflanzungssaison in Tümpeln, Teichen und Wassergräben mit dichter Vegetation.

Aussehen und Besonderheiten: So unterschiedlich wie die Lebensweise gestaltet sich auch die Färbung. Jungtiere sind bis zum Erreichen der Geschlechtsreife orangerot mit zwei Reihen roter, schwarz umrandeter Rückenflecken. Etwa im Alter von drei Jahren färben sie sich dann um, und ihr fortan olivgrünes bis gelbbraunes Farbkleid ist mit kleinen schwarzen Flecken übersät, die auf dem Schwanz größer werden. An den Flanken tragen sie nun je eine Reihe kleiner roter Punkte. Die Unterseite hingegen ist gelb mit schwarzen Flecken.

Pflege im Terrarium: Jungtiere muss man während der ersten drei Lebensjahre in einem schattigen Waldterrarium pflegen. Nach Eintreten der Geschlechtsreife können die Tiere zur Frühlings- und Sommerzeit in einem Aquarium gehalten werden; nach Beginn der kühlen Saison setzt man sie wieder in ein Waldterrarium, wo sie auch überwintert werden können.

🌡 15–23 °C	🌙 Nacht	↔ 18 cm	▭ I und IV

Ommatotriton vittatus ophryticus

Nördlicher Bandmolch

Verbreitung und Lebensraum: Das Verbreitungsgebiet dieser imposanten Tiere erstreckt sich in etwa von der Südküste des Schwarzen Meeres durch den angrenzenden Kaukasus und bis nach Aserbeidschan. Dort bewohnen die Molche vor allem Wälder. Im Frühjahr findet man sie praktisch in sämtlichen Gewässertypen, selbst in reißenden Bächen.

Aussehen und Besonderheiten: Die Art besitzt einen kräftigen Körper mit annähernd dreieckigem Kopf. Den Namen „Bandmolch" verdankt sie einem silbrig weißen, schwarz eingefassten Band, das sich von den Augen über die Flanken bis zum Ansatz der Hinterbeine erstreckt. Die Oberseite ist variabel grau bis braun marmoriert, die Unterseite dagegen in aller Regel einfarbig

gelb. Während der Fortpflanzungszeit tragen die Männchen einen sehr hohen, stark gezackten Kamm, der sich mit einer Einbuchtung über der Schwanzwurzel bis zur Schwanzspitze zieht. Auch ihre Färbung ändert sich in dieser Zeit, denn sie zeigen nun goldfarbene oder bronzegrüne Muster.

Pflege im Terrarium: Nach Beendigung der Winterruhe werden die Tiere ab Frühjahrsbeginn in einem kühlen Aquarium bei circa 15 °C gepflegt, das ihnen jederzeit die Möglichkeit bietet, einen kleinen Landteil zu erklimmen. Nach Verlassen des Wassers hält man die Molche bei Temperaturen von etwa 20–23 °C in Waldterrarien. Auch bei dieser Unterart sollte man im Sommer Dauertemperaturen unter 18 °C vermeiden. Sie ist nach der BArtSchV geschützt.

 20–22 °C   Tag/Nacht   ⟷ 20 cm   I

Pachytriton labiatus

Chinesischer Lippenmolch

Verbreitung und Lebensraum: Das Verbreitungsgebiet dieser Art umfasst Teile der Bergregionen Südostchinas. Über ihre natürliche Lebensweise ist noch kaum etwas bekannt. Jungtiere halten sich vermutlich in kühlen, feuchten Verstecken auf dem Lande auf, während geschlechtsreife Exemplare ganzjährig im Wasser anzutreffen sind.

Aussehen und Besonderheiten: Die großen, kompakt gebauten Molche besitzen einen deutlich vom Körper abgesetzten Kopf. Grundfarbe der Körperoberseite ist ein einheitliches Braun- bis Schwarzgrau, während der seitlich abgeflachte Schwanz z. T. einen roten Saum aufweisen kann. Die Bauchseite zeigt auf dunklem Grund unregelmäßige leuchtendrote Flecken.

Pflege im Terrarium: Ausgewachsene Tiere kann man ganzjährig in einem sehr geräumigen Aquarium mit klarem und sehr sauberem Wasser pflegen. Da sich diese Molche jedoch gelegentlich recht unverträglich gebärden, kommt eigentlich nur eine paarweise Haltung in Betracht. Die Einrichtung des Beckens sollte aus einer Kiesschicht, locker verteilten Pflanzen und – besonders wichtig! – zahlreichen Versteckmöglichkeiten in Form von hohl liegenden Steinplatten o. Ä. bestehen. Als Höhe des Wasserstandes empfehlen sich etwa 15 cm. Was das Futter angeht, ist diese Art nicht sehr wählerisch: gefressen werden alle üblichen Nahrungstiere – von Würmern über Schnecken und Kleinkrebse bis zu zahlreichen Wasserinsekten.

 17–20 °C   Tag/Nacht   15 cm   l

Paramesotriton chinensis

Chinesischer Warzenmolch

Verbreitung und Lebensraum: Der Chinesische Warzenmolch lebt im Süden Chinas, präziser gesagt in den Provinzen Tchekiang und Nganhouei. Dort bewohnen diese Lurche relativ kühle Fließgewässer (17–19 °C), die aus den Gebirgen kommen und die Hochebenen durchfließen.

Aussehen und Besonderheiten: Sie besitzen kräftige, massige Körper, an denen besonders die starke Warzenbildung der Haut auffällt. Die Grundfarbe ihrer Oberseite variiert von Olivgrau über Grauschwarz bis Dunkelbraun. Auffällig wirken die kleinen orangefarbenen Flecken auf dem Bauch und die häufig gefärbte untere Schwanzkante. Die Männchen sind im Übrigen deutlich schlanker als die Weibchen.

Pflege im Terrarium: Die Art lässt sich allenfalls paarweise in geräumigen Aquarien mit sehr sau-berem Wasser pflegen, dessen Einrichtung aus einer Kiesschicht und zahlreichen Versteckplätzen in Form von hohl liegenden Steinen besteht. Auf eine Bepflanzung kann verzichtet werden. Um die im natürlichen Habitat herrschende Strömung zu imitieren, kommen nur starke und leistungsfähige Aquarienfilter infrage. Da die Tiere untereinander sehr aggressiv sein können, müssen sie die erste Zeit nach dem Zusammensetzen genau beobachtet werden. Sollte es zu dauerhaften Auseinandersetzungen kommen, sind die Tiere einzeln zu pflegen. Als Nahrung dienen die unterschiedlichsten Futtertiere wie Würmer, Schnecken, Krebse und Wasserinsekten.

 18–24 °C   Tag/Nacht   24 cm   I

Paramesotriton deloustali

Warzenmolch

Verbreitung und Lebensraum: Die genaue Verbreitung dieser Art ist noch nicht ausreichend erforscht. Bisher wurden die Molche nur in einem sehr eng umgrenzten Teil von Nordvietnam nachgewiesen. Ihren Lebensraum bilden dort flache, beschattete und oft dicht bewachsene Kolke in langsam fließenden, oft auch tiefen Bachläufen. Aufgrund der Lage inmitten des Regenwaldes besteht deren Bodengrund oftmals aus einer hohen Schicht verrotteten Laubes.

Aussehen und Besonderheiten: Die sehr kräftig gebauten Molche haben einen auffällig großen und breiten Kopf, während ihr Schwanz etwas mehr als die Hälfte der Gesamtlänge ausmacht. Auf der Oberseite zeigen sie ein dunkles Braun mit hellbraunen bis orangefarbenen Rücken- und Lateralleisten. Bauch und Kehle sind leuchtend- oder orangerot mit schwarzbraunem Netzmuster.

Pflege im Terrarium: Die Art lässt sich leicht in geräumigen Aquarien paarweise pflegen. Männchen sind oft ausgesprochen territorial und daher absolut nicht zu vergesellschaften. Der Bodengrund wird aus einer feinen Kiesschicht gebildet. Dazu kommen zahlreiche hohl liegende Steinplatten und eine üppige Bepflanzung. Mittels leistungsstarker Filter sorgt man für stets sauberes Wasser und genügend Sauerstoff. Was ihre Nahrung angeht, sind die Molche nicht sehr wählerisch; gefressen werden alle üblichen Futtertiere – von Würmern über Schnecken und Kleinkrebse bis zu zahlreichen Wasserinsekten.

| 🌡️ | 17–26 °C | | Tag/Nacht | ↔ | 14 cm | | I |

Paramesotriton hongkongensis

Hongkong-Warzenmolch

Verbreitung und Lebensraum: Die Art besiedelt nur zwei kleine, isolierte Verbreitungsgebiete auf dem Shan-Teng-Berg (Insel Hongkong) sowie in Kowloon auf dem benachbarten Festland. Die Molche leben dort in küstennahen Fließgewässern auf Höhenlagen von 300 bis 450 m ü. NN. Ihre Heimatbäche zeichnen sich durch vergleichsweise hohe Wassertemperaturen, 17–26 °C, und eine schwache Strömung aus.

Aussehen und Besonderheiten: Bei dieser Spezies handelt es sich um den kleinsten und schlanksten Vertreter der Warzenmolche. Grundfarbe der Körperoberseite ist ein Braunton mit einigen hellbraunen bis orangeroten Flecken längs der Drüsenleisten und einer orangefarbenen Schwanzunterkante. Die dunkelbraune Bauchseite trägt zahlreiche große orangefarbene Flecken. Durch die Augen zieht sich häufig eine breite schwarze Querbinde. Die Männchen sind deutlich schlanker und kleiner als die Weibchen.

Pflege im Terrarium: Die Art kann paarweise im Aquarium gepflegt werden. Da die Tiere sehr territorial sind, müssen sie stets gut beobachtet und aggressive Exemplare notfalls isoliert werden. Ein Innenfilter sorgt für eine ausreichende Wasserbewegung, die durch Steinaufbauten soweit gebremst wird, dass sich die Molche noch gut fortbewegen können. Die Aufbauten sollten teilweise über den Wasserspiegel hinausragen und so kleine Inseln bilden, die allerdings fast nie aufgesucht werden. Als Bepflanzung dienen Javamoos, Wasserpest, Hornkraut und Lebermoos.

 16–20 °C Tag 25 cm l

Paramesotriton laoensis

Laos-Warzenmolch

Verbreitung und Lebensraum: Wie schon ihr Name andeutet, liegt das Verbreitungsgebiet dieser Art in Laos, präziser gesagt im Distrikt Phoukhout, Provinz Xiang Khouang, am Fuß der Phou-Sang-Kat-Berge, Region Saysamboun. Ihren Lebensraum bilden dort tiefe Kolke in nahezu vegetationslosen Fließgewässern. Diese stets kühlen und schnell fließenden Bachläufe und Flüsse finden sich auf Höhenlagen um 1500 m ü. NN.

Aussehen und Besonderheiten: Die Art besitzt einen kräftigen Körper mit extrem breitem Kopf. Ihre Krallen sind deutlich ausgebildet. Von der braunschwarzen Grundfärbung hebt sich die intensiv gelbe Zeichnung deutlich ab. Die leuchtend orangefarbene Bauchseite trägt ein dunkles Netzmuster. Auf dem Rücken besitzen die Tiere zahlreiche warzenartige Höcker, die zu den Flanken hin immer kleiner werden.

Pflege im Terrarium: Die Art verhält sich nicht territorial und kann daher leicht paarweise in großen, geräumigen Aquarien gepflegt werden. Der Bodengrund wird aus einer feinen Kiesschicht gebildet, auf die zahlreiche hohl liegende Steinplatten und einige Steinaufbauten kommen, die den Molchen als Klettermöglichkeit und Unterschlupf dienen. Mittels eines starken und leistungsfähigen Aquarienfilters sorgt man für stets sauberes Wasser, eine hohe Sauerstoffkonzentration und eine ausreichende Strömung. Gefressen werden alle üblichen Futtertiere: Würmer, Schnecken, Krebse und Wasserinsekten.

🌡 18–22 °C	🌙 Nacht	↔ 14 cm	▭ IV

Plethodon cinereus

Rotrücken-Waldsalamander

Verbreitung und Lebensraum: Das Verbreitungsgebiet dieser Art liegt im Nordosten der USA, wo
die Salamander hauptsächlich in feuchten Wäldern zu finden sind. Sie verbergen sich tagsüber
unter hohl liegenden Steinen und morschen
Baumstümpfen oder im Falllaub.

Aussehen und Besonderheiten: Es handelt sich
um eine schlanke, lang gestreckte Art, von der
zwei Farbvarianten bekannt sind. Die erste zeigt
ein zeichnungsloses Braun, während sich bei
der zweiten ein breiter roter Strich vom Kopf bis
zur Schwanzmitte zieht. Die Männchen lassen
sich am besten zur Paarungszeit anhand spezieller Drüsen und kleiner Oberkieferzähnchen
bestimmen.

Pflege im Terrarium: Die Salamander können
problemlos in gut strukturierten Waldterrarien gepflegt werden. Aufgrund der offenbar
fehlenden innerartlichen Aggressivität lassen
sie sich gut als Kleingruppe vergesellschaften.
Der Bodengrund sollte aus stets leicht feuchter
Walderde bestehen und mit Moospolstern,
Rindenstücken und Laubstreu bedeckt werden.
Zur Bepflanzung eignen sich kleine Farne und
Ranken. Da die Tiere nicht gut schwimmen und
in der Natur vermutlich auch keine Gewässer
aufsuchen, kann auf einen Wasserteil verzichtet
werden. Für eine dicht schließende Abdeckung
des Terrariums muss stets gesorgt werden, denn
die Tiere sind wahre Kletterkünstler, die jede
Ritze für einen Ausbruch nutzen. Als Nahrung
dienen die üblichen Futtertiere.

 18–22 °C   Tag/Nacht   17 cm   IV

Plethodon glutinosus

Silbersalamander

Verbreitung und Lebensraum: Das Verbreitungs-gebiet des Silbersalamanders erstreckt sich von New York südlich etwa bis Florida und westlich bis Oklahoma. Es handelt sich um einen Bewohner feuchter Laub- und Mischwälder, den man hauptsächlich in Flusstälern und daran grenzenden Lebensräumen antrifft. Tagsüber halten sich die Lurche unter hohl liegenden Steinen oder verrottendem Holz auf. Nur Populationen aus den nördlichen Teilen des Verbreitungsgebietes halten eine Winterruhe.

Aussehen und Besonderheiten: Silbersalamander besitzen einen recht lang gestreckten und sehr schlanken Körper, der in einem drehrunden Schwanz endet. Ihren Namen verdanken sie zahlreichen in der Form recht variablen silbernen Punkten, die sich deutlich von der schwarzen Grundfärbung abheben. Erwähnenswert ist noch eine Besonderheit: wird ein Tier ergriffen, so sondert es ein äußerst klebriges, milchig weißes Schleimsekret ab, das sich nur schwer von der Haut entfernen lässt.

Pflege im Terrarium: Man hält die Art am besten paar- oder kleingruppenweise in einem Waldterrarium. Die stets feuchte Bodenschicht wird mit zahlreichen Moosplatten, hohl aufliegenden Steinen und Wurzeln sowie Laubstreu abgedeckt. Die Fortpflanzungzeit liegt im Frühjahr. Weibchen legen zwischen 6 und 36 Eier in feuchten Erdspalten oder an ähnlichen Orten ab und bewachen diese. Die Gelege entwickeln sich ohne Larvenstadium fernab vom Wasser.

 18–22 °C Tag/Nacht 30 cm I

Pleurodeles waltl

Spanischer Rippenmolch

Verbreitung und Lebensraum: Die Art bewohnt Teile Südwesteuropas (Portugal, Süd- und Zentralspanien) sowie Nordafrikas (Marokko). Ihre Lebensräume gestalten sich dabei recht unterschiedlich: von lichten Pinienwäldern bis zu ariden Steppenlandschaften – bevorzugt in tiefer liegenden Regionen, aber auch bis in Höhen um 1500 m ü. NN. Zur Fortpflanzungszeit werden die verschiedensten Wasseransammlungen aufgesucht, von Brunnen bis zu Teichen und anderen meist stark verkrauteten Gewässern.

Aussehen und Besonderheiten: Der Spanische Rippenmolch besitzt einen kräftigen Körper mit breitem, stark abgeflachtem und deutlich abgesetztem Kopf. Besonders auffällig wirken die 8–10 meist orangefarbenen bis bräunlichen Höcker an den Flanken. Die Hälfte der Gesamtlänge entfällt auf den seitlich abgeplatteten Schwanz. Grundfärbung ist ein gelbbrauner, olivgrüner oder grauer Ton, welcher durch dunkle, verwaschen wirkende Flecken unterbrochen wird.

Pflege im Terrarium: Die Art ist ein dankbarer Pflegling, der nur verhältnismäßig geringe Ansprüche an die Ausstattung des Aquariums stellt. Einzig auf eine robuste, üppige Bepflanzung sollte man dabei Wert legen – dann lassen sich die Molche sogar das ganze Jahr hindurch im Wasser pflegen. Sie sind gute Fresser, die als Nahrung neben Würmern und diversen Insekten gern auch Frostfutter und Fischpellets akzeptieren. Die Art kann ein Alter von bis zu zwölf Jahren erreichen.

 18–22 °C   Nacht   30 cm   III oder IV

Salamandra algira
Algerischer Feuersalamander

Verbreitung und Lebensraum: Das Verbreitungsgebiet dieses Lurchs umfasst mehrere weiträumig voneinander isolierte Teile in Nordafrika: zum einen das Rifgebirge und den Mittleren Atlas (Marokko), zum anderen die algerischen Küstengebirge. Bei ihren Lebensräumen handelt es sich vornehmlich um Laub- und Mischwälder mittlerer Höhenlagen bis etwa 2010 m ü. NN. Die eigentliche Aktivitätszeit des Algerischen Feuersalamanders setzt meist erst im November ein, also zeitgleich mit dem ersten Regen und erstreckt sich über die kühleren, feuchteren Wintermonate.

Aussehen und Besonderheiten: Im Unterschied zu unserem einheimischen Feuersalamander besitzt diese Art einen recht schlanken Körper mit längerem Schwanz und ebensolchen Extremitäten. Ihre Grundfärbung variiert je nach Herkunft von Grau- über Dunkel- bis Schwarzbraun, jeweils mit unterschiedlich großen und intensiv ausgeprägten gelben Flecken; sogar rote Farbtöne können indes bei den Letzteren auftreten.

Pflege im Terrarium: Die Tiere werden in mit zahlreichen Versteckplätzen ausgestatteten Waldterrarien, die große Lüftungsgitter aufweisen, gepflegt, da sie Stauluft und -nässe nur schlecht vertragen. Auf eine Beleuchtung kann man wegen ihrer nachtaktiven Lebensweise verzichten. Ein kleiner Wasserteil sollte niemals fehlen, da für diese Art sowohl das Absetzen von Larven im Wasser als auch das Gebären voll entwickelter Jungtiere nachgewiesen wurden.

| 🌡️ 16–22 °C | 🌙 Nacht | ↔️ 22 cm | ▭ III |

Salamandra salamandra gigliolii

Italienischer Feuersalamander

Verbreitung und Lebensraum: Der Feuersalamander besitzt ein riesiges Verbreitungsgebiet, welches sich über nahezu ganz Europa und bis nach Asien hinein erstreckt. Seine hier behandelte Unterart lebt in Mittel- und Süditalien. Dort bewohnen die Tiere Laub- und Mischwälder, wo sie in Höhlen, unter Steinen oder Totholz ein verborgenes Dasein führen. Am leichtesten entdeckt man die Lurche, wenn sie nach ausgiebigen Regenschauern auf dem Boden umherlaufen.

Aussehen und Besonderheiten: Diese Unterart zeichnet sich dadurch aus, dass sie deutlich kleiner und zierlicher als die Nominatform ist. Sie besitzt einen flachen Kopf und relativ lange Gliedmaßen. Ihre Grundfärbung bildet ein glänzendes Schwarz, das aber auf der Körperoberseite fast vollständig von großen gelben Flecken überlagert wird, die auch leicht ins Orange oder Rötliche variieren können.

Pflege im Terrarium: Die Spezies ist auch für Anfänger geeignet. Wichtigste Kriterien bei ihrer Pflege im Waldterrarium sind Sauberkeit: Schimmel, Futterreste und Kot sind stets sofort zu entfernen; mäßige Substratfeuchtigkeit und nicht zu hohe Temperaturen. Da Feuersalamander gut klettern können, muss ihr Behälter ausbruchsicher verschlossen werden. Die Weibchen setzen ihre Larven im Wasserteil ab, wonach man sie in kleinen Aquarien aufziehen muss. Als Nahrung akzeptieren die Lurche alle üblichen Futtertiere. Die Art ist gemäß der BArtSchV geschützt.

16–22 °C		Nacht		25 cm		III

Salamandra salamandra salamandra

Feuersalamander

Verbreitung und Lebensraum: Der auch bei uns einheimische Feuersalamander besiedelt ein ausgedehntes Verbreitungsgebiet, das sich u. a. über weite Teile Zentraleuropas erstreckt. Seinen Lebensraum bilden dabei feuchte Laub- oder Mischwälder, gelegentlich auch Steinbrüche u. Ä. in Höhenlagen von etwa 200–450 m ü. NN. Wichtig sind ausreichende Versteck- und Überwinterungsplätze wie Höhlen oder Felsspalten, aber auch Kleinsäugerbauten. Ebenso gut findet man die Tiere im Sommer unter Totholz und in Laubansammlungen.

Aussehen und Besonderheiten: Die Art besitzt einen robusten Körper. Grundfarbe ist meist ein glänzendes Schwarz, das durch gelbe, orangefarbene oder rote Punkte, Flecken oder Streifen überlagert wird. Männchen wirken im direkten Vergleich häufig kleiner und schlanker als Weibchen.

Pflege im Terrarium: Diese Lurche benötigen geräumige, mit ausreichend großen Lüftungsflächen versehene Terrarien, die auch über einen kleinen Wasserteil verfügen. Der Bodengrund wird aus stets leicht feuchter Walderde gebildet, die man mit Moospolstern und gestapelten Rindenstücken oder Steinplatten abdeckt, welche den Tieren Gelegenheit zum Klettern und Verstecken bieten. Eine künstliche Beleuchtung ist an einem hellen Stellplatz nicht erforderlich. Für ihr allgemeines Wohlergehen und als Voraussetzung für die Fortpflanzung sollte man die Lurche bei Temperaturen um 5 °C überwintern. Diese Art ist nach der BArtSchV geschützt.

🌡 18–22 °C	🌙 Tag	↔ 18 cm	▭ I

Taricha granulosa

Rauhäutiger Gelbbauchmolch

Verbreitung und Lebensraum: Der Rauhäutige Gelbbauchmolch bewohnt an der Pazifikküste Nordamerikas ein Gebiet, das sich etwa von Alaska bis Kalifornien erstreckt. Dort findet man die Tiere in den unterschiedlichsten Gewässertypen, von Seen bis zu langsam fließenden Bächen, die bis in Höhenlagen von 2700 m ü. NN liegen können.

Aussehen und Besonderheiten: Die Art besitzt einen eher schlanken Körper, kleine Augen und eine warzige Haut. Ihre Grundfärbung kann auf der Oberseite hellbraun bis schwarz, am Bauch dagegen gelb bis orange sein. Während der Fortpflanzungszeit lassen sich männliche Tiere gut am verbreiterten Schwanzsaum erkennen.

Pflege im Terrarium: Gelbbauchmolche kann man ganzjährig im gut strukturierten Aquarium mit stets sauberem Wasser pflegen. Einzig die frisch umgewandelten Jungtiere verlassen ihr Geburtsgewässer, um ihr erstes Lebensjahr an Land zu verbringen und danach zur aquatischen Lebensweise zurückzukehren. Die Einrichtung des Behälters sollte aus einer Kiesschicht, mäßig dicht angeordneten Pflanzen und vor allem zahlreichen Versteckmöglichkeiten in Form von hohl liegenden Steinplatten o. Ä. bestehen. Die Art ist in puncto Nahrung nicht sehr wählerisch: gefressen werden alle üblichen Futtertiere, von Würmern über Schnecken und kleine Krebse bis hin zu zahlreichen Wasserinsekten. Zur Überwinterung sollte man die Lurche etwa zwei bis drei Monate lang bei 5 °C halten.

 18–22 °C   Tag   18 cm   II

Taricha torosa

Kalifornischer Gelbbauchmolch

Verbreitung und Lebensraum: Das Verbreitungsgebiet dieser Art umfasst einige Gebirgszüge Kaliforniens, wobei die Molche bis in Höhen von circa 2000 m ü. NN emporsteigen. Ihren eigentlichen Lebensraum bilden Misch- und Nadelwälder, wo man sie zur Frühlingszeit in den unterschiedlichsten Gewässertypen entdecken kann – von Seen bis zu langsam fließenden Bächen; aber auch ganzjährig im Wasser lebende Tiere wurden schon beobachtet.

Aussehen und Besonderheiten: Die Art besitzt einen kompakten Körper, von dem sich der breite Kopf deutlich absetzt. Grundfarbe der Oberseite ist ein Braunton, während sich die Unterseite gelb bis orangefarben präsentiert. Auch diese Spezies produziert das hoch wirksame Hautgift Tetrodotoxin; daher sollte man sich nach jedem Hantieren mit den Lurchen gründlich die Hände waschen.

Pflege im Terrarium: Die Salamander können leicht als Kleingruppe in geräumigen Waldterrarien mit großem Wasserteil gepflegt werden. Letzterer sollte eine Kiesbodenschicht, eine mäßig dichte Bepflanzung und einige Versteckmöglichkeiten in Form von hohl liegenden Steinplatten o. Ä. aufweisen. Der Landteil seinerseits wird mit Moosplatten oder Rindenstücken abgedeckt. Man sollte diese Art unbedingt zwei Monate bei Temperaturen um 10 °C überwintern lassen. Sie frisst alle üblichen Futtertiere, von Würmern über Schnecken und Kleinkrebse bis zu Wasserinsekten.

18–22 °C	Tag/Nacht	18 cm	I und IV

Triturus carnifex

Alpen-Kammmolch

Verbreitung und Lebensraum: Das Verbreitungsgebiet dieser Spezies umfasst ganz Italien
und die unmittelbar angrenzenden Gebiete.
Im Frühjahr findet man die Tiere in den unterschiedlichsten Gewässertypen. Während des
Landgangs führen sie eine sehr zurückgezogene
Lebensweise.

Aussehen und Besonderheiten: Es handelt
sich um kräftige Molche mit großem, breitem
Kopf und gut ausgebildeten Gliedmaßen. Etwa
die Hälfte ihrer Gesamtlänge entfällt auf den
Schwanz. Die Tiere zeigen eine variable graubraune bis olivgrüne Färbung mit großen dunklen Flecken. Während der Fortpflanzungszeit
leben sie im Wasser, und die Männchen tragen
dann einen hohen, unregelmäßig gezackten
Kamm, der im Stirnbereich beginnt und sich

mit einer Einbuchtung über der Schwanzwurzel
bis zur Schwanzspitze hinzieht. Die Weibchen
zeigen an seiner Stelle gemeinhin einen gelben
oder braunen Aalstrich.

Pflege im Terrarium: Die Tiere können während
der Frühjahrs- und Sommermonate in geräumigen Aquarien mit einem Wasserstand von etwa
20–30 cm gepflegt werden. Erst vergleichsweise
recht spät verlassen sie das Wasser. Trotzdem
sollte man ihnen stets die Möglichkeit bieten,
jederzeit an Land zu gehen. Anschließend beziehen sie ein Waldterrarium mit zahlreichen
Versteckmöglichkeiten. Ihre Überwinterung
erfolgt von November bis März bei circa 5 °C. Als
Nahrung dienen Regenwürmer, Wachsmotten-
raupen und ähnliche Futtertiere. Die Art ist nach
der BArtSchV geschützt.

 18–24 °C Nacht 15 cm I und IV

Triturus marmoratus

Marmormolch

Verbreitung und Lebensraum: Heimat des Marmormolchs sind weite Teile Südwesteuropas, etwa von Frankreich über große Teile Spaniens bis Portugal. Es handelt sich um eine sehr anpassungsfähige Art, welche die unterschiedlichsten Lebensräume besiedelt hat. In der Natur legen nur die nördlichen Populationen eine Winterruhe ein. Zur Fortpflanzungszeit etwa von März bis August halten sich die Tiere in den unterschiedlichen Gewässertypen auf; den Rest des Jahres verbringen sie an Land, wo sie sich tagsüber unter hohl liegenden Steinen oder Totholz verstecken und bei Nacht auf Nahrungssuche gehen.

Aussehen und Besonderheiten: Bei dieser kräftig gebauten Art werden die Weibchen in aller Regel größer als ihre Partner. Die Körperoberseite ist in grünen und dunkelgrauen bis schwarzen Tönen marmoriert. Auch hier bilden nur die Männchen zur Paarungszeit einen hohen, aber nicht gezackten Rückenkamm aus, während die Weibchen oft nur einen orangefarbenen Aalstrich zeigen. Während der Landphase kann die Grünfärbung an Intensität noch zunehmen.

Pflege im Terrarium: Entsprechend ihrer im Jahresverlauf wechselnden Lebensräume sollte man die Molche während des Frühjahrs in einem üppig bepflanzten Aquarium, später jedoch in einem Terrarium pflegen. Es ist aber auch möglich, diese Art ganzjährig in Aquarien mit einem kleinen, leicht zu erreichenden Landteil unterzubringen. Die Spezies ist nach der BArtSchV geschützt.

🌡️	20–25 °C	🌙	Nacht	↔️	18 cm	🔲	II/III

Tylototriton shanjing

Mandarin-Krokodilmolch

Verbreitung und Lebensraum: Der Mandarin-Krokodilmolch besitzt in Südostasien ein großes Verbreitungsgebiet, welches sich etwa von China bis nach Nepal, Nordindien, Thailand und Vietnam erstreckt. Dort findet man die Tiere in regenreichen Waldgebieten gebirgiger Höhenlagen zwischen 1000 und 2500 m ü. NN.

Aussehen und Besonderheiten: Der Krokodilmolch besitzt einen kräftig gebauten Körper und einen flachen, dreieckigen, nur mäßig abgesetzten Kopf mit großen Augen. Seine Haut ist mit zahlreichen großen und kleinen Warzen übersät. Grundfärbung ist ein mattes Schwarz, mit dem ein orangeroter, ungefähr vom Kopfende bis zum Schwanzansatz reichender Aalstrich lebhaft kontrastiert. Ein weiterer Streifen, der sich aber in eine Fleckenreihe auflöst, verläuft entlang der Flanken. Teile von Kopf, Bauch, Gliedmaßen und Schwanz sind ebenfalls orangerot.

Pflege im Terrarium: Zur Haltung eignen sich geräumige Aquaterrarien, bei denen der Wasserteil etwa die Hälfte der Grundfläche ausmacht. Der Bodengrund wird aus nicht faulenden Materialien gebildet und mit Moosplatten, Rindenstücken und hohl liegenden Steinplatten abgedeckt. Eine Wurzel und üppige Pflanzen vervollständigen das Inventar. Der etwa 20 cm tiefe Wasserteil sollte feinen Kies als Bodengrund sowie eine aufgelockerte Bepflanzung aufweisen. Gefüttert werden die Molche etwa zweimal pro Woche mit Regenwürmern, Schnecken, Krebsen und Insekten.

 20–24 °C   Nacht   18 cm   II

Tylototriton verrucosus

Himalaja-Krokodilmolch

Verbreitung und Lebensraum: Das riesige Verbreitungsgebiet dieser Art erstreckt sich über die Bergregionen Zentralasiens. Während ihre Landlebensräume bislang unbekannt sind, nutzt die Art zur Fortpflanzung während der Regenzeit die unterschiedlichsten Gewässertypen.

Aussehen und Besonderheiten: Die Tiere besitzen einen sehr massigen Körper, von dem sich der flache, dreieckige Kopf mit den großen Augen deutlich absetzt. Ihre Haut ist mit zahlreichen großen und kleinen Warzen übersät. Grundfärbung ist ein variabler Braunton mit hellbrauner, selten ins Orange spielender Zeichnung. Teile des Kopfes, Extremitäten und Schwanz sind dabei häufig heller geraten. Auffallend wirken der helle Aalstrich und zwei über die Flanken verlaufende Fleckenreihen.

Pflege im Terrarium: Die Art kann leicht als Kleingruppe in geräumigen Aquaterrarien gepflegt werden. Wichtig ist dabei, dass der kleinere Landteil leicht von ihnen erklommen werden kann. Man kann die Tiere aber auch ganzjährig in einem üppig bewachsenen Aquarium halten. Der dekorativ gestaltete Landteil muss ihnen zahlreiche Verstecke bieten, auch solche mit trockeneren Bereichen. Die Einrichtung des Wasserteils hingegen sollte aus einer Kiesschicht, einer üppigen Bepflanzung und einigen Versteckmöglichkeiten in Form von hohl liegenden Steinplatten bestehen. Die Art ist in puncto Nahrung nicht sehr wählerisch: sie frisst alle üblichen Futtertiere wie Würmer, Schnecken usw.

🌡	18–23 °C		Nacht	↔	14 cm		II

Tylototriton wenxianensis

Wenxian-Krokodilmolch

Verbreitung und Lebensraum: Heimat dieser Art sind drei kleine, voneinander isolierte Verbreitungsareale in China, die Höhenlagen zwischen 650 und 2500 m ü. NN einnehmen. Die Molche bewohnen dort unterschiedliche Lebensräume wie Wälder und halboffene Landschaftstypen, wo sie sich in Felsspalten, in Hohlräumen unter Totholz und an ähnlichen Stellen verbergen. Diese liegen oft in unmittelbarer Nähe von stehenden Gewässern.

Aussehen und Besonderheiten: Es handelt sich um kleine, sehr kompakt gebaute Molche mit vergleichsweise dünnen Gliedmaßen. Ihr abgeflachter Kopf ist relativ breit und deutlich vom Körper abgesetzt. Deutlich erkennbar sind drei Rückenleisten, deren mittlere auf dem Schwanz in einem kleinen Saum ausläuft. Die Haut ist sehr rau und mit großen Warzen bedeckt. Die Oberseite des Körpers und des Schwanzes zeigen einen dunkelbraunen, teilweise schwarzen Ton, von dem sich auf den Zehenspitzen und der unteren Schwanzseite orange oder gelbe Markierungen abheben können.

Pflege im Terrarium: Die Art gilt als sehr stressempfindlich und ist daher für Anfänger ungeeignet. Gepflegt werden die Molche als Kleingruppe in mäßig großen Aquaterrarien mit kleinem Wasserteil. Interessant ist, dass sie ihre Verstecke nur verlassen, um auf Nahrungssuche zu gehen. Erhalten sie dort ausreichend Futter, so begeben sie sich überhaupt nie ins Freie! Als Nahrung dienen Regenwürmer, Wachsraupen, Mehlwürmer, Heimchen usw.

🌡️	20–26 °C	🌓	Tag/Nacht	↔️	60 cm	▭	IV

Herpele squalostoma

Blaue Kamerunwühle

Verbreitung und Lebensraum: Das Verbreitungsgebiet dieser Blindwühle ist nicht genau bekannt. Es erstreckt sich über weite Teile der zentralen Küste Westafrikas und umfasst dabei Teile der Staaten von Nigeria bis – vermutlich – Angola, während es in östlicher Richtung bis in den Kongo hineinreicht. Eigentlicher Lebensraum der Tiere sind tropische und subtropische Waldgebiete, aber auch Plantagen und verwilderte Gärten werden nicht gemieden. Dort kann man die Lurche auf und vor allem im feuchten Erdreich, aber auch in Laubansammlungen, unter Steinen oder Totholz finden.

Aussehen und Besonderheiten: Die Blaue Kamerunwühle hat sich wie alle Blindwühlen perfekt ihrer grabenden Lebensweise angepasst. Sie besitzt einen schlangen- oder besser wurmähnlichen Körper, dessen Gliedmaßen vollständig zurückgebildet sind. Die Kennzeichen der Blindwühle sind durch Ringfurchen gegliederter Körperbau und die einfarbig bläuliche bis bräunliche Grundfärbung.

Pflege im Terrarium: Blindwühlen werden in großen Terrarien mit hoher Bodenwanne oder in Aquarien mit einer hohen Bodenschicht aus stets leicht feuchter, gut grabfähiger Walderde gepflegt. Diese deckt man zumindest stellenweise mit Moospolstern und Laubstreu ab. Als Futter erhalten die Tiere hauptsächlich Regenwürmer; einige Exemplare nehmen aber auch Schnecken und andere Wirbellose an. Die Art legt ihre Eier in selbst gegrabenen Höhlen an Land ab.

Wirbellose für
das Terrarium

180 Arten Gliederfüßer und Schnecken im Porträt

Erklärung der Piktogramme

 Temperatur
Temperaturspektrum in Grad Celsius des Behälterinneren im Tagesverlauf, leichte Nachtabsenkung ist meist förderlich

 Beleuchtung
Nein: natürliche Beleuchtungsstärke eines normalen Zimmers
Ja: zusätzliche Lichtquelle

 Aktivität
Nacht
Tag

 Größe des Tieres
Gesamtlänge der Tiere, bei Schmetterlingen die Spannweite, bei Spinnen die Körperlänge in mm oder cm. Die Größe einzelner Exemplare kann, oft geschlechtsbedingt, deutlich abweichen.

Einteilung und Zuordnung der Terrarientypen

Durch ihre unüberschaubare Artenfülle gestalten sich auch die Anforderungen an ihre Unterbringung der Wirbellosen höchst unterschiedlich. Die einzelnen Spezies bewohnen nahezu alle Lebensräume vom Meer bis zu den Hochgebirgsregionen, und innerhalb dieser Biotope können einzelne Arten enorm an ein ganz bestimmtes Habitat angepasst sein.

Wir beschränken uns daher in der folgenden Übersicht auf grundlegende Terrarientypen und beschreiben nur bei besonders häufig gepflegten Tiergruppen fallweise speziellere, aber immer noch relativ „allgemeine" Behälter. Wirbellose, zum Teil auch ihre verschiedenen Entwicklungsstadien, stellen recht unterschiedliche Ansprüche an das Terrarium. Hier bleibt einem nichts anderes übrig, als in der vielfältigen Spezialliteratur nach weiterführenden Informationen zu suchen. Indes sind viele Arten aber auch überaus anpassungsfähig, mit nur geringen Ansprüchen an ihren Behälter. Damit sich diese Tiere wohlfühlen und fortpflanzen, müssen lediglich einige Grundvoraussetzungen erfüllt sein. Ausgeklammert haben wir grundsätzlich Details zur technischen Ausstattung der Behälter, weil jene artabhängig ist und den Rahmen eines handlichen Terrarienatlas sprengen würde. Unerlässliche Hinweise werden natürlich im Einzelfall gegeben. Interessanterweise benötigen viele Arten aufgrund ihrer zurückgezogenen Lebensweise keine künstliche Beleuchtung, sie begnügen sich mit der normalen Lichtstärke im Zimmer. Anderen reicht eine gewöhnliche Leuchtstoffröhre, wieder andere benötigen unbedingt leistungsstarke Strahler. Die **Einrichtung** des Behälters lässt sich oft denkbar einfach halten. So kann man beispielsweise die Rück- und eine Seitenwand mit Korkplatten oder Ähnlichem verkleiden, während die zweite Seitenwand zwecks besserer Kontrolle unverkleidet bleiben sollte. Zumindest teilweise unterirdisch lebenden Arten graben sich ihre **Wohnhöhlen** selbst – dann muss das Substrat entsprechend hoch sein. Andere nehmen vorhandene Einbauten und Unterschlupfe an. Dann sind entsprechende bauliche Gestaltungen vorzunehmen oder man greift auf die Fertighöhlen aus dem Zoofachhandel zurück.

Standard-Feuchtterrarium (Typ 1)

Viele unserer Pfleglinge sind anspruchslos und lassen sich in einem sogenannten Standardterrarium pflegen. Volumen und Form richten sich stark nach den Bedürfnissen der Spezies. So sind zahlreiche Wirbellose oder deren Larven reine **Bodenbewohner**. Einige führen zum Teil eine versteckte Lebensweise in oder unter dem Bodengrund. Für sie sollte der Behälter eine möglichst große Grundfläche aufweisen, die Höhe kann eher vernachlässigt werden. Bei anderen Spezies muss man der Behälterhöhe Rechnung tragen, weil sich diese Tiere durch eine stark kletternde Lebensweise auszeichnen.

Da alle Arten aus Feuchtgebieten stammen, benötigen sie oft eine hohe relative **Luftfeuchtigkeit**. Sie sollten in silikongeklebten Glasterrarien mit nicht zu großen Lüftungsflächen untergebracht werden. Aber auch viele andere Behältnisse, von umgebauten Vorratsdosen bis zu Plastikterrarien mit Gitterdeckel, können benutzt werden.

Als **Bodengrund** eignen sich alle fäulnisresistenten Substrate, die Wasser aufnehmen und langsam wieder abgeben und so regulierend auf das Behälterklima wirken: krümeliger Torf, Kokossubstrate, Blumen-, Wald- oder Gartenerde, die bei Bedarf mit Fluss- oder Spielsand oder Lehm gemischt werden. Produkte mit Dünge- oder Pflanzenschutzmitteln sollte man grundsätzlich ausschließen. Eine unter dem eigentlichen Bodengrund eingebrachte **Drainageschicht** aus grobem Kies – besser aus Hydrokultur-Tonkügelchen – hilft, schädliche Staunässe zu vermeiden. Die Oberfläche kann je nach Tierart, ganz oder teilweise mit einer Laubschicht, Steinplatten, Moospolstern und Ähnlichem abgedeckt werden. Auch die übrige **Einrichtung** gestaltet man artabhängig etwa aus einer dekorativen Wurzel, dickeren Ästen, Steinaufbauten oder Korkröhren sowie einer üppigen Bepflanzung.

Standard-Trockeninsektarium (Typ 2)

Dieser Terrarientyp eignet sich vor allem zur Pflege jener zahlreichen Wirbellosen oder deren Entwicklungsstadien, die aus den verschiedenen **Trockenklimaten** stammen. Volumen und die Form sollten den Ansprüchen der Art angepasst sein. Für Bodenbewohner, die nur gelegentlich in höhere Zonen des Behälters emporklettern,

brauchen eine möglichst große Grundfläche, stark kletternde Arten eine beträchtliche Höhe.

Da diese Tiere zumeist keine hohe relative Luftfeuchtigkeit, Staunässe oder Stickluft vertragen, sollten in ihren Terrarien für eine ausreichende **Belüftung** gesorgt sein. Robustere Spezies lassen sich durchaus in mit einem Drahtdeckel verschlossenen Aquarien oder handelsüblichen Plastikterrarien mit Gitterdeckel pflegen.

Als Bodengrund verwendet man Sand, Lehm, ähnliche Substrate oder ein Gemisch daraus. Für grabende Spezies erhält man so eine ausreichend feste Schicht, die das Anlegen von Gängen begünstigt. Darauf kann man Steinplatten oder Wurzelstücke verteilen. Die Bepflanzung erfüllt oft nur dekorative Zwecke und kann daher nach ästhetischen Gesichtspunkten erfolgen, zum Beispiel mit verschiedenen Ziergräsern, vor allem aber den zahlreichen, überaus attraktiven Sukkulenten-Arten. Reine **Wüstenbewohner** erhalten am besten einen Bodengrund aus grobem Sand mit eingestreuten Steinen und darauf einige, gut gegen Einsturz gesicherte Steinplatten. Abrunden lässt sich dies durch eine Wurzel und eingetopfte Sukkulenten.

Standard-Terrarium für Stab-, Gespensterheuschrecken (Typ 3)

Für diese besonders beliebte Insektengruppe eignen sich die unterschiedlichsten Becken – von umgebauten Vorratsdosen über große Kunststofferrarien mit Gitterdeckel und Rahmenterrarien mit Gazewänden bis zu silikongeklebten Glasterrarien. Tiere aus trockenen Lebensräumen sollten in

Gazebehältern, solche aus feuchten eher in Glasterrarien gepflegt werden. Alle Behältnisse müssen mindestens eine ausreichend große **Öffnung** aufweisen, durch die die Futterpflanzen problemlos ins Terrarium gestellt und unbrauchbare Reste wieder entfernt werden können. Da es sich hier meist um Baum- oder Strauchbewohner handelt, sollte das Terrarium stets höher, mindestens die vierfache Körperlänge, als breit oder tief sein. Nur dann können sich die Tiere erfolgreich häuten, denn dazu hängen sie sich kopfüber ins Geäst und gleiten dann quasi aus ihrer alten Hülle.

Die Ansprüche an die Einrichtung sind eher gering. Eine etwa 5 cm hohe, stets leicht feucht zu haltende **Bodenschicht** ist nur für jene Spezies erforderlich, bei denen das Weibchen seine Eier im Bodengrund ablegt. Bei denen, die ihre Eier wegschleudern oder auf den Boden fallen lassen, reicht es, den Terrarienboden mit Küchenpapier auszulegen, das gelegentlich an- oder nachgefeuchtet werden muss. Als weitere **Einrichtung** genügt den Bewohnern ein laufend erneuertes Bündel frischer Triebe ihrer Futterpflanzen in einem enghalsigen, gegen Umkippen gesicherten Wasserbehälter.

Standard-Terrarium für Gottesanbeterinnen (Typ 4)

Auch für diese interessante Insektengruppe lässt sich jedes Gefäß als Terrarium einsetzen, das ausreichend mit **Lüftungsflächen** versehen ist. Unbedingt sollte man darauf achten, dass das Dach immer mit Kunststoffgaze oder etwas Ähnlichem bespannt wird, an dem die Tiere einen festen Halt bei der Häutung finden. Metallgaze ist ungeeignet, da sich ihre Tarsen (Endklauen) darin verhaken und abreißen könnten.

Als überaus wärmeliebende Insekten benötigen Gottesanbeterinnen sehr lichtintensive **Beleuchtungskörper**, etwa Halogenstrahler mit einer Stärke von 20–50 W, die man direkt über dem Behälter anbringen kann. Als bloße Lichtquellen eignen sich auch Neonröhren mit Tageslichtspektrum. Die übrige **Einrichtung** richtet sich nach der jeweiligen Art. Oft reichen mehrere Kletteräste und eine eher aufgelockerte Bepflanzung.

Standard-Terrarium für Rosenkäfer und ähnliche Arten (Typ 5)

Diese wunderschönen, wahrhaft wie Juwelen glänzenden Insekten haben einen Lebenszyklus aus zwei völlig unterschiedlichen Phasen: Die unterirdisch lebenden Larven (Engerlinge) ernähren sich von Wurzeln, verrottenden Pflanzen, Obst und/oder mürbem Totholz, während die adulten Käfer (Imagines) überwiegend überirdisch leben und Pflanzenkost, austretendes Baumharz, Blütennektar und Obst fressen.

Die Unterbringung erfolgt je nach Herkunft der Tiere in möglichst großen Standard-Feucht- oder -Trockenterrarien, die man mit einem Klappdeckel und einer ausreichenden **Belüftungsfläche** ausstatten sollte. Wer darin ein möglichst naturnahes Käferleben beobachten möchte, muss riesige Behälter wählen, in denen die Tiere die Möglichkeit haben, blühende Pflanzen im Flug zu umschwärmen. Den meisten Arten sollten man entweder natürliches Licht oder eine hochwertige, künstliche **Beleuchtung** zum Beispiel durch T5-Leuchtstofflampen gönnen. Allerdings ist unbedingt darauf zu achten, dass ihre Behälter nie direktem Sonnenschein ausgesetzt sind. Sie würden sich sonst schnell aufheizen und die Käfer an Austrocknung sterben.

Die **Einrichtung** sollte aus einer etwa 10 bis 15 cm hohen, stets mäßig feucht gehaltenen Bodenschicht bestehen, in der die Käfer geeignete Eiablageplätze finden. Bei zu wenig Tiefe kann die Eiablage ausbleiben. Geeignetes **Bodensubstrat** lässt sich in unseren Laubwäldern besorgen. Ideal wäre eine Mischung aus Humus, sich zersetzenden Blättern und möglichst erst weißfaulendem Laubholz. Optimal ist vermodertes Buchenholz, gelegentlich kommt selbst modernder Obstbaumschnitt bei den Käfern gut an. Frisch der Natur entnommene Substrate können unerwünschte Parasiten und deren Eier enthalten. Daher sollte man sie vor dem Einbringen ins Terrarium stets etwa 24 Stunden lang in die Gefriertruhe stellen. Die übrige **Einrichtung** kann nach ästhetischen Gesichtspunkten ausgewählt werden, sie dient den Käfern lediglich als Kletterhilfe. Wer blühende Pflanzen im Terrarium kultivieren kann, sollte dies unbedingt tun.

Die Eier, spätestens aber die Larven sollten regelmäßig dem Bodengrund entnommen und in separaten Plastikboxen gepflegt werden: Jene füllt man zu etwa ¾ mit dem gleichen Substrat, das stets leicht feucht zu halten ist. Zur besseren Luftzirkulation versieht man die Dosen im Deckel mit mehreren Löchern. Achtung: Die Boxen dürfen auf kein Fall zu klein sein – bei manchen Arten benötigt man pro Larve etwa 1 Liter Substrat.

Aquarium (Typ 6)

Es soll hier auch kurz das Aquarium als Lebensraum aufgeführt werden, da einige zur Pflege geeignete Wirbellose in der Aquarienliteratur gewöhnlich nicht erwähnt werden wie etwa Wasserspinnen oder Wasserskorpione. Sie werden hier mit wenigen Arten vorgestellt. Wasserspinnen haben sich oft vollständig an das Leben im Wasser angepasst und benötigen, wenn überhaupt, nur einen ganz kleinen Landteil. Aquarien bietet der Handel in den unterschiedlichsten Materialien und Maßen an. Sie sollten eine möglichst große Grundfläche aufweisen, da die Wasseroberfläche bevorzugter Lebensraum dieser Tiere ist.

Als **Bodengrund** verwendet man üblichen Aquarienkies, in den einige robuste Wasserpflanzen eingebracht werden. Verstecke lassen sich am einfachsten aus Moorkienwurzeln bilden, an denen sich die Tiere auch festhalten können, beispielsweise zum Luftholen. Wird ein kleiner **Landteil** benötigt, reicht es, dafür eine leicht zu erkletternde Plastikwanne ins Aquarium zu stellen. Sorgen Sie im Übrigen stets dafür, dass das Aquarium mit einem Gazedeckel ausbruchsicher verschlossen wird.

Die Arten im Porträt

 22–27 °C   nein   Nacht   < 240 mm

Achrioptera spinosissima

Stabschrecke

Verbreitung und Lebensraum: Diese interessante Stabschreckenart stammt aus Madagaskar. Es handelt sich um einen Waldbewohner, den man besonders häufig in den Randzonen antrifft.

Aussehen: Bei dieser farbenprächtigen Art schimmern Kopf und vorderes Bruststück glänzend gelbbraun bis golden, mit undeutlichen dunkleren Längsstreifen. Der Vorderkörper sticht durch sein metallisches Smaragdgrün ins Auge, das sich auch an den Oberschenkeln des zweiten Beinpaares wiederfindet. Männchen dieser Spezies bleiben deutlich kleiner als ihre Partnerinnen.

Pflege und Zucht: Zur Pflege eignen sich hier nur geräumige Behälter. Wichtig ist vor allem, dass man das Bodensubstrat stets ein wenig feucht hält, damit die Eier nicht austrocknen. Auch die relative Luftfeuchtigkeit sollte nicht zu niedrig geraten: Daher werden die Futterpflanzen einmal täglich kurz überbraust. Die Zucht bereitet in diesem Falle keine Probleme: Die Weibchen schleudern ihre Eier ziellos durch das Terrarium. Ihre Zeitigung beansprucht rund 6 Monate und erfolgt in verschlossenen Plastikdöschen auf feuchtem Substrat bei etwa 25 bis 27 °C. Nach einem weiteren halben Jahr sind die Tiere dann ausgewachsen. Sie fressen bevorzugt Eichenblätter, akzeptieren aber auch Brombeere und Ähnliches. Nur die Larven brauchen in ihrer ersten Lebensphase unbedingt zusätzlich Guaven.

Ernährung: Pflanzliche Kost
Giftigkeit: Ungiftig
Terrarientyp: Standard-Terrarium für Stab- und Gespensterheuschrecken

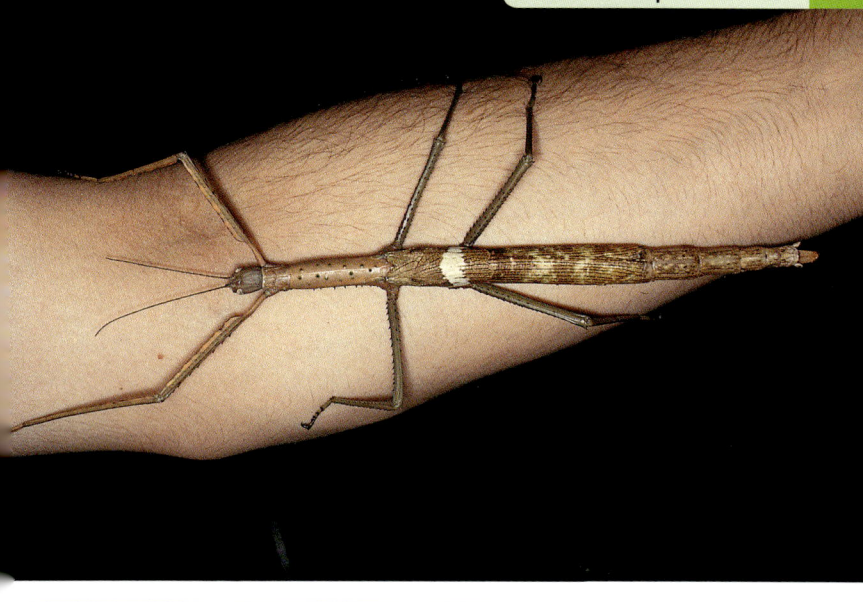

| 🌡️ 20–25 °C | 🐝 nein | 🌙 Nacht | < 220 mm |

Acrophylla wuelfingi

Stabschrecke

Verbreitung und Lebensraum: Das Verbreitungsgebiet dieser Art bilden aride Landschaften Australiens, wo man die Insekten überwiegend auf
ihren Futterpflanzen antrifft.
Aussehen: Weibchen dieser Stabschrecken-Art
werden deutlich größer als die Männchen und
besitzen bräunlich grau marmorierte Körper,
während die kleinen Flügel schwärzliche Farbtöne aufweisen. Die Männchen hingegen können auch dunkle gräulich blaue Farbtöne aufweisen; schon als Nymphen lassen sie sich leicht
anhand eines weißen Aalstrichs identifizieren.
Pflege und Zucht: Haltung und Zucht dieser
Art bereiten keine Probleme. Man hält die Tiere
in geräumigen Behältern bei einer relativen
Luftfeuchtigkeit von 60 bis 80 %, vermeidet
dabei aber unbedingt Stickluft und Staunässe.

Alle zwei Tage sollte die Einrichtung, im Wesent-
lichen die Futterpflanzen, gegen Abend kurz
übersprüht werden. Als Bodengrund eignen
sich fäulnisresistente, stets leicht feucht gehaltene Substrate, die verhindern, dass die Eier
austrocknen. Die Weibchen erweisen sich als
überaus produktiv und legen im Schnitt um die
500 Eier. Diese müssen auf feuchtem Substrat
etwa 6 Monate gezeigt werden. Als Nahrung
akzeptiert diese Spezies Blätter von Brombeere,
Himbeere, Eiche, Haselnuss und Buchen. Ihre
Fortpflanzung kann alternativ geschlechtlich
oder durch Jungfernzeugung (Parthenogenese)
erfolgen.
Ernährung: Pflanzliche Kost
Giftigkeit: Ungiftig
Terrarientyp: Standard-Terrarium für Stab- und
Gespensterheuschrecken

 20–25 °C   nein   Nacht   < 120 mm

Aplopus cytherea

Stabschrecke

Verbreitung und Lebensraum: Diese Stabschreckenart bewohnt die Dominikanische Republik. Es handelt sich um einen nachtaktiven Bewohner tropischer Wälder.

Aussehen: Die Art besitzt ein eher unscheinbares Äußeres. Die Färbung kann aus grünen bis braunen, meist leicht gemusterten Farbtönen bestehen. Der Vorderkörper ist mit kleinen Dornen besetzt, die bei den Männchen stärker ausgebildet sind. Beide Geschlechter haben Flügel, die besonders bei den Weibchen stark verkümmert sind. Die Männchen bleiben insgesamt deutlich kleiner als die Weibchen.

Pflege und Zucht: Die Behälter für eine kleine Gruppe sollten mindestens 50 cm hoch sein. Die relative Luftfeuchtigkeit sollte zwischen 60 bis 80 % liegen, daher reicht es völlig aus, die Futterpflanzen einmal am Tag, möglichst abends, kurz zu überbrausen. Die Eier werden von den Weibchen während der Nacht weggeschleudert und werden auf leicht feuchtem Substrat, zum Beispiel Vermiculite, bei 25 °C etwa 4 Monate lang gezeitigt, ehe die Nymphen schlüpfen. Bei dieser Art fangen die Männchen sofort sobald sie gestört werden zu laufen an, was den Austausch der Futterpflanzen erheblich erschwert. Die Stabschrecken verzehren anstandslos die üblichen Futterpflanzen wie Brombeer-, Himbeer-, weitere Rosengewächs-, Eichen-, Haselnuss- und Buchenblätter.

Ernährung: Pflanzliche Kost

Giftigkeit: Die Art verfügt über Verteidigungssekrete, die Vergiftungen und/oder Allergien hervorrufen können. Jeder muss daher für sich überprüfen, ob er auf diese Sekrete allergisch reagiert.

Terrarientyp: Standard-Terrarium für Stab- und Gespensterheuschrecken

20–25 °C	nein	Nacht	< 90 mm

Aretaon asperrimus

Gespenstschrecke

Verbreitung und Lebensraum: Diese Spezies stammt aus den Regenwäldern Borneos, wo man die dämmerungs- und nachtaktiven Insekten auf niedrigen Bäumen und Büschen antrifft.

Aussehen: Die attraktiven Tiere wirken – wie ihr deutscher Name schon vermuten lässt – überaus bizarr. Der Körper ist bei beiden Geschlechtern mit kleinen spitzen Dornen übersät; zusätzlich tragen die Insekten auf dem Rücken vier markante größere Stacheln. Ihre Färbung gestaltet sich variabel – in aller Regel finden sich verschiedene Brauntöne, die vage Muster bilden, selten helle oder grünliche Farbnuancen. Männchen bleiben deutlich kleiner und tragen auf dem Rücken helle gelbliche Streifen. Weibchen erkennt man leicht an ihrem schnabelförmigen Legeapparat.

Pflege und Zucht: Haltung und Zucht dieser Gespenstschreckenart können als relativ unproblematisch gelten. Zur Unterbringung eignen sich vor allem silikongeklebte Glaserrarien mit einer Mindesthöhe von circa 40 cm. Wichtig ist eine hohe relative Luftfeuchtigkeit, weshalb man die Futterpflanzen zweimal am Tag kurz ansprühen sollte. Die Weibchen legen ihre Eier einzeln im Bodengrund ab, welcher daher aus einem fäulnisresistenten, stets leicht feuchten Substrat bestehen muss, das eine Höhe von etwa 5 cm aufweist. Als Nahrung dient dieser Spezies in erster Linie das Laub von Rosengewächsen wie Brombeere.

Ernährung: Pflanzliche Kost

Giftigkeit: Ungiftig

Terrarientyp: Standard-Terrarium für Stab- und Gespensterheuschrecken

 24–28 °C   nein   Nacht   < 90 mm

Carausius sechellensis

Stabschrecke

Verbreitung und Lebensraum: Das Verbreitungsgebiet dieser kleinen Art bilden die immerfeuchten Wälder der Seychellen, wo die nachtaktiven Stabschrecken auf niedrigen Bäumen und Büschen leben.

Aussehen: Die Spezies zeigt eine variable Grundfärbung, die meist aus einem dunklen Grünton besteht, zu dem sich selten ein gedecktes Grau- oder Gelbbraun gesellt. Ihr schlanker, langgestreckter Körper ist an den Seiten zum Teil mit kleinen, paarigen Dornen besetzt. Männchen sind deutlich schlanker, bleiben aber nur geringfügig kleiner als ihrer Partnerinnen.

Pflege und Zucht: Diese Stabschrecken benötigen unbedingt ein hohes Glasterrarium mit relativ großen Lüftungsflächen, denn zu ihrem Wohlergehen sind sie auf eine gleichbleibend hohe relative Luftfeuchtigkeit von etwa 80 % angewiesen; auf Staunässe und Stickluft reagieren die Tiere jedoch empfindlich. Diese Bedingungen lassen sich unter anderem dadurch erreichen, dass man die Futterpflanzen zweimal täglich kurz ansprüht. Der Bodengrund aus fäulnisresistenten Substraten sollte stets leicht feucht gehalten werden, damit die Eier nicht austrocknen. Die Jungen schlüpfen bei Temperaturen von 25 °C nach einer Zeitigungsdauer von etwa 4 bis 6 Monaten. Als Nahrung akzeptieren diese Insekten vor allem das Laub von Brombeere, anderen Rosengewächsen, Weißdorn, Eiche und Buche.

Ernährung: Pflanzliche Kost

Giftigkeit: Ungiftig

Terrarientyp: Standard-Terrarium für Stab- und Gespensterheuschrecken

 22–24 °C   nein   Nacht   < 200 mm

Diapherodes gigantea

Riesen-Stabschrecke

Verbreitung und Lebensraum: Man trifft diese Art in den tropischen Wäldern des mittelamerikanischen Staates Costa Rica an.

Aussehen: Die Tiere besitzen ein sehr attraktives Erscheinungsbild. Die schlanken Männchen haben bei bräunlicher bis grünlicher Grundfärbung lange, gut ausgebildete Flügel und bleiben wesentlich kleiner und schlanker als ihre Partnerinnen. Diese ihrerseits zeigen ein sattes, leuchtendes Grünt, das an frisches, saftiges Laub erinnert. Sie sind überdies relativ breit gebaut und weisen nur kleine Flügelstummel auf.

Pflege und Zucht: Geeignet sind vor allem geräumige Gazebehälter, in denen man die Futterpflanzen einmal am Tag – am besten gegen Abend – kurz überbraust. Die Eier werden vom Weibchen wahllos über den Boden verstreut.

Es empfiehlt sich, sie möglichst schnell aus dem Behälter zu entnehmen und auf leicht feuchtem Substrat bei 25 °C zu zeitigen. Unter diesen Bedingungen schlüpfen nach etwa 3 bis 5 Monaten die rund 2 cm langen Nymphen, deren Ernährung sich in der ersten Lebensphase etwas schwieriger gestaltet, denn oft akzeptieren sie nur das Laub von diversen Eukalyptusarten, Heckenrosen und Wildem Wein. Die Fütterung der adulten Insekten bereitet hingegen weniger Probleme, denn sie nehmen ohne Weiteres Blätter von Brombeere, weiteren Rosengewächsen, Eiche, Buche und Esskastanie an.

Ernährung: Pflanzliche Kost

Giftigkeit: Ungiftig

Terrarientyp: Standard-Terrarium für Stab- und Gespensterheuschrecken

 23–27 °C   nein   Nacht   < 50 mm

Epidares nolimetangere

Borneo-Dornschrecke

Verbreitung und Lebensraum: Diese Spezies bewohnt die Kraut- und Strauchschicht der tropischen Regenwälder von Borneo. Am Tage verbergen sich die Tiere in Bodennähe unter Rindenstücken oder Ähnlichem.

Aussehen: Diese recht bizarr wirkenden Insekten haben einen stabförmigen, aber kompakt gebauten Körper. Ihr eindrucksvolles Aussehen und den Namen verdanken die flügellosen Tiere den mächtigen Rückendornen. Ihre Grundfärbung setzt sich aus graubraunen bis grünlichen Farbtönen zusammen; nur selten tragen einige Tiere einen hellen Aalstrich. Männchen bleiben kleiner, deutlich schlanker und weisen häufig rotbraune Längsstreifen auf.

Pflege und Zucht: Diese Dornschrecke lässt sich dank ihrer geringen Größe in verhältnismäßig kleinen Terrarien pflegen. Sie benötigt für ihr Wohlergehen jedoch unbedingt eine gleichbleibend hohe relative Luftfeuchtigkeit, weshalb man die Futterpflanzen mindesten einmal täglich, am besten gegen Abend, kurz übersprühen sollte. Da die Weibchen ihre Eier sorgfältig im Boden vergraben, sollte das fäulnisresistente Substrat eine Mindesthöhe von 5 cm aufweisen. Die Nymphen schlüpfen bei Zeitigungstemperaturen von 25 °C nach etwa einem Monat. Als Nahrung nehmen sie das Laub von Brombeere, Himbeere, weiteren Rosengewächsen, Eiche, Esskastanie, Haselnuss und Buche an.

Ernährung: Pflanzliche Kost

Giftigkeit: Ungiftig

Terrarientyp: Standard-Terrarium für Stab- und Gespensterheuschrecken

 25–30 °C   nein   Nacht   < 220 mm

Eurycnema goliath

Australische Riesenstabschrecke

Verbreitung und Lebensraum: Das Verbreitungsgebiet dieser Spezies umfasst weite Teile Ost- und Zentralaustraliens. Dort kann man die farbenprächtigen Tiere vor allem auf ihren Futterpflanzen, Eukalyptus- und Akaziengewächsen, entdecken.

Aussehen: Die Grundfärbung dieser farbenprächtigen Art bildet ein sattes, leuchtendes Grün. Nur Kopf und Vorderkörper sind gelb mit auffälligen türkisblauen Längsstreifen. Das hintere Beinpaar trägt große Stacheln. Die überwiegend ähnlich gefärbten Männchen sind deutlich schlanker und kleiner als ihre Partnerinnen. Obwohl beide Geschlechter Flügel besitzen, sind nur die Männchen gute Flieger.

Pflege und Zucht: Entsprechend ihrer Größe benötigen diese Tiere geräumige Gazebehälter, da sie Staunässe, Stickluft und eine zu hohe relative Luftfeuchtigkeit nur schlecht vertragen. Es reicht vollkommen aus, wenn man die Futterpflanze alle 2 bis 3 Tage gegen Abend einmal kurz übersprüht. Die Weibchen schleudern ihre Eier einfach auf den Boden, wo man sie leicht aus dem Kot aussortieren kann. Die Nymphen schlüpfen erst nach 7 bis 15 Monaten. Wichtigste Futterpflanzen dieser Art sind diverse Eukalyptus-Arten und die Echte Akazie. Jungtiere fressen ausschließlich Eukalyptuslaub, während man ausgewachsenen Exemplaren im Sommer auch zusätzlich die Blätter von Eiche, Buche und Haselnuss anbieten kann.

Ernährung: Pflanzliche Kost
Giftigkeit: Ungiftig
Terrarientyp: Standard-Terrarium für Stab- und Gespensterheuschrecken

| 🌡️ 22–27 °C | 🌿 nein | 🌙 Nacht | 📏 < 200 mm |

Eurycnema versirubra

Java-Riesenstabschrecke

Verbreitung und Lebensraum: Die attraktive Art stammt von Großen Sunda-Inseln Sumatra und Java. Es handelt sich um dämmerungs- und nachtaktive Tiere, die auf niedrigen Bäumen und Büschen leben.

Aussehen: Diese Riesenstabschrecke weist ebenfalls eine prächtige Färbung auf. Die Grundfärbung ausgewachsener Tiere ist ein ins türkis gehender Grünton. Der Kopf und der Vorderkörper zeigen nur angedeutet gelbliche und türkisfarbene Längsstreifen. Die Flügel sind gut ausgebildet. Die Männchen sind deutlich schlanker und kleiner und wurden bisher nur gelegentlich in der Natur gefunden.

Pflege und Zucht: Aufgrund ihrer Größe benötigt die Spezies sehr geräumige, gut durchlüftete Glasterrarien. Das Behälterklima muss dabei eine etwas höhere relative Luftfeuchtigkeit von etwa 70 % aufweisen. Einmal am Tag, am besten gegen Abend, werden die Futterpflanzen kurz übersprüht. Dabei darf sich jedoch keine Staunässe bilden, und man sollte auch die Tiere nach Möglichkeit nie direkt ansprühen. Die Art pflanzt sich auch durch Jungfernzeugung (Parthenogenese) fort. Ihre Eier werden ansonsten wahllos auf dem Boden verteilt. Die Ernährung gestaltet sich nicht ganz unproblematisch, da die Tiere immer auch frisches Eichenlaub benötigen; zusätzlich akzeptieren sie allerdings Blätter von Akazie, Mimose, Heidelbeere, Eukalyptus und Guave.

Ernährung: Pflanzliche Kost

Giftigkeit: Ungiftig

Terrarientyp: Standard-Terrarium für Stab- und Gespensterheuschrecken

 22–27 °C   nein   Nacht   < 140 mm

Extatosoma tiaratum

Australische Gespenstschrecke

Verbreitung und Lebensraum: Das Verbreitungsgebiet dieser mächtigen Insekten erstreckt sich über weite Teile von Queensland, Nordost-Australien und Neuguinea. Die Tiere bewohnen dort die Baum- und Strauchschicht des tropischen Trockenwaldes und sind dabei an kein besonderes Habitat gebunden.

Aussehen: Diese Art besitzt einen bizarren Körperbau und trägt ihren Namen Gespenstschrecke völlig zu Recht. Ihre Färbung variiert stark und kann bei ausgewachsenen Tieren von gelb, über bräunlich bis ins Grünliche reichen. Männchen sind schlank gebaut, tragen voll ausgebildete Flügel und ähneln kompakter gebauten Stabschrecken. Weibchen hingegen zeichnen sich durch einen massigen, mit kleinen Dornen übersäten Körper und blattförmige Fortsätze der Gliedmaßen aus. Ihre Flügel sind nur rudimentär ausgebildet. Frisch geschlüpfte Nymphen haben dunkelbraune bis schwarze Körper, ein weißes Halsband und einen leuchtend roten Kopf: Auf diese Weise ähneln sie einer sehr wehrhaften australischen Ameisenart.

Pflege und Zucht: Die Spezies darf, was ihre Pflege angeht, als durchaus anspruchslos gelten und kann in den unterschiedlichsten Behältnissen gepflegt werden. Einmal täglich muss man die Futterpflanzen kurz überbrausen. Als Nahrung akzeptieren die Insekten Laub der Brombeere, Himbeere, weitere Rosengewächsen, Johannisbeere, Eukalyptus, Eiche und Buche.

Ernährung: Pflanzliche Kost

Giftigkeit: Ungiftig

Terrarientyp: Standard-Terrarium für Stab- und Gespensterheuschrecken

🌡 21–25 °C	🐢 nein	🌙 Nacht	🦗 < 90 mm

Gratidia conformans

Stabschrecke

Verbreitung und Lebensraum: Stammt aus den Regenwäldern Thailands, wo man sie vor allem auf ihren Futterpflanzen antreffen kann.

Aussehen: Es handelt sich um eine eher unscheinbare Spezies. Ihre Färbung setzt sich wechselweise aus grünen bis strohgelben oder beigen Farbtönen zusammen. Männchen bleiben ein wenig schlanker und kleiner als ihre Partnerinnen; sie besitzen Vorderbeine, deren Länge der des gesamten Körpers entspricht. Auch ausgewachsene Tiere sind bei dieser Art völlig flügellos.

Pflege und Zucht: Die Haltung dieser eher unauffälligen Stabschrecke kann in silikongeklebten Glasterrarien oder ähnlichen Behältern erfolgen, sofern darin nur eine hohe relative Luftfeuchtigkeit vorherrscht. Mindestens einmal am Tag, nach Möglichkeit gegen Abend, sollten man die Futterpflanzen kurz überbrausen. Die Weibchen kleben ihre Eier einzeln oder in kleinen Gruppen an die Seitenwände und an die Futterpflanzen: man kann sie vorsichtig ablösen und separat zeitigen. Bei etwa 25 °C schlüpfen die Nymphen nach 2 bis 3 Monaten. Ihre Aufzucht bereitet keinerlei Probleme, und nach 3 bis 4 Monaten sind die Tiere ausgewachsen; ihre Lebenserwartung beträgt dann noch bis zu einem Jahr. Zur Ernährung eignen sich die üblichen Futterpflanzen, vor allem Rosengewächse wie Brombeere, aber auch frisches Laub von Haselnuss, Buche oder Eiche.

Ernährung: Pflanzliche Kost

Giftigkeit: Ungiftig

Terrarientyp: Standard-Terrarium für Stab- und Gespensterheuschrecken

24–28 °C nein Nacht < 110 mm

Haaniella muelleri

Gespenstschrecke

Verbreitung und Lebensraum: Die Art stammt von der Inseln Sumatra. Es handelt sich um dämmerungs- und nachtaktive Insekten, die auf Büschen und kleinen Bäumen leben. Tagsüber verbergen sich die Tiere am Waldboden unter großen Rindenstücken oder Ähnlichem.

Aussehen: Die Grundfarbe der Weibchen setzt sich aus diversen Grau- und Brauntönen zusammen, die bindenartig gegeneinander abgesetzt sind. Männchen hingegen zeigen ein zeichnungsloses Graubraun mit einigen sattgrünen Partien. Die Körperoberfläche der Tiere ist mit zahlreichen kleinen Dornen übersät. Beide Geschlechter tragen nur rudimentär ausgebildete Flügel und sind daher nicht flugfähig. Männchen bleiben deutlich kleiner als ihre Partnerinnen und sind auch wesentlich schlanker gebaut.

Pflege und Zucht: Zur Haltung wählt man am besten geräumige Glasterrarien, da diese Art großen Wert auf eine sehr hohe relative Luftfeuchtigkeit legt. Mindestens einmal am Tag, tunlichst gegen Abend, wird die gesamte Einrichtung kräftig überbraust. Da die Weibchen ihre Eier im Boden ablegen, sollte dieser stets leicht feucht gehalten werden. Bei Temperaturen von um 25 °C schlüpfen die Nymphen nach etwa 6 Monaten, um nach einem weiteren halben Jahr ausgewachsen zu sein. Als Nahrung akzeptiert wird vor allem das Laub von verschiedenen Rosengewächsen, etwa Brombeere, aber auch Eiche und Buche.

Ernährung: Pflanzliche Kost

Giftigkeit: Ungiftig

Terrarientyp: Standard-Terrarium für Stab- und Gespensterheuschrecken

 25–28 °C   nein   Nacht   < 170 mm

Heteropteryx dilatata

Malaiische Riesengespenstschrecke

Verbreitung und Lebensraum: Nachgewiesen wurde diese Art bisher nur im Raum des Malaiischen Archipels. Die Riesengespenstschrecke hält sich an Sträuchern oder auf Bäumen auf, wo sie den Tag normalerweise im Schutze des Blattwerks verbringt.

Aussehen: Mit einem Gewicht von bis zu 70, meist aber nur 30 bis 40 Gramm handelt es sich um die schwersten und eindruckvollsten aller Gespenstschrecken. Sie sind von der Färbung her ausgesprochen variabel: So zeigen die Weibchen eine kräftig grasgrüne, gelbliche, orange oder braune Grundfärbung und tragen lediglich kurze Stummelflügel; ihr ganzer Körper ist unregelmäßig mit feinen Dornen übersät. Die deutlich kleineren Männchen tragen hingegen ein graubraunes Farbkleid; sie besitzen voll ausgebildete

Flügel, die ein ziemlich kontrastreiches Bändermuster und weiße Säume aufweisen.

Pflege und Zucht: Die Tiere benötigen geräumige Terrarien, in denen zwei Seitenwände zum besseren Erklettern mit Naturkork verkleidet sind. Die übrige Einrichtung besteht neben den Futterpflanzen aus kräftigen Kletterästen. Die relative Luftfeuchtigkeit sollte bei etwa 70 bis 80 % liegen. Als Futterpflanzen eignen sich verschiedene Rosengewächse wie Brombeere, aber auch Buche und Eiche. Beim Hantieren mit ausgewachsenen Weibchen sollte man zum Schutz besser Arbeitshandschuhe tragen.

Ernährung: Pflanzliche Kost

Giftigkeit: Ungiftig

Terrarientyp: Standard-Terrarium für Stab- und Gespensterheuschrecken

🌡️ 25–27 °C	🐝 nein	🌙 Nacht	🌿 < 95 mm

Lamponius guerini

Karibische Stabschrecke

Verbreitung und Lebensraum: Diese Art stammt von den Kleinen Antillen, wo man sie auf der Insel Guadeloupe in Regenwäldern antrifft. Tagsüber verharren die Tiere unbeweglich auf dünnen Ästen, um nachts ihre Futterplätze im Astwerk aufzusuchen.

Aussehen: Die Spezies zeigt ein recht variables Farbkleid, von dem inzwischen auch mehrere Zuchtvarianten existieren. Beim Weibchen ist die Grundfarbe am häufigsten bräunlich grün marmoriert; darauf zeichnen sich scharf einige hell ockerfarbene bis weiße Flecken ab. Andere Exemplare hingegen sind relativ zeichnungslos beigebraun. Zahlreiche kleine Dornfortsätze zieren die Körperseiten. Die nur geringfügig kleineren Männchen hingegen sind dunkel-, rot- oder grünbraun, mit einem Anflug von Rot gefärbt.

Pflege und Zucht: Zur Unterbringung eignen sich die unterschiedlichsten mit größeren Lüftungsflächen ausgestatteten Behälter. Neben den Futterpflanzen sollten man einige trockene Kletteräste ins Terrarium stellen. Einmal täglich – am besten gegen Abend – wird die gesamte Einrichtung überbraust. Der Bodengrund ist stets feucht zu halten, damit die Eier nicht austrocknen. Nach etwa 3 bis 4 Monaten schlüpfen die 15 bis 20 mm langen Nymphen, die bis zum adulten Stadium weitere 4 bis 6 Monate benötigen. Als Futter dient ihnen das Laub von Brombeere, Himbeere, Rose, Eiche und Buche.

Ernährung: Pflanzliche Kost

Giftigkeit: Ungiftig

Terrarientyp: Standard-Terrarium für Stab- und Gespensterheuschrecken

 23–27 °C   nein   Nacht   < 120 mm

Medauroidea extradentatum

Annam-Stabschrecke

Verbreitung und Lebensraum: Das Vorkommen beschränkt sich auf die Tropenwälder im Süden Vietnams. Dort findet man die nachtaktiven Stabschrecken vor allem in der Strauchvegetation.
Aussehen: Die schlanken Tiere erinnern in der Form und in der Färbung an dünne Ästchen. Die Grundfärbung ist bräunlich, beige bis grünlich und kann dunklere Flecken aufweisen. Auffallend sind die sehr lang ausgezogenen Vorderbeine, welche bei den Weibchen an den Mittelschenkeln lappenförmige Anhängsel besitzen. Die Männchen sind deutlich schlanker und kleiner als die Weibchen. Außerdem weisen sie hell gefärbte Kniegelenke auf.
Pflege und Zucht: Die Haltung und Zucht dieser Art bereitet in mittelgroßen Terrarien kaum

Probleme. Der Bodengrund ist stets feucht zu halten, damit die Eier nicht vertrocknen. Ein Weibchen kann im Laufe seines Lebens bis zu 200 Stück legen. Diese werden am besten bei gleichbleibender Feuchtigkeit und Wärme gezeitigt. Bei Zimmertemperaturen dauert die Zeitigung etwa 6 Monate und bei Temperaturen von 25 bis 27 °C liegt sie bereits bei unter 2 Monaten. Die Nymphen sind beim Schlupf etwa 15 Millimeter lang. Bei der Wahl der Futterpflanzen ist diese Art nicht wählerisch, neben den üblichen werden auch Johannisbeere, Zwergmispel, Erdbeere, Salat und Feuerdorn angenommen.
Ernährung: Pflanzliche Kost
Giftigkeit: Ungiftig
Terrarientyp: Standard-Terrarium für Stab- und Gespensterheuschrecken

 22–30 °C   nein   Nacht   <130 mm

Megacrania batesii

Pfefferminz-Stabschrecke

Verbreitung und Lebensraum: Heimat ist der nordöstliche Küstenstreifen von Queensland, Australien. Dort leben die Tiere auf ihrer Futterpflanze, dem Schraubenbaum *Pandanus*. Den deutschen Namen verdanken sie dem pfefferminzartigen Aroma ihres Wehrsekrets, das sie bei Bedrohung versprühen.

Aussehen: Auch diese Stabschrecke weist eine prächtige Färbung auf, die sich im Laufe des Wachstums verändert. Frisch geschlüpfte Nymphen sind einfarbig grün und zeigen erst nach der zweiten Häutung eine bunte Warntracht, um als ausgewachsene Tiere erneut einfarbig grün zu werden. Ihre Antennen zeigen in der Warntracht ein leuchtendes Rot, die schwarzen Augen sind leuchtend gelb umrandet, und den hellgrünen Körper zieren zahlreiche türkisblaue Linien. Männchen bleiben auch bei dieser Art deutlich kleiner.

Pflege und Zucht: Man kann die Art bei hoher relativer Luftfeuchtigkeit von circa 70 % in mittelgroßen Glasterrarien pflegen. Staunässe und Stickluft toleriert diese Spezies jedoch nicht. Es empfiehlt sich, die Eier aus dem Terrarium zu entnehmen. Auf stets feuchtem Substrat bei 20 bis 23 °C gezeitigt, entlassen sie nach etwa 5 Monaten die Nymphen. Als Nahrung dienen den Tieren ausschließlich Schraubenbäume oder -palmen *Pandanus*, die man unschwer im Blumenhandel erhält.

Ernährung: Pflanzliche Kost

Giftigkeit: Die Art verfügt über Verteidigungssekrete, die Vergiftungen und/oder Allergien hervorrufen können. Jeder muss daher für sich selbst überprüfen, ob er auf diese Sekrete allergisch reagiert.

Terrarientyp: Standard-Terrarium für Stab- und Gespensterheuschrecken

20–23 °C	nein	Nacht	< 750 mm

Oreophoetes peruana

Peruanische Farnschrecke

Verbreitung und Lebensraum: Diese nachtaktive Farnschrecke stammt aus dem westlichen Südamerika, wo man sie auf ihren Futterpflanzen, verschiedenen Farnarten, antreffen kann.

Aussehen: Es handelt sich um eine ausgesprochen grazil wirkende und farblich sehr attraktive Spezies. Die stets ein klein wenig kleiner bleibenden Männchen färben sich nach der letzten Häutung siegellackrot, mit schwarzen Beinen und Fühlern, während die deutlich größeren Weibchen dann leuchtend schwefelgelb mit zwei durchgehenden schwarzen Längsstreifen werden. Auch die Gliedmaßen zeigen im Ansatz- und Gelenkbereich stark kontrastierende sattgelbe oder orangefarbene „Manschetten" auf schwarzem Grund. Das Gleiche gilt für die mehrfach geknickten Antennen.

Pflege und Zucht: Die Farnschrecke muss in kleinen Glasterrarien mit einer hohen relativen Luftfeuchtigkeit gepflegt werden. Die Eier können dem Terrarium entnommen und auf leicht feuchtem Substrat bei Zimmertemperatur gezeitigt werden. Der Nahrungsspezialist frisst ausschließlich die Wedel diverser Farnarten, welche man den Tieren stets in frischem Zustand anbieten sollte. Bei Störungen können die Insekten aus in der Vorderbrust sitzenden Wehrdrüsen ein weißliches, äußerst unangenehm duftendes Sekret absondern.

Ernährung: Pflanzliche Kost

Giftigkeit: Die Art verfügt über Verteidigungssekrete, die Vergiftungen und/oder Allergien hervorrufen können. Jeder muss daher für sich selbst überprüfen, ob er auf diese Sekrete allergisch reagiert.

Terrarientyp: Standard-Terrarium für Stab- und Gespensterheuschrecken

 20–24 °C nein Nacht < 75 mm

Peruphasma schultei

Samtschrecke

Verbreitung und Lebensraum: Diese hübsche Art besiedelt ein nur etwa 5 ha großes Verbreitungsgebiet in der Cordillera del Condor in Nord-Peru, etwa 1200 bis 1800 m über NN.

Aussehen: Wie schon der Name andeutet, zeichnet sich die Spezies durch Ihren samtigen Körper aus. Dieser ist tiefschwarz, womit die leuchtend roten Flügel, die gelben Augen und die gelb geringelten Antennen sehr auffällig kontrastieren. Die Männchen bleiben immer deutlich kleiner als ihre Partnerinnen.

Pflege und Zucht: Ihr Terrarium sollte stets eine gute Belüftung sowie ein trockenes Substrat aufweisen. Sehr empfindlich reagieren die Tiere auf zu hohe relative Luftfeuchtigkeit oder Staunässe. Es reicht daher völlig, wenn die Futterpflanzen alle zwei Tage gegen Abend kurz angesprüht werden. Aus den auf dem Boden verteilten Eiern schlüpfen, je nach Temperatur, etwa 4 Monate später die rund 15 mm großen Nymphen. Bereits nach ihrer ersten Häutung zeigen sie die kontrastreiche Färbung ausgewachsener Tiere. Als Futter kommen nur frische Blätter von Liguster und Flieder in Frage. Samtschrecken sondern bei Bedrohung oder ungeschicktem Hantieren oder Anfassen ein übel riechendes Wehrsekret ab, das auch die Schleimhäute reizen kann.

Ernährung: Pflanzliche Kost

Giftigkeit: Die Art verfügt über Verteidigungssekrete, die Vergiftungen und/oder Allergien hervorrufen können. Jeder muss daher für sich selbst überprüfen, ob er auf diese Sekrete allergisch reagiert.

Terrarientyp: Standard-Terrarium für Stab- und Gespensterheuschrecken

🌡️ 22–25 °C	☀️ nein	🌙 Nacht	<280 mm

Pharnacia serratipes

Riesenstabschrecke

Verbreitung und Lebensraum: Das Vorkommen dieser nachtaktiven Art beschränkt sich auf die Strauchschicht der tropischen Wälder Malaysias und Singapurs.

Aussehen: Die riesige, an tote Zweige erinnernde Stabschrecke zeigt eine braune bis grünliche Grundfärbung. Auch bei dieser Art bleiben die Männchen deutlich schlanker und kleiner, nur sie besitzen Flügel, die einen blauen und an den Seiten einen schwarzen Streifen zeigen. Die häufig in der Literatur zu lesende Angabe, wonach die Spezies Tiere eine Gesamtlänge von bis zu 550 mm erreichen könne, bezieht sich nicht auf die Körper- oder Kopfrumpflänge, sondern auf die Gesamtmaße eines Tieres in Ruhestellung, das heißt, mit nach vorn ausgestreckten Vorderbeinen.

Pflege und Zucht: Riesenstabschrecken sollte man nur in sehr hohen, geräumigen Gazebehältern pflegen, um ihnen eine problemlose Häutung zu ermöglichen. Da die relative Luftfeuchtigkeit nicht zu niedrig liegen darf, muss die Einrichtung einmal täglich kurz überbraust werden. Da das Weibchen die Eier einfach wegschleudert, empfiehlt es sich, diese dem Terrarium zu entnehmen und bei 25 °C zu zeitigen. Als Nahrung dienen den Tieren frische Blätter verschiedener Rosengewächse wie etwa Brombeere, Himbeere und andere, aber auch das Laub von Johannisbeere, Eiche, Buche, Haselnuss und Esskastanie.

Ernährung: Pflanzliche Kost

Giftigkeit: Ungiftig

Terrarientyp: Standard-Terrarium für Stab- und Gespensterheuschrecken

 25–28 °C   nein   Nacht   < 240 mm

Pharnacia westwoodii

Wandelnder Ast

Verbreitung und Lebensraum: Das genaue Verbreitungsgebiet und der Lebensraum dieser Art sind noch unbekannt. Die heute im Terrarium gepflegten Tiere stammen vermutlich aus Thailand.

Aussehen: Die schlanken Insekten erinnern in Form und Färbung an dünne Ästchen. Ihre bräunliche, beige oder grünliche Grundfärbung kann kleine Flecken oder ein rindenartiges Muster aufweisen. Auffallend wirken die lang ausgezogenen, leicht gezähnten Vorderbeine, die während der Ruhestellung in Verlängerung des Körpers kerzengerade nach vorne ausgestreckt werden. Männchen sind deutlich schlanker und kleiner als ihre Partnerinnen.

Pflege und Zucht: Die Haltung dieser Art bereitet im Allgemeinen kaum Probleme, sofern man auf eine gründliche Hygiene achtet. So sollte etwa der Kot regelmäßig entfernt und das Wasser für die Futterpflanzen häufig erneuert werden. Die großen Terrarien müssen mit einer guten Lüftung versehen sein, doch gleichzeitig sollte die relative Luftfeuchtigkeit um 70 % liegen. Einmal am Tag, am besten gegen Abend, werden die Futterpflanzen kurz angesprüht. Die Weibchen schleudern ihre Eier ziellos weit durch den Behälter. Bei Zeitigungstemperaturen von 28 °C schlüpften die Nymphen erst nach etwa 6 Monaten. Gefressen werden verschiedene Rosengewächse wie beispielsweise Brombeeren, aber auch Eichen- und Buchenlaub.

Ernährung: Pflanzliche Kost

Giftigkeit: Ungiftig

Terrarientyp: Standard-Terrarium für Stab- und Gespensterheuschrecken

 25–30 °C   nein   Nacht   < 200 mm

Phasma gigas

Stabschrecke

Verbreitung und Lebensraum: Heimat dieser Art ist Neuguinea, wo man die Tiere in tropischen Wäldern antrifft.

Aussehen: Die Stabschrecke sieht eher unspektakulär aus – außer wenn sich die Tiere bedroht fühlen: dann entfalten sie ihre grünlichen, schwarz gemusterten Flügel, was sie wesentlich imposanter wirken lässt. Die Weibchen haben einen recht kräftigen, walzenförmigen Körper; sie tragen meist ein unregelmäßig graubraunes Farbkleid mit schmutzig grünweiß geringelten Beinen. Die wesentlich schlankeren und kleineren Männchen sind fast durchweg einfarbig grün. Beide Geschlechter können dank ihrer voll ausgebildete Flügel recht gut fliegen und tragen auf dem vorderen Teil ihres Körpers zahlreiche winzige Dornen.

Pflege und Zucht: Diese Art benötigt geräumige, vor allem aber sehr hohe Terrarien. Der Bodengrund sollte immer leicht feucht gehalten werden. Neben hohen Temperaturen benötigen die Insekten auch eine sehr hohe relative Luftfeuchtigkeit von etwa 80 bis 90 %. Etwa zweimal pro Tag wird die Einrichtung kurz überbraust. Die Eier sollte man aus dem Terrarium entnehmen und bei 25 bis 28 °C zeitigen; unter diesen Bedingungen schlüpfen die Nymphen nach circa fünf Monaten. Als Futter bieten sich Eukalyptus- und Eichenblätter an, doch werden auch solche von Rosengewächsen wie beispielsweise Brombeere angenommen.

Ernährung: Pflanzliche Kost

Giftigkeit: Ungiftig

Terrarientyp: Standard-Terrarium für Stab- und Gespensterheuschrecken

 22–28 °C   nein   Nacht   < 95 mm

Phyllium bioculatum

Wandelndes Blatt

Verbreitung und Lebensraum: Das Verbreitungsgebiet dieser Art erstreckt sich von den Inseln des westlichen Indischen Ozeans bis nach Sumatra, Java und Borneo Indonesien. Sie bewohnt dort tropische und subtropische Wälder, wobei ausgesprochen feuchte Habitate gemieden werden.

Aussehen: Wie schon der deutsche Name andeutet, ähneln die Tiere äußerlich einem Blatt. Sie besitzen einen abgeflachte, seitlich stark verbreiterten Körperbau, und auch ihre Beine sind mit blattartigen Fortsätzen versehen. Die Färbung ist ausgesprochen variabel: sie kann zwischen Braun, Gelb, Rot, Grün oder Grün liegen. Jeweils mit ausgeprägten braunen oder rötlichen Flecken oder mit an einer an Blätter erinnernden Maserung. Die Männchen sind im direkten Vergleich leicht zu erkennen, da sie stets deutlich kleiner bleiben.

Pflege und Zucht: Zur Haltung eignen sich vor allem gut belüftete Gazebehälter. Trotzdem benötigen diese Insekten allem Anschein nach eine hohe relative Luftfeuchtigkeit von 70 bis 80 %. Nur etwa dreimal pro Woche werden die Futterpflanzen kurz angesprüht. Die Eier benötigen zu ihrer Entwicklung Temperaturen um die 25 °C. Als Nahrungspflanzen eignen sich Brombeere und Eiche. Allerdings ist darauf zu achten, dass die Larven zu ihrer erfolgreichen Entwicklung im ersten Stadium unbedingt auf Eichenlaub angewiesen sind.

Ernährung: Pflanzliche Kost

Giftigkeit: Ungiftig

Terrarientyp: Standard-Terrarium für Stab- und Gespensterheuschrecken

 22–25 °C   nein   Nacht   < 90 mm

Phyllium celebicum

Wandelndes Blatt

Verbreitung und Lebensraum: Die Art besiedelt ein großes Verbreitungsgebiet, von den Seychellen bis nach Indochina Thailand, Laos, Vietnam, Malaysia, Celebes Sulawesi und den Philippinen und bewohnt lichte Trockenwälder.

Aussehen: Auch dieses Art besitzt einen abgeflachten, seitlich stark verbreiterten Körper, ist jedoch deutlich schlanker als *Phyllium bioculatum* und zeichnet sich überdies durch mit blattartige Lappen verzierte Beine aus. Dank ihrer Vorderflügel, die auf perfekte Weise geäderte Blätter imitieren, sind die Tiere in ihrem Lebensraum hervorragend getarnt. Die Grundfärbung bildet ein kräftiger Grünton, wobei Körper und Gliedmaßen seitlich von einem dünnen braunen Band gesäumt werden. Die Männchen bleiben auch hier deutlich kleiner.

Pflege und Zucht: Zur Pflege eignen sich große Glas- oder Kunststoffterrarien mit Gazedeckel, wobei die relative Luftfeuchtigkeit zwischen 70 und 90 % liegen sollte. Einmal täglich wird die Einrichtung zu diesem Zweck kurz überbraust. Die Eier sollten allerdings tunlichst dem Terrarium entnommen und bei 22 bis 25 °C gezeitigt werden. Unter diesen Bedingungen schlüpfen die Nymphen nach etwa 3 bis 4 Monaten, und bei guter Pflege sind sie schon nach weiteren 4 Monaten ausgewachsen. Zur Ernährung dienen ihnen Blätter von Eichen, Brombeere und Guave.

Ernährung: Pflanzliche Kost
Giftigkeit: Ungiftig
Terrarientyp: Standard-Terrarium für Stab- und Gespensterheuschrecken

 25–30 °C   nein   Nacht   <120 mm

Phyllium giganteum

Großes Wandelndes Blatt

Verbreitung und Lebensraum: Heimat dieser Art ist die Malaiische Halbinsel, wo sie in gut besonnten Busch- und Baumzonen lebt. Dort kann man die Tiere ausschließlich auf ihren Futterpflanzen antreffen.

Aussehen: Auf dem Foto ist eine Nymphe zu sehen. Auch dieses Spezies besitzt einen abgeflachten, seitlich stark verbreiterten Körperbau; ihre Beine sind ebenfalls mit blattartige Verbreiterungen verziert. Grundfarbe ist ein sattes Blattgrün mit unterschiedlich intensiver brauner Fleckung. Die Larven hingegen zeichnen sich durch ein wesentlich dunkleres Rot aus, und ihr Hinterleib wirkt in der Draufsicht nahezu rautenförmig. Obwohl in manchen Zuchten ausnahmsweise auch voll entwickelte Männchen auftauchen, sind diese vermutlich nicht

fortpflanzungsfähig, denn diese Art vermehrt sich gewöhnlich seit Generationen rein parthenogenetisch.

Pflege und Zucht: Zur Haltung eignen sich vor allem gut belüftete Gazebehälter, mit einer hohen relativen Luftfeuchtigkeit um 70 bis 80 %. Nur etwa dreimal pro Woche werden die Futterpflanzen kurz angesprüht. Dabei sollte man allerdings vermeiden, die Tiere direkt anzusprühen. Die Art reagiert teilweise im Übrigen sehr empfindlich auf Staunässe. Bis die ersten Nymphen aus den Eiern schlüpfen, können bis zu 8 Monate vergehen. Als Futterpflanzen werden Eiche und Brombeere akzeptiert, wobei die Larven jedoch unbedingt auf Eichenlaub angewiesen sind.

Ernährung: Pflanzliche Kost

Giftigkeit: Ungiftig

Terrarientyp: Standard-Terrarium für Stab- und Gespensterheuschrecken

 23–25 °C   nein   Nacht   < 100 mm

Phyllium siccifolium

Wandelndes Blatt

Verbreitung und Lebensraum: Das Verbreitungsgebiet dieser Art erstreckt sich von den Philippinen über China und Malaysia bis nach Indien, wo die Tiere auf verschiedenen Sträuchern leben.
Aussehen: Die Spezies ähnelt mit ihrem abgeflachten, seitlich stark verbreiterten Körper einem Blatt. Ihre Grundfärbung bildet zumeist ein unterschiedlich heller oder dunkler Grünton. Weibchen besitzen voll ausgebildete Flügel, und ihr Hinterleib kann am Ende braun gesäumt sein. Die kleineren Männchen sind deutlich schmaler gebaut und zeigen oft einen schmalen, braunen Randsaum. Allerdings treten innerhalb des riesigen Verbreitungsgebietes auch gewisse Form- und Farbvarianten auf.
Pflege und Zucht: Die nachtaktiven Tiere stellen an ihre Pflege keine hohen Ansprüche.

Man kann die Insekten in mittelgroßen Glasterrarien bei einer relativen Luftfeuchtigkeit um 70 % halten. Etwa dreimal in der Woche übersprüht man die Futterpflanzen. Staunässe und Stickluft werden indes weniger gut toleriert. Die Eier benötigen bei 23 bis 25 °C etwa 4 Monate, bevor die zunächst dunkelbraunen bis schwarzen, weiß gesäumten Nymphen schlüpfen, welche nach weiteren 4 bis 5 Monaten ausgewachsen sind. Ein Generationszyklus dauert 8 bis 10 Monate. Man kann die Tiere ausschließlich mit Brombeerblättern ernähren, doch akzeptieren sie gern auch Eichen- und Guavenlaub.
Ernährung: Pflanzliche Kost
Giftigkeit: Ungiftig
Terrarientyp: Standard-Terrarium für Stab- und Gespensterheuschrecken

25–28 °C	nein	Nacht	< 95 mm

Rhaphiderus scabrosus

Gespenstschrecke

Verbreitung und Lebensraum: Heimat dieser Art sind Madagaskar und die Maskarenen, vornehmlich Mauritius und Réunion. Man trifft die Tiere dort nahezu ausschließlich auf ihren bevorzugten Nahrungspflanzen *Rhododendron* spp. an.

Aussehen: Weibchen zeigen eine gelb- oder sattgrüne Färbung, die nur auf dem dorsalen Bruststück durch einige gelborange gefärbte Miniaturdornen ergänzt wird. Männchen hingegen sind schlanker gebaut und in der Regel braun gefärbt. Im Übrigen besitzen beide Geschlechter keine Flügel und die Männchen bleiben etwas kleiner.

Pflege und Zucht: Die Art lässt sich leicht in mittelgroßen Glas- oder Plastikterrarien pflegen. Unerlässlich ist jedoch eine permanent hohe relative Luftfeuchtigkeit von etwa 90 %. Daher sollte man die Einrichtung zweimal täglich überbrausen, wobei sich allerdings keine Staunässe bilden darf. Die Eier werden vom Weibchen einfach fallen gelassen; sie sollten unbedingt dem Terrarium entnommen und separat gezeitigt werden. Dazu bettet man sie bei Temperaturen von um die 25 °C auf leicht feuchtes Vermiculite. Nach etwa 4 bis 6 Monaten schlüpfen dann die Nymphen. Es handelt sich bei dieser Spezies um einen Nahrungsspezialisten, der zu seinem Gedeihen unbedingt Rhododendronblätter benötigt. Daneben werden indes gelegentlich auch andere Futterpflanzen akzeptiert.

Ernährung: Pflanzliche Kost

Giftigkeit: Ungiftig

Terrarientyp: Standard-Terrarium für Stab- und Gespensterheuschrecken

🌡️ 22–25 °C	🔆 nein	🌙 Nacht	🦗 < 100 mm

Sipyloidea sipylus

Rosa geflügelte Stabschrecke

Verbreitung und Lebensraum: Das Verbreitungsgebiet dieser Art erstreckt sich von Südchina über den Indomalaiischen Archipel bis nach Australien; auf Madagaskar wurde sie vermutlich eingeschleppt.

Aussehen: Äußerlich ähneln die Insekten dürren Grashalmen. Ihre Grundfärbung ist zumeist ein blasses Strohgelb, nur selten zeigen sie grünliche Farbtöne. Davon setzt sich die hellbraune Maserung der Körperoberseite etwas dunkler ab. Auffallend sind ihre Antennen, die eine Länge von bis zu zwei Drittel des Köpers erreichen, und die ebenfalls sehr langen Flügel, die den Hinterleib fast vollständig bedecken. Ihren Namen verdanken die Spezies dem zartrosa Hinterbereich der Vorderflügel. Die Männchen bleiben auch hier deutlich kleiner.

Pflege und Zucht: Es handelt sich um eine relativ unproblematische Art. Zur Haltung eignen sich Glas- oder Kunststoffterrarien mit Gazedeckel. Deren Einrichtung kann denkbar einfach ausfallen: Bodengrund aus Küchenpapier, Äste der Futterpflanzen in einem Wassergefäß. Einmal täglich wird die Einrichtung kurz überbraust. Diese Stabschrecken kleben ihre Eier in Rindenspalten, auf raue Unterlagen und sogar auf Glasscheiben, wo man sie angesichts ihrer Zerbrechlichkeit auch besser belassen sollte. Gefressen werden vor allem verschiedene Rosengewächse wie Brombeere, aber auch Eichen- und Buchenlaub.

Ernährung: Pflanzliche Kost

Giftigkeit: Ungiftig

Terrarientyp: Standard-Terrarium für Stab- und Gespensterheuschrecken

 22–25 °C   nein   Nacht   < 135 mm

Trachyaretaon brueckneri

Riesendornschrecke

Verbreitung und Lebensraum: Die Art wurde bisher nur auf einer kleinen Insel der Philippinen nachgewiesen. Es handelt sich um nachtaktive Waldbewohner, die meist auf ihren Nahrungspflanzen leben.

Aussehen: Die flügellose Spezies zeigt meist eine hell- bis dunkelbraune Grundfärbung, die nur selten durch rötliche oder grünliche Farbtöne ergänzt wird. Die Ränder des Hinterleibs sind dabei oft heller gefärbt, nämlich orange braun oder rosa bräunlich. Weibchen können ein bis zwei weiße Hinterleibssegmente aufweisen. Der Vorderkörper ist stellenweise leicht mit Dornen besät. Männchen bleiben stets deutlich kleiner.

Pflege und Zucht: Die nachtaktiven Riesendornschrecken lassen sich leicht in mittelgroßen Glasterrarien bei einer relativen Luftfeuchtigkeit von 80 % pflegen. Allerdings sollte der Bodengrund stets leicht feucht gehalten werden, damit die Eier nicht austrocknen. Infrage kommen alle fäulnisresistenten Substrate, sofern sie Wasser gut aufnehmen und langsam wieder abgeben. Einmal täglich werden die Futterpflanzen kurz übersprüht. Die Nymphen schlüpfen nach einer Zeitigungsdauer von 4 bis 6 Monaten. Ausgewachsene Exemplare haben dann noch eine Lebenserwartung von bis zu 8 Monaten. Die Männchen lassen sich von ihren Partnerinnen oft wochenlang herumtragen. Als Nahrung dienen den Tieren Brombeerblätter.

Ernährung: Pflanzliche Kost

Giftigkeit: Ungiftig

Terrarientyp: Standard-Terrarium für Stab- und Gespensterheuschrecken

 24–26 °C   ja   Tag/Nacht   < 80 mm

Ancylecha fenestrata

Blattschrecke

Verbreitung und Lebensraum: Diese große Blattschrecke bewohnt weite Teile der Tropen Südostasiens. Tagsüber findet man die Tiere auf ihren Futterpflanzen. Das regionale Klima ist ausgesprochen feuchtwarm.

Aussehen: Die attraktiven Insekten tragen ein gelbgrünes bis leuchtend intensiv grünes Farbkleid. Ihre Gesamtlänge beträgt bei beiden Geschlechtern einschließlich der Flügel etwa 8 cm, wobei sie mit 4 cm Körperlänge ausgewachsen sind. Weibchen erkennt man leicht am sichelartigen Legestachel.

Pflege und Zucht: Die Pflege dieser Spezies kann in sehr geräumigen gut belüfteten Terrarien, die trotzdem eine hohe relative Luftfeuchtigkeit aufweisen, erfolgen. Als Einrichtungsgegenstände kommen einige Kletteräste und Futterpflanzen wie Brombeerblätter infrage. Einmal täglich – am besten gegen Abend – wird das gesamte Innere des Terrariums kräftige überbraust. Die sehr flachen Eier werden vom Weibchen in Ligusterblättern abgelegt. Man erkennt sie erst, wenn man ein Blatt im Gegenlicht betrachtet. Nach etwa 3 bis 7 Wochen – abhängig von der jeweiligen Temperatur – schlüpfen die Jungtiere. Sie sind dann etwa 10 mm lang und benötigen bis zur Geschlechtsreife etwa 5 Monate; erst nach ihrer letzten Häutung zeigen sie ein durchgehend grünes Farbkleid. Ernähren lassen sich die Insekten mit den üblichen Futterpflanzen und Ligusterblättern.

Ernährung: Pflanzliche Kost

Giftigkeit: Ungiftig

Terrarientyp: Standard-Terrarium für Stab- und Gespensterheuschrecken

 26–28 °C   nein   Nacht   < 70 mm

Eumegalodon spec.

Drachenkopf-Heuschrecke

Verbreitung und Lebensraum: Die Art scheint eine weite Verbreitung in Südostasien zu besitzen, wo die Tiere in den unterschiedlichsten tropischen Wäldern, vor allem in den Regenwäldern weit verbreitet sind. Leider ist diese Gattung bisher recht unerforscht und es scheinen sich noch viele verschiedene, unbeschriebene Arten dahinter zu verbergen.

Aussehen: Das bizarre Aussehen hat sicher zur Namensgebung beigetragen. Je nach importierter Form kann das Aussehen stark variieren. Die Flügel ragen meist weit über den Körper hinaus. Das Nackenschild hat häufig bizarre Auswüchse. Die Färbung reicht von grün über gelb bis braun, oft mit braunen Zeichnungselementen. Die Weibchen lassen sich häufig an ihrem Legestachel erkennen.

Pflege und Zucht: Man muss die Tiere unbedingt einzeln in geräumigen Regenwaldterrarien pflegen. Die Einrichtung sollte dabei aus einer stets leicht feucht gehaltenen Bodenschicht bestehen, die mit Laub und Moospolstern abgedeckt wird. Hinzu kommen mehrere Kletteräste, eine alte Baumwurzel oder Ähnliches. Auch eine dekorative Bepflanzung mit kleinen Farnen und Ranken dient der Tarnung der Tiere. Einmal täglich wird das gesamte Behälterinnere überbraust. Eine hohe relative Luftfeuchtigkeit scheint für das Wohlbefinden dieser Insekten unerlässlich zu sein. Gefressen werden Obst, verschiedene Blattsorten und Fischfutter.

Ernährung: Pflanzliche Kost

Giftigkeit: Ungiftig

Terrarientyp: Standard-Terrarium für Stab- und Gespensterheuschrecken

 22–24 °C ja Tag < 120 mm

Prosarthria teretrirostris

Pferdekopfschrecke

Verbreitung und Lebensraum: Die Art kommt im zentralen Südamerika vor. Sie lebt dort vor allem in der Busch- und Hochgrasvegetation trockener Steppenregionen. Das örtliche Klima kann als mäßig warm und trocken charakterisiert werden.

Aussehen: Die Tiere sind flügellos und ähneln daher stark den Stabheuschrecken. Der Kopf mit den großen Augen verleiht ihnen das typische Aussehen: er ist stark verlängert und deutlich vom Körper abgesetzt. Mit ihren kräftigen Hinterbeinen können die Insekten auch springen, wovon sie indes nur selten Gebrauch machen. Die Männchen sind stets wesentlich dünner und geringfügig kleiner als ihre Partnerinnen. Beide Geschlechter tragen ein braunes bis grünes Farbkleid.

Pflege und Zucht: Man kann die Tiere leicht im Terrarium gemeinsam pflegen. Den Boden des Behälters sollte dabei eine etwa 5 bis 10 cm hohe, immer feucht gehaltene Humusschicht bedecken, in der das Weibchen seine Eier ablegt, deren Zeitigung sich als recht schwierig erwiesen hat. Schon 14 Tage nach der letzten Häutung kann es zu einer erfolgreichen Paarung kommen und die Weibchen beginnen mit der Eiablage. Die Nymphen schlüpfen gegebenenfalls nach 6 bis 10 Monaten. Nach einem weiteren halben Jahr sind sie ausgewachsen. Ihre Lebenserwartung beträgt dann noch etwa 8 Monate. Als Nahrung dienen vor allem Brombeerblätter, aber auch Eichen- und Buchenlaub.

Ernährung: Pflanzliche Kost

Giftigkeit: Ungiftig

Terrarientyp: Standard-Terrarium für Stab- und Gespensterheuschrecken

 24–26 °C   ja   Tag   < 70 mm

Romalea microptera

Regenbogenschrecke

Verbreitung und Lebensraum: Die Art kommt aus dem Südosten der USA, wobei das Hauptverbreitungsgebiet in Florida liegt. Die Kurzflügelheuschrecken leben in eher trockenen Habitaten, wo sie immer auf ihren Futterpflanzen angetroffen werden.

Aussehen: Jungtiere zeigen auf schwarzem Grund einen roten oder gelben Aalstrich und einige weitere, stark variable rote Streifen an Körper und Beinen. Im ausgewachsenen Stadium wird ihr Farbkleid dann gelblich orange mit roten und schwarzen Zeichnungselementen.

Pflege und Zucht: Als Behälter kommen nur gut belüftete Gazeterrarien infrage. Regenbogenschrecken stellen keine hohen Ansprüche an die relative Luftfeuchtigkeit, benötigen jedoch zu ihrem Wohlbefinden eine Lichtquelle in Form eines Strahlers. Das Weibchen vergräbt seine Eier in einem Schaumkokon im feuchten Sand, und nach etwa 10 Wochen schlüpfen daraus die attraktiven Jungtiere. Nach der fünften Häutung sind sie ausgewachsen. Ihre Entwicklung dauert etwa zwei Monate. Jede Vergesellschaftung von Nymphen mit ausgewachsenen Exemplaren ist tunlichst zu vermeiden, da es vorkommen kann, dass sie von jenen an- oder gar aufgefressen werden. Eine gruppenweise Aufzucht der Jungen verläuft dagegen problemlos. Gefüttert werden diese Heuschrecken mit Brombeer-, Eichen- und Buchenlaub.

Ernährung: Pflanzliche Kost

Giftigkeit: Ungiftig

Terrarientyp: Standard-Terrarium für Stab- und Gespensterheuschrecken

 26–30 °C   ja   Tag   < 60 mm

Schistocerca paranensis

Südamerikanische Wanderheuschrecke

Verbreitung und Lebensraum: Die Südamerikanische Wanderheuschrecke kommt von Mittel- bis Südamerika hauptsächlich in eher trockenen, savannenartigen Landschaften vor. Das lokale Klima ist warm und nur mäßig feucht.

Aussehen: Sie zeigt den für eine Wanderheuschrecke typischen Körperbau. Das variable, relativ unspektakuläre Farbkleid besteht aus braunen, beige, gelben oder grauen Tönen.

Pflege und Zucht: Die Tiere benötigen gut durchlüftete Terrarien mit sehr vielen Sitzflächen. Daher sollten man auch die Wände mit Korkplatten oder Drahtflächen überziehen. Zusätzlich werden einige Drahtflächen im Abstand von 5 bis 6 cm unter der Decke gehängt sowie 8 bis 10 cm über dem Boden angebracht. Wer dies zu spartanisch findet, kann sich mit zahl- losen Kletterästen, Korkplatten und Ähnlichem behelfen. Ein etwa 10 cm hoher Behälter mit einem stets feuchten Torf-Sandgemisch dient den Weibchen zur Eiablage. Je nach Anzahl der Gelege muss er immer wieder ausgetauscht werden. Die Jungen schlüpfen nach 2 bis 3 Wochen und sind im Alter von 40 bis 50 Tagen geschlechtsreif. Ein Weibchen kann etwa 10 bis 14 Gelege mit jeweils 30 bis 50 Eiern produzieren. Die Lebenserwartung einer ausgewachsene Heuschrecke beträgt etwa 10 Wochen. Als Nahrung eignen sich Weizenkeimlinge, Gras, Löwenzahn und Salat. Letzterer darf allerdings auf keinen Fall gespritzt sein.

Ernährung: Pflanzliche Kost

Giftigkeit: Ungiftig

Terrarientyp: Standard-Terrarium für Stab- und Gespensterheuschrecken

🌡 24–26 °C	💡 ja	🌙 Tag	🦗 < 45 mm

Stilpnochlora couloniana

Riesen-Blattheuschrecke

Verbreitung und Lebensraum: Das Verbreitungsgebiet dieser Spezies reicht von Florida über die Karibik bis nach Mittelamerika. Ursprünglich bewohnten die Tiere tropische Wälder, doch inzwischen sind sie in den unterschiedlichsten Lebensräumen anzutreffen.

Aussehen: Die Art ist durchgehend grün. Ihr kantiger Vorderkörper und die nach hinten schmal auslaufenden Flügel verleihen erwachsenen Exemplaren ein unverwechselbares Aussehen. Der Hinterleib wird von den Flügeln komplett abgedeckt. Weibchen besitzen eine etwa 5 mm lange Legeröhre und sind etwas massiger gebaut als ihre Partner.

Pflege und Zucht: Je nach Größe des Terrariums kann man auch größere Gruppen pflegen. Die Art stellt nur geringe Ansprüche an ihre Pflege und eigentlich braucht die Einrichtung des Behälters nur aus Futterpflanzen zu bestehen. Gegen Abend wird der gesamte Behälterinhalt einmal kurz übersprüht. Etwa 2 bis 3 Monate nach der letzten Häutung legt das Weibchen die ersten Eier ab, die in mehreren Reihen an die Blätter oder Äste der Futterpflanzen geklebt werden. Trockene Äste führen zu Verlusten während der Zeitigung. Nach etwa 2 Monaten schlüpfen die Nymphen, welche bei guter Ernährung nach 4 Monaten ausgewachsen sind. Sie ernähren sich bevorzugt von Rosengewächsen wie Brombeere, nehmen aber auch frisches Eichen- und Buchenlaub an.

Ernährung: Pflanzliche Kost

Giftigkeit: Ungiftig

Terrarientyp: Standard-Terrarium für Stab- und Gespensterheuschrecken

🌡️ 26–30 °C	🐝 ja	🌙☀️ Tag	🦗 < 45 mm

Tetrataenia surinama

Surinam-Heuschrecke

Verbreitung und Lebensraum: Das Verbreitungsgebiet dieser Art umfasst hauptsächlich den
Guayana-Schild im nordöstlichen Südamerika.
Sie lebt sowohl im Regenwald, wo man die Tiere
vor allem an sonnenexponierten Stellen antrifft,
als auch in der Feuchtsavanne. Das regionale
Klima kann als feucht und warm charakterisiert
werden.
Aussehen: Ein wenig erinnern die Heuschrecken
an europäische Grashüpfer. Auf der Oberseite
überwiegt ein Olivgrün. Das sich an der Kopf-
und Halsseite in ein tiefes Lackschwarz wandelt.
Ein gelber Streifen zieht sich seitlich vom Kopf
bis zum Körper. Auf den Sprungbeinen finden
sich im Wechsel dunkle und gelbe Querstreifen.
Die schwarzen Antennen laufen in weiße Spitzen
aus.

Pflege und Zucht: Diese Art kann man in geräumigen Gazebehältern leicht gruppenweise pflegen. Sie reagiert allerdings recht empfindlich auf
Stickluft und Staunässe. Unerlässlich ist auch
ein kleiner Strahler, unter dem sich die Tiere bis
auf ihre Vorzugstemperatur erwärmen können.
Als Nahrung bietet man den Heuschrecken die
verschiedenen Rosengewächse wie Brombeere
und Himbeere an sowie das Laub von Buche und
Eiche. Zur Zucht stellt man am besten einen
etwa 10 cm hohen Eiablagebehälter auf, der
mit einem lockeren Sand-Torf-Gemisch gefüllt
ist. Dort hinein legen die Weibchen ihre Eier geschützt gelagert.
Ernährung: Pflanzliche Kost
Giftigkeit: Ungiftig
Terrarientyp: Standard-Terrarium für Stab- und
Gespensterheuschrecken

 26–28 °C ja Tag < 90 mm

Tropidacris collaris

Riesenheuschrecke

Verbreitung und Lebensraum: Heimat dieser Spezies ist das nördliche Südamerika, wo sie die tropischen Wälder besiedelt. Dort leben die Tiere auf Sträuchern und Bäumen.

Aussehen: Die Riesenheuschrecke gehört zu den größten Geradflüglern unserer Erde. Grundfärbung ist ein Olivgrün mit braunen Einschlüssen. Dazu kommen die hellbraunen Flügel und der oberhalb des Auges rote Kopfbereich. Sehr auffällig wirkt hier das deutlich segmentierte Nackenschild. Die Fühler erreichen im Verhältnis zum Körper nur eine geringe Länge. Jungtiere sind schwarz mit rotbraunen Zeichnungselementen.

Pflege und Zucht: *Tropidacris collaris* sollte man nur in sehr großen Terrarien pflegen, die mit ausreichend großen Lüftungsflächen versehen sind. Wichtig ist dabei eine mindestens 15 cm hohe Bodenschicht, die stets leicht feucht gehalten wird. Über dem Behälter muss stets auch ein stärkerer Strahler installiert sein. Die übrige Einrichtung besteht aus zahlreichen Kletterästen und Futterpflanzen. Das Weibchen legt seine je 50 bis 100 Stück umfassenden Eierpakete tief in der Substratschicht ab. Nach etwa 6 bis 9 Monaten schlüpfen daraus die Nymphen; diese häuten sich alle 4 bis 5 Tage und sind nach der 5. und letzten Häutung ausgewachsen und geschlechtsreif. Als Nahrung dienen diesen Insekten vor allem Blätter von Brombeersträuchern und anderen Rosengewächsen.

Ernährung: Pflanzliche Kost

Giftigkeit: Ungiftig

Terrarientyp: Standard-Terrarium für Stab- und Gespensterheuschrecken

🌡 28–30 °C	☀ ja	☾☀ Tag	< 40 mm

Zonocerus elegans

Harlekin-Heuschrecke

Verbreitung und Lebensraum: Sie besiedelt in Äquatorial- und Ostafrika ein ausgedehntes Verbreitungsgebiet. Der Lebensraum dieser Art umfasst die unterschiedlichsten Biotope – vom Regenwald bis zur Feuchtsavanne. Die Harlekin-Heuschrecke gehört zu den sogenannten Schaum- oder Kurzflügelschrecken.

Aussehen: Es handelt sich um besonders farbenprächtige Insekten mit schwarz-gelb geringeltem Hinterleib. Auch der schwarze Kopf zeigt ein kompliziertes Muster aus gelben Bändern und weißen Flecken, während die Augen zinnoberrot sind. Von der schwarzen Grundfarbe der Fühler heben sich kurz vor ihren Spitzen je zwei gelbe Ringe ab. Männchen haben längere Flügel als ihre Partnerinnen, sind aber nicht so kräftig gebaut.

Pflege und Zucht: Diese Art stellt an ihre Unterbringung keine hohen Ansprüche. Man kann die überaus geselligen Tiere in großen Gruppen gemeinsam in den unterschiedlichsten Behältertypen pflegen. Ihre Nahrung bildet das Laub von Brombeere, Himbeere, verschiedener weiterer Rosengewächse, Efeu, Eiche und Buche. Bei der Paarung klammert sich das Männchen sehr fest an seine Partnerin und setzen ihr dabei augenscheinlich sehr zu. Zur Eiablage bohrt das Weibchen seinen Hinterleib in den Boden und legt dort etwa 4 cm lange „Schaumpakete" ab. Die jungen Heuschrecken schlüpfen, je nach Temperatur etwa 4 bis 6 Monate später.

Ernährung: Pflanzliche Kost

Giftigkeit: Ungiftig

Terrarientyp: Standard-Terrarium für Stab- und Gespensterheuschrecken

 23–28 °C   nein   Nacht   < 30 mm

Phaeophilacris bredoides

Ostafrikanische Höhlengrille

Verbreitung und Lebensraum: Vermutlich stammt die Art ursprünglich aus der Chibongwe-Höhle in Sambia, einer südwestlichen Region Ostafrikas, wo sie an den Wänden und in den Spalten leben. Aufgrund ihrer Fähigkeit, sich selbst bei verhältnismäßig niedrigen Temperaturen erfolgreich fortzupflanzen, ist diese Art allerdings heute durch Verschleppung weit verbreitet.

Aussehen: Die Höhlengrille sieht aus wie ein Heimchen mit riesigen Beinen und noch gewaltigeren Fühlern. Die Färbung ist recht variabel und besteht aus einer ocker bis beigen Grundfärbung mit dunklen Bändern und Flecken, nur selten mit einem Anflug von Grün. Die Weibchen sind ein klein wenig größer und leicht an ihrem Legestachel zu erkennen.

Pflege und Zucht: Zur Unterbringung eignen sich vor allem möglichst hohe Plastik- oder Glasterrarien, deren Wände mit Kork verkleidet sind, da die Tiere gerne und gut klettern. Vorsicht beim Hantieren im Terrarium: Die Grillen verfügen über eine beachtliche Sprungkraft und nutzen jede Gelegenheit zur Flucht! Als Bodengrund eignet sich ein Torf-Sand-Gemisch, das immer leicht feucht zu halten ist. Die relative Luftfeuchtigkeit sollte ebenfalls nicht zu niedrig liegen. Diese Art zeichnet sich durch eine lange Entwicklungsdauer aus. Als Feuchtfutter bietet man ihr Salat, Banane, Apfel und Möhre an, zusätzlich Hundeflocken und Trockenfutter für Katzen.

Ernährung: Pflanzliche Kost/Fischfutter, Trockenfutter für Katzen und Ähnliches

Giftigkeit: Ungiftig

Terrarientyp: Standard-Trockeninsektarium

🌡️ 25–30 °C	🔆 nein	🌙 Nacht	🦗 < 70 mm

Gryllotalpidae spec.

Maulwurfsgrillen

Verbreitung und Lebensraum: Gelegentlich tauchen unter den Importen auch Maulwurfsgrillen aus verschiedenen Ländern auf. Alle Arten bevorzugen als Lebensraum offene Landschaften mit stets leicht feuchten, lockeren und auch kultivierten Böden. Diese Insekten können sich dank ihrer schaufelartig umgebildeten Vorderbeinen unter der Erde sehr geschickt vor- und rückwärts bewegen.

Aussehen: Dieses variiert im Einzelnen von Art zu Art. Gemeinsam sind allen Spezies jedoch ihre dunkle Färbung und der walzen- oder stromlinienförmige, gut an die unterirdische Lebensweise angepasste Körperbau. Weitere Adaptionen bilden die rudimentären Komplexaugen und die kurzen Vorderflügel. Das vordere Beinpaar ist durch seine starke Verbreiterung und kräftigen Randdornen zu Grabschaufeln umgebildet.

Pflege und Zucht: Aufgrund ihrer Lebensweise benötigen diese Grillen Terrarien mit einer mindestens 20 cm hohen Substratschicht. Als Bodengrund eignet sich ein nicht zu stark verfestigtes, teilweise mäßig feuchtes Gemisch aus Sand, Lehm und normaler Gartenerde, in dem die Maulwurfsgrillen ihre weit verzweigten Gänge graben. Man sollte die Tiere möglichst einzeln halten und nur zur Paarung kurzzeitig vergesellschaften. Viele Arten ernähren sich überwiegend von Wirbellosen, während andere Vegetarier oder Gemischtköstler sind. Daher gilt es gegebenenfalls zu experimentieren.

Ernährung: Pflanzliche Kost/Lebende tierische Kost wie verschiedene Wirbellose, Fischfutter, Trockenfutter für Katzen und Ähnliches

Giftigkeit: Ungiftig

Terrarientyp: Standard-Feuchtterrarium

🌡️ 25–30 °C	🐝 ja	🌙 Tag	🦗 < 80 mm

Blepharopsis mendica

Kleine Teufelsblume

Verbreitung und Lebensraum: Das Verbreitungsgebiet dieser interessanten Art reicht von den Kanarischen Inseln über Nordafrika, Israel und dem Libanon bis in den Mittleren Osten Iran und Afghanistan. Die Fangschrecken bewohnen trockene, warme und stark sonnenexponierte Habitate. Dort lauern die Tiere bevorzugt in blühenden Pflanzen auf Beute.

Aussehen: Bei der kleinen Teufelsblume handelt sich um eine recht bizarr aussehen Art, deren olivgrüner Körper weiße Querbänder trägt. Beide Geschlechter besitzen gut ausgebildete Flügel; Hinterleib und die Beine sind durch Hautlappen verbreitert und das breite Rückenschild der Tiere trägt auffällige Seitendornen. Ausgewachsene Männchen haben lange, rotbraune, beidseitig bewimperte Fühler.

Pflege und Zucht: Man sollte die Tiere einzeln, allenfalls paarweise, in möglichst großen Behältern pflegen. Bei ausreichender Fütterung bleibt ihr Hang zum Kannibalismus vergleichsweise gering. Während des Tages benötigen die Fangschrecken zumindest lokal Temperaturen von 35 bis 40 °C, bei einer Nachtabsenkung auf Zimmertemperaturniveau. Einmal täglich in den Abendstunden wird das Terrarium kurz übersprüht. Als Bodengrund eignet sich Sand, während die übrige Einrichtung aus Zweigen und Ähnlichem bestehen kann. Diese Gottesanbeterinnen ernähren sich von Stuben- oder Goldfliegen, Heimchen, Ofenfischchen, Wachsmotten und kleinen Schaben.

Ernährung: Lebende tierische Kost wie verschiedene Wirbellose

Giftigkeit: Ungiftig

Terrarientyp: Standard-Terrarium für Gottesanbeterinnen

28–30 °C		ja		Tag		< 53 mm		

Choeradonis cancellata

Gottesanbeterin

Verbreitung und Lebensraum: Das Verbreitungsgebiet dieser recht stattlichen Art umfasst große Teile Indiens und Sri Lankas. Dort findet man die Tiere hoch oben in den Baumkronen großer Bäume im tropischen Regenwald. Das Klima dort ist heiß und feucht, mit einer ausgeprägten Regenzeit.

Aussehen: Diese Fangschrecken sind ihrem Lebensraum, dem Blätterdach des Regenwaldes, hervorragend angepasst. Sie besitzen eine leuchtend giftgrüne Färbung, wie sie junge frische Blätter aufweisen. Nur die Innenseite der Fangbeine ist gelb. Das Bruststück weist eine starke seitliche Verbreitung auf, in welche sogar der Kopf durch eine Ausbuchtung einbezogen ist. Die schlankeren Männchen sind nur geringfügig kleiner als ihre Partnerinnen.

Pflege und Zucht: Die Haltung der Tiere sollte einzeln in geräumigen Terrarien, die eine hohe relative Luftfeuchtigkeit aufweisen, erfolgen. Die Einrichtung sollte aus zahlreichen Kletterästen und einigen mittelgroßblättrigen Rankpflanzen gebildet werden. Einmal täglich wird der gesamte Behälterinhalt kräftig überbraust. Etwa zwei Wochen nach der letzten Häutung erlangen die Tiere die Geschlechtsreife. Ein Weibchen kann bis zu vier Kokons produzieren, aus denen bei etwa 30 °C nach etwa 6 Wochen 50 bis 80 Nymphen schlüpfen. Als Nahrung akzeptieren die Fangschrecken Fliegen, kleine Falter, kleine Heimchen und Grillen und Ähnliches.

Ernährung: Lebende tierische Kost wie verschiedene Wirbellose

Giftigkeit: Ungiftig

Terrarientyp: Standard-Terrarium für Gottesanbeterinnen

🌡️ 25–35 °C	🐢 ja	🌙 Tag	🦗 < 40 mm

Creobroter pictipennis

Kleine Blütenmantis

Verbreitung und Lebensraum: Bewohnt den Süden des Indischen Subkontinents einschließlich Sri Lanka und das angrenzende Gebiet bis zur Malaiischen Halbinsel und nach Sulawesi Celebes. Wie ihr Name andeutet, hält sich die kleine Fangheuschrecke bevorzugt auf blühenden Sträuchern auf, wo sie durch ihre Körper- und Flügelzeichnung hervorragend getarnt ist.

Aussehen: Die überaus attraktiven Tiere besitzen eine grün weiße Grundfärbung. Besonders auffallend ist jedoch die Zeichnung der bei beiden Geschlechtern voll ausgebildeten Flügel: In der Mitte jedes Deckflügels sitzt ein querovaler milchig weißer, schwarz umrandeter Augenfleck. Männchen kann man leicht an ihrem schlankeren Körperbau und der etwas geringeren Gesamtlänge erkennen.

Pflege und Zucht: Man pflegt die Art am besten einzeln in kleinen Terrarien. Die Einrichtung sollte aus dünnen Kletterästen und einer kleinen Rankpflanze bestehen. Einmal täglich wird der Behälter kurz überbraust. Die etwa 30 bis 60 Eier enthaltenden Ootheken zeitigt man bei etwa 30 °C. Dabei sollten sie etwa alle zwei Tage kurz angesprüht werden. Nach 4 bis 6 Wochen schlüpfen die Nymphen, die in der ersten Zeit gemeinsam aufgezogen werden können. Als Futter erhalten die Tiere Frucht-, Stuben- oder Goldfliegen, kleine Heimchen, Ofenfischchen, Bohnenkäfer, Mehlmotten und Ähnliches.

Ernährung: Lebende tierische Kost wie verschiedene Wirbellose

Giftigkeit: Ungiftig

Terrarientyp: Standard-Terrarium für Gottesanbeterinnen

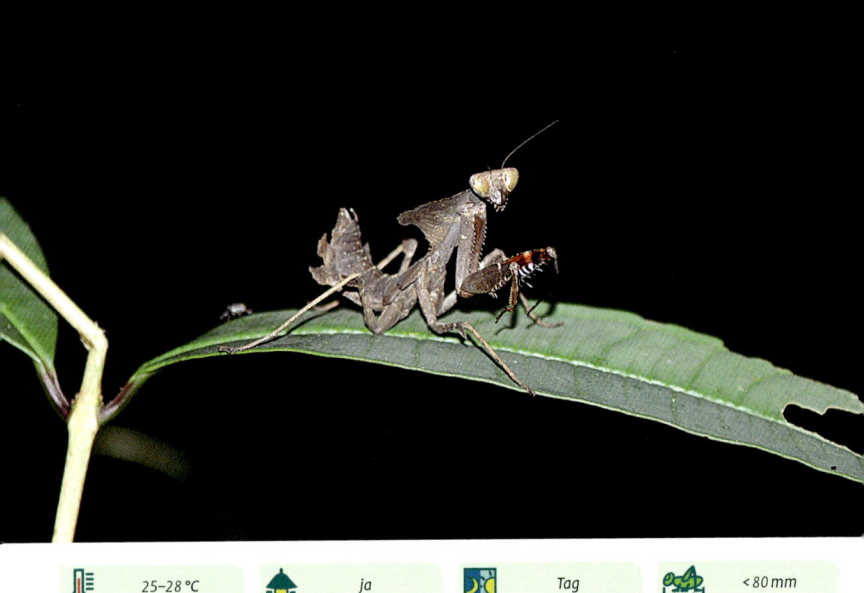

🌡️ 25–28 °C	🔆 ja	⬡ Tag	🌿 < 80 mm

Deroplatys truncata

Totes-Blatt-Mantis

Verbreitung und Lebensraum: Diese eindruck-volle Art lebt in den tropischen Regenwäldern von Malaysia, Sumatra, Java, Borneo und Neu-Guinea. Dort bewohnt sie bodennahe Bereiche wie die Laub- und Krautschicht sowie die Busch- und die unterste Baumkronenzone. Interessan-terweise trifft man die Fangschrecke seltener in der Laubstreu als an etwas höher gelegenen Stellen an, zum Beispiel auf Wurzeln und Ästen sowie an Baumstämmen.

Aussehen: Mit ihrem Aussehen imitieren die Tiere vertrocknete Blätter Blatt-Mimese, was für eine hervorragende Tarnung in ihrem Le-bensraum sorgt. Grundfarbe ist ein dunkles, zonenweise unregelmäßig aufgehelltes Braun. Rücken- und Halsschild sind blattartig verbrei-tert und verdecken so den darunterliegenden Körper. Männchen sind bedeutend kleiner und schlanker als ihre Partnerinnen.

Pflege und Zucht: Man pflegt die Totes-Blatt-Mantis tunlichst einzeln in geeigneten Behältern bei hoher relativer Luftfeuchtigkeit. Als Boden-grund kommt nur ein fäulnisresistentes, stets leicht feucht gehaltenes Substrat infrage. Dar-über verteilt man eine etwa 5 cm hohe Schicht Falllaub, auf der man einige nach oben führende Äste und Wurzeln platziert. Zur Bepflanzung eignen sich klein bleibende Rankpflanzen, deko-rative Farne und Ähnliches. Mindestens einmal täglich wird das Behälterinnere großzügig übersprüht.

Ernährung: Lebende tierische Kost wie verschie-dene Wirbellose

Giftigkeit: Ungiftig

Terrarientyp: Standard-Terrarium für Gottesan-beterinnen

🌡️ 25–30 °C	🦗 ja	🌓 Tag	📏 < 30 mm

Eremiaphila cerisy

Gottesanbeterin

Verbreitung und Lebensraum: Diese Fangschre-cke ist ein typischer Bodenbewohner der Halb-wüsten im Nordosten der Arabischen Halbinsel Vereinigte Arabische Emirate. Die Tiere leben dort auf Geröllhalden, wo sie sich geschickt auf den Steinen fortbewegen.

Aussehen: Die Art besitzt einen vergleichsweise gedrungenen Körper. Ihre Grundfärbung besteht aus rotbraunen bis grauen Tönen, wozu noch weiße Querstreifen auf den Beinen kommen. Die Flügel reichen nur knapp bis zur Mitte des Hinterleibes. Männchen sind schlanker und ge-ringfügig kleiner als ihre Partnerinnen.

Pflege und Zucht: Man pflegt die Tiere einzeln in Trockenterrarien, deren Bodengrund aus einer groben Sandschicht besteht; hinzu kommen zahlreiche Steinaufbauten und eine Wurzel zum Klettern. Unerlässlich sind eine große Licht-fülle und zumindest lokale Temperaturen von 40 bis 45 °C. Abends wird das Terrarium leicht überbraust. Diese Art verfügt über kurze, aber kräftige Fangbeine, mit deren Hilfe sie auch in der Lage ist, sehr wehrhafte Beutetiere zu überwältigen. Diese werden in einem kurzen, aber schnellen Spurt erjagt, nachdem die Gottesanbeterin sie visuell oder anhand von Bodenerschütterungen geortet hat. Als Nahrung reicht man den Tieren die üblichen Insekten wie Ofenfischchen, große Fruchtfliegen sowie kleine Grillen, Heimchen, Schaben und Heuschrecken.

Ernährung: Lebende tierische Kost wie verschie-dene Wirbellose

Giftigkeit: Ungiftig

Terrarientyp: Standard-Trockeninsektarium

 28–35 °C   ja   Tag   < 100 mm

Gongylus gongylodes

Wandelnde Geige

Verbreitung und Lebensraum: Das Verbreitungsgebiet umfasst weite Teile des Indischen Subkontinents inklusive Sri Lanka und weiter bis nach Birma, Thailand, der Malaiischen Halbinsel und Java. Im lichten Strauchwerk, wo sie vor allem auf anfliegende Insekten lauern.

Aussehen: Die Fangschrecken erinnern äußerlich stark an ein welkes Blatt. Sie zeigen eine beige, rot- bis dunkelbraune oder gar schwarze Färbung. Ihren deutschen Namen verdanken sie dem breiten Hinterleib, der an einem überschlanken, fast stielartig verdünnten Bruststück sitzt und so einer Geige ähnelt. Überdies trägt die Stirn einen stielartigen Scheitelaufsatz. Beide Geschlechter sind beflügelt, und Männchen erkennt man leicht an ihren sehr langen, beiderseits gefiederten Fühlern.

Pflege und Zucht: Die innerartliche Aggressivität ist hier nur schwach ausgeprägt, sodass man die Tiere – entsprechend geräumige Terrarien vorausgesetzt – problemlos in großen Gruppen pflegen kann. Die Einrichtung wird aus zahlreichen Kletterästen gebildet, an den sich die Tiere leicht zur Häutung aufhängen können. Jeden Abend sollte man das Terrarium großzügig übersprühen. Die auf Fluginsekten spezialisierte Spezies erhält im ersten Larvenstadium flugfähige Fruchtfliegen, anschließend Stuben- oder Goldfliegen sowie Kleinschmetterlinge und Ähnliches.

Ernährung: Lebende tierische Kost wie verschiedene Wirbellose

Giftigkeit: Ungiftig

Terrarientyp: Standard-Terrarium für Gottesanbeterinnen

🌡 25–35 °C		☀ ja		🌙 Tag		< 125 mm

Heterochaeta strachani

Astmantis

Verbreitung und Lebensraum: Die Art stammt vermutlich aus den Trockenwäldern Westafrikas, wo sie im dünnen Gezweig von Sträuchern und Bäumen lebt. Hier hängen sich die Tiere mit leicht gebogenem Körper auf und lauern so auf vorüberfliegenden Insekten.

Aussehen: Diese Fangschrecken wirken aufgrund ihrer langgestreckt-dünnen Körper und der eintönig rotbraunen Färbung wie feine Ästchen. Dabei ist diese Ast-Mimese so perfekt geraten, dass man sie in freier Natur kaum entdecken kann, sobald sie ihre Ruhestellung eingenommen haben. Beide Geschlechter tragen gut ausgebildete Flügel, die aber nicht bis zum Hinterleibsende reichen. Ihre schmalen Fangarme legen die Vermutung nahe, dass sie sich auf Fluginsekten spezialisiert haben.

Pflege und Zucht: Im Allgemeinen zeichnet sich diese Spezies durch eine sehr geringe innerartliche Aggressivität aus, sodass man die Tiere in geräumigen Behältern auch paarweise pflegen kann. Die Einrichtung sollte dabei aus zahlreichen Kletterästen und einer kleinblättrigen Pflanze bestehen. Abends und morgens muss das Terrarium kurz überbraust werden. Wenn man die Eierpakete Ootheken ein- bis zweimal täglich kurz übersprüht und bei 30 °C zeitigt, schlüpfen die Nymphen nach etwa 6 bis 7 Wochen. Sie erhalten flugfähige Fruchtfliegen, später hingegen Stubenfliegen sowie Kleinschmetterlinge und Ähnliches.

Ernährung: Lebende tierische Kost wie verschiedene Wirbellose

Giftigkeit: Ungiftig

Terrarientyp: Standard-Terrarium für Gottesanbeterinnen

 24–30 °C ja Tag   < 80 mm

Hierodula patellifera

Gottesanbeterin

Verbreitung und Lebensraum: Diese attraktive
Art bewohnt weite Teile Süd- und Südostasiens,
etwa von Thailand bis Südchina sowie Indone-
sien, die Philippinen und Japan. Es handelt sich
um einen Strauch- und Baumbewohner offener
Landschaftstypen.
Aussehen: Von dieser Fangschreckenart sind
zwei Farbmorphen bekannt. Es gibt Tiere, deren
Färbung überwiegend aus einem bläulichen
Grünton besteht, während andere auf grauem
Grund eine weiße Fleckenzeichnung tragen.
Beide Geschlechter besitzen Flügel, die über
das Körperende hinausragen. Männchen sind
schlanker und etwas kleiner als ihre Partnerinnen.
Pflege und Zucht: Man pflegt die Spezies am
besten einzeln in kleinen Terrarien, deren Einrichtung aus fingerdicken Kletterästen und einer
Rankpflanze besteht. Einmal täglich wird der Behälter kurz überbraust. Während Weibchen ein
Alter von bis zu 8 Monaten erreichen können,
versterben Männchen meist schon nach 3 bis
4 Monaten. Etwa zwei Wochen nach der Paarung
klebt das Weibchen seine Oothek an die Unterseite eines dickeren Astes. Die Zeitigung erfolgt
bei normalen Zimmertemperaturen, wobei
das Eierpaket etwa alle 2 Tage kurz angesprüht
werden sollte. Nach 4 bis 6 Wochen schlüpfen
dann die Nymphen. Diese Gottesanbeterinnen
erhalten als Futter Stuben- oder Goldfliegen,
Heimchen, Wachsmotten und Ähnliches von
entsprechender Größe.
Ernährung: Lebende tierische Kost wie verschiedene Wirbellose
Giftigkeit: Ungiftig
Terrarientyp: Standard-Terrarium für Gottesanbeterinnen

 28–30 °C   ja   Tag   < 80 mm

Hymenopus coronatus

Orchideenmantis

Verbreitung und Lebensraum: Heimat dieser Spezies sind große Teile Süd- und Südostasiens. Wie ihr deutscher Name verrät, lebt sie bevorzugt auf großblütigen Orchideen, wo sie Fluginsekten erbeutet.

Aussehen: Die Orchideenmantis gehört sicherlich zu den farblich attraktivsten Arten. Ihre Grundfärbung bilden weiße, cremefarbene, rosa oder schwach grünliche Töne, während das rötliche bis braune Muster stark an die Blütenblätter der erwähnten Orchideen gemahnt. Auffallend ist die unterschiedliche Größe beider Geschlechter: Weibchen werden etwa doppelt so groß wie ihre Partner. Die Fangbeine sind sehr kräftig ausgebildet, sodass die Tiere problemlos imstande sind, auch große Tag- und Nachtfalter zu erbeuten.

Pflege und Zucht: Die Art ist zwar sehr beliebt, aber in der Pflege nicht ganz unproblematisch. Man sollte die Tiere einzeln in geräumigen Glasterrarien halten. Als Einrichtung dienen einige Kletteräste und – wenn irgend möglich – blühende Orchideen. Die relative Luftfeuchtigkeit muss sehr hoch liegen, weshalb man die gesamte Einrichtung zweimal täglich überbraust. Etwa zwei Wochen nach der Verpaarung legt das Weibchen seine erste Oothek ab. Diese sollte bei 30 °C und einer hohen relativen Luftfeuchtigkeit gezeitigt werden. Ernähren lassen sich die Tiere vor allem mit Fliegen und Kleinschmetterlingen.

Ernährung: Lebende tierische Kost wie verschiedene Wirbellose

Giftigkeit: Ungiftig

Terrarientyp: Standard-Terrarium für Gottesanbeterinnen

23–28 °C	ja	Tag	< 50 mm

Mimomantis milloti

Gottesanbeterin

Verbreitung und Lebensraum: Heimat dieser relativ kleinen Fangschreckenart ist Madagaskar. Dort bewohnen die Insekten offene Landschaften mit üppiger Strauchvegetation und kleinen Bäumen. Man kann sie aber auch auf Wiesen und an Reisfeldern finden.

Aussehen: Es handelt sich um eine recht klein bleibende Spezies mit sehr schlankem Körperbau. Wenn sich die Fangschrecken eng an ihre Unterlage schmiegen, kann man sie nur schwer ausfindig machen. Das Farbkleid besteht zumeist aus einem hellen Grasgrün, doch es gibt auch rein graue oder bläulich graue Tiere. An den Innenseiten der „Oberarme" sitzen große schwarze Flecken mit je drei leuchtend weißen Punkten, am „Unterarm" findet sich ein orangefarbener Fleck mit schwarzem Mittelstrich. Beide Geschlechter tragen voll ausgebildete Flügel, welche das Körperende überragen. Männchen sind schlanker und etwas wenig kleiner als ihre Partnerinnen.

Pflege und Zucht: Bei Einzelhaltung reichen vergleichsweise kleine Behälter aus. Ihre Einrichtung bilden einige Kletteräste, während die Bepflanzung aus einer Rankpflanze besteht. Einmal täglich wird das Terrarium gründlich übersprüht. Adulte Insekten können sich bereits innerhalb der ersten beiden Wochen des Erwachsenenstadiums verpaaren. Aufgrund ihrer geringen Größe erhalten die Tiere als Futter Stuben- oder Goldfliegen, kleine Heimchen und Grillen, Ofenfischchen, Bohnenkäfer und Mehlmotten.

Ernährung: Lebende tierische Kost wie verschiedene Wirbellose

Giftigkeit: Ungiftig

Terrarientyp: Standard-Terrarium für Gottesanbeterinnen

🌡 25–35 °C	🐝 ja	☀🌙 Tag	< 50 mm

Parasphendale agrionia

Ostafrikanische Mantis

Verbreitung und Lebensraum: Das Verbreitungsgebiet dieser Art erstreckt sich von Kenia bis nach Äthiopien. Dort bewohnen die Tiere offene Landschaften mit üppiger Strauchvegetation.

Aussehen: Die ausgewachsenen Fangschrecken zeigen überwiegend eine hellbeige Färbung, welche bei Männchen kräftiger und leuchtender wirkt. Beide Geschlechter tragen Flügel, die bei den wesentlich kleineren Männchen jedoch relativ deutlich länger ausfallen. Das Deckflügelpaar ist kontrastreich hellbeige-braun gefärbt, wogegen die Hautflügel zeichnungslos purpurrot sind.

Pflege und Zucht: Die Art sollte einzeln gehalten werden, doch kann man sie in entsprechend großen Behältern auch paarweise pflegen. Wichtig sind dabei zahlreiche Kletteräste und eine kleinblättrige Rankpflanze. Gegen Abend wird das Terrarium kurz überbraust. Die Ootheken können bei 30 °C gezeitigt werden, wobei man sie zweimal wöchentlich kurz ansprüht. Schon 6 Wochen später schlüpfen dann 50 bis 120 schwarze Nymphen. Wenn sich die Tiere bedroht fühlen, zeigen sie ein bemerkenswertes Abwehrverhalten; dabei präsentieren sie mit aufgerichtetem Vorderkörper die orange Innenseiten ihrer Fangbeine. Zur Verstärkung des Abschreckungseffektes werden überdies die Vorder- und Hinterflügel entfaltet und hoch aufgerichtet. Als Futter dienen Stuben- oder Goldfliegen, Grillen, Heimchen und Ähnliches

Ernährung: Lebende tierische Kost wie verschiedene Wirbellose

Giftigkeit: Ungiftig

Terrarientyp: Standard-Terrarium für Gottesanbeterinnen

25–30 °C	ja	Tag	< 50 mm

Phyllocrania paradox

Geistermantis

Verbreitung und Lebensraum: Diese bizarre Art bewohnt fast ganz Afrika südlich der Sahara und Madagaskar. Es handelt sich um einen Bewohner lichter Trockenwälder und Baumsavannen, wo man die Tiere gut getarnt auf Büschen und Bäumen findet.

Aussehen: Auch diese Spezies mit ihren zahlreichen blattartigen Körperanhängseln zeigt eine ausgesprochene Blatt-Mimese; so erinnert sie stark an ein welkes Blatt, das sich langsam zusammenrollt. Die Färbung setzt sich dementsprechend aus verschiedenen Brauntönen zusammen; seltener kommen rötliche oder schwärzliche, nur ausnahmsweise auch grünliche Nuancen hinzu. Männchen erkennt man auch hier an ihrer deutlich geringeren Größe und den langen, bewimperten Antennen.

Pflege und Zucht: Die Art ist ein unproblematischer Pflegling, den man einzeln, in entsprechend großen Gazebehältern aber auch paarweise halten kann. Wichtig sind dabei zahlreiche Kletteräste – möglichst mit trockenem Laub – und eine großblättrige Rankpflanze. Die relative Luftfeuchtigkeit darf nicht zu hoch liegen und Staunässe wird von dieser Art überhaupt nicht toleriert. Gegen Abend wird das Terrarium kurz übersprüht. Da die Art auf Fluginsekten spezialisiert ist, füttert man sie vornehmlich mit Stuben- oder Goldfliegen, Kleinschmetterlingen und Ähnliches. Sie akzeptieren jedoch auch alle andern üblichen Futtertiere.

Ernährung: Lebende tierische Kost wie verschiedene Wirbellose

Giftigkeit: Ungiftig

Terrarientyp: Standard-Terrarium für Gottesanbeterinnen

🌡️ 25–28 °C	🌱 ja	🌙☀️ Tag	🦗 < 70 mm

Polyspilota aeruginosa

Gottesanbeterin

Verbreitung und Lebensraum: Das Verbreitungsgebiet dieser Art umfasst fast ganz Afrika südlich der Sahara sowie Äthiopien und Madagaskar. Sie bewohnt dort lichte Trockenwälder und Baumsavannen, wo man die Tiere besonders an sonnenexponierten Stellen findet.

Aussehen: Die Fangschrecken tragen ein sehr variables Farbkleid: die Grundfärbung variiert von gräulich braun bis grün – häufig meliert oder mit einem rosafarbenen Schimmer. Beide Geschlechter besitzen gut ausgeprägt Flügel. Männchen sind ein wenig kleiner und schlanker als ihre Partnerinnen.

Pflege und Zucht: Man sollte diese Insekten möglichst einzeln in geeigneten Behältern mit einer guten Lüftung pflegen. Ihre Einrichtung besteht aus fingerdicken Kletterästen und einer Rankpflanze. Einmal täglich wird das Terrarium kurz überbraust. Etwa zwei Wochen nach der Paarung klebt das Weibchen eine Oothek an die Unterseite eines dickeren Astes. Die Zeitigung erfolgt bei etwas erhöhten Zimmertemperaturen, nur sollte das Eierpaket etwa alle zwei Tage kurz angesprüht werden. Nach 4 bis 6 Wochen schlüpfen die kleinen Nymphen. Vorsicht: Sie bewegen sich überaus schnell und hektisch, sind aber in der Aufzucht unproblematisch. Als Futter erhalten die Tiere Stuben- oder Goldfliegen, Heimchen, Ofenfischchen, Wachsmotten, kleine Schaben und Wanderheuschrecken in entsprechender Größe.

Ernährung: Lebende tierische Kost wie verschiedene Wirbellose

Giftigkeit: Ungiftig

Terrarientyp: Standard-Terrarium für Gottesanbeterinnen

🌡️ 25–32 °C	🐝 ja	🌓 Tag	🦗 < 80 mm

Popa batesi

Madagassische Astmantis

Verbreitung und Lebensraum: Das Verbreitungsgebiet der Spezies liegt vor allem im trockenen Westen Madagaskars, wo die Tiere auf den Ästen von Sträuchern und Bäumen, aber auch an deren Stämmen zu finden sind.

Aussehen: Diese Fangschrecken ähneln aufgrund ihres langgestreckten, dünnen Körpers stark feine Ästchen. Dabei ist diese Ast-Mimese so perfekt ausgeprägt, dass sie in der freien Natur kaum zu entdecken sind. Begünstigt wird dies noch durch die graubraun gemusterte, an trockene Rinde erinnernde Färbung. Auffälligstes Merkmal der Tiere ist ihr dreieckiger Kopf, mit den großen, seitlich angeordneten Augen, der um fast 180° gedreht werden kann. Die weit vorn ansetzenden Fangbeine wirken bei diesen Insekten eher wie Arme, da sie völlig frei beweglich und sehr weit von den Schreitbeinen entfernt sind.

Pflege und Zucht: Man sollte die Art einzeln pflegen, doch sie kann in entsprechend größeren Gazebehältern auch paarweise gehalten werden. Die Einrichtung besteht aus fingerdicken Kletterästen, einer mit dekorativen Rindenschwarten verkleideten Rückwand und einer Rankpflanze. Die relative Luftfeuchtigkeit darf nicht zu hoch sein, Staunässe wird von dieser Spezies überhaupt nicht toleriert. Gegen Abend übersprüht man das Terrarium kurz. Als Nahrung akzeptieren diese Fangschrecken die üblichen Insekten.

Ernährung: Lebende tierische Kost wie verschiedene Wirbellose

Giftigkeit: Ungiftig

Terrarientyp: Standard-Terrarium für Gottesanbeterinnen

🌡️ 25–35 °C	🐝 ja	🗓️ Tag	🦗 < 40 mm

Pseudocrebrota wahlbergii

Blütenmantis

Verbreitung und Lebensraum: Das Verbreitungs-gebiet dieser Fangschrecke umfasst weite Teile Ostafrikas. Die Tiere leben dort in der Strauch-vegetation, wo sie zwischen den Blütenständen hervorragend getarnt auf Beute lauern.

Aussehen: Die kleine Spezies besitzt einen eher gedrungenen Körper. Besonders auffällig wirken das kurze, aber stark verbreiterte Rückenschild und die großen Hautlappen an Beinen und Hinterleib. Grundfarbe der adulten Tiere ist ein gelbliches Weiß, von dem sich grünliche Quer-streifen abheben. In der Mitte der cremeweißen Deckflügel sitzt ein grüner Ring, in dem sich eine schwarz umrandete Spirale befindet.

Pflege und Zucht: Die innerartliche Aggres-sivität ist weniger stark ausgeprägt, sodass man die Tiere in geräumigen Behältern auch gut paarweise pflegen kann. Die Einrichtung besteht dabei aus stark verzweigten Ästchen und Pflanzen, die möglichst weiß blühen oder grün-weiße Blätter tragen. Das Weibchen heftet seine ziemlich flache und schmale Oothek an einen Ast. Daraus schlüpfen bei 30 °C nach etwa 6 Wochen 40 bis 80 Nymphen, die sich gemein-sam aufziehen lassen. Voraussetzung ist jedoch, dass sie immer genügend Aufenthaltsplätze und Futter vorfinden. Ernährt werden die Tiere mit Fruchtfliegen, Stuben- oder Goldfliegen, Ofenfischchen, kleinen Faltern, mittleren Grillen und Heimchen.

Ernährung: Lebende tierische Kost wie verschie-dene Wirbellose

Giftigkeit: Ungiftig

Terrarientyp: Standard-Terrarium für Gottesan-beterinnen

🌡️ 25–35 °C	🐝 ja	🌙 Tag	🦗 < 80 mm

Sphodromantis lineola

Gottesanbeterin

Verbreitung und Lebensraum: Die Art besiedelt ein ausgedehntes Verbreitungsgebiet, das weite Teile West-, Zentral- und Ostafrikas umfasst. Dort kann man die Tiere vor allem im Geäst von besonders sonnenexponierten Sträuchern und Bäumen antreffen.

Aussehen: Diese Fangschrecken besitzen einen kompakten Körper mit kräftigen Fangbeinen. Beide Geschlechter tragen lange Flügel, deren Grundfarbe zwischen Grün und Braun variiert. Auffälligstes Merkmal sind die kleinen weißen Augenflecke auf den Deckflügeln.

Pflege und Zucht: Die Art wird am besten einzeln in entsprechend großen Gazebehältern gepflegt. Deren Einrichtung sollte aus zahlreichen Kletterästen und einer Rankpflanze bestehen. Gegen Abend wird das Terrarium kurz übersprüht. Etwa 2 bis 4 Wochen nach der Verpaarung legt das Weibchen seine rundlichen braunen Ootheken an Zweigen ab. Bei einer Umgebungstemperatur von 30 °C und zweimal wöchentlichem kurzen Ansprühen schlüpfen daraus nach ungefähr 6 Wochen 80 bis 150 Nymphen. Für ihre Entwicklung zum ausgewachsenen Tier benötigen jene etwa 3 Monate. Die Lebensdauer eines ausgewachsenen Weibchens kann anschließend zu 10 Monate betragen. Als Futter erhalten diese Gottesanbeterinnen Stuben- oder Goldfliegen, Heimchen und Grillen, kleine Schaben und Wanderheuschrecken, Ofenfischchen sowie Wachsmotten und andere Falter.

Ernährung: Lebende tierische Kost wie verschiedene Wirbellose

Giftigkeit: Ungiftig

Terrarientyp: Standard-Terrarium für Gottesanbeterinnen

 25–35 °C   Ja   Tag   < 50 mm

Theopropus elegans

Blütenmantis

Verbreitung und Lebensraum: Diese Art stammt aus Malaysia, wo blühende Sträucher und Bäume ihr bevorzugtes Habitat bilden.

Aussehen: Die Fangschrecke hat einen recht gedrungenen Körper. Während dieser auf weißlichem Grund grüne Querstreifen trägt, besitzen beide Geschlechter dunkelgrüne Deckflügel, in deren Mitte jeweils ein weißer, schwarz umrandeter Augenfleck sitzt. Auch bei dieser Spezies werden die Weibchen fast doppelt so groß wie ihre Partner.

Pflege und Zucht: Ausgewachsene Tiere muss man unbedingt einzeln pflegen. Die Einrichtung der Behälter kann aus zahlreiche Ästen und kleinblättrigen Pflanzen bestehen. Die relative Luftfeuchtigkeit sollte nicht zu niedrig liegen, dazu wird die Einrichtung allabendlich leicht übersprüht. Etwa zwei Wochen nach ihrer letzten Häutung sind die weiblichen Tiere paarungsbereit. Bevor man sie mit ihren Partnern zusammensetzt, sollten sie zur Vorsorge ausgiebig gefüttert werden. Überdies müssen sich unbedingt auch einige Nahrungstiere im Zuchtbehälter befinden. Wenige Tage nach der Verpaarung legt das Weibchen an einem Zweig eine länglich flache, bis zu 7 cm lange Oothek ab. Diese sollte anschließend in feuchtes Moos gebettet und täglich kurz übersprüht werden. Bei 30 °C schlüpfen daraus nach circa 6 Wochen 40 bis 60 orangefarbene Larven. Da diese Art bevorzugt Fluginsekten erbeutet, erhalten die Tiere als Futter Stuben- oder Goldfliegen sowie kleine Falter.

Ernährung: Lebende tierische Kost wie verschiedene Wirbellose

Giftigkeit: Ungiftig

Terrarientyp: Standard-Terrarium für Gottesanbeterinnen

🌡️ 22–25 °C	🦗 ja	🌙 Tag	🪲 < 80 mm

Allomyrina dichotoma

Japanischer Nashornkäfer

Verbreitung und Lebensraum: Das Verbreitungsgebiet dieser Art umfasst große Teile Japans. Es handelt sich um einen nachtaktiven Bewohner der dort vorherrschenden Laubwälder.

Aussehen: Japanische Nashornkäfer sind besonders eindrucksvolle Riesen. Die Tiere zeigen meist eine schlichte dunkelbraune bis schwarze Färbung, wobei ihr Vorderkörper bisweilen einen Stich ins Rote aufweisen kann. Besonders auffallend ist bei dieser Art der ausgeprägte Geschlechtsdimorphismus: Männchen besitzen ein riesiges „Geweih". Dabei handelt es sich um zwei verschiedene Gebilde: ein kleineres Stirnhorn, das sich in zwei Spitzen gabelt, und ein gewaltiges, nach vorn-unten gebogenes Nackenhorn. Das letztere kann eine Länge von bis zu 30 mm erreichen und läuft in vier Spitzen aus.

Pflege und Zucht: Dieser Nashornkäfer ist ein sehr attraktiver Terrarienpflegling, dessen Zucht bereits gelungen ist. Man muss ihn in geräumigen Terrarien mit einer mindestens 20 cm hohen Bodenschicht pflegen. Diese sollte aus Humus, sich zersetzendes Laub mit einem hohen Anteil an weißfaulendem Laubholz, bestehen. Die Käfer legen ihre Eier in die leicht feuchte Bodenschicht, aus der man die Larven später heraussuchen muss. Die erwachsenen Kerfe fressen Obst, hier am liebsten Banane, käuflichen Futterbrei Beetle-Jelly, Blütenpollen und Honig.

Ernährung: Pflanzliche Kost

Giftigkeit: Ungiftig

Terrarientyp: Standard-Terrarium für Rosenkäfer und ähnliche Arten

 23–26 °C   ja   Tag   < 30 mm

Anisorrhina lequeuxi

Rosenkäfer

Verbreitung und Lebensraum: Die Heimat dieser Art ist Ostafrika, genauer gesagt Tansania. Es handelt sich um typische Bewohner der Feuchtsavanne. Besonders häufig werden die Käfer unter Obstbäumen oder an großen Blütenständen gefunden.

Aussehen: Die Grundfärbung besteht aus einem metallisch schimmernden Braun, von dem sich im hinteren Teil eine weißliche beziehungsweise gelbliche Fleckenzeichnung abhebt, deren Elemente entfernt an ein Komma erinnern. Der Vorderkörper des Käfers zeigt hingegen einen helleren Braunton mit gleichmäßiger schwarzer Fleckenzeichnung. Männchen lassen sich leicht anhand ihres kleinen Stirnhorns identifizieren. Überdies bleiben ihre Partnerinnen geringfügig kleiner.

Pflege und Zucht: Diese Rosenkäferart ist leicht zu halten, vermehrt sich gut. Der Bodengrund ihres Terrariums sollte etwa 10 cm hoch sein und stets leicht feucht gehalten werden. Die Tiere benötigen eine relative Luftfeuchtigkeit von 60 bis 80 %. Da das Heraussuchen der Eier eine allzu mühselige Arbeit wäre, empfiehlt es sich, erst die geschlüpften Larven vorsichtig zu entnehmen, um sie dann in einem separaten Behälter aufzuziehen. Da die Art vergleichsweise wenig kannibalisch veranlagt ist, kann man dabei mehrere Exemplare gemeinsam unterbringen. Ein Generationszyklus dauert etwa 6 bis 8 Monate. Die Käfer fressen Obst, Beetle-Jelly, Blütenpollen und Honig.

Ernährung: Pflanzliche Kost

Giftigkeit: Ungiftig

Terrarientyp: Standard-Terrarium für Rosenkäfer und ähnliche Arten

🌡 23–30 °C	🐞 ja	☀🌙 Tag	🌱 < 55 mm

Anthia thoracica

Wüstenlaufkäfer

Verbreitung und Lebensraum: Dieser Wüsten-laufkäfer ist ein reiner Bodenbewohner, den man in den ariden Gebieten des südlichen Afrikas antrifft.

Aussehen: Es handelt sich um kräftige, auf-fällige gebaute und überaus wehrhafte Insek-ten. Ihre Grundfarbe ist ein matt glänzendes Schwarz. Nur die Randzone des Bruststücks trägt auffallend gelbe Flecken oder kann bisweilen auch weiß umrandet sein. Die räuberische Spezies zeichnet sich ferner durch ungewöhnlich große Mandibeln, Kieferzangen, aus, welche bei den Männchen noch deutlich stärker ausgebildet sind.

Pflege und Zucht: Zur Pflege eignen sich flache Terrarien mit einer großen Grundfläche. Ihre Einrichtung besteht aus sandigem Substrat mit einem geringen Lehmanteil, das an einer Stelle stets leicht feucht gehalten werden muss; hinzu kommen einige Steinplatten als Verstecke und eine dekorative Sukkulente. Eine Nachzucht im Terrarium ist bislang noch nicht gelungen. Die Laufkäfer erbeuten praktisch alles, was sie überwältigen können. Neue Beutetiere werden oft schon anvisiert und attackiert, bevor die vorhergehenden völlig verzehrt sind. Die Tiere sind imstande, ein aus verschiedenen Säuren bestehendes Wehrsekret als feinen Nebel auf potenzielle Angreifer zu sprühen – auch über weite Entfernungen. Ein Hautkontakt führt zu Rötungen und leicht brennenden Schmerzen.

Ernährung: Pflanzliche Kost

Giftigkeit: Aktiv giftig, nur für fachkundige Liebhabern und mit nötiger Sorgfalt zu pflegen. Gesetzliche Vorschriften je nach Bundesland sind zu beachten.

Terrarientyp: Standard-Trockeninsektarium

 23–26 °C ja Tag < 25 mm

Cetonischema speciosa

Rosenkäfer

Verbreitung und Lebensraum: Das Verbreitungs-gebiet dieser Art erstreckt sich über weite Teile Kleinasiens und seiner Nachbargebiete. Besonders häufig findet man die Käfer unter Obstbäumen oder in großen Blütenständen.

Aussehen: Die überaus farbenprächtigen Käfer sind kompakt gebaut. Ihre Flügel zeigen ein leuchtend metallisches Grün, der Vorderkörper hingegen eine ansprechende Rotfärbung. Da beide Töne stark irisieren, ändert sich das Aussehen der Käfer je nach Blickwinkel. Äußerliche Geschlechtsunterschiede gibt es hier nicht.

Pflege und Zucht: Es handelt sich um eine gut zu haltende und leicht zu vermehrende Spezies. Der Bodengrund im Terrarium sollte etwa 10 cm hoch sein und muss stets leicht feucht gehalten werden. Die Tiere benötigen eine relative

Luftfeuchtigkeit von 60 bis 80 %. Obwohl die Käfer in freier Natur vermutlich während des Winters eine Ruhephase einlegen, gelingt ihre Zucht auch bei ganzjährig hohen Temperaturen problemlos. Da das Heraussuchen der Eier sehr mühselig ist, empfiehlt es sich, erst die bereits geschlüpften Larven zu entnehmen, um diese in einem separaten Behälter aufzuziehen. Die Lebenserwartung der adulten Käfer beträgt nahezu ein Jahr, wobei ein Generationszyklus etwa 6 bis 8 Monate in Anspruch nimmt. Gefressen werden Obst, am liebsten Banane, Beetle-Jelly, Blütenpollen und Honig.

Ernährung: Pflanzliche Kost

Giftigkeit: Ungiftig

Terrarientyp: Standard-Terrarium für Rosenkäfer und ähnliche Arten

 23–26 °C   ja   Tag   < 130 mm

Chalcosoma atlas

Dreihornkäfer

Verbreitung und Lebensraum: Ein typischer Bewohner der Tropenwälder und Baumsavannen Süd- und Südostasiens, sein Verbreitungsgebiet erstreckt sich etwa von Indien bis zu den Philippinen und nach Celebes Sulawesi, Indonesien.

Aussehen: Der Dreihornkäfer ist ein imposanter Riese. Die Tiere zeigen eine schlichtes, metallisch schimmerndes Dunkelbraun oder Schwarz. Besonders fällt bei dieser Art der ausgeprägte Geschlechtsdimorphismus auf: Männchen besitzen drei Hörner, wobei ein mächtiges Paar nach vorn ragt, während ein kleineres mitten auf der Stirn sitzt. Während Weibchen nur eine Länge von etwa 65 mm erreichen, können es Männchen auf bis zu 130 mm bringen.

Pflege und Zucht: Dreihornkäfer können paarweise in geräumigen Terrarien gepflegt werden, die eine mindestens 20 cm hohe, stets leicht feucht gehaltene Bodenschicht aufweisen. Letztere sollte aus Humus, sich zersetzendes Laub mit einem hohen Anteil weißfaulendes Laubholz, bestehen. Die Käfer legen ihre Eier in dieses Substrat, aus dem man die Larven später heraussuchen muss. Die Tiere zeigen sich nur stundenweise an der Oberfläche, den Großteil der Zeit verbringen sie im Erdreich verborgen. Ein Generationszyklus dauert etwa 13 bis 18 Monate. Die Vollkerfe ernähren sich von Obst, am liebsten Banane, käuflichem Futterbrei, Blütenpollen und Honig.

Ernährung: Pflanzliche Kost

Giftigkeit: Ungiftig

Terrarientyp: Standard-Terrarium für Rosenkäfer und ähnliche Arten

🌡 25–28 °C	🐝 ja	🌙 Tag	🌿 < 110 mm

Chalcosoma caucasus

Dreihornkäfer

Verbreitung und Lebensraum: Diese Art stammt aus den Wäldern und Savannen Indonesiens.
Aussehen: Als Färbung findet sich auch hier ein sehr attraktiv wirkendes, metallisch schimmerndes Dunkelbraun oder Schwarz. Die Männchen sind anhand ihrer drei Kopfhörner ebenfalls leicht von den wesentlich kleiner bleibenden Weibchen zu unterscheiden.
Pflege und Zucht: Man sollte diese riesigen Käfer paarweise in einem geräumigen Terrarium pflegen. Die Einrichtung besteht aus einer mindestens 20 cm hohen, stets leicht feucht gehaltenen Bodenschicht, die mit zahlreichen Kork- und Rindenstücken abgedeckt wird. Diese dienen den Tieren als Kletter- und Versteck-möglichkeiten. Die erwähnte Substrathöhe ist erforderlich, damit die Larven sich nicht gegen-seitig oder durch die sich ständig eingrabenden Elterntiere gestört werden. Wenn überhaupt, sollten nur sehr robuste Pflanzen ins Terrarium eingesetzt werden. Die relative Luftfeuchtigkeit sollte etwa bei 60 bis 80 % liegen Das Weibchen legt im Bodengrund etwa 20 bis 50 Eier ab, aus denen nach einigen Wochen die kleinen Larven schlüpfen. Diese sollten am besten einzeln in speziellen Boxen aufgezogen werden. Ein Generationszyklus dauert etwa 18 Monate, wobei einzelne Vollkerfe durchaus ein Alter von sieben Monaten erreichen können. Die erwachsenen Käfer fressen das für Käfer übliche Futter.
Ernährung: Pflanzliche Kost
Giftigkeit: Ungiftig
Terrarientyp: Standard-Terrarium für Rosenkäfer und ähnliche Arten

🌡️ 25–28 °C	💡 ja	☀️ Tag	📏 < 30 mm

Cheirolasia burkei

Rosenkäfer

Verbreitung und Lebensraum: Das Verbreitungsgebiet dieser Art erstreckt sich über weite Teile des östlichen und südlichen Afrikas. Häufig trifft man die Käfer dort unter Obstbäumen oder in großen Blütenständen an. Bis heute wurden 6 Unterarten beschrieben.

Aussehen: Aufgrund ihres riesigen Verbreitungsgebietes und der erwähnten Unterarten kann das Aussehen dieser Käfer ein wenig variieren. Die attraktive Spezies zeigt auf glänzend schwarzem Untergrund ein auffälliges Muster aus gelblichen Flecken. Männchen kann man an dichten Haarpolstern auf ihren Beinen erkennen.

Pflege und Zucht: Die tagaktiven Käfer können in geräumigen Behältern problemlos gruppenweise gepflegt werden. Es hat sich gezeigt, dass die Tiere ihre volle Aktivität nur bei ausreichend heller Beleuchtung und hohen Temperaturen zeigen. Deshalb sollten entsprechende Strahler eingesetzt werden. Da die Insekten gerne klettern und sehr aktiv sind, muss die Einrichtung aus möglichst zahlreichen Pflanzen und Kletterästen bestehen. Die Eier werden vom Weibchen im Bodengrund abgelegt. Es empfiehlt sich, die geschlüpften Larven separat aufzuziehen. Sie ernähren sich von weißfaulendem Laubbaumholz, Obst und in Zersetzung geratenen Blättern. Erwachsene Käfer hingegen verzehren Obst, am liebsten Banane, käuflichen Futterbrei und Ähnliches.

Ernährung: Pflanzliche Kost

Giftigkeit: Ungiftig

Terrarientyp: Standard-Terrarium für Rosenkäfer und ähnliche Arten

 24–28 °C   ja   Tag   < 100 mm

Dorcus alcides

Panzerkopfkäfer

Verbreitung und Lebensraum: Das Verbreitungsgebiet dieser Art umfasst die tropischen Wälder Indonesiens.

Aussehen: Die recht kompakt gebauten Käfer besitzen einen breiten, leicht abgeflachten Körper. Die imposanten Männchen können einschließlich ihrer Mandibeln eine Länge von 100 mm erreichen, während es Weibchen auf fast 50 mm bringen. Ihre Grundfärbung ist mattschwarz.

Pflege und Zucht: Panzerkopfkäfer können paarweise gepflegt werden, doch hat sich die Einzelhaltung als problemloser erwiesen. Sie geschieht in geräumigen Terrarien mit einer hohen, stets leicht feucht gehaltenen Bodenschicht. Diese sollte im Hinblick auf die Weibchen eine Höhe von mindestens 20 cm aufweisen und aus Humus, also sich zersetzendem Laub mit einem hohen Anteil weißfaulendes Laubholz bestehen. Die relative Luftfeuchtigkeit sollte bei rund 80 % liegen. Die Tiere sind am Tage nur selten zu beobachten, denn die meiste Zeit verbergen sie sich im Substrat. Über die Voraussetzungen für eine erfolgreiche Nachzucht ist bisher nur wenig bekannt. Nach einer erfolgreichen Paarung sollte man die Tiere möglichst einzeln pflegen. Die Aufzucht der Larven erfolgt am besten einzeln; sie ernähren sich von in Zersetzung geratenem Laubholz. Ausgewachsene Tiere hingegen fressen frisches Baumharz, gehen aber auch an Obst, Beetle-Jelly, Blütenpollen und Honig.

Ernährung: Pflanzliche Kost

Giftigkeit: Ungiftig

Terrarientyp: Standard-Terrarium für Rosenkäfer und ähnliche Arten

23–26 °C	ja	Tag	< 40 mm

Eudicella aethiopica

Rosenkäfer

Verbreitung und Lebensraum: Bewohnt die
Wälder und Savannen Ostafrikas und wird dort
häufig unter Obstbäumen gefunden.

Aussehen: Die attraktiven Rosenkäfer besitzen
einen breiten Körper. Ihr auffälligstes Kennzeichen ist das gegabelte Stirnhorn der Männchen.
Die Flügeldecken tragen auf bräunlich-grünlich
schimmerndem Grund in den Ecken dunkle,
mehr oder weniger deutlich ausgeprägte Punkte.
Der vordere Körperteil schimmert meist in
einem helleren Grünton, kann aber von den Rändern her bräunlich einfärben. Männchen werden
zumeist ein wenig größer als ihre Partnerinnen.

Pflege und Zucht: Es handelt sich um eine
gut zu haltende und leicht zu vermehrende
Rosenkäfer-Art. Zu ihrer Unterbringung eignen
sich silikongeklebte Glasterrarien und andere
Behälter. Deren Einrichtung besteht aus einer
etwa 10 cm hohen Bodenschicht, die stets leicht
feucht gehalten werden muss, einigen blühenden Pflanzen sowie zahlreichen Verstecken und
Klettermöglichkeiten. Die Tiere benötigen eine
relative Luftfeuchtigkeit von 60 bis 80 %. Auch
bei dieser Art sollte man die Larven aus dem
Bodengrund heraussuchen und in separaten Behältern aufziehen. Da die Spezies nur vergleichsweise schwach zum Kannibalismus neigt, kann
die Aufzucht auch gemeinsam erfolgen. Die
Käfer fressen Obst, am liebsten Banane, Beetle-
Jelly, Blütenpollen und Honig.

Ernährung: Pflanzliche Kost
Giftigkeit: Ungiftig
Terrarientyp: Standard-Terrarium für Rosenkäfer
und ähnliche Arten

 23–26 °C   ja   Tag   < 40 mm

Eudicella euthalia

Rosenkäfer

Verbreitung und Lebensraum: Das Verbreitungsgebiet dieser Art erstreckt sich über Teile des südöstlichen Afrikas etwa von Kenia bis Malawi.

Aussehen: Auch bei dieser Spezies lassen sich die Männchen leicht durch ihr an der Spitze gegabeltes Stirnhorn identifizieren. Die Flügeldecken tragen auf gelblich golden schimmerndem Grund in den Ecken dunkelbraune, mehr oder minder deutlich ausgeprägte Punkte. Der vordere Körperteil kann einfarbig grün schimmern, aber auch bräunlich gefärbt sein. Männchen werden auch hier etwas größer als ihre Partnerinnen.

Pflege und Zucht: Diese leicht zu pflegende Rosenkäfer-Art bringt man am besten in silikongeklebten Glaserrarien unter. Auch sie benötigt eine etwa 10 cm hohe Bodenschicht, die stets leicht feucht gehalten werden muss. Die meiste Zeit des Tages verbringen die Tiere im Substrat verborgen. Die übrige Einrichtung kann aus einer blühenden Pflanze und zahlreichen größeren Kork- oder Rindenstücken bestehen. Die relative Luftfeuchtigkeit sollte bei 60 bis 80 % liegen. Die Aufzucht der Larven bereitet keinerlei Probleme. Voll entwickelt besitzen die attraktiven, tagaktiven und leicht vermehrbaren Käfer noch eine Lebensdauer von bis zu drei Monaten. Ein Generationszyklus kann 8 bis 10 Monate in Anspruch nehmen. Die Vollkerfe fressen Obst, am liebsten Banane, Beetle-Jelly, Blütenpollen und Honig.

Ernährung: Pflanzliche Kost

Giftigkeit: Ungiftig

Terrarientyp: Standard-Terrarium für Rosenkäfer und ähnliche Arten

🌡️ 23–26 °C	🐝 ja	📅 Tag	🦗 < 35 mm

Eudicella smithi

Rosenkäfer

Verbreitung und Lebensraum: Dieser hübsche Rosenkäfer stammt aus dem südlichen Afrika, wo man ihn vor allem an der Küste von Natal in Südafrika, aber auch im äußersten Süden von Mozambique antrifft.

Aussehen: Die prächtig gefärbten Käfer besitzen grünliche bis gelbliche, selten bräunliche Deckflügel, die an den äußeren Ansätzen sowie unweit der Spitzen kleine schwarze Flecken tragen. Ihr Vorderkörper ist meist einfarbig grün. Auch bei dieser Spezies ist die Färbung sehr variabel, wie man vor allem beim direkten Vergleich der zahlreichen Unterarten bemerkt. Unverkennbares Merkmal der Männchen ist bei dieser Art ein gegabelter Stirnortsatz, dessen Spitzen rückwärts gebogen sind. Hinzu kommen zwei kurze Hörner beiderseits der Basis.

Pflege und Zucht: Dieser attraktive Rosenkäfer gehört mit zu den am häufigsten nachgezogen *Eudicella*-Arten. Zur Unterbringung der Tiere eignen sich die unterschiedlichsten Behältnisse. Entscheidend ist nur, dass diese eine stets leicht feuchte und etwa 10 cm hohe Bodenschicht enthalten. Die Larven können gemeinsam aufgezogen werden, wobei ein Generationszyklus bis zu 10 Monate dauern kann. Den größten Teil des Tages verbringen die Tiere im Erdreich verborgen. Erwachsene Käfer fressen Obst, am liebsten Banane, Beetle-Jelly, Blütenpollen und Honig.

Ernährung: Pflanzliche Kost

Giftigkeit: Ungiftig

Terrarientyp: Standard-Terrarium für Rosenkäfer und ähnliche Arten

🌡️ 25–28 °C	🐞 ja	▣ Tag	🐞 < 60 mm

Goliathus albosignatus

Goliathkäfer

Verbreitung und Lebensraum: Das Verbreitungsgebiet dieser Art liegt im östlichen Afrika. In freier Natur trifft man die Tiere zumeist an Stämmen und Ästen verschiedener Baumarten an, von deren Säften sie sich ernähren.

Aussehen: Die Färbung der Käfer gestaltet sich sehr variabel. Am einfachsten kann man sie als weiß mit schwarzer Musterung beschreiben. Der Kopf ist mit einem kleinen Fortsatz versehen, welcher beim Männchen ein gegabeltes Horn trägt. Die Fühler sind sehr kurz geraten und am Ende keulenartig verdickt. Weibchen bleiben meist geringfügig kleiner.

Pflege und Zucht: Diese riesigen Insekten sollte man paarweise in einem geräumigen Terrarium pflegen. Die Einrichtung besteht aus einer hohen, stets leicht feucht gehaltenen Bodenschicht. Sie wird mit zahlreichen Kork- und Rindenstücken abgedeckt, die den Tieren als Kletter- und Versteckmöglichkeiten dienen. Die Substrathöhe darf dabei 20 cm nicht unterschreiten, da die Weibchen sonst Schwierigkeiten bei der Eiablage hätten. Außerdem können die stark kannibalisch veranlagten Larven einander dann nicht so schnell auffressen. Überhaupt ist es für eine erfolgreiche Zucht sehr wichtig, dass man sie möglichst schnell heraussucht und einzeln aufzieht. Die Vollkerfe ernähren sich von Obst, hierbei am liebsten Banane, Beetle-Jelly, Blütenpollen und Honig.

Ernährung: Pflanzliche Kost

Giftigkeit: Ungiftig

Terrarientyp: Standard-Terrarium für Rosenkäfer und ähnliche Arten

🌡️ 25–27 °C	🐛 ja	☀️ Tag	📏 < 20 mm

Gymnetis holoserica

Rosenkäfer

Verbreitung und Lebensraum: Das Verbreitungsgebiet dieser Spezies umfasst große Teile des nordwestlichen Südamerikas, in etwa das Gebiet von Kolumbien bis Peru.

Aussehen: Die attraktiven kleinen Käfer besitzen eine samtartige Oberfläche. Auf schwarzem Grund tragen die Tiere an den Flügelrändern sechs gelbe Flecken von unterschiedlicher Größe. Männchen erkennt man leicht an der glänzenden Unterseite ihres Hinterleibs.

Pflege und Zucht: Es handelt sich um eine gut zu haltende, leicht zu vermehrende Rosenkäfer-Art. Ihre Unterbringung sollte in nicht zu kleinen, silikongeklebten Glasterrarien erfolgen, da die Käfer recht flugfreudig sind. Erforderlich ist wie üblich ein höherer, stets leicht feucht gehaltener Bodengrund, denn die Tiere reagieren recht empfindlich auf Trockenheit. Dieses Substrat wird dann mit einigen Kork- oder Rindenstücken abgedeckt. Die übrige Einrichtung kann man nach Belieben aus mehreren Kletterästen und einer üppigen Bepflanzung gestalten. Die Käfer benötigen eine relative Luftfeuchtigkeit 60 bis 80 %. Da das Heraussuchen der winzigen Eier eine recht mühselige Aufgabe wäre, empfiehlt es sich, erst die geschlüpften Larven zu entnehmen, um sie dann in einem separaten Behälter gemeinsam aufzuziehen. Ein Generationszyklus dauert etwa 6 bis 8 Monate. Die Vollkerfe ernähren sich von Obst, am liebsten Banane.

Ernährung: Pflanzliche Kost

Giftigkeit: Ungiftig

Terrarientyp: Standard-Terrarium für Rosenkäfer und ähnliche Arten

🌡️ 23–26 °C	🔔 ja	🪟 Tag	🐛 < 80 mm

Hexathrius parryi

Hirschkäfer

Verbreitung und Lebensraum: Heimat dieser Art ist Indonesien. Dort kann man die Käfer überwiegend in tropischen Wäldern an umgestürzten Baumstämmen finden.

Aussehen: Bei diesem Hirschkäfer handelt es sich um eine eindrucksvolle Spezies. Auffälligstes Merkmal ihrer Männchen ist das „Geweih", das in Wirklichkeit aus den sehr stark vergrößerten Kieferzangen, Mandibeln, besteht. Weibchen bleiben deutlich kleiner, besitzen einen schmaleren Kopf und tragen normal entwickelte Oberkiefer. Die Grundfärbung ist bei beiden Geschlechtern ein mattes Schwarz, und am Ende ihrer Flügeldecken tragen die Tiere einen großen orange bis bräunlichen Fleck.

Pflege und Zucht: Obwohl diese Art gelegentlich importiert wird, ist über eine erfolgreiche Zucht bis heute nichts bekannt geworden. Man sollte die Käfer paarweise in geräumigen Glasterrarien pflegen. Deren Einrichtung besteht aus einer etwa 20 cm hohen Substratschicht aus Humus mit sich zersetzendem Laub und einem hohen Anteil weißfaulendes Laubholz. Zusätzlich sollte man ein größere Stück Totholz halb vergraben ins Terrarium einbringen. Die Hirschkäfer sind nur wenige Stunden oberirdisch aktiv, die meiste Zeit verbringen sie im Bodensubstrat. Vollkerfe fressen frisches Baumharz, Obst, hier am liebsten Banane, käuflichen Futterbrei Beetle-Jelly, Blütenpollen und Honig.

Ernährung: Pflanzliche Kost

Giftigkeit: Ungiftig

Terrarientyp: Standard-Terrarium für Rosenkäfer und ähnliche Arten

🌡️ 23–26 °C	🐝 ja	🌙 Tag	🪵 < 40 mm

Lamprima adolphinae

Goldener Hirschkäfer

Verbreitung und Lebensraum: Das Verbreitungsgebiet dieser Art erstreckt sich über weite Teile von Papua-Neuguinea. Sie ist ein Regenwaldbewohner, die vermutlich auch überwiegend an umgefallenen Baumstämmen und anderem Totholz gefunden wird.

Aussehen: Es handelt sich um eine vergleichsweise kleine Hirschkäfer-Art. Die attraktiven Tiere tragen ein leuchtend grünes, gelbes oder goldenes, stets metallisch glänzendes Farbkleid. Besonders auffallend ist der auch bei dieser Art stark ausgeprägte Geschlechtsdimorphismus. Männchen erkennt man leicht an ihrem gewaltigen, unregelmäßig gezähnten „Geweih", bei dem es sich eigentlich um die erheblich stark vergrößerten Mandibeln handelt. Weibchen hingegen bleiben deutlich kleiner, haben einen schmaleren Kopf und tragen normal entwickelte Oberkiefer.

Pflege und Zucht: Die Käfer können in geräumigen Terrarien auch gruppenweise gehalten werden, da die Art nur mäßig aggressiv ist. Die Einrichtung der Behälter sollte aus einer etwa 10 cm hohen Substratschicht aus Humus, sich zersetzendes Laub und einem hohen Anteil weißfaulendes Laubholz, bestehen. Zusätzlich kann man ein größeres Stück Totholz halb vergraben ins Terrarium einbringen. Erwachsene Käfer ernähren sich von frischem Baumharz, Obst, hier am liebsten Banane, handelsüblichem Futterbrei Beetle-Jelly, Blütenpollen und Honig.

Ernährung: Pflanzliche Kost

Giftigkeit: Ungiftig

Terrarientyp: Standard-Terrarium für Rosenkäfer und ähnliche Arten

23–26 °C	ja	Tag	< 85 mm

Mecynorrhina torquata

Rosenkäfer

Verbreitung und Lebensraum: Diese Rosenkäfer-Art ist in Afrika südlich der Sahara weit verbreitet.

Aussehen: Es handelt sich bei diesem Rosenkäfer um eine vergleichsweise riesige Art. Es wurden bisher 4 Unterarten beschreiben, von denen wiederum zahlreiche Farbformen existieren. Die Färbung der einzelnen Tiere fällt entsprechend variabel aus: Ihre Flügeldeckel können bräunlich oder gelblich sein, aber auch ins Grünliche tendieren. Zu dieser Grundfarbe treten bisweilen unregelmäßige weiße Streifen am Rand oder in der Mitte. Sogar einfarbige Exemplare werden gelegentlich gefunden. Der Vorderkörper zeigt meist bräunliche, bläuliche oder kräftige grüne Farbtöne und kann zusätzlich eine weiße Musterung aufweisen. Männchen besitzen ein breites, dreispitziges Stirnhorn. Weibchen bleiben deutlich kleiner und sind völlig hornlos.

Pflege und Zucht: Die gut zu haltende und leicht zu vermehrende Art sollte möglichst paarweise in geräumigen Terrarien gepflegt werden. Der Bodengrund muss etwa 20 cm hoch sein und stets leicht feucht gehalten werden. Die Einrichtung des Behälters wird sehr abwechslungsreich gestaltet, da die Käfer sehr aktiv und kletterfreudig sind. Sie benötigen eine relative Luftfeuchtigkeit 60 bis 80 %. Ihre Larven zieht man am besten einzeln in kleinen Behältern auf. Die Vollkerfe erhalten die für Rosenkäfer übliche Nahrung.

Ernährung: Pflanzliche Kost

Giftigkeit: Ungiftig

Terrarientyp: Standard-Terrarium für Rosenkäfer und ähnliche Arten

🌡	23–28 °C		ja		Tag/Nacht	< 20 mm

Onitis alexis

Mistkäfer

Verbreitung und Lebensraum: Dieser typische Savannenbewohner besiedelt in Afrika ein riesiges Verbreitungsgebiet vorwiegend südlich der Sahara, dringt aber inzwischen auch bis in den Süden Europas vor.

Aussehen: Es handelt sich um eine recht kleine, attraktive Mistkäferart. Die Oberseite der Tiere weist eine dunkelbraune, teilweise leicht ins Grünliche, Gelbliche oder Rötliche tendierende Färbung auf, die vor allem im vorderen Bereich metallisch glänzt. Männchen erkennt man leicht an einem Dorn auf der hinteren Kante des Hinterbeins.

Pflege und Zucht: Die Haltung erfolgt am besten gruppenweise in Terrarien mit großer Grundfläche und einer mindestens 15 cm hohen Bodenschicht, die man aus einem leicht grabfähigen Substrat wie beispielsweise einer Mischung von Gartenerde, Sand und Lehm bildet. Die übrige Einrichtung kann frei gewählt werden, es dürfen nur keine zu großen Partien der Oberfläche abgedeckt sein. Wenn Sie sich für die Pflege und Zucht von Mistkäfern entscheiden, müssen Sie sich von vornherein darüber im Klaren sein, dass diese Tiere als Nahrung ausschließlich möglichst frischen Wirbeltierdung akzeptieren. Auch ihre Eier werden darin abgelegt und die Larven ernähren sich ebenfalls davon. Die Lebenserwartung erwachsener Käfer liegt bei etwa 3 Monaten. Innerhalb dieses Zeitraums kann ein Weibchen täglich bis zu 3 Eier legen.

Ernährung: Pflanzliche Kost

Giftigkeit: Ungiftig

Terrarientyp: Standard-Trockeninsektarium

 23–28 °C　　 ja　　 Tag　　 < 60 mm

Oryctes spp.

Nashornkäfer

Verbreitungsgebiet und Lebensraum: Nashornkäfer besiedeln nahezu alle tropischen und subtropischen Gebiete unseres Planeten, dringen aber auch bis in die Gemäßigten Zonen vor. Diese Bodenbewohner und vor allem ihre Larven werden häufig an Komposthaufen und ähnlichen Pflanzenansammlungen gefunden. Immer wieder gelangen Larven verschiedenster Spezies in den Fachhandel.

Aussehen: Je nach gepflegter Art kann das Aussehen der Tiere ein wenig variieren. Insgesamt ähneln die verschiedenen Spezies einander jedoch sehr. So tragen die Tiere grundsätzlich ein braunes bis dunkelbraunes, teilweise sogar schwärzliches Farbkleid, das häufig noch einen metallischen Schimmer aufweist. Charakteristisch für diese Gattung ist das stark ausgeprägte, nach hinten gekrümmte Horn des Männchens, wo hingegen Weibchen immer nur ein kleineres, glattes Kopfschild aufweisen; außerdem sind sie auch immer etwas kleiner.

Pflege und Zucht: Diese Käfer sollten paarweise in Glasterrarien mit einer sehr hohen Bodenschicht, nicht unter 20 cm, gepflegt werden, damit die kannibalisch veranlagten Larven einander nicht so schnell auffressen. Überhaupt ist es für eine erfolgreiche Zucht unerlässlich, dass man sie möglichst schnell heraussucht und einzeln aufzieht. Als Nahrung erhalten die erwachsenen Käfer Obst, zum Beispiel Bananen, Beetle-Jelly, Blütenpollen und Honig.

Ernährung: Pflanzliche Kost

Giftigkeit: Ungiftig

Terrarientyp: Standard-Terrarium für Rosenkäfer und ähnliche Arten

23–28 °C	ja	Tag	< 25 mm

Pachnoda aemula

Rosenkäfer

Verbreitung und Lebensraum: Diese Art besitzt ein riesiges Verbreitungsgebiet in Zentral- und Ostafrika. Es handelt sich um einen typischen Savannenbewohner. Besonders häufig trifft man die Käfer unter Obstbäumen oder in großen Blütenständen an.

Aussehen: *Pachnoda aemula* zählt mit seiner attraktiven Zeichnung mit zu den schönsten aller im Terrarium gepflegten *Pachnoda*-Arten. Die Tiere tragen auf ocker- bis senfgelbem Grund eine relativ gleichmäßige dunkelbraune bis schwarze Zeichnung. Von oben betrachtet ähnelt ihr Muster stark einem skelettierten Tierschädel.

Pflege und Zucht: Es handelt sich um eine gut zu haltende und leicht zu vermehrende Rosenkäferart, deren Unterbringung dank ihrer relativen Anspruchslosigkeit in den unterschiedlichsten Behältern erfolgen kann. Erforderlich ist nur eine höhere, stets leicht feucht gehaltene Bodenschicht von ruhig 10 cm oder mehr, die man mit einigen Kork- oder Rindenstücken abdeckt. Die übrige Einrichtung kann man nach Belieben aus einigen Kletterästen und möglichst blühenden Pflanzen gestalten. Die Larven sollten auch hier aus dem Substrat herausgesucht und separat gemeinsam aufgezogen werden. Der stark temperaturabhängige Generationszyklus kann 4 bis 6 Monate dauern. Voll entwickelte Käfer fressen Obst, am liebsten Banane, käuflichen Futterbrei, Beetle-Jelly, Blütenpollen und Honig.

Ernährung: Pflanzliche Kost

Giftigkeit: Ungiftig

Terrarientyp: Standard-Terrarium für Rosenkäfer und ähnliche Arten

 23–28 °C ja Tag < 30 mm

Pachnoda ephippiata

Rosenkäfer

Verbreitung und Lebensraum: Das Verbreitungsgebiet dieser Art liegt im östlichen Afrika und zwar in Uganda, Kenia und Tansania. Die Käfer sind tropische Waldbewohner und als adulte Tiere an Blüten und überreifen Früchten anzutreffen.

Aussehen: Ihre Grundfärbung besteht aus einem dunklen, teilweise ins Rötliche spielenden Gelb, über dem eine variable, schwarze Zeichnung liegt, die entfernt an eine Rakete oder einen Torpedo erinnert. Die Geschlechter lassen sich leicht anhand von Dornen an den Außenseiten der Hinterbeine unterscheiden, von denen die Weibchen je zwei und die Männchen drei besitzen. Es wurden aber auch mehrere Unterarten mit leicht abweichendem Aussehen beschrieben.

Pflege und Zucht: Auch bei diesem Rosenkäfer handelt es sich um eine gut zu haltende, leicht zu vermehrende Spezies, die vor allem Anfängern nur empfohlen werden kann. Ihre Unterbringung erfolgt am besten gruppenweise in kleinen Terrarien mit einer hohen, stets leicht feucht gehaltenen Bodenschicht. Aus dieser sucht man regelmäßig die Larven heraus, um sie dann gemeinsam in großen Behältern aufzuziehen. Ein Generationszyklus beansprucht nur etwa nur 4 bis 6 Monate, wobei erwachsene Käfer noch eine Lebenserwartung von 3 bis 6 Monaten vor sich haben. Gefüttert werden sie mit Obst, am liebsten nehmen sie Banane, sowie Blütenpollen und Honig.

Ernährung: Pflanzliche Kost

Giftigkeit: Ungiftig

Terrarientyp: Standard-Terrarium für Rosenkäfer und ähnliche Arten

🌡️ 23–28 °C	🐝 ja	☀️ Tag	📏 < 25 mm

Pachnoda marginata

Kongo-Rosenkäfer

Verbreitung und Lebensraum: Die Art besiedelt ein riesiges Verbreitungsgebiet, das sich nahezu über das gesamte tropische Afrika erstreckt. Besonders häufig werden die Tiere in trockeneren Lebensräumen an Blüten und überreifen Früchten angetroffen.

Aussehen: Auch von dieser Spezies sind bislang mehrere Unterarten mit leicht abweichendem Aussehen beschrieben worden. Die Tiere zeigen eine vergleichsweise variables Erscheinungsbild: den dunkelbraunen bis schwarzen Grund – teils einfarbig, teils unterschiedlich gefleckt, umsäumt ein breiter gelber Rand. Männchen kann man unschwer an einer Längsfurche auf der Unterseite des Hinterleibs erkennen.

Pflege und Zucht: Auch diese Art kann wegen ihrer relativen Anspruchslosigkeit jedem Anfän-

ger wärmstens empfohlen werden. Unterbringen lässt sie sich in den unterschiedlichsten, dicht schließenden Behältern. Erforderlich ist nur eine höhere, stets leicht feucht gehaltene Bodenschicht. Die übrige Einrichtung kann man nach Belieben aus einigen Kletterästen und möglichst blühenden Pflanzen gestalten. Die Larven sollten auch bei dieser Spezies schon früh aus dem Boden herausgesucht und separat gemeinsam aufgezogen werden. Der temperaturabhängige Generationszyklus dauert nur 4 bis 6 Monate. Erwachsene Käfer fressen wie üblich Obst, käuflichen Futterbrei, Blütenpollen und Honig.

Ernährung: Pflanzliche Kost

Giftigkeit: Ungiftig

Terrarientyp: Standard-Terrarium für Rosenkäfer und ähnliche Arten

🌡️ 23–28 °C	🐸 ja	🌙 Tag	🦗 < 25 mm

Pachnoda sinuata

Garten-Rosenkäfer

Verbreitung und Lebensraum: Die Art besitzt nur ein vergleichsweise kleines Verbreitungsgebiet in Südafrika und Namibia. Sie ist ein regelrechter Kulturfolger, der mit dem Menschen in alle neu erschlossenen und landwirtschaftlich genutzten Gebiete vordringt. Daher kann man die Larven in fast jedem Komposthaufen antreffen, aber auch in verrotteten Pflanzenansammlungen und im Kot verschiedener Wirbeltiere.

Aussehen: Diese Rosenkäfer weisen eine sehr attraktive Färbung auf, die allerdings je nach Unterart etwas variieren kann. Die Tiere zeigen ein kräftiges, geradezu leuchtendes Gelb mit einer variablen schwarzen Rückenzeichnung. Dabei wird ihre Oberseite von einem breiten gelben Band umrandet, welches im hinteren Drittel vom jeweiligen Rand aus zur Mitte hin ausgebuchtet ist, diese jedoch nicht erreicht und somit keine geschlossene Querbinde bildet.

Pflege und Zucht: Es handelt sich abermals um einen gut zu haltenden und leicht zu vermehrenden Terrarienpflegling. Der Bodengrund seines Terrariums sollte etwa 10 cm hoch sein und muss stets leicht feucht gehalten werden. Da das Heraussuchen der Eier zu mühselig wäre, empfiehlt es sich, die geschlüpften Larven vorsichtig herauszusuchen, um sie dann in einem separaten Behälter aufzuziehen. Als Nahrung akzeptieren erwachsene Käfer alle Obstsorten.

Ernährung: Pflanzliche Kost

Giftigkeit: Ungiftig

Terrarientyp: Standard-Terrarium für Rosenkäfer und ähnliche Arten

🌡️ 21–25 °C	🐝 ja	🌓 Tag	🪵 < 65 mm

Prosopocoilus astacoides

Hirschkäfer

Verbreitung und Lebensraum: Dieser von der Insel Taiwan stammende Hirschkäfer bewohnt dort vor allem tropische Wälder, wo man ihn oft an umgestürzten Baumstämmen und anderem Totholz findet.

Aussehen: Es handelt es sich um eine sehr imposante Käferart. Auffälligstes Merkmal der Männchen ist ihr „Geweih", bei dem es sich um die stark vergrößerten Kieferzangen, Mandibeln, handelt. Weibchen bleiben deutlich kleiner, haben einen schmaleren Kopf und tragen normal entwickelte Oberkiefer. *Prosopocoilus astacoides* zeigt eine leuchtend bräunliche bis rötliche Färbung.

Pflege und Zucht: Obwohl die Art gelegentlich importiert wird, ist über eine erfolgreiche Zucht bislang nichts bekannt geworden. Die Käfer sollten paarweise in geräumigen Glasterrarien bei einer relativen Luftfeuchtigkeit von 60 bis 80 % gepflegt werden. Die Einrichtung besteht dabei aus einer etwa 20 cm hohen Substratschicht aus Humus mit sich zersetzenden Laub und einem hohen Anteil weißfaulendes Laubholz. Zusätzlich bringt man ein größeres Stück Totholz halb vergraben ins Terrarium ein. Diese Hirschkäfer sind nur wenige Stunden oberirdisch aktiv; die meiste Zeit verbringen sie im Bodensubstrat verborgen. Erwachsene Kerfe fressen frisches Baumharz, Obst, am liebsten Banane, handelsüblichen Futterbrei, Beetle-Jelly, Blütenpollen und Honig.

Ernährung: Pflanzliche Kost

Giftigkeit: Ungiftig

Terrarientyp: Standard-Terrarium für Rosenkäfer und ähnliche Arten

 23–28 °C | ja | Tag | < 35 mm

Sagra buqueti

Froschkäfer

Verbreitung und Lebensraum: Von dieser prächtig gefärbten, häufig auf Börsen angebotenen Käferart ist bisher erst wenig bekannt. Die importieren Tiere stammen vermutlich durchweg aus Malaysia, wo man sie sowohl in tropischen Wäldern als auch in der Kulturlandschaft finden kann.

Aussehen: Die Insekten zeichnen sich durch ihr eigentümliches Aussehen aus. Besonders auffällig wirken die stark vergrößerten, halbrund gekrümmten Hinterbeine, die vermutlich zum Umklammern von Ästen und bei der Fortpflanzung eingesetzt werden. Ebenso eindrucksvoll ist ihre Farbtracht: Die Tiere glänzen metallisch in einem irisierenden grünen, teilweise sogar kräftigen blauen, goldenen oder leuchtend roten Ton. Da dieser das Licht stark reflektiert, verändert sich ihre Farbe je nach Blickwinkel. Die Geschlechter lassen sich leicht unterscheiden, denn die Weibchen an sich und auch ihre Hinterbeine sind deutlich kleiner.

Pflege und Zucht: Über die Lebensweise in der freien Natur und die Zucht dieser Art ist bisher nichts bekannt. Im Terrarium verhalten sich die Tiere den ganzen Tag hindurch aktiv und klettern überall umher. Daher sollte ihr Behälter auf keinen Fall zu klein ausfallen. Die Bodenschicht legt man am besten etwas höher an und hält sie stets leicht feucht. Als Nahrung wurden von den Vollkerfen reifes Obst und Süßkartoffeln angenommen.

Ernährung: Pflanzliche Kost

Giftigkeit: Ungiftig

Terrarientyp: Standard-Terrarium für Rosenkäfer und ähnliche Arten

🌡 23–28 °C	🪲 ja	🌙☀ Tag	< 40 mm

Scarabaeus gangeticus

Pillendreher

Verbreitung und Lebensraum: Die Heimat dieses Käfers bilden Savannenlandschaften in Nord- und Ostafrika sowie Kleinasien. Dabei sind die Tiere eng an das Vorkommen größerer Säuger (Huftiere) gebunden, da deren Dung die unabdingbare Voraussetzung für ihr hoch entwickeltes Brutpflegeverhalten bildet.

Aussehen: Typisch für den Pillendreher sind sein durch breite Randleisten schaufelartig vergrößerter Kopf, der breite Hinterleib und die stark verbreiterten Mittelschienen der Vorderbeine, mit deren Hilfe die Tiere leicht graben können. Ihre gesamte Körperoberfläche zeigt ein matt glänzendes Schwarz.

Pflege und Zucht: Diese tag- und nachtaktiven Käfer sollten man in Terrarien mit einer großen Grundfläche und einer mindestens 20 cm hohen Bodenschicht pflegen. Als Substrat eignet sich ein Gemisch aus Gartenerde, Lehm und Sand, das aber leicht grabfähig sein sollte. Es wird grob strukturiert ins Terrarium eingebracht und nur an wenigen Stellen mit Kork- oder Rindenstücken abgedeckt. Ansonsten gibt man nun nicht zu kleine Portionen Dung in den Behälter, aus denen die Weibchen für jedes Ei eine Kugel formen. Im Rückwärtsgang rollt der Käfer jene dann eine Zeitlang durchs Terrarium, um sie schließlich zu vergraben. Die Larve ernährt sich von der Dungpille, in der sie sich schließlich auch verpuppt.

Ernährung: Pflanzliche Kost
Giftigkeit: Ungiftig
Terrarientyp: Standard-Trockeninsektarium

 23–28 °C   ja   Tag   < 20 mm

Smaragdesthes africana

Rosenkäfer

Verbreitung und Lebensraum: Die Art stammt aus Zentral- und Südafrika. Besonders häufig sind die Käfer unter Obstbäumen oder an großen Blütenständen anzutreffen.

Aussehen: Je nach Unterart kann die Färbung dieser wunderschön metallisch glänzenden Rosenkäfer stark variieren. Der Grundton reicht von einem einfarbigen Leuchtendgrün über gelbe bis zu goldfarbigen Schattierungen, und die Unterart *Smaragdesthes africana oertzeni* zeigt sogar ein intensives Lila und Blau. Aufgrund der sehr starken Reflexionseigenschaften verändert sich die Farbe allerdings je nach Blickwinkel. Weibchen erkennt man nur an ihrer etwas geringeren Größe.

Pflege und Zucht: Auch diese Art kann wegen ihrer relativen Anspruchslosigkeit Anfängern nur wärmstens empfohlen werden. Ihre Unterbringung erfolgt in den unterschiedlichsten, allerdings dicht schließenden Behältern. Erforderlich ist stets nur eine höhere, immer leicht feucht gehaltene Bodenschicht, die auch Anteile von verrottendem Obst enthalten sollte. Die übrige Einrichtung kann man nach Belieben aus einigen Kletterästen und möglichst blühenden Pflanzen zusammenstellen. Die Larven werden möglichst früh aus dem Boden herausgesucht und separat gemeinsam aufgezogen. Der stark temperaturabhängige Generationszyklus nimmt nur 4 bis 6 Monate in Anspruch. Erwachsne Käfer fressen Obst und hier vorzugsweise Banane.

Ernährung: Pflanzliche Kost

Giftigkeit: Ungiftig

Terrarientyp: Standard-Terrarium für Rosenkäfer und ähnliche Arten

🌡️ 23–26 °C	🦟 ja	🌙 Tag	🐛 < 30 mm

Stephanorrhina guttata

Rosenkäfer

Verbreitung und Lebensraum: Das Verbreitungsgebiet erstreckt sich über weite Teile des tropischen Afrikas, vom Senegal bis in den Kongo.
Aussehen: Die außerordentlich farbenprächtigen Rosenkäfer weisen eine metallisch glänzende, smaragdgrüne Deckflügelfärbung auf. Der Vorderkörper kann ebenfalls smaragdgrün oder eine stark reflektierende Rotfärbung, mit einer unscharf abgegrenzten, braunen Umrandung zeigen. Ein etwas dunklerer Streifen zieht sich entlang der Innenkante der Deckflügel, welche mit zahlreichen, teilweise bandartig angeordneten weißen Flecken übersät sind. Aufgrund der sehr stark reflektierenden Eigenschaft verändert sich die Farbe je nach Blickwinkel. Einen äußerlich erkennbaren Geschlechtsunterschied gibt es nicht.

Pflege und Zucht: Auch bei diesem Rosenkäfer handelt es sich um eine gut zu haltende und leicht zu vermehrende Art. Die Unterbringung erfolgt am besten gruppenweise in kleinen Terrarien mit einer hohen, stets feuchten Bodenschicht. Aus dieser müssen die Larven regelmäßig herausgesucht werden, damit sie dann gemeinsam in großen Behältern aufgezogen werden können. Die Generationsfolge dauert etwa nur 8 bis 9 Monate, wobei die Käfer eine Lebensdauer von 3 bis 6 Monaten erreichen können. Gefüttert werden die ausgewachsenen Tiere mit Obst, am liebsten Banane, und Fertigbrei.
Ernährung: Pflanzliche Kost
Giftigkeit: Ungiftig
Terrarientyp: Standard-Terrarium für Rosenkäfer und ähnliche Arten

25–28 °C	ja	Tag	< 70 mm

Xylotrupes gideon

Nashornkäfer

Verbreitung und Lebensraum: Dieser Riesenkäfer besitzt ein äußerst großes Verbreitungsgebiet, welches von Indien, über weite Teile Südostasiens bis zu den Salomonen reicht. Die Tiere stammen ursprünglich aus feuchten Wäldern, leben aber heute vor allen in kultivierten Gegenden. Dort findet man die Käfer im Kronenbereich von Ölpalmen und Kakaopflanzen.

Aussehen: Es handelt sich bei diesem Nashornkäfer um ein sehr eindrucksvolles Insekt. Die Tiere zeigen meist eine metallisch schimmernde dunkelbraune bis schwarze Färbung. Besonders auffallend bei dieser Art ist der ausgeprägte Geschlechtsdimorphismus. Die Männchen besitzen ein riesiges Geweih. Dabei handelt es sich um ein gewaltiges Horn auf dem Kopf und ein kleineres nach vorne ragendes, die beide zweispitzig enden. Die Weibchen bleiben deutlich kleiner und besitzen keinen Hornfortsatz.

Pflege und Zucht: Die Käfer sollte paarweise oder in kleinen Gruppen, bestehend aus einem Männchen und zwei bis drei Weibchen, in einem geräumigen Terrarium mit einer hohen relativen Luftfeuchtigkeit gepflegt werden. Der Generationswechsel dauert etwa 12 Monate, wobei einzelne Käfer durchaus ein Alter von 6 Monaten erreichen können. Die Aktivitätszeit der Käfer liegt hauptsächlich in der Dämmerung. Ernährt werden sie mit Obst, sie mögen am liebsten Banane, Beetle-Jelly, Blütenpollen und Honig.

Ernährung: Pflanzliche Kost

Giftigkeit: Ungiftig

Terrarientyp: Standard-Terrarium für Rosenkäfer und ähnliche Arten

🌡 26–30 °C	🐝 ja	🌓 Tag	🌿 < 40 mm

Platymeris biguttatus

Zweifleckraubwanze

Verbreitung und Lebensraum: Das Verbreitungs-gebiet dieser Art erstreckt sich über weite Teile Afrikas südlich der Sahara Sudan, Äthiopien. Sie bewohnt die unterschiedlichsten Lebensräume, von der Halbwüste bis zum Regenwald.

Aussehen: Die Wanzen haben stark abgeflachte Körper und tragen bei schwarzer Grundfärbung und ihren voll entwickelten Vorderflügeln zwei leuchtend weiße Punkte. Männchen bleiben stets etwas kleiner als ihre Partnerinnen.

Pflege und Zucht: Man kann die Spezies in allen kleinen Behältern pflegen, die allerdings dicht und sicher schließen müssen. Wer eine intensive Zucht betreiben will, sollte die Tiere am besten nach Größen sortiert unterbringen. Die Einrichtung des Terrariums kann ganz nach Belieben gestaltet werden. Bodengrund ist im Grunde überflüssig, während stets zahlreiche Versteckplätze aus Kork- und Rindenstück oder Ähnliches vorhanden sein sollten. Wer es sparta-nisch mag, kann auch nur einige übereinander gestapelte Eierkartons hineinlegen. Diese Lauer-jäger ernähren sich von Insekten aller Art, sofern sie sie überwältigen können. Vorsicht beim Hantieren: Man darf die Tiere auf keinen Fall in die Hand nehmen, da sie beim Zustechen einen wahren Giftcocktail injizieren! Ihr Wehrsekret vermögen sie auch zu verspritzen, weshalb das Tragen einer Schutzbrille unbedingt zu empfeh-len ist.

Ernährung: Lebende tierische Kost wie verschie-dene Wirbellose

Giftigkeit: Aktiv giftig, nur für fachkundige Liebhabern und mit nötiger Sorgfalt zu pflegen. Gesetzliche Vorschriften je nach Bundesland sind zu beachten.

Terrarientyp: Standard-Trockeninsektarium

🌡️ 26–30 °C	🐢 ja	◫ Tag	🦗 < 40 mm

Platymeris rhadamanthus

Raubwanze

Verbreitung und Lebensraum: Es handelt sich bei diesen Insekten um typische Bewohner der ostafrikanischen Savannenlandschaften. Nachgewiesen wurden sie bisher in Kenia und Tansania.

Aussehen: Auch diese Art besitzt einen abgeflachten Körper. Die Tiere tragen hier bei schwarzer Grundfärbung auf den voll entwickelten Vorderflügeln zwei rote Punkte. Zusätzlich sind ihre Oberschenkel etwa 2 mm breit rot geringelt. Männchen bleiben stets etwas kleiner.

Pflege und Zucht: Auch diese Art stellt an ihre Unterbringung keine besonderen Ansprüche. Das Inventar kann man denkbar einfach gestalten, doch sollten immer zahlreiche Versteckplätze vorhanden sein. Daher empfiehlt es sich auch, mindestens zwei Wände mit Kork zu verkleiden, damit die Tiere sie als zusätzliche Laufflächen nutzen können. Die Lauerjäger ernähren sich von allen Insekten, die sie gerade noch überwältigen können. Dabei kann es vorkommen, dass mehrere Wanzen gleichzeitig an einem erlegten Beutetier saugen: Auf diese Weise profitieren auch die Larven vom Jagdglück ihrer Eltern. Ein Weibchen legt täglich 2 bis 4 Eier ab. Vorsicht beim Hantieren: Die Tieren dürfen nicht in die Hand genommen werden, da sie beim Zustechen einen wahren Giftcocktail in unsere Blutbahn senden würden. Da sie ihr Wehrsekret auch verspritzen können, empfiehlt sich das Tragen einer Schutzbrille.

Ernährung: Lebende tierische Kost wie verschiedene Wirbellose

Giftigkeit: Aktiv giftig, nur für fachkundige Liebhabern und mit nötiger Sorgfalt zu pflegen. Gesetzliche Vorschriften je nach Bundesland sind zu beachten.

Terrarientyp: Standard-Trockeninsektarium

 22–28 °C ja Tag <80 mm

Nepa spec.

Wasserskorpion

Verbreitung und Lebensraum: Die riesigen Wasserskorpione der Gattung *Nepa* werden recht häufig ohne genaue Herkunftsangabe oder sonstige Informationen meistens aus südostasiatischen Ländern importiert. Es handelt sich um reine Wasserinsekten, die vermutlich meist in langsam fließenden oder stehenden Gewässern leben.

Aussehen: Trotz ihres deutschen Namens handelt es sich hier um Schnabelkerfe, die oft auch als Skorpionwanzen bezeichnet werden, aber nicht um Echte Skorpione. Ihre Körperlänge ist artabhängig und kann bis zu 80 mm betragen. Das vordere Beinpaar ist zu Fangbeinen umgebildet, die beiden übrigen Beine sind dünn und werden meist flach abgespreizt. Das ziemlich variable Farbspektrum reicht von grünlichen über bräunlichen bis zu schwärzlichen Tönen. Obwohl die Wanzen voll ausgebildet Flügel besitzen, fliegen sie eher selten.

Pflege und Zucht: Wasserskorpione sollte man gruppenweise in Aquarien mit einer großen Grund- und somit auch Wasseroberfläche pflegen. Die Einrichtung kann denkbar einfach gestaltet werden. Zu einer 2 cm hohen Bodenschicht aus Aquarienkies oder Ähnlichem kommen Wasserpflanzen und einige schwimmende Korkrindenstücke als Versteck und Möglichkeit, sich an der Wasseroberfläche festzuhalten. Diese Wanzen sind Räuber, die dicht unter der Wasseroberfläche auf Beutetiere lauern.

Ernährung: Lebende tierische Kost wie verschiedene Wirbellose

Giftigkeit: Aktiv giftig, nur für fachkundige Liebhabern und mit nötiger Sorgfalt zu pflegen. Gesetzliche Vorschriften je nach Bundesland sind zu beachten.

Terrarientyp: Aquarium

 25–30 °C   nein   Nacht   < 70 mm

Archimandrita tesselata

Geflügelte Riesenschabe

Verbreitung und Lebensraum: Heimat dieser Art sind die Tropen und Subtropen Mittel- und Südamerikas. Besonders häufig trifft man die Tiere im Falllaub und unter loser Baumrinde an.

Aussehen: Die riesigen Schaben besitzen einen breiten, stark abgeflachten Körper. Ihre Färbung ist recht variabel und setzt sich zumeist aus unterschiedlichen Braun- und Beigetönen zusammen. Auf dem Halsschild sitzt ein unregelmäßiger schwarzer Fleck. Beide Geschlechter tragen zwei Paar großer Hautflügel und haben gut ausgebildete Laufbeine. Männchen sind durchweg kleiner und schlanker gebaut.

Pflege und Zucht: Für die erfolgreiche Haltung und Zucht eigen sich alle dicht schließenden Terrarien oder Plastikbehälter. Die Tiere stellen an das Inventar nur geringe Ansprüche. So sollte der Bodengrund aus einer 5 cm hohen Schicht Blumenerde oder Ähnlichem bestehen, die man an einer Stelle stets leicht feucht hält. Als Versteckmöglichkeiten dienen den Tieren eine Laubstreu, Korkröhren und -rindenstücke, Wurzeln, dicke Kletteräste und so weiter. Wer es spartanischer mag, braucht nur einige aufgestapelte Eierkartons. Für einen erfolgversprechenden Zuchtansatz werden etwa 20 Tiere benötigt. Die Art kann ein Alter von bis zu 30 Monaten erreichen. Als Futter gibt man den Tieren Salat, Gemüse und Obst sowie Hundeflocken mit Gemüse und Trockenfutter für Katzen.

Ernährung: Pflanzliche Kost/Hundeflocken mit Gemüse/Trockenfutter für Katzen

Giftigkeit: Ungiftig

Terrarientyp: Standard-Feuchtterrarium

 25–30 °C   nein   Nacht   < 60 mm

Gromphadorrhina portentosa

Madagaskar-Fauchschabe

Verbreitung und Lebensraum: Stammt aus Madagaskar, wo sie alle wärmeren Küstenregionen bewohnt. Man findet die Tiere sehr oft in großer Zahl unter der losen Rinde abgestorbener Bäumen, in Totholz, mit Pflanzenresten gefüllten Palmblattachseln und an ähnlichen Orten.

Aussehen: Die Tiere besitzen einen abgeflachten Körper, oft mit einer Art Ringelzeichnung aus farblich abweichenden Segmenten, in der dunkelbraune bis schwarze Farbtöne auftreten können. Im Übrigen ist diese Spezies vollkommen flügellos. Die deutlich kleineren Männchen tragen auf dem Halsschild bisweilen zwei hornartige Höcker.

Pflege und Zucht: Für die erfolgreiche Haltung und Zucht eignen sich dicht schließende, möglichst hohe Terrarien, da diese Art gerne klettert. Der Bodengrund sollte aus einer 5 cm hohen, stets leicht feucht gehaltenen Schicht Blumenerde oder Vergleichbarem bestehen. Als Versteckmöglichkeiten dienen den Insekten Korkröhren und Ähnliches. Das übrige Inventar bildet man aus zahlreichen Kletterästen. Wer es lieber spartanisch hält, kann auch hier Eierkartons verwenden. Als Futter nehmen die Tiere Salat, Gemüse, Obst und Hundeflocken an. Ihre Lebenserwartung beträgt maximal drei Jahre. Wenn man die Tiere stört, pressen sie Luft durch die Tracheen des Hinterleibs; diesem fauchenden Geräusch verdanken sie auch ihren deutschen Namen.

Ernährung: Pflanzliche Kost/Fischfutter, Trockenfutter für Katzen und Ähnliches

Giftigkeit: Ungiftig

Terrarientyp: Standard-Trockeninsektarium

 25–30 °C   nein   Nacht   < 50 mm

Gyna lurida

Porzellanschabe

Verbreitung und Lebensraum: Das Verbreitungsgebiet der Porzellanschabe liegt in Ostafrika, genauer gesagt in Kenia und Uganda. Die Tiere leben dort verborgen im Boden und in der Laubstreu tropischer Wälder.

Aussehen: Es handelt sich um sehr flach gebaute, extrem flinke Schaben, die sich dank ihrer gut ausgebildeten Flügel auch in der Luft hervorragend fortbewegen können. In der variablen Färbung treten verschiedene gelbliche, beige und bräunliche Farbtöne auf. Ausgewachsene Männchen können sogar ein wunderschönes Gelb zeigen. Beide Geschlechter tragen große Flügel, doch Männchen sind schlanker und von geringerer Größe.

Pflege und Zucht: Die streng nachtaktiven Tiere führen im Bodengrund ein zurückgezogenes Leben. Nur zur fortgeschrittenen Nachtzeit kann man sie auch an der Oberfläche beim Fressen oder der Paarung beobachten. Zu ihrer Haltung eignen sich nur ausbruchsichere Behälter mit einer mindestens 20 cm hohen Bodenschicht. Nur adulte Tiere können auch an glatten Flächen emporklettern. Beim Hantieren im Behälter ist stets größte Vorsicht angebracht, da die Tiere sofort sehr schnell laufend oder fliegend ausbrechen können. Diese Art ist lebendgebärend. Zur Ernährung erhalten die Schaben geraspelte Möhren als Feuchtfutter und zusätzlich Hundeflocken oder Trockenfutter für Katzen.

Ernährung: Pflanzliche Kost/Fischfutter, Trockenfutter für Katzen und Ähnliches.

Giftigkeit: Ungiftig

Terrarientyp: Standard-Feuchtterrarium

 28–30 °C   nein   Nacht < 25 mm

Panchlora nivea

Grüne Schabe

Verbreitung und Lebensraum: Diese attraktive Art besiedelt mittlerweile weite Teile der Karibik, fast ganz Mittel- und das nördliche Südamerika. Ihren eigentlichen Lebensraum bilden tropische Feuchtwälder, wo man die Tiere an reifem Obst findet. Heute sucht die Grüne Schabe sehr häufig als Schädling Plantagen heim.

Aussehen: Die Spezies ist für eine Schabe verhältnismäßig prächtig gefärbt. Beide Geschlechter zeigen durchgehend ein leuchtendes Hellgrün. Sie besitzen den typischen flachen Körperbau und tragen große, leicht durchscheinende Flügel. Männchen sind auch hier wesentlich schlanker und etwas kleiner.

Pflege und Zucht: Die Grüne Schabe lässt sich am besten in glattwandigen Behältern mit dicht schließenden Gazedeckeln pflegen. Die Einrichtung sollte aus einer mindestens 10 cm hohen und stets leicht feuchten Bodenschicht, zum Beispiel lockeres Lauberde-Sand-Gemisch, bestehen, die man mit zahlreichen Lagen Kork, Rinde oder Ähnlichem abdeckt. Wer es spartanisch liebt, kann anstelle des Korks auch einfache Eierkartons verwenden. Wichtig ist auf jeden Fall eine hohe relative Luftfeuchtigkeit. Nur ausgewachsene Tiere sind imstande, an glatten Scheiben emporzulaufen. Die Grüne Schabe gehört zu den lebendgebärenden Arten. Als Futter nimmt sie Obst, Gemüse und Salat sowie Honig, Blütenpollen und Trockenfutter für Katzen an.

Ernährung: Pflanzliche Kost/Fischfutter, Trockenfutter für Katzen und Ähnliches

Giftigkeit: Ungiftig

Terrarientyp: Standard-Feuchtterrarium

🌡️ 25–30 °C	🐢 nein	Nacht	< 50 mm

Rhyparobia maderae

Madeira-Schabe

Verbreitung und Lebensraum: Diese Art hat vermutlich von West-Afrika aus nahezu die gesamte Tropenzone unserer Erde erobert. Madeira-Schaben lebten ursprünglich in der Feuchtsavanne, werden aber heute hauptsächlich auf Plantagen und in ähnlichen Habitaten gefunden. Sehr häufig trifft man die Tiere unter loser Baumrinde an.

Aussehen: Die Grundfärbung ist variabel: man kennt hellbraune bis beige, dunkelbraune bis schwarze und auch sehr helle Farbformen, die „Goldies". Allen gemeinsam ist, dass die Flügel voll entwickelt sind und den gesamten Hinterleib bedecken. Männchen erkennt man unschwer an ihrer geringeren Größe.

Pflege und Zucht: Es handelt sich um eine gut zu haltende, leicht zu vermehrende Schabenart. Ihre Unterbringung kann in jedem dicht schließenden und mit Lüftungsflächen ausgestatteten Behälter erfolgen. Bei konstant 28 °C sind die Larven nach 4 Monaten erwachsen und leben dann noch etwa ein Dreivierteljahr. Das Inventar kann man frei gestalten – selbst auf Eierkartons scheinen sich die Tiere wohlzufühlen. Beim Ergreifen sondern sie ein übelriechendes Sekret ab. Daher sollte die Zucht besser nicht in Wohnräumen betrieben werden. Als Feuchtfutter erhalten die Schaben zweimal in der Woche Möhrenscheiben oder Salat, als Hauptnahrung Hundeflocken mit Gemüse sowie Trockenfutter für Katzen.

Ernährung: Pflanzliche Kost/Fischfutter, Trockenfutter für Katzen und Ähnliches

Giftigkeit: Ungiftig

Terrarientyp: Standard-Feuchtterrarium

	24–26 °C		nein		Tag/Nacht		< 31 mm

Therea olegrandjeani

Indische Käferschabe

Verbreitung und Lebensraum: Diese attraktive kleine Schabe stammt aus dem indischen Bundesstaat Andhra Pradesh.

Aussehen: Mit ihrem stark abgeflachten, fast kreisrunden Körper und dem für eine Schabe durchaus farbenprächtigen Aussehen ähneln diese Tiere eher Käfern. Auf schwarzem Grund tragen sie eine weiße Zeichnung. Männchen bleiben etwas kleiner als ihre Partnerinnen.

Pflege und Zucht: Die Spezies lässt sich am besten in glattwandigen Behältern mit dicht schließenden Gazedeckeln pflegen. Die Einrichtung sollte aus einer mindestens 10 cm und stets in den unteren Lagen leicht feuchten Bodenschicht aus lockerem Lauberde-Sand-Gemisch bestehen. Diese kann mit zahlreichen Kork- oder Rindenstücken, einigen Korkröhren abgedeckt und einer Bepflanzung aufgelockert werden. Es genügt aber auch hier eine spartanische Variante mit entsprechendem Bodengrund und darauf gestapelten Eierkartons. Während die Larven fast den ganzen Tag verborgen im Erdreich zubringen, kann man die ausgewachsenen Tiere gut beobachten. Sie halten sich überwiegend an der Oberfläche auf und suchen allem Anschien nach nur nachts im Erdreich Schutz. Die Weibchen legen ihre Eierbehälter, Ootheken, in der Bodenschicht ab. Daraus schlüpfen nach etwa 2 bis 4 Wochen die Larven. Als Nahrung erhalten die Tiere Möhren oder Obst als Feuchtfutter und zusätzlich Trockenfutter für Katzen.

Ernährung: Pflanzliche Kost/Fischfutter, Trockenfutter für Katzen und Ähnliches

Giftigkeit: Ungiftig

Terrarientyp: Standard-Trockeninsektarium

 22–25 °C   nein   Nacht   < 280 mm

Attacus atlas

Atlasspinner

Verbreitung und Lebensraum: Das Verbreitungsgebiet dieses Schmetterlings umfasst vor allem auch die Hochgebirgslagen von Indien bis China. Er ist ein typischer Bewohner immergrüner Tropenwälder.

Aussehen: Dieser riesige Schmetterling – seine Spannweite liegt bei zu 280 mm – besitzt einen etwa fingerdicken rostbraunen Körper, der zum Ende hin weiß wird. Die Grundfarbe besteht aus verschiedenen Brauntönen, wobei im Zentrum aller vier Flügel ein charakteristischer schwarz umrandeter Dreiecksfleck liegt, der unbeschuppt ist und dadurch durchscheinend wirkt. Die Vorderflügel laufen in einer auffälligen, seitwärts gezogenen Spitze aus. Männchen dieser Spezies sind deutlich kleiner als ihre Partnerinnen.

Pflege und Zucht: Man sollte die Falter nur in wirklich großen Gazebehältern, besser noch frei im Zimmer, Gewächshaus oder Wintergarten pflegen. Sie benötigen zu ihrem Wohlergehen lediglich etwas erhöhte Zimmertemperaturen und eine höhere relative Luftfeuchtigkeit. Die Raupen lassen sich leicht mit Japanischem Liguster, einer häufigen Heckenpflanze, ernähren. Während die Falter keine Nahrung mehr zu sich nehmen und ausschließlich von ihren Fettreserven zehren. Die Eier werden an die Ligusterblätter geklebt, und schon nach 2 Wochen schlüpfen aus ihnen die Raupen. Diese können eine Länge von 115 mm erreichen, ehe sie sich verpuppen.

Ernährung: Pflanzliche Kost

Giftigkeit: Ungiftig

Terrarientyp: Wintergarten oder ähnliche Räumlichkeit.

23–28 °C	nein	Nacht	< 135 mm

Caligo eurilochus

Bananenfalter

Verbreitung und Lebensraum: Das Verbreitungsgebiet dieses Falters liegt in Mittel- und Südamerika. Dort findet man seine Raupen vor allem auf Bananengewächsen.

Aussehen: Die Art erreicht eine Spannweite von bis zu 135 mm. Ihr Körper weist ebenso wie die Flügeloberseiten eine braune Grundfärbung auf. Der Vorderflügel hingegen ist vom Vorderrand an teils beige gefärbt. Zu den Seiten hin wird dieser Farbton immer schwächer, während die Grundfarbe nach hinten zu in Schwarz übergeht. Insbesondere bei Männchen schimmern die Flügel in einem dunklen Blau, dessen Intensität zur Mitte hin deutlich zunimmt. Auffallend sind auch die Flügelunterseiten: Dort tragen die Tiere jeweils einen großen Augenfleck, der schmal in beige und schwarz umrandet ist.

Pflege und Zucht: Man sollte auch diese Spezies nur in riesigen Gazebehältern, besser noch frei im Zimmer, Gewächshaus oder Wintergarten pflegen. Sie ist dank ihrer leichten Haltung aus den meisten Schmetterlingshäusern nicht mehr wegzudenken. Das Weibchen legt seine weißen Eier an der Unterseite von Bananenblättern ab. Die grünen Raupen ernähren sich von dieser Pflanze, bis sie nach vier Häutungen etwa 13 Zentimeter lang sind. Anschließend verpuppen sie sich und nach weiteren fünf Wochen schlüpfen die Falter. Diese ernähren sich ihrerseits von Bananen und Honig.

Ernährung: Pflanzliche Kost

Giftigkeit: Ungiftig

Terrarientyp: Wintergarten oder ähnliche Räumlichkeit.

 26–28 °C   ja   Tag/Nacht   < 12 mm

Hodotermes mossambicus

Erntetermite

Verbreitung und Lebensraum: Diese Termitenart kommt in den Steppen Ost- und Südafrikas vor. Da sie sich nicht von Holz, sondern von Gras ernähren, trifft man die Tiere in der Trockensavanne an.

Aussehen: Arbeiterinnen werden 2 bis 10 mm groß und zeigen eine schwarze Färbung, während die gelbroten Soldaten 10 bis 12 mm groß werden. Männchen und Königin sind schwarz. Im gesamten südlichen Afrika stellen diese Insekten eine große Bedrohung für das Weideland dar: Sie bilden teilweise sogenannte „Feenkreise", in den das Gras vollständig abgefressen ist. Die Termiten erbauen in variablen Abständen etwa 10 cm hohe Wohnhügel, welche unterirdisch durchweg miteinander vernetzt sind.

Pflege und Zucht: Das große Frischluftbedürfnis dieser Tiere muss man bei ihrer Pflege unbedingt beachten. Halten lassen sie sich nur in absolut ausbruchsicheren Behältern. Ein grabfähiger, mindestens 20 cm hoher Boden ist dabei unerlässlich. Im Gegensatz zu ihren Verwandten ernähren sich die Termiten überwiegend von Gräsern und rühren kein Holz an. Die Fütterung ist jedoch allem Anschein nach nicht ganz einfach, was wahrscheinlich mit bestimmten Innenparasiten zusammenhängt. Die Art wurde jedoch schon über längere Zeiträume erfolgreich gepflegt und vermehrt. Da die Tiere auch bei Tageslicht an die Oberfläche kommen, besitzen sie gut entwickelte Augen.

Ernährung: Pflanzliche Kost

Giftigkeit: Ungiftig

Terrarientyp: Standard-Feuchtterrarium

🌡️ 24–28 °C	☀️	🌙 Tag	🦗 < 25 mm

Oecophylla smaragdina

Grüne Weberameise

Verbreitung und Lebensraum: Die Art trifft man im gesamten südostasiatischen Raum an, vor allem in Australien. Dort leben diese Insekten in den subtropischen und tropischen Regionen. Ihre Nester bauen sie überwiegend hoch oben in den Baumwipfeln, indem sie Blätter übereinander ziehen und dann verweben. So entsteht im Inneren das eigentliche Ameisennest. In diesen luftigen Höhen dürfte ein feuchtwarmes Klima herrschen.

Aussehen: Je nach Herkunft können die Tiere braun bis smaragdgrün gefärbt sein. Arbeiterinnen werden etwa 10 bis 20 mm groß und haben sehr lange Beine. Königinnen bringen es sogar auf bis zu 25 mm. Es gibt bei dieser Art keine Soldaten, doch die Bisse der Arbeiterinnen sind sehr schmerzhaft.

Pflege und Zucht: Das Becken sollte hoch genug sein, um eine großblättrige Pflanze oder einen Baum aufnehmen zu können, deren Blätter verwebt werden können. Erforderlich ist auch eine etwas höhere relative Luftfeuchtigkeit, die sich beispielsweise durch eine Nebelanlage erreichen lässt. Zur Sicherung vor Ausbrüchen kann man entweder einen „Wassergraben" anlegen oder den gesamten Behälter gut isolieren. Gefüttert werden die Ameisen unter anderem mit Honigwasser sowie lebenden und toten Insekten. Sie eignen sich auf keinen Fall für den Anfänger.

Ernährung: Pflanzliche Kost/Lebende tierische Kost wie verschiedene Wirbellose und Kleinsäuger/Fischfutter, Trockenfutter für Katzen und Ähnliches

Giftigkeit: Aktiv giftig, nur für fachkundige Liebhabern und mit nötiger Sorgfalt zu pflegen. Gesetzliche Vorschriften je nach Bundesland sind zu beachten.

Terrarientyp: Standard-Feuchtterrarium

 24–28 °C   nein   Tag/Nacht   < 90 mm

Acanthoscurria geniculata

Vogelspinne

Verbreitung und Lebensraum: Es ist eine bodenbewohnende Art aus Südamerika, und zwar aus Brasilien. Aufgrund ihrer versteckten Lebensweise ist diese Spinne selten in der Natur zu beobachten. Sie lebt in waldreichen Gebieten vom Trocken- bis zum Regenwald. Den Lebensraum prägt ein tropisches Klima mit ziemlich gleichbleibenden Temperaturen.

Aussehen: Die kräftige Vogelspinne ist von einer variablen bräunlichen bis rotbraunen Grundfärbung. Frisch gehäutete Tiere können auch etwas hellere Nuancen aufweisen. An den Gelenken und etwas darüber hinaus sind die Beine cremefarbig abgesetzt.

Pflege und Zucht: Es handelt sich um eine recht scheue Art, die ihr Versteck erst in der Dämmerung verlässt. Auf Störungen können manche Tiere schreckhaft reagieren und heftig „bombardieren": Dabei bürstet die Vogelspinne dem Angreifer mit schnellen Bewegungen der Hinterbeine sogenannte Brennhaare des Hinterleibs entgegen. Diese verursachen einen unangenehmen Juckreiz. Da es sich um eine stark wühlende Art handelt, sollte man den Tieren eine leicht ansteigende, im hinteren Behälterbereich circa 20 bis 25 cm hohe Bodenschicht aus fäulnisresistentem Substrat anbieten, die zur Hälfte stets leicht feucht gehalten wird. Darauf kommen einige Stücke Korkrinde, etwas Laubstreu oder andere Verstecke. Ein Wassernapf darf im Terrarium niemals fehlen.

Ernährung: Lebende tierische Kost wie verschiedene Wirbellose

Giftigkeit: Aktiv giftig, nur für fachkundige Liebhaber und mit nötiger Sorgfalt zu pflegen. Gesetzliche Vorschriften je nach Bundesland sind zu beachten.

Terrarientyp: Standard-Feuchtterrarium

 20–25 °C   nein   Tag/Nacht   < 70 mm

Acanthoscurria insubtilis

Vogelspinne

Verbreitung und Lebensraum: Es handelt sich hierbei um eine bodenbewohnende Art aus dem zentralen Südamerika, genauer gesagt aus Bolivien und Paraguay. Aufgrund ihrer versteckten Lebensweise ist sie nur selten in der Natur zu beobachten. Den Lebensraum prägt ein tropisches Hochlandklima mit winterlichen Nachtfrösten.

Aussehen: Diese kräftige Vogelspinne besitzt eine variable bräunliche bis graue Grundfärbung. Frisch gehäutete Tiere können auch blaugraue Nuancen aufweisen. Ihre Beine sind teilweise nur angedeutet weiß gebändert.

Pflege und Zucht: Es handelt sich um eine recht scheue Art, die ihr Versteck häufig erst in der Dämmerung verlässt. Auf Störungen können die Tiere sehr schreckhaft reagieren, indem sie heftig „bombardieren": Dabei bürstet die Vogelspinne dem Angreifer mit schnellen Bewegungen der Hinterbeine sogenannte Brennhaare des Hinterleibs entgegen. Diese verursachen auf der Haut einen unangenehmen Juckreiz. Da es sich um eine stark wühlende Art handelt, sollte man den Tieren eine leicht ansteigende, im hinteren Behälterbereich circa 20 bis 25 cm hohe Bodenschicht aus fäulnisresistentem Substrat anbieten, welche zur Hälfte stets leicht feucht gehalten wird. Darauf kommen einige Stücke Korkrinde, etwas Laubstreu oder andere Versteckplätze. Ein Wassernapf darf im Terrarium niemals fehlen.

Ernährung: Lebende tierische Kost wie verschiedene Wirbellose

Giftigkeit: Aktiv giftig, nur für fachkundige Liebhabern und mit nötiger Sorgfalt zu pflegen. Gesetzliche Vorschriften je nach Bundesland sind zu beachten.

Terrarientyp: Standard-Feuchtterrarium

 26–28 °C   nein   Nacht   < 90 mm

Anoploscelus celeripes

Vogelspinne

Verbreitung und Lebensraum: Diese Vogelspinne stammt aus Ostafrika Tansania, Uganda,
wo die Tiere lichte Wälder bewohnen. Es handelt
sich um Bodenbewohner, die im Erdreich tiefe
Gänge anlegen.

Aussehen: Die farblich eher unauffällige Art
trägt ein durchgehend dunkel- bis schokola-
denbraunes Kleid. Sie kann an sich leicht mit
Citharischius crawshayi verwechselt werden,
vor der sie jedoch durch ihre andere Färbung zu
unterscheiden ist. Beide Spezies besiedeln das
gleiche Verbreitungsgebiet und führen eine ähnliche Lebensweise.

Pflege und Zucht: Man sollte diese interessante
Spinne möglichst einzeln in nicht zu kleinen
Behältern pflegen. Das etwa 10 bis 15 cm hohe,
leicht grabfähige Substrat aus Lehm und Gartenerde muss stets zum größten Teil leicht feucht
gehalten werden. Die für das Wohlergehen erforderliche, höhere relative Luftfeuchtigkeit lässt
sich durch allabendliches Sprühen erreichen.
Niemals darf eine Wasserschale fehlen. Pflanzen
und Äste haben nur dekorative Aufgaben. Im
Bodengrund legt die Spinne einen, bis auf den
Terrarienboden reichenden Gang an. Leider ist
über ihre Nachzucht im Terrarium bislang nichts
bekannt geworden. Die Haltung bereitet kaum
Probleme, allerdings verharren die Spinnen
manchmal tagelang in ihrer Höhle und lassen
sich auch durch Futtertiere nicht hervorlocken.

Ernährung: Lebende tierische Kost wie verschiedene Wirbellose

Giftigkeit: Aktiv giftig, nur für fachkundige
Liebhabern und mit nötiger Sorgfalt zu pflegen.
Gesetzliche Vorschriften je nach Bundesland
sind zu beachten.

Terrarientyp: Standard-Feuchtterrarium

 26–28 °C   ja   Nacht   < 80 mm

Avicularia metallica

Vogelspinne

Verbreitung und Lebensraum: Es handelt sich um einen Baumbewohnender, dessen großes Verbreitungsgebiet von Surinam bis nach Nordbrasilien reicht. Die attraktiven Vogelspinnen leben dort in Astgabeln und Baumhöhlen, die sie mit Gespinst auskleiden, aber auch in großen Bromelien.

Aussehen: Der Vorderkörper schimmert metallisch blau-schwarz und gab so wahrscheinlich Anlass zur Namensgebung dieser Spezies. Ihre eigentliche Grundfärbung bildet dabei ein schwärzlicher Ton, der an den Beinen mit blassroten oder beigefarbenen Haaren durchsetzt ist.

Pflege und Zucht: *Avicularia metallica* ist eine ruhige, friedliche Vogelspinne. Daher kann man die Art auch Anfängern empfehlen. Leider werden heute nur noch selten reinrassige Tiere angeboten, da es inzwischen häufig zu Kreuzungen mit anderen *Avicularia*-Arten kam. Die Spinnen lassen sich leicht in etwas höheren Regenwaldterrarien pflegen. Als Einrichtungsgegenstände eignen sich hochkant ins Terrarium gestellte Korkröhren oder hohle Baumstämme, die von den Tieren meist sofort als Versteck angenommen werden Eine leicht erhöhte relative Luftfeuchtigkeit stellt sich durch allabendliches Sprühen ein und wird von den Spinnen als angenehm empfunden. Das Substrat kann aus einem Gemisch von Torf und Blumenerde bestehen. Eventuell eingebrachte Pflanzen sorgen für ein besseres Terrarienklima.

Ernährung: Lebende tierische Kost wie verschiedene Wirbellose

Giftigkeit: Aktiv giftig, nur für fachkundige Liebhabern und mit nötiger Sorgfalt zu pflegen. Gesetzliche Vorschriften je nach Bundesland sind zu beachten.

Terrarientyp: Standard-Feuchtterrarium

🌡️ 25–28 °C	🕷️ ja	🌙 Nacht	🦗 < 70 mm

Avicularia walckenaeri

Vogelspinne

Verbreitung und Lebensraum: Es handelt sich um eine baumbewohnende Vogelspinne, die in weiten Teilen Brasiliens vorkommt. Man trifft die Tiere überwiegend in dichten tropischen Wäldern an, wo sie bevorzugt in Baumhöhlen, unter Rinde, in hohlen Stämmen, in Vertiefungen von Astgabeln und an ähnlichen Stellen zu finden sind. Der unmittelbare Lebensraum wird dabei mit einem Gespinst ausgepolstert und teilweise zusätzlich mit dünnen Zweigen und Laub getarnt.

Aussehen: Die farblich recht attraktive Art trägt ein dunkelbraunes Kleid, das durch die rötlichen Zwischenräume der einzelnen Beinglieder und die ebenso gefärbten Fußspitzen belebt wird.

Pflege und Zucht: Es handelt sich um eine friedliche, eher ruhige und einfach zu pflegende Vogelspinne, die aber gegebenenfalls auch sehr schnell flüchten kann. Wie bei allen baumbewohnenden Spinnen sollte ihr Terrarium eine Korkröhre oder einen hohlen Ast, jeweils hochkant eingebracht, enthalten. Pflanzen sind im Grunde nicht erforderlich, können aber nach ästhetischen Grundsätzen verteilt werden. Dabei besteht jedoch die Möglichkeit, dass die Spinne die Gewächse mit einspinnt. Die relative Luftfeuchtigkeit lässt sich durch allabendliches Sprühen auf 75 bis 80 % erhöhen und trägt so zum Wohlbefinden der Tiere bei. Ein Wassernapf sollte stets zusätzlich vorhanden sein.

Ernährung: Lebende tierische Kost wie verschiedene Wirbellose

Giftigkeit: Aktiv giftig, nur für fachkundige Liebhabern und mit nötiger Sorgfalt zu pflegen. Gesetzliche Vorschriften je nach Bundesland sind zu beachten.

Terrarientyp: Standard-Feuchtterrarium

| | 25–27 °C | | nein | | Nacht | | < 80 mm |

Brachypelma albopilosum

Weißhaar-Vogelspinne

Verbreitung und Lebensraum: Das Verbreitungsgebiet dieser Art erstreckt sich über weite Teile Mittelamerikas. Sie ist ein Bodenbewohner, der seine Höhle im Erdreich anlegt. Das heimische Klima kann als feucht-warm gelten und zeichnet sich durch eine lange Regenzeit von April/Mai bis Dezember aus.

Aussehen: Der schwarz behaarte Körper trägt zusätzlich Gruppen von dicht beieinander stehenden hellbraunen, leicht gekräuselten Haaren. Diese lassen die Spinne wesentlich heller wirken und verleihen ihr ein eher bräunliches Aussehen.

Pflege und Zucht: Diese leicht zu pflegende und vermehrungsfreudige Art kann durchaus auch Anfängern empfohlen werden. Fühlen sich die Spinnen bedroht, so „bombardieren" sie den Angreifer mit den Reizhärchen ihres Hinterleibs.

Der Bodengrund des Terrariums sollte aus einem lockeren Torf-Erde-Gemisch bestehen. Laubstreu aus welken Blättern und eine Bepflanzung verschaffen dem Behälter ein natürliches Aussehen. Ein Wassernapf sollte stets vorhanden sein. Nach einer erfolgreichen Verpaarung gräbt das Weibchen eine geräumige Höhle, in der sie in ihren Kokon bis zu 500 Eier ablegt. Bei etwa 25 °C schlüpfen die Jungen etwa 5 Wochen später. Nach der ersten Häutung sollte man sie einzeln aufziehen. Diese Spezies ist geschützt. Beim Erwerb muss der Verkäufer Ihnen eine Herkunftsbescheinigung ausstellen.

Ernährung: Lebende tierische Kost wie verschiedene Wirbellose

Giftigkeit: Aktiv giftig, nur für fachkundige Liebhabern und mit nötiger Sorgfalt zu pflegen. Gesetzliche Vorschriften je nach Bundesland sind zu beachten.

Terrarientyp: Standard-Feuchtterrarium

🌡️ 24–26 °C	🐝 nein	🌙 Nacht	🌱 < 80 mm

Brachypelma angustum

Vogelspinne

Verbreitung und Lebensraum: Von Mexiko bis Costa Rica. Ihren Lebensraum bilden dabei überwiegend Regenwälder. Sie ist ein Bodenbewohner, der tiefe Gänge gräbt – häufig unter Wurzeln oder an ähnlich gut geschützten Stellen. Eine etwas höhere Bodenfeuchte scheint zum Wohlbefinden der Spinnen beizutragen.

Aussehen: Vom Aussehen her ähneln die prächtigen Tiere sehr stark ihren nahen Verwandten *Brachypelma sabulosum* und *Brachypelma vagans*, mit denen sie auch häufig verwechselt werden. Sie sind überwiegend schwarz, doch der Vorderkörper besitzt einen gelben Rand, während der Hinterleib, Abdomen, teilweise eine glatte rötliche Behaarung aufweist.

Pflege und Zucht: *Brachypelma angustum* ist eine überaus friedfertige und umgängliche Art,

die aufgrund dieser Eigenschaften insbesondere Anfängern empfohlen werden kann. Wie allen bodenbewohnenden Spinnen sollte sie ein Terrarium mit etwas größerer Grundfläche bekommen. Da die Tiere sehr tiefe Löcher graben, ist eine Bodenschicht aus Torf-Erde-Gemisch von 15 bis 20 cm Höhe erforderlich. Eine hohl liegende Korkplatte wird als Höhleneingang sehr gerne angenommen. Jungtiere leben etwas zurückgezogener als ältere Exemplare. Auch diese Spezies ist geschützt. Beim Erwerb muss der Verkäufer Ihnen eine ordnungsgemäße Herkunftsbescheinigung ausstellen.

Ernährung: Lebende tierische Kost wie verschiedene Wirbellose

Giftigkeit: Aktiv giftig, nur für fachkundige Liebhabern und mit nötiger Sorgfalt zu pflegen. Gesetzliche Vorschriften je nach Bundesland sind zu beachten.

Terrarientyp: Standard-Feuchtterrarium

| | 24–26 °C | | nein | | Nacht | | < 70 mm |

Brachypelma annitha

Vogelspinne

Verbreitung und Lebensraum: Auch diese Spezies ist ein Bodenbewohner aus den Regenwäldern Mexikos. Das Klima ihrer Heimatregion ist
feucht-warm, mit einer ausgeprägten Regenzeit.
Aussehen: Die farbenprächtige *Brachypelma
annitha* ähnelt äußerlich sehr stark *Brachypelma
smithi*, ist aber intensiver gefärbt als jene. Der
hell beigefarbene Vorderkörper dieser relativ
seltenen Spezies weist einen dunklen Augen-
hügel auf. Dabei ist der helle Beige-Anteil
deutlich höher als bei *B. smithi*. Auch dank ihrer
beige bis gelblich orangefarbenen Extremitäten
wirkt die Art überaus attraktiv.
Pflege und Zucht: Wie die meisten Vertreter
der Gattung *Brachypelma* legt auch diese
Vogelspinne im Bodengrund tiefe Gänge als
Wohnhöhlen an. Daher sollte ihr Terrarium eine

mindestens 15 bis 20 cm hohe, fäulnisresistente
Bodenschicht aus leicht grabfähigem, wenigstens an einer Seite und unten stets leicht feucht
gehaltenem Substrat aufweisen. Darüber legt
man ein etwas größeres Korkrindenstück, das
nicht nur als Unterschlupf dient, denn häufig
legen sich die Spinnen auch bei der Häutung
dorthin. Das Behälterinnere sollte allabendlich
kurz übersprüht werden, damit sich die relative
Luftfeuchtigkeit ausreichend erhöht. Achtung:
Auch diese Spezies ist geschützt. Beim Erwerb
muss der Verkäufer Ihnen daher eine ordnungsgemäße Herkunftsbescheinigung ausstellen.
Ernährung: Lebende tierische Kost wie verschiedene Wirbellose
Giftigkeit: Aktiv giftig, nur für fachkundige
Liebhabern und mit nötiger Sorgfalt zu pflegen.
Gesetzliche Vorschriften je nach Bundesland
sind zu beachten.
Terrarientyp: Standard-Feuchtterrarium

🌡️ 23–26 °C	☀️ nein	🌙 Nacht	🦗 < 60 mm

Brachypelma auratum

Goldene Vogelspinne

Verbreitung und Lebensraum: Das Verbreitungsgebiet dieser Art erstreckt sich über das Hochland von Mexiko. Dort findet man diesen ausgesprochenen Bodenbewohner in der Strauchsavanne und Wäldern. Das regionale Klima gilt als feucht-warm.

Aussehen: Auch diese Art ist sehr leicht mit *Brachypelma smithi* zu verwechseln. Ihre Grundfarbe ist ebenfalls dunkelgrau bis schwarz, nur an den ersten Beingelenken weisen die Tiere statt der orangefarbenen Flecken rote auf. Der Vorderkörper besitzt eine helle Umrandung und ist ebenfalls dunkler als bei *B. smithi.*

Pflege und Zucht: Man sollte das Terrarium nicht zu feucht halten. Eine Wasserschale muss jedoch stets vorhanden sein. Auch hier ist eine hohe Bodenschicht für das Anlegen der Wohnröhre sehr wichtig, am besten ein Gemisch aus Gartenerde, Sand und Lehm. Eine Wurzel oder ein Stück gewölbter Korkeichenrinde dient den Tieren als Versteck. In der Nacht darf die Temperatur ruhig unter 20 °C absinken. Verwenden Sie auf keinen Fall eine Bodenheizung. Es handelt sich um eine recht friedliche Art, die aber bei Bedrohung zu „bombardieren" beginnt. Grundsätzlich sollte die Fütterung erst etwa eine Woche nach der Häutung wieder einsetzen. Diese Spezies ist geschützt. Beim Erwerb muss der Verkäufer Ihnen daher eine ordnungsgemäße Herkunftsbescheinigung ausstellen.

Ernährung: Lebende tierische Kost wie verschiedene Wirbellose

Giftigkeit: Aktiv giftig, nur für fachkundige Liebhabern und mit nötiger Sorgfalt zu pflegen. Gesetzliche Vorschriften je nach Bundesland sind zu beachten.

Terrarientyp: Standard-Feuchtterrarium

🌡️ 26–28 °C	🌱 nein	☀️🌙 Nacht	🦗 < 70 mm

Brachypelma boehmei

Rotbein-Vogelspinne

Verbreitung und Lebensraum: Diese farben-prächtige Art stammt aus Mexiko, genauer dem Bundesstaat Michoacan und der Sierra Madre del Sur unweit von Acapulco. Allerdings besiedeln die Vogelspinnen dort halbtrockene bis ausgesprochen aride Lebensräume. Als Bodenbewohner leben sie verborgen in ihren Wohnhöhlen.

Aussehen: Der deutsche Name verweist bereits auf die Färbung der Extremitäten hin: das vierte, fünfte und sechste Glied jedes Beines ist leuchtend orange bis rot. Während der schwarze Hinterleib vereinzelte rötliche Haare aufweist, zeigt der Vorderkörper eine orange-beige Tönung.

Pflege und Zucht: *Brachypelma boehmei* gilt als eher friedliche Art, die auf Störungen aber auch gereizt reagieren kann. Fühlen sich die Tiere be-droht, so „bombardieren" sie jeden Angreifer mit ihren Brennhaaren, die auf der Haut und in den Atemwegen einen heftigen Juckreiz verursachen können. Im Terrarium aufgezogene Nachzuchten werden zumeist recht zahm. Man pflegt die Art einzeln in Behältern mit einer möglichst gro-ßen Grundfläche. Der Bodengrund sollte dabei eine Höhe von etwa 10 cm aufweisen und aus grabfähigem Substrat bestehen, das mit einer gebogenen Korkplatte abgedeckt wird, die der Spinne als Unterschlupf dient. Auch hier darf eine Wasserschale nicht fehlen. Diese Spezies ist geschützt.

Ernährung: Lebende tierische Kost wie verschiedene Wirbellose

Giftigkeit: Aktiv giftig, nur für fachkundige Liebhabern und mit nötiger Sorgfalt zu pflegen. Gesetzliche Vorschriften je nach Bundesland sind zu beachten.

Terrarientyp: Standard-Trockeninsektarium

| 25–27 °C | ja | Nacht | < 70 mm |

Brachypelma emilia

Vogelspinne

Verbreitung und Lebensraum: Das Verbreitungsgebiet dieser Vogelspinne erstreckt sich vom Nordwesten Mexikos bis nach Panama. In trockenen, oft steppenartigen Gebieten. Dort graben sie sich tiefe Wohnhöhlen, in denen sie sogar die häufigen Buschbrände überstehen können.
Aussehen: Die Spezies gehört zweifellos zu den schönsten Vogelspinnen. Ihr Vorderkörper zeigt ein kräftiges Orange mit schwärzlichem Kopfteil, der seinerseits ein schwarzes Dreieck bildet. Der Hinterleib hingegen weist eine intensive Schwarzfärbung auf, die mit einigen orangefarbenen Härchen durchsetzt ist. Schwarz-rotbraun geringelte Gliedmaßen vervollständigen die farbenprächtige Tracht.
Pflege und Zucht: *Brachypelma emilia* verteidigt sich mit Hilfe von Brennhaaren, kann aber auch

sehr schmerzhaft zubeißen. Das es sich um eine grabende Art handelt, sollte der lockere Boden bis 10 cm hoch aufgefüllt und dann leicht angedrückt werden. Ein größeres Stück Rinde wird von den Tieren meistens unterhöhlt und als Deckung verwendet. 6 bis 8 Wochen nach der Verpaarung legt das Weibchen in einem kugelförmigen Kokon etwa 200 bis 800 Eier an. Daraus schlüpfen bei 25 °C etwa 10 Wochen später die Jungen. Diese Spezies ist geschützt. Beim Erwerb muss der Verkäufer Ihnen daher eine ordnungsgemäße Herkunftsbescheinigung ausstellen.
Ernährung: Lebende tierische Kost wie verschiedene Wirbellose
Giftigkeit: Aktiv giftig, nur für fachkundige Liebhabern und mit nötiger Sorgfalt zu pflegen. Gesetzliche Vorschriften je nach Bundesland sind zu beachten.
Terrarientyp: Standard-Trockeninsektarium

| | 27–29 °C | | nein | | Nacht | | < 70 mm |

Brachypelma klaasi

Vogelspinne

Verbreitung und Lebensraum: Die Art lebt im
zentralen Südwesten von Mexiko. Sie ist ein Bodenbewohner, der den Tag in seiner Wohnhöhle
verbringt. Das Klima kann in etwa als warm und
trocken gelten und zeichnet sich dabei durch
eine ausgeprägte winterliche Regenzeit aus.
Aussehen: Die Färbung des Körpers ist im
Grunde schwarz, jedoch teilweise derart mit
längeren rötlichen oder orangefarbenen Haaren
durchsetzt, sodass die Spinne vor allem im hinteren Bereich mehr rötlich bis bräunlich wirkt.
Rötlich orangefarbene Haare finden sich auch an
den körpernahen Beingliedern.
Pflege und Zucht: Die Art kann im Ganzen als
recht friedlich gelten. Nur bei unvorsichtigem
Handtieren und plötzlichen Störungen beginnt
sie zu „bombardieren". *Brachypelma klaasi*

sollte einzeln in Terrarien mit einer großen
Bodenfläche gepflegt werden. Das ausreichend
grabfähige Substrat muss man etwa 10 cm hoch
auffüllen. Eine Ecke wird dabei stets ein wenig
feuchter gehalten. Hier sollte sich auch der
Wassernapf befinden. Der Rest des Bodens sollte
dabei hingegen trocken bleiben. Eine Korkröhre
dient den Tieren als willkommener Unterschlupf
oder Höhleneingang. Das Weibchen spinnt
einen Kokon, in den es über 500 Eier legt. Diese
Spezies ist geschützt! Beim Erwerb muss der
Verkäufer Ihnen daher eine ordnungsgemäße
Herkunftsbescheinigung ausstellen.
Ernährung: Lebende tierische Kost wie verschie-
dene Wirbellose
Giftigkeit: Aktiv giftig, nur für fachkundige
Liebhabern und mit nötiger Sorgfalt zu pflegen.
Gesetzliche Vorschriften je nach Bundesland
sind zu beachten.
Terrarientyp: Standard-Trockeninsektarium

 25–27 °C   nein   Nacht   < 80 mm

Brachypelma smithi

Rotknie-Vogelspinne

Verbreitung und Lebensraum: Diese Art besiedelt ein ausgesprochen großes Verbreitungsgebiet, das sich entlang der Küstenkordillere Mexikos von Sinaloa über Nayarit, Colima, Michoacan und Guerrero bis nach Chiapas erstreckt. Sie ist eine Bodenbewohnerin, die man überwiegend in trockenen Lebensräumen antrifft. Innerhalb ihres Verbreitungsgebietes konnten verschiedene lokale Formen nachgewiesen werden, die sich nach Größe und Färbung geringfügig von einander unterscheiden.

Aussehen: Die dunkelbraune bis schwarze Grundfärbung ist mit einigen längeren orangefarbenen bis braunen Haaren durchsetzt. Den Vorderkörper umzieht ein gelb-orangefarbener Haarsaum, und die Beine weisen eine orangerote Bänderung auf.

Pflege und Zucht: Diese Art gehört zu den „Bombardierspinnen", gilt jedoch als ausgesprochen friedlich. Man sollte sie einzeln in geräumigen Terrarien pflegen, die eine etwa 10 cm hohe, leicht grabfähige Bodenfüllung aufweisen. Im unteren Bereich wird diese stets leicht feucht gehalten. Eine Korkplatte dient den Tieren nicht nur als Versteck: Häufig legen sich die Spinnen auch zum Häuten darauf. Etwa 4 bis 6 Wochen nach einer erfolgreichen Paarung beginnt das Weibchen im Terrarium zu graben und spinnt dann einen Kokon mit den Eiern. Die Jungen schlüpfen bei einer Temperatur von 25 °C ungefähr 8 bis 11 Wochen später. Geschützte Art.

Ernährung: Lebende tierische Kost wie verschiedene Wirbellose

Giftigkeit: Aktiv giftig, nur für fachkundige Liebhabern und mit nötiger Sorgfalt zu pflegen. Gesetzliche Vorschriften je nach Bundesland sind zu beachten.

Terrarientyp: Standard-Trockeninsektarium

🌡️ 26–30 °C	☀️ nein	🌙 Nacht	🕷️ < 80 mm

Brachypelma vagans

Schwarzrote Vogelspinne

Verbreitung und Lebensraum: Das Verbreitungsgebiet reicht vom nördlichen Südamerika, Kolumbien, bis weit nach Mexiko hinein. Die Spezies besitzt eine enorme Anpassungsfähigkeit und scheint keine besonderen Ansprüche an ihren Lebensraum zu stellen. Sie kommt in Regenwäldern, vor allem auf Rodungsflächen, in Savannen und landwirtschaftlich genutzten Gebieten vor – all dies von der Küste bis in ausgesprochen gebirgige Regionen.
Aussehen: Die Art ist samtschwarz gefärbt und trägt auf dem Hinterleib lange, rötliche Reizhaare. Den Vorderkörper fasst ein hell beigefarbener Randsaum ein, während die Gliedmaßen völlig zeichnungslos sind.
Pflege und Zucht: Auch bei dieser Spezies handelt es sich um eine sogenannte Bombardier-

spinne, die überdies eine beachtliche Geschwindigkeit erreichen kann. Als Bodenbewohner lebt sie gewöhnlich in tiefen, selbst gegrabenen Höhlen, was man bei der Gestaltung ihres Terrariums berücksichtigen muss. Eine zu feuchte Haltung sollte dabei vermieden werden. Ein Wassernapf und ein größeres Stück Korkeichenrinde gehören unbedingt zur Innenausstattung. Etwa vier Wochen nach einer erfolgreichen Kopulation legt das Weibchen seine Eier in einem Kokon ab. Bei Temperaturen um 27 °C schlüpfen die Jungen nach rund 65 Tagen. Diese Spezies ist geschützt.
Ernährung: Lebende tierische Kost wie verschiedene Wirbellose
Giftigkeit: Aktiv giftig, nur für fachkundige Liebhabern und mit nötiger Sorgfalt zu pflegen. Gesetzliche Vorschriften je nach Bundesland sind zu beachten.
Terrarientyp: Standard-Trockeninsektarium

 26–28 °C   nein   Nacht   < 80 mm

Chilobrachys guangxiensis

Guanxi-Vogelspinne

Verbreitung und Lebensraum: Über diese interessante asiatische Vogelspinnen-Art ist bisher nur wenig bekannt. Die im Handel erhältlichen Exemplare stammen aus China. Ob sich darunter mehrere Arten befinden, muss noch genauer untersucht werden. Interessanterweise leben einige Spinnen im Terrarium vorwiegend auf dem Boden, während andere sich wie typische Baumbewohner in Korkröhren aufhalten.

Aussehen: Die Art wirkt vergleichsweise unspektakulär und zeigt eine leicht variable, meist einheitlich hellbraune Färbung.

Pflege und Zucht: Anfängern kann diese Spezies nicht empfohlen werden, da sie sehr schnell ist und auf Störungen häufig extrem aggressiv reagiert. Bei den notwendigen Wartungsarbeiten ist stets Vorsicht geboten, weil man die Giftigkeit dieser Art nicht unterschätzen darf. Der Bodengrund sollte mehrere Zentimeter hoch sein. Er wird in den unteren Schichten stets leicht feucht gehalten und mit einem größeren Korkrindenstück abgedeckt. Zusätzlich gibt man noch eine senkrechte Korkröhre ins Terrarium. In der Regel verbirgt sich die Spinne unter der Rinde und überzieht den gesamten Bodengrund binnen kürzester Zeit mit ihrem Gespinst. Eine Wasserschale mit stets frischem Trinkwasser muss ebenfalls vorhanden sein.

Ernährung: Lebende tierische Kost wie verschiedene Wirbellose

Giftigkeit: Aktiv giftig, nur für fachkundige Liebhabern und mit nötiger Sorgfalt zu pflegen. Gesetzliche Vorschriften je nach Bundesland sind zu beachten.

Terrarientyp: Standard-Trockeninsektarium

| 26–29 °C | nein | Nacht | < 95 mm |

Citharischius crawshayi

Crawshays Vogelspinne

Verbreitung und Lebensraum: Das Verbreitungsgebiet dieser Art umfasst weite Teile des zentralen Ostafrika. Nachweisen konnte man sie bisher in den Feuchtsavannen von Kenia, Tansania und Uganda. Dort verbringt sie als typischer Bodenbewohner fast den gesamten Tag in ihrer selbst gegrabenen, teilweise bis zu 2 m tiefen Höhle.

Aussehen: Die vergleichsweise unspektakulär gefärbte Spezies ist zeichnungslos rotbraun.

Pflege und Zucht: Es handelt sich um eine sehr aggressive, streng nachtaktive Spinne, die man Anfänger keineswegs empfehlen kann. Ihr Biss ist sehr schmerzhaft, aber ungefährlich – es sei denn, die Stelle entzündet sich. *Citharischius crawshayi* wird einzeln in geräumigen Behältern gepflegt. Als Bodengrund eignet sich ein Gemisch aus Gartenerde, Lehm und Sand, das auch beim Anlegen einer Wohnhöhle in sich stabil sein sollte. Man füllt diese Mischung etwa 25 cm hoch ein und hält sie stets ein wenig feucht. Darin legen die Vogelspinnen ihre geräumigen Wohnröhren an, deren Durchmesser bis zu 5 cm betragen. Leider ist über die Voraussetzungen für eine erfolgreiche Zucht erst wenig bekannt. Trächtig importierte Weibchen legten in einem selbst gesponnenen Kokon bis zu 1000 Eier ab. Als Höchstalter weiblicher Spinnen werden gelegentlich bis zu 10 Jahre angegeben. Männchen hingegen werden etwa nur halb so alt.

Ernährung: Lebende tierische Kost wie verschiedene Wirbellose

Giftigkeit: Aktiv giftig, nur für fachkundige Liebhabern und mit nötiger Sorgfalt zu pflegen. Gesetzliche Vorschriften je nach Bundesland sind zu beachten.

Terrarientyp: Standard-Feuchtterrarium

🌡️ 25–28 °C	🐝 nein	🌙 Nacht	🕷️ < 50 mm

Euathlus vulpinus

Vogelspinne

Verbreitung und Lebensraum: Heimat dieser bodenbewohnenden Vogelspinne ist der südamerikanische Staat Chile.

Aussehen: Grundfarbe ist ein dunkles Braun, wobei die Haare auf dem Hinterleib jedoch häufig ins Rotbraune spielen, sodass die Spinne dort eher rötlich wirkt. Ihr Vorderkörper kann eine schwarz-beige Sprenkelung aufweisen.

Pflege und Zucht: Es handelt sich um eine ruhige Art, die nur sehr selten aggressiv auf ihren Pfleger reagiert. Daher kann man diese attraktive Spinne auch Anfängern empfehlen. Der Behälter sollte allerdings nicht zu klein ausfallen, weil die Tiere auch gerne klettern. Als Bodengrund eigenen sich die unterschiedlichsten grabfähigen und fäulnisresistenten Substrate, die stets leicht feucht zu halten sind. Auf dieses Substrat legt man einige Korkrindenstücke und vervollständigt die Einrichtung durch zahlreiche dickere Äste und einige Korkröhren. Zusätzlich sollte stets eine Trinkschale mit frischem Wasser vorhanden sein. Sobald sich die Spinne ein Versteck ausgesucht hat, legt sie dort ein Gespinst an. Obwohl die Spezies im Grunde nachtaktiv ist, kann man die interessanten Vogelspinnen häufig auch tagsüber im Terrarium umherlaufen sehen. Gefüttert wird nur einmal wöchentlich. Dabei sollten die Futtertiere jedoch nicht zu groß sein – bieten Sie besser nur halbwüchsige Heuschrecken an!

Ernährung: Lebende tierische Kost wie verschiedene Wirbellose

Giftigkeit: Aktiv giftig, nur für fachkundige Liebhabern und mit nötiger Sorgfalt zu pflegen. Gesetzliche Vorschriften je nach Bundesland sind zu beachten.

Terrarientyp: Standard-Feuchtterrarium

🌡️	26–28 °C	🕷️	nein	🌙	Nacht	🕷️	< 40 mm

Eucratoscelus pachypus

Vogelspinne

Verbreitung und Lebensraum: Das Verbreitungs-gebiet dieser Art liegt in den Savannen des ostafrikanischen Staates Tansania. Dort leben die Tiere hauptsächlich unterirdisch, in langen selbst gegrabenen Gängen. Das regionale Klima ist vorwiegend heiß-trocken, doch es gibt eine ausgeprägte Regenzeit mit reichlichen Nieder-schlägen.

Aussehen: Diese Vogelspinne besitzt einen dunkelbraunen bis anthrazitfarbenen Hinterleib, während der Vorderkörper und das vordere Beinpaar ein helleres Braun zeigen. Besonders auffällig wirken die unverhältnismäßig kräftigen Extremitäten.

Pflege: Wie alle unterirdisch lebenden Spinnen benötigt auch diese Art eine grabfähige, etwa 20 bis 25 cm hohe Bodenschicht. Diese lässt sich leicht aus einem Gemisch von Gartenerde, Lehm und Sand bilden, das nur an einer Seite stets leicht feucht gehalten wird. Auf dieses Substrat legt man größere Korkrindenstücke, eine alte Wurzel oder Ähnlichem. Eine Wasserschale muss stets vorhanden sein. Die Art ist streng nacht-aktiv und verlässt ihr Versteck erst bei absoluter Dunkelheit. Die relative Luftfeuchtigkeit sollte nachts etwas höher liegen; dies erreicht man durch ein kurzes Übersprühen des Behälterin-halts in den Abendstunden. Ingesamt kann diese Spezies zwar als friedlich gelten, doch manche Exemplare reagieren sehr aggressiv auf jede Art von Belästigung.

Ernährung: Lebende tierische Kost wie verschie-dene Wirbellose

Giftigkeit: Aktiv giftig, nur für fachkundige Liebhabern und mit nötiger Sorgfalt zu pflegen. Gesetzliche Vorschriften je nach Bundesland sind zu beachten.

Terrarientyp: Standard-Feuchtterrarium

22–25 °C	ja	Nacht	< 50 mm

Eupalaestrus weijenberghi

Vogelspinne

Verbreitung und Lebensraum: Besiedelt ein riesiges Verbreitungsgebiet in der südamerikanischen Pampa vorwiegend in Uruguay und Argentinien. Sie ist ein Bodenbewohner, der in flachen, selbst gegrabenen Höhlen, aber auch in Verstecken unter Baumstämmen, Steinplatten und Ähnlichem lebt. Die Tiere bevorzugen halbtrockene bis trockene Gebiete und kommen dort teilweise in erheblichen Populationsdichten vor. Das lokale Klima ist mäßig warm, mit einer ausgeprägten Regenzeit.

Aussehen: Der schokoladenbraune Hinterleib trägt eine rötliche Behaarung. Vorderkörper und Gliedmaßen sind beige umsäumt.

Pflege und Zucht: Es handelt sich um eine sehr friedliche Art, die man problemlos im Terrarium pflegen und nachziehen kann. Auch sie besitzt die typischen Brennhaare, die aber nur selten zum Einsatz kommen. Man hält diese Vogelspinnen am besten einzeln in Behältern mit einer niedrigen, nur mäßig feuchten Bodenschicht. Auf das Substrat kommt eine Reihe von Verstecken, die sich unschwer aus hohl liegenden Korkrindenstücken, Korkröhren und Ähnlichem bilden lassen. Auch eine kleine Wasserschale darf niemals fehlen. Die Paarung vollzieht sich häufig sehr schnell und ohne sichtbare Aggression. Anschließend sollte man die Tiere aber sofort wieder trennen.

Ernährung: Lebende tierische Kost wie verschiedene Wirbellose

Giftigkeit: Aktiv giftig, nur für fachkundige Liebhabern und mit nötiger Sorgfalt zu pflegen. Gesetzliche Vorschriften je nach Bundesland sind zu beachten.

Terrarientyp: Standard-Feuchtterrarium

 26–30 °C   nein   Nacht   < 100 mm

Grammostola actaeon

Vogelspinne

Verbreitung und Lebensraum: Diese farblich überaus attraktive Art ist in Brasilien zuhause. Es handelt sich um einen typischen Bodenbewohner, der sich selbstständig Wohnhöhlen anlegt. Das regionale Klima kann als feucht-heiß beschrieben werden, und es gibt eine längere, sehr niederschlagsreiche Regenperiode.
Aussehen: Die Haare dieser wunderschönen schwarzen Spinnen schimmern metallischblau. Nur Jungspinnen tragen auf ihrem Hinterleib rötliche Haare.
Pflege und Zucht: Die großen, friedlichen Vogelspinnen benötigen geräumige Behälter mit einer mindestens 20 cm hohen Bodenschicht. Als Substrat eigenen sich alle fäulnisresistenten und leicht grabfähigen Materialien, die stets leicht feucht zu halten sind. Darauf legt man

Kork- oder Rindenstücke, die üblicherweise als Verstecke dienen und fügt eine kleine Wasserschale hinzu. Wird die Spinne in ein frisch eingerichtetes Becken gesetzt, kann es vorkommen, dass sie erst das gesamte Terrarium umgräbt, bevor sie ihre Wohnröhre anlegt. Die relative Luftfeuchtigkeit darf nicht zu niedrig liegen; daher sollte man das Terrarium gegen Abend einmal kurz übersprühen. Eine Bepflanzung ist überflüssig, weil sie häufig ausgegraben wird. Angesichts ihres großen Appetits sollte man die Spinnen zurückhaltend füttern; auch große Nahrungstiere bereiten ihnen kaum Probleme.
Ernährung: Lebende tierische Kost wie verschiedene Wirbellose
Giftigkeit: Aktiv giftig, nur für fachkundige Liebhabern und mit nötiger Sorgfalt zu pflegen. Gesetzliche Vorschriften je nach Bundesland sind zu beachten.
Terrarientyp: Standard-Feuchtterrarium

 24–26 °C   nein   Nacht   < 90 mm

Grammostola formosa

Vogelspinne

Verbreitung und Lebensraum: Es handelt sich abermals um eine bodenbewohnende Art aus Nordargentinien. Interessanterweise halten diese stattlichen Vogelspinnen das Umfeld des Eingangs zur Wohnröhre peinlich sauber: Sie bringen sogar die Reste ihrer Mahlzeiten an einen abgelegenen Ort.
Aussehen: Diese Spinne ist durchgehend samtschwarz gefärbt, doch können die Tiere je nach Lichteinfall grünlich schimmern.
Pflege und Zucht: Das Terrarium dieser Riesenspinnen darf nicht zu klein ausfallen. Häufig legen die Bewohner ihre Wohnhöhlen unter einer hohl liegenden Korkplatte oder -röhre an. Daher sollte der Bodengrund mindestens 15 cm hoch, leicht grabfähig und fäulnisresistent sein. Ein gewisses Feuchtigkeitsgefälle ist ebenfalls erforderlich, und vor allem die unteren Schichten sind stets etwas feuchter zu halten. Ihr Wohntunnel wird von den Tieren unermüdlich erweitert. Eine Wasserschale muss stets vorhanden sein. Die Spinnen überwältigen größere Beutetiere problemlos und sollten nur etwa alle 2 Wochen gefüttert werden. Über eine gelungene Zucht liegen bislang keine Informationen vor. Auf Störungen können die Tiere sehr aggressiv reagieren: Angreifer oder ungeschickt vorgehende Pfleger werden entweder mit Reizhaaren „bombardiert" oder nach einem Schnellspurt gebissen. Für Anfänger ist die Art daher ungeeignet.
Ernährung: Lebende tierische Kost wie verschiedene Wirbellose
Giftigkeit: Aktiv giftig, nur für fachkundige Liebhabern und mit nötiger Sorgfalt zu pflegen. Gesetzliche Vorschriften je nach Bundesland sind zu beachten.
Terrarientyp: Standard-Feuchtterrarium

| 🌡️ 22–24 °C | 🐝 nein | 🌙 Nacht | < 60 mm |

Grammostola rosea

Vogelspinne

Verbreitung und Lebensraum: Das Verbreitungsgebiet dieser Art umfasst weite Teile des südlichen Südamerika, genauer gesagt den Norden von Argentinien und Chile sowie Bolivien. Es handelt sich hierbei um eine bodenbewohnende Spinne, die bis in die Gemäßigten Breiten vordringt und daher in entsprechenden Regionen eine längere Winterruhe einlegt.

Aussehen: Die Grundfärbung der Tiere ist rotbraun, wobei der Vorderleib leicht rosa schimmert. Sie tragen eine dichte Behaarung und es gibt keine farblichen Unterschiede zwischen den Geschlechtern.

Pflege und Zucht: *Grammostola rosea* stellt keine hohen Ansprüche an die Pflege im Terrarium. Ihr Behälter sollte eine möglichst große Grundfläche aufweisen, und die etwas höhere Bodenschicht wird nur auf einer Seite leicht feucht gehalten. Nicht alle Individuen graben sich ein, manche verstecken sich nur unter einer Korkröhre oder Ähnlichem. Gefüttert werden die Spinnen etwa alle 2 Wochen; allerdings kann es vorkommen, vermutlich aufgrund jahreszeitlicher Temperaturunterschiede, dass die Tiere eine längere Hungerperiode einlegen. Dadurch wächst diese Art auch vergleichsweise langsam, und die Tiere erreichen erst nach über 6 Jahren die Geschlechtsreife. Insgesamt handelt es sich um eine eher ruhige Vogelspinne, doch vor allem Männchen reagieren auf Störungen häufig empfindlich und aggressiv.

Ernährung: Lebende tierische Kost wie verschiedene Wirbellose

Giftigkeit: Aktiv giftig, nur für fachkundige Liebhabern und mit nötiger Sorgfalt zu pflegen. Gesetzliche Vorschriften je nach Bundesland sind zu beachten.

Terrarientyp: Standard-Feuchtterrarium

🌡️ 24–26 °C	🕷️ nein	🌙 Nacht	🦗 < 50 mm

Haplopelma lividum

Blaue Burma-Vogelspinne

Verbreitung und Lebensraum: Die Blaue Burma-Vogelspinne kommt im südostasiatischen Staat Burma amtlich Myanmar vor. Ihren Lebensraum bilden die immer seltener werdenden, letzten geschlossenen Regenwälder dieser Region. Die Bodenbewohner leben in tiefen, selbst gegrabenen Höhlen. Die Temperaturen bewegen sich dort vermutlich um 22 bis 25 °C, und die relative Luftfeuchtigkeit liegt recht hoch.

Aussehen: Die Art besitzt einen gestreckten, vergleichsweise schlanken Körper. Während ihr Vorderleib meist hellbraun ist, weist das Abdomen eine dunkelbraune Färbung auf. Es handelt sich um eine Kurzhaarspinne, die im Licht metallisch blau schimmert.

Pflege und Zucht: Die überaus aggressive Spezies reagiert auf Störungen sehr schnell und beißt sofort zu. Den Tag verbringt die Spinne in ihrer selbst gegrabenen Höhle, die sie häufig erst bei absoluter Dunkelheit verlässt. Daher sollte das Substrat im Terrarium auch eine Höhe von mindestens 15 cm aufweisen. Der untere Teil des Bodengrundes muss immer leicht feucht gehalten werden. Wenn man an einer Stelle im Terrarium einen bis zum Grund reichenden Schlauch verlegt, kann das Wasser direkt in die untere Bodenschicht gelangen: So bleibt die Oberfläche weitgehend trocken. Ein Trinknapf muss immer vorhanden sein. *Haplopelma lividum* sollte nur von erfahrenen Haltern gepflegt werden.

Ernährung: Lebende tierische Kost wie verschiedene Wirbellose

Giftigkeit: Aktiv giftig, nur für fachkundige Liebhabern und mit nötiger Sorgfalt zu pflegen. Gesetzliche Vorschriften je nach Bundesland sind zu beachten.

Terrarientyp: Standard-Feuchtterrarium

 24–26 °C nein Nacht <70 mm

Haplopelma minax

Schwarze Thailand-Vogelspinne

Verbreitung und Lebensraum: Diese Art ist ein unterirdisch lebender Bodenbewohner aus den Bambuswäldern von Thailand und Burma.

Aussehen: Ausgewachsene Männchen sind durchgehend dunkelbraun, Weibchen hingegen tiefschwarz gefärbt. Da der gesamte Körper jedoch mit sehr hellen Haaren übersät ist, glänzen die Spinnen im Licht hellgrau.

Pflege und Zucht: Das Terrarium sollte für diese Art nicht zu klein ausfallen. Häufig legen die Vogelspinnen ihre Gänge unter einer hohl liegenden Korkplatte oder -röhre an. Daher muss der Bodengrund eine Mindesthöhe von circa 20 cm aufweisen sowie leicht grabfähig und fäulnisresistent sein. Außerdem ist ein gewisses Feuchtigkeitsgefälle erforderlich, und vor allem im unteren Bereich wird das Substrat stets etwas feuchter gehalten. Auch eine Trinkschale gehört in den Behälter. Die Spinnen entwickeln einen gewaltigen Appetit und sind daher auf regelmäßige Fütterung angewiesen. Allerdings dürfen ihre Futtertiere auf keinen Fall längere Zeit im Terrarium überleben. Paarungen sind schon des Öfteren gelungen, sodass die Art immer wieder nachgezogen wird. Allerdings sollten die Geschlechter schon vor der Paarung Kontakt aufgenommen haben – zum Beispiel durch eine Trennwand aus Gaze. Während der Balz beginnt das Männchen mit den Vorderbeinen zu trommeln, worauf seine Partnerin bald reagiert.

Ernährung: Lebende tierische Kost wie verschiedene Wirbellose

Giftigkeit: Aktiv giftig, nur für fachkundige Liebhabern und mit nötiger Sorgfalt zu pflegen. Gesetzliche Vorschriften je nach Bundesland sind zu beachten.

Terrarientyp: Standard-Feuchtterrarium

 28–32 °C   nein   Nacht   < 90 mm

Lasiodora cristata

Vogelspinne

Verbreitung und Lebensraum: Es handelt sich hierbei um eine bodenbewohnende Vogelspinnen-Art, die aus dem Nordosten von Brasilien stammt. Die Tiere leben in nur mäßig feuchten Habitaten, wie Trockenwälder und Plantagen.

Aussehen: *Lasiodora cristata* ist eine sehr attraktiv gefärbte Spezies. Der Hinterleib ist dunkelbraun bis schwarz gefärbt und mit zahlreichen langen roten Haaren besetzt, sodass er schon fast rot wirkt. Der Vorderkörper weist eine variable hellbraune bis beige Färbung auf und die Beine sind abwechselnd hell und dunkel gezeichnet. Diese Art hieß früher *Vitalius cristata* und ist vermutlich mit *Nhandu cromatus* identisch.

Pflege und Zucht: Es handelt sich um eine ruhige „Bombadierspinne", die auch Anfängern empfohlen werden kann. Die Tiere werden einzeln in geräumigen Behältern gepflegt. Da diese Spinnen nicht selbst Höhlen graben, sondern nur von anderen Tieren übernehmen, müssen zahlreiche Verstecke zum Beispiel in Form von Korkröhren ins Terrarium gegeben werden. Auch ein kleiner Wassernapf sollte nie fehlen. Die Männchen setzt man zur Paarung in das Terrarium des Weibchens. Schon sehr früh fängt das Männchen zu trommeln an und die Paarung verläuft meistens ohne Komplikationen. Das Weibchen kann bis zu 700 Eier in ihrem Kokon ablegen.

Ernährung: Lebende tierische Kost wie verschiedene Wirbellose

Giftigkeit: Aktiv giftig, nur für fachkundige Liebhabern und mit nötiger Sorgfalt zu pflegen. Gesetzliche Vorschriften je nach Bundesland sind zu beachten.

Terrarientyp: Standard-Feuchtterrarium/Standard-Trockeninsektarium

 25–27 °C   nein   Nacht < 90 mm

Lasiodora klugi

Vogelspinne

Verbreitung und Lebensraum: Diese aus Brasilien stammende Vogelspinne ist allem Anschein nach nicht an einen speziellen Lebensraum gebunden. Die Tiere beziehen keinen festen Unterschlupf, sondern sind vermutlich immer unterwegs, auf der Jagd. Es handelt sich um sehr aggressive und überaus schnelle Spinnen. Dank ihres Klettervermögens gehören selbst junge Vögel zum Beutespektrum.

Aussehen: Die stattlichen Tiere sind durchgehend dunkelbraun gefärbt. Auf dem Hinterleib tragen sie lange rotbraune Haare.

Pflege und Zucht: *Lasiodora klugi* ist eine vergleichsweise aggressive Art, die für Anfänger weniger infrage kommt. Sie gehört zu den „Bombardierspinnen" und macht sehr häufig von dieser Verteidigungsstrategie Gebrauch.

Man kann die Tiere leicht einzeln in geräumigen Terrarien pflegen. Als Einrichtungsgegenstände eignen sich hochkant hineingestellte Korkröhren oder hohle Baumstämme, die von den Tieren meist sogleich als Verstecke angenommen werden. Eine leicht erhöhte relative Luftfeuchtigkeit wird durch abendliches Sprühen erzielt und trägt sehr zum Wohlempfinden der Spinnen bei. Eine Bepflanzung kann wahlweise eingebracht werden und sorgt auch für ein besseres Terrarienklima. Bei der Verpaarung ist größte Vorsicht geboten: Falls das Weibchen keine Paarungsbereitschaft zeigt, wird der Partner sofort verspeist.

Ernährung: Lebende tierische Kost wie verschiedene Wirbellose

Giftigkeit: Aktiv giftig, nur für fachkundige Liebhabern und mit nötiger Sorgfalt zu pflegen. Gesetzliche Vorschriften je nach Bundesland sind zu beachten.

Terrarientyp: Standard-Feuchtterrarium

 24–26 °C   nein   Nacht   < 100 mm

Lasiodora parahybana

Vogelspinne

Verbreitung und Lebensraum: Diese Art ist eine bodenbewohnende Spinne aus der brasilianischen Campina-Region. Sie lebt dort im tropischen Regenwald. Das lokale Klima zeichnet sich durch geringe jahreszeitliche Temperaturschwankungen und eine ausgeprägte Regenzeit aus.

Aussehen: Wir haben es hier mit einer sehr großen Vogelspinne zu tun. Ihre Grundfärbung ist dunkelbraun bis schwarz. Die Haare können leicht gekräuselt sein und zeigen einen rosa Schimmer.

Pflege und Zucht: Die Art ist durchaus kein unproblematischer Pflegling, da manche Exemplare auf Störungen sehr aggressiv reagieren können. Bevor die Tiere jedoch zubeißen, schlagen sie mehrmals mit ihren Vorderbeinen nach dem Angreifer. Obwohl es sich um „Bombardierspinnen" handelt, machen sie eher selten vom typischem Verteidigungsverhalten Gebrauch. Die Spezies lässt sich einzeln in etwas geräumigeren Regenwaldterrarien pflegen. Der mindestens 20 cm hohe Bodengrund sollte leicht grabfähig und fäulnisresistent sein. Außerdem muss er ein gewisses Feuchtigkeitsgefälle aufweisen und vor allem im unteren Bereich immer ein wenig feuchter gehalten werden. Eine Wasserschale gehört ebenfalls ins Terrarium. Als weitere Einrichtungsgegenstände dienen Korkröhren oder eine alte Wurzel, die von den Tieren meist sofort als Klettermöglichkeiten angenommen werden.

Ernährung: Lebende tierische Kost wie verschiedene Wirbellose

Giftigkeit: Aktiv giftig, nur für fachkundige Liebhabern und mit nötiger Sorgfalt zu pflegen. Gesetzliche Vorschriften je nach Bundesland sind zu beachten.

Terrarientyp: Standard-Feuchtterrarium

| 🌡 26–28 °C | ☂ nein | 🌙 Nacht | < 80 mm |

Megaphobema robusta

Vogelspinne

Verbreitung und Lebensraum: Diese Spinne ist eine Bodenbewohnerin aus Kolumbien und Brasilien. In ihrer Heimat herrscht ein tropisches Klima mit ausgeprägten Regen- und Trockenzeiten.

Aussehen: Auf den ersten Blick kann man die sehr attraktive Art leicht mit *Brachypelma boehmei* verwechseln. Allerdings besitzt *Megaphobema robusta* längere Beine, und ihre Färbung spielt nicht so stark ins Rötliche. Der schwärzliche Hinterleib ist mit rotbraunen Haaren übersät, und auf dem Vorderkörper zeigt die Behaarung einen braun-beigefarbenen Ton. Angeblich weisen Spinnen aus Kolumbien eine kürzere Körperbehaarung als die brasilianischen auf.

Pflege und Zucht: Dank ihres ruhigen Wesens kann die Art auch Anfängern empfohlen wer-

den. Auch diese Tiere gehören jedoch zu den sogenannten „Bombardierspinnen" und die meisten Exemplare machen sehr schnell von der typischen Verteidigungsstrategie Gebrauch. *Megaphobema robusta* gräbt tiefe Gänge, in denen sie den Tag zubringt. Die Spinnen sind streng nachtaktiv und halten sich bis nach Einbruch der Dunkelheit in ihren Wohnhöhlen verborgen. Die untere Bodenschicht ihres Terrariums sollte stets ein wenig feuchter gehalten werden. Eine Wasserschale muss ebenfalls immer vorhanden sein. Über eine gelungene Nachzucht ist bislang nichts bekannt. Allerdings scheint die Verpaarung ohne Probleme zu gelingen.

Ernährung: Lebende tierische Kost wie verschiedene Wirbellose

Giftigkeit: Aktiv giftig, nur für fachkundige Liebhabern und mit nötiger Sorgfalt zu pflegen. Gesetzliche Vorschriften je nach Bundesland sind zu beachten.

Terrarientyp: Standard-Feuchtterrarium

 26–28 °C   nein   Nacht   < 90 mm

Nhandu coloratovillosum

Vogelspinne

Verbreitung und Lebensraum: Auch diese farbenprächtige Art stammt aus Brasilien, wo sie als Bodenbewohnerin in langen selbst gegrabenen Gängen lebt und nachts auf die Jagd geht. Das Klima ihrer Heimat lässt sich als feucht-warm charakterisieren und weist eine ausgeprägte Regenzeit auf.

Aussehen: Die Grundfärbung von *Nhandu coloratovillosum* ist schwärzlich, doch an den Beinen und auf dem Hinterleib tragen die Tiere lange rötliche Haare. Ihr Vorderleib wird von einem goldenen Saum eingefasst. Vor allem der Farbwechsel von Schwarz und Beige an den Beinen verleiht den Spinnen ein überaus attraktives Erscheinungsbild.

Pflege und Zucht: Diese nachtaktiven Spinnen werden gelegentlich auch tagsüber aktiv, was vermutlich mit dem Fehlen einer künstlichen Terrarienbeleuchtung zusammenhängt. Das schwache Licht in ihrem Behälter kommt der Dämmerung in freier Natur nahe. Wichtig ist auch hier eine hohe Bodenschicht, am besten ein Gemisch aus Gartenerde, Sand und Lehm, für das Anlegen der Wohnröhre. Die Tiere graben sich komplett ein und fliehen bei einer Störung in ihre Höhlen. Während der aktiven Phase klettert sie jedoch auch sehr gerne im Terrarium herum. Man sollte das Becken nicht zu feucht halten, doch eine Wasserschale muss stets vorhanden sein. Es handelt sich wiederum um sogenannte Bombardierspinnen.

Ernährung: Lebende tierische Kost wie verschiedene Wirbellose

Giftigkeit: Aktiv giftig, nur für fachkundige Liebhabern und mit nötiger Sorgfalt zu pflegen. Gesetzliche Vorschriften je nach Bundesland sind zu beachten.

Terrarientyp: Standard-Feuchtterrarium

 24–26 °C   nein   Nacht   < 70 mm

Poecilotheria regalis

Vogelspinne

Verbreitung und Lebensraum: Das Verbreitungsgebiet dieser Art liegt in den Nilgiri-Bergen
Südwestindiens. *Poecilotheria regalis* lebt dort in
Baumhöhlen und unter der Rinde von Urwaldriesen.

Aussehen: Diese besonders farbenprächtige
Vogelspinne weist eine ornamentartige Zeichnung auf, die sich überwiegend aus hellgrauen
bis beigefarbenen und schwärzlichen Farbtönen
zusammensetzt. Ihre Gliedmaßen sind unregelmäßig schwarz-grau gebändert. Sehr auffallend
wirken dabei die zitronengelben Unterseiten der
Vorderbeine.

Pflege und Zucht: *Poecilotheria regalis* ist für
Anfänger ungeeignet, da es sich um eine sehr
schnelle Spinne handelt, die auch größere
Sprünge macht und auf Störungen überaus

aggressiv reagieren kann. Die Tiere benötigen
ein hohes Terrarium mit einer Wandverkleidung
aus Naturkorkplatten, zahlreichen dicken Kletterästen und einer großen, senkrecht stehenden
Korkröhre. Die darin bezogene Wohnröhre wird
durch das Einspinnen von Substratteilen hervorragend getarnt. Eine Bepflanzung trägt deutlich
zur Klimaverbesserung bei. Die relative Luftfeuchtigkeit sollte über 75 % liegen, was man
unschwer durch abendliches Sprühen erreicht.
Die Spinnen werden erst in der Nacht aktiv und
streifen auf der Suche nach Beute durch ihr Terrarium. Daher sollte man die Tiere stets abends
nach Ausschalten der Beleuchtung füttern.

Ernährung: Lebende tierische Kost wie verschiedene Wirbellose

Giftigkeit: Aktiv giftig, nur für fachkundige
Liebhabern und mit nötiger Sorgfalt zu pflegen.
Gesetzliche Vorschriften je nach Bundesland
sind zu beachten.

Terrarientyp: Standard-Feuchtterrarium

	27–29 °C		nein		Nacht		< 70 mm

Psalmopoeus cambridgei

Vogelspinne

Verbreitung und Lebensraum: Diese Art stammt aus der Karibik, von der vor Südamerika gelegenen Insel Trinidad. Dort lebt sie sowohl auf Bäumen als auch an den Hängen feuchter Waldgebiete. Sogar an menschlichen Behausungen kann man ihre selbst gewebten Wohnröhren entdecken.

Aussehen: Grundfärbung ist ein metallisches Grau, das auf dem Hinterleib von einem dunklen, manchmal nur angedeuteten Aalstrich unterbrochen wird. Die Gliedmaßen können je nach Lichteinfall einen grünlichen Schimmer aufweisen.

Pflege und Zucht: Es handelt sich um schnelle Spinnen, die auch zu größeren Sprüngen imstande sind. Bevor die Tiere jedoch angreifen, ziehen sie sich meist lieber in ihr Wohngespinst zurück. Man pflegt die Art am besten einzeln in hohen Terrarien, die üppig bepflanzt sind. Die weitere Einrichtung besteht aus einer Wandverkleidung aus zum Beispiel Naturkorkplatten, zahlreichen dicken Kletterästen und einer großen, senkrecht angeordneten Korkröhre. Meist webt die Spinne darin ihre Wohnhöhle, die sie während der Häutungsprozesse vollständig verschließt. Einmal täglich, am besten in den frühen Abendstunden, wird der gesamte Terrarieninhalt überbraust, um die nötige relative Luftfeuchtigkeit zu erhalten. Eine Trinkschale muss immer vorhanden sein. Heimchen und Grillen werden lieber gefressen als Heuschrecken.

Ernährung: Lebende tierische Kost wie verschiedene Wirbellose

Giftigkeit: Aktiv giftig, nur für fachkundige Liebhabern und mit nötiger Sorgfalt zu pflegen. Gesetzliche Vorschriften je nach Bundesland sind zu beachten.

Terrarientyp: Standard-Feuchtterrarium

 26–28 °C   nein   Nacht   < 60 mm

Psalmopoeus pulcher

Vogelspinne

Verbreitung und Lebensraum: Das Verbreitungs-gebiet dieser Art liegt in Panama, wo *Psalmopoeus pulcher* überwiegend an den Bäumen von Feuchtwäldern zu finden ist. Das örtliche Klima kann man als feucht-heiß charakterisieren.

Aussehen: Sobald die Spinnen ausgewachsen sind, lassen sich die Geschlechter leicht unter-scheiden. Nun tragen Männchen ein einfarbig braunes Kleid, das teilweise schwach metallisch schimmert, während die eher goldbraunen Weibchen auf ihrem Hinterleib eine verwa-schene schwarze Zeichnung besitzen.

Pflege und Zucht: Man hält diese Spezies am besten einzeln in Regenwaldterrarien, die mit zahlreichen Verstecken ausgestattet sind. Der möglichst etwas höhere Behälter wird mit einer Wandverkleidung aus Naturkorkplatten, zahl-reichen dicken Kletterästen und einer großen, senkrecht stehenden Korkröhre eingerichtet. Auch hier darf eine kleine Trinkschale nicht fehlen. Obwohl es sich um Baumbewohner handelt, legen die Spinnen ihre Wohnhöhlen im Terrarium häufig unweit vom Boden an. Die Zucht ist bereits mehrfach gelungen. Hierzu setzt man das Männchen ins Terrarium seiner Partnerin, die nach kurzer Zeit aus ihrer Höhle kommt, worauf meist dann auch sehr schnell die Kopulation folgt. Das Weibchen zieht sich danach gewöhnlich sofort wieder zurück und der Vater wird unverzüglich zurück in sein Be-cken verbracht.

Ernährung: Lebende tierische Kost wie verschie-dene Wirbellose

Giftigkeit: Aktiv giftig, nur für fachkundige Liebhabern und mit nötiger Sorgfalt zu pflegen. Gesetzliche Vorschriften je nach Bundesland sind zu beachten.

Terrarientyp: Standard-Feuchtterrarium

 26–28 °C   nein   Nacht   < 60 mm

Pterinochilus murinus

Vogelspinne

Verbreitung und Lebensraum: Diese bodenbewohnende Art besiedelt ein ausgedehntes Verbreitungsgebiet, das sich über weite Teile Ost-, Zentral- und Südafrikas erstreckt. Dort leben die Tiere in tropischen Wäldern. Das örtliche Klima kann als feucht-warm charakterisiert werden.

Aussehen: Die überaus attraktive Spinne kann recht unterschiedlich gefärbt sein – das Spektrum der Töne reicht von grau, beige und goldgelb bis rötlich. Ihr Hinterleib weist eine Art Fischgrätenmuster auf, während der Vorderkörper sternförmig mit kleinen dunklen Streifen und Punkten übersät ist.

Pflege und Zucht: Die Spinne ist für Anfänger ungeeignet, da es sich um sehr schnelle, aggressive und hochgiftige Tiere handelt. Eine gebissene Maus verendet binnen kürzester Zeit. Die Spinnen sind streng nachaktiv und sollten nur einzeln in geräumigen Terrarien gepflegt werden, wo sie sich meist unter einem Korkrindenstück ihre Wohnröhre graben. Während die meisten tiefe Gänge anlegen, verstecken sich andere lieber an der Oberfläche unter Korkrindestücken und Ähnlichem. Dort legen sie sehr große Gespinste an, die sie mit allem tarnen, was sich nur finden lässt. Eine Trinkschale darf auf keinen Fall fehlen. Die Art wurde bereits häufig nachgezogen. Schon die relativ großen Jungspinnen sind aggressiv und zeichnen sich durch enormes Wachstum aus.

Ernährung: Lebende tierische Kost wie verschiedene Wirbellose

Giftigkeit: Aktiv giftig, nur für fachkundige Liebhabern und mit nötiger Sorgfalt zu pflegen. Gesetzliche Vorschriften je nach Bundesland sind zu beachten.

Terrarientyp: Standard-Feuchtterrarium

🌡	20–24 °C	🌙	nein	🪟	Tag	📏	< 40 mm

Acanthognathus francki

Falsche Vogelspinne

Verbreitung und Lebensraum: Diese Spinne ist ein Bodenbewohner aus Zentral-Chile, den man überwiegend in kühlen Mulden bewaldeter Gebiete antrifft. Das lokale Klima ist stark jahreszeitlich geprägt. Es herrschen kalte, feuchte Winter, in denen die Temperatur vor allem nachts bis auf 0 °C abfallen kann, sodass die Tiere eine Winterruhe einlegen. Die trockenen, warmen Sommer bringen Temperaturen von höchstens 25 °C. Die relative Luftfeuchtigkeit liegt ganzjährig um 70 %.

Aussehen: Obwohl die Tiere wie Vogelspinnen aussehen, haben sie mit jenen nichts zu tun: Systematisch gehören sie nämlich zur Gruppe der Falltürspinnen. Körper und Gliedmaßen sind dicht behaart. Die recht variable Färbung des Körpers besteht aus verschiedenen Brautönen.

Pflege und Zucht: Man pflegt diese Art am besten einzeln in geräumigen Behältern. Es handelt sich um tagaktive und sehr geschickte Jäger, die ihre Beute blitzschnell attackieren. Das Inventar des Terrariums sollte aus einer lockeren, etwa 10 cm hohen Substratschicht, einigen größeren Korkstücken, Ästen und ein wenig Falllaub bestehen. Auf eine Bepflanzung kann man verzichten. Nie darf ein kleiner Trinknapf fehlen. Die Spinnen legen in Vertiefungen und Mulden ein röhrenartiges Netz an, dessen Boden in eine tunnelartige Röhre mündet. Dort lauern sie auf ihre Beute.

Ernährung: Lebende tierische Kost wie verschiedene Wirbellose

Giftigkeit: Aktiv giftig, nur für fachkundige Liebhabern und mit nötiger Sorgfalt zu pflegen. Gesetzliche Vorschriften je nach Bundesland sind zu beachten.

Terrarientyp: Standard-Feuchtterrarium

🌡️	24–29 °C		nein		Tag	<40 mm

Argiope versicolor

Wespenspinne

Verbreitung und Lebensraum: *Argiope versicolor* stammt aus Südostasien. Die Tiere leben überwiegend in offenen Grassavannen, kommen aber ebenso häufig auf Kulturland vor. In der buschigen Vegetation spannt sie ihr Netz über die freien Flächen. Das lokale Klima kann als warm und nur mäßig feucht gelten.

Aussehen: Aufgrund ihrer farbenprächtigen Zeichnung werden diese Tiere häufig auch als „Java-Tiger" bezeichnet. Ihr Hinterleib trägt wechselweise schwarze oder dunkelbraune, weiße und leuchtend gelbe Binden, die teilweise mit weißen Punkten durchsetzt sind. Den strahlend weißen Vorderkörper ziert ein variables Muster aus winzigen schwarzen Elementen. Die schwarzen Gliedmaßen wirken teilweise wie weiß gepudert.

Pflege und Zucht: Ein überaus attraktives Aussehen, Kleinheit und relativ geringe Ansprüche haben diesen Spinnen in der Terraristik große Beliebtheit verschafft. Weibchen pflegt man tunlichst einzeln in großen Terrarien. Sind diese so bemessen, dass das Netz nicht den gesamten Innenraum erfasst, kann versuchsweise auch ein Partner dazugesetzt werden. Die kleinen Männchen halten sich im Randbereich des Netzes auf und harren dort einer günstigen Gelegenheit zur Paarung. Die Weibchen sind nämlich extrem kannibalisch veranlagt, sodass der Werber häufig schon vor, spätestens aber nach der Paarung verspeist wird.

Ernährung: Lebende tierische Kost wie verschiedene Wirbellose

Giftigkeit: Aktiv giftig, nur für fachkundige Liebhabern und mit nötiger Sorgfalt zu pflegen. Gesetzliche Vorschriften je nach Bundesland sind zu beachten.

Terrarientyp: Standard-Feuchtterrarium

🌡 25–30 °C	🐝 nein	🌙 Tag	🦗 < 15 mm

Latrodectus spec.

Schwarze Witwe

Verbreitung und Lebensraum: Die Gattung scheint mit zahlreichen Arten nahezu die gesamten tropischen und zum Teil auch die gemäßigten Regionen der Welt zu bewohnen. Wenn man versucht, ihr Biotop zu beschreiben, so handelt es sich oft um trockene, sonnige Plätze mit niedrigem Gebüsch, Graslandschaften, Getreidefelder und Ähnlichem. Die Spinnen weben ihre Netze gern in Kolonien, selbst an und in Häusern, Scheunen und anderen Gebäuden.

Aussehen: Alle Schwarzen Witwen besitzen eine ähnliche Körperform. Ihr Hinterleib ist kugelförmig hochgewölbt und dessen Höhe übertrifft sogar die Länge. Der Färbung ist je nach Art unterschiedlich, häufig glänzend tiefschwarz, mit einigen roten Flecken. Sie besitzt 8 Augen und dünne, sehr lange und glänzende Beine.

Die Körperlänge beim Männchen beträgt 5 bis 7 beim Weibchen 10 bis 15 mm.

Pflege und Zucht: Die Arten besitzen ein enorm starkes Gift und da sie nervös, aggressiv und vergleichsweise sehr schnell sind, eignen sie sich nicht für Anfänger. Schwarze Witwen müssen immer einzeln in dicht schließenden Behältern gepflegt werden. Der Bodengrund sollte etwa 3 bis 5 cm hoch sein und mit einem hohl aufliegenden Stein abgedeckt werden. Einige Äste und Pflanzen, zwischen denen die Spinne ihr etwa 15 cm großes Netz spannen kann, runden die Einrichtung ab.

Ernährung: Lebende tierische Kost wie verschiedene Wirbellose

Giftigkeit: Aktiv giftig, nur für fachkundige Liebhabern und mit nötiger Sorgfalt zu pflegen. Gesetzliche Vorschriften je nach Bundesland sind zu beachten.

Terrarientyp: Standard-Trockeninsektarium

 24–29 °C   nein   Tag   < 60 mm

Nephila kuhlii

Schwarzrote Riesenradnetzspinne

Verbreitung und Lebensraum: *Nephila kuhlii* kommt in weiten Teilen Indonesiens vor, wo man die Tiere an Waldrändern und im offenen Buschland findet. Sie bevorzugen dabei offenbar sonnenexponierte Abschnitte geschlossener Waldgebiete. Dort spannen die Weibchen zwischen Bäumen und Büschen in etwa 1,5 bis 2 m Höhe ihre großen Netze, in deren Mitte sie sich ständig aufhalten. An den Rändern entdeckt man oft die Männchen, die scheinbar ständig dort leben und nur auf eine Gelegenheit zur Paarung warten. Die Spinnfäden schimmern vor allem bei starker Sonneneinstrahlung golden.

Aussehen: Die Tiere besitzen schwarze Körper mit unterschiedlich variabler Zeichnung. Ihre roten Beine stechen sehr kontrastreich hervor. Bei einer Kopfrumpflänge von etwa 6 cm bringen es Weibchen dank ihrer langen Extremitäten auf insgesamt über 20 cm. Männchen bleiben wesentlich kleiner.

Pflege und Zucht: Das Weibchen wird in einen geräumigen Behälter gesetzt, wo es sofort mit dem Bau ihres sehr stabilen Netzes beginnt. Später kann man gesättigte Tiere vorsichtig mit einem oder mehreren Männchen vergesellschaften. Sobald die Paarung gelungen ist, spinnt das Weibchen einen Kokon um seine mehr als 1500 Eier. Man sollte das Gebilde sofort dem Terrarium entnehmen und in einem separaten Behälter zeitigen, der einmal täglich kurz übersprüht wird.

Ernährung: Lebende tierische Kost wie verschiedene Wirbellose

Giftigkeit: Aktiv giftig, nur für fachkundige Liebhabern und mit nötiger Sorgfalt zu pflegen. Gesetzliche Vorschriften je nach Bundesland sind zu beachten.

Terrarientyp: Standard-Feuchtterrarium

| 28–30 °C | nein | Tag | < 50 mm |

Nephila madagascariensis

Riesenradnetzspinne

Verbreitung und Lebensraum: Besiedelt in Afrika ein riesiges Verbreitungsgebiet. Es wurden bereits zahlreiche Unterarten beschrieben. Auch bei dieser Spezies spinnen die Weibchen ihre gewaltigen Netze bis in mehrere Meter Höhe zwischen Bäumen und Büschen, aber auch an Häusern, Stromleitungen und Ähnlichem. Dabei besiedeln die Tiere sowohl feuchte als auch halbtrockene Lebensräume.

Aussehen: Die variable gelbe Zeichnung des schwarzen Hinterleibs sticht deutlich von Extremitäten und Vorderkörper ab, die beide schwarz sind. Männchen bleiben auch hier wesentlich kleiner als ihre Partnerinnen.

Pflege und Zucht: Auch hier empfiehlt es sich, die Weibchen einzeln in geräumigen Terrarien zu pflegen. Die Weibchen warten im Zentrum des Netzes auf Beute. An den Rändern der Netze trifft man stets mehrere Männchen an, die sich mit der Bewohnerin zu paaren versuchen. Häufig werden sie aber schon bei der ersten Annäherung verspeist. Darum sollte man immer mehrere Männchen in Reserve haben. Nach erfolgreicher Paarung legt das Weibchen außerhalb des Netzes mehr als 1000 Eier in einem selbst gesponnenen Kokon ab. Je nach Temperatur schlüpfen daraus etwa 100 Tage später die Jungen. Ihre Aufzucht gestaltet sich nicht immer einfach. Die Lebenserwartung dieser Spinnen beträgt nicht viel mehr als ein Jahr.

Ernährung: Lebende tierische Kost wie verschiedene Wirbellose

Giftigkeit: Aktiv giftig, nur für fachkundige Liebhabern und mit nötiger Sorgfalt zu pflegen. Gesetzliche Vorschriften je nach Bundesland sind zu beachten.

Terrarientyp: Standard-Feuchtterrarium

| | 26–28 °C | | nein | | Tag | | < 60 mm |

Nephila pillipes

Java-Riesenradnetzspinne

Verbreitung und Lebensraum: Diese Art stammt aus Südostasien, wo sie vor allem an den Rändern tropischer Wälder, aber auch inmitten menschlicher Ansiedlungen und an Häusern zahlreich anzutreffen ist. Strom- und Telefonoberleitungen haben sich dabei zu ihren beliebtesten Lebensräumen entwickelt. Die Netze sind sehr stabil und können Durchmesser von mehr als 2 m erreichen.

Aussehen: Die Art besitzt einen schwarzen Hinterleib mit variabler gelber Zeichnung und lackschwarze Gliedmaßen. Weibchen werden wie bei allen *Nephila*-Arten wesentlich größer als ihre Partner.

Pflege und Zucht: Auch bei dieser Spezies sollten man die Weibchen einzeln in geräumigen Behältern unterbringen. Hat die Spinne erst einmal ihr großes, stabiles Netz gesponnen, lebt sie sich in der Regel problemlos ein. Eine Vergesellschaftung mit Männchen gelingt nur, wenn das Weibchen sein Netz vollendet hat, satt und möglichst mit einigen Fluginsekten beschäftigt ist. Die Partner halten sich am Rande des Netzes auf und warten dort auf ihre Chance zur Paarung. Seidenspinnen ernähren sich überwiegend von Fluginsekten aller Art. Je nach Appetit wird die Beute sofort ausgesaugt oder als „Konserve" gelähmt, aber noch lebend in einen Kokon eingesponnen. Zur Zucht benötigt man auch eine ausreichend hohe Bodenschicht, da das Weibchen seinen Kokon gelegentlich vergräbt.

Ernährung: Lebende tierische Kost wie verschiedene Wirbellose

Giftigkeit: Aktiv giftig, nur für fachkundige Liebhabern und mit nötiger Sorgfalt zu pflegen. Gesetzliche Vorschriften je nach Bundesland sind zu beachten.

Terrarientyp: Standard-Feuchtterrarium

 24–26 °C   nein   Nacht   < 20 mm

Nephilengys borbonica

Bourbon-Radnetzspinne

Verbreitung und Lebensraum: Die Art ist nur von Madagaskar und den Maskarenen-Inseln bekannt, wo sie ihre Netze in Hecken, Büschen und Sträuchern spannt.

Aussehen: Während Weibchen etwa 20 mm groß werden, sind ihre Partner schon mit circa 4 mm ausgewachsen. Der kleine Vorderkörper ist tiefschwarz gefärbt, die Beine sind schwarz-weiß geringelt und der große Hinterleib spielt ins Beige oder Gräuliche. Es gibt allerdings auch rötliche Tiere.

Pflege und Zucht: Die Art ist in der Haltung nicht unproblematisch. So sollte man Weibchen stets einzeln in einem gut bepflanzten Behälter pflegen. Erst wenn diese ein großes Netz und einen Trichter gesponnen haben, in dem sie sich bei Störung zurückziehen, können die Männ-chen dazugesetzt werden. Sie bleiben etwas außerhalb am Rand des Netzes. Dieses ist sehr stabil und kann einen Durchmesser von über 70 cm erreichen. Das Weibchen hält sich tagsüber vorwiegend in der genannten Röhre oder fast am Rande des Netzes auf. Gegen Abend wandert es dann mehr zur Mitte hin. Einmal täglich sollte man das Terrarieninnere leicht übersprühen. Futtertiere werden kurz gebissen, dann an einem Faden in den Trichter transportiert und dort verspeist. Schon Jungspinnen (Spiderlinge) müssen ein Netz bauen, um sich ernähren zu können. Sie fressen aber schon nach ihrer ersten Häutung kleine Fruchtfliegen.

Ernährung: Lebende tierische Kost wie verschiedene Wirbellose

Giftigkeit: Aktiv giftig, nur für fachkundige Liebhabern und mit nötiger Sorgfalt zu pflegen. Gesetzliche Vorschriften je nach Bundesland sind zu beachten.

Terrarientyp: Standard-Feuchtterrarium

26–28 °C   nein   Nacht   < 30 mm

Salticidae spec.

Schwarze Riesenspringspinne

Verbreitung und Lebensraum: Springspinnen tauchen nur gelegentlich im Handel auf, sind aber sehr beliebt. Da die Importtiere häufig nicht einmal bestimmt sind, bleibt ihre genaue Herkunft im Dunkel und man muss sich auf die Angaben der Händler verlassen. Die hier besprochene Spezies stammt aus Südostasien, wo sie angeblich ein weites Verbreitungsgebiet besiedelt. Die Tiere wandern tagsüber an Pflanzen auf der Suche nach Beute.

Aussehen: Die glänzend schwarzen Spinnen tragen auf ihrem Hinterleib ein totenkopfähnliches Muster. Für eine Springspinne erreichen die Tiere beachtliche Ausmaße und sie können sogar mit größeren Futtertieren problemlos fertig werden. Männchen bleiben auch hier kleiner als ihre Partnerinnen.

Pflege und Zucht: Die Spinnen lassen sich gut in üppig bepflanzten Terrarien pflegen. Eine etwas höhere relative Luftfeuchtigkeit ist ihrem Wohlergehen sehr zuträglich. Einmal am Tag, am besten morgens, wird der gesamte Behälterinhalt kräftig überbraust. Die überaus flinken Spinnen zeigen ein interessantes Jagdverhalten: Sie lauern am Boden oder den Terrarienwänden auf ihre Beute, fixieren sie nach der Entdeckung und springen die Opfer möglichst von oben an, um sie so zu überwältigen. Über eine erfolgreiche Nachzucht ist nichts bekannt.

Ernährung: Lebende tierische Kost wie verschiedene Wirbellose

Giftigkeit: Aktiv giftig, nur für fachkundige Liebhabern und mit nötiger Sorgfalt zu pflegen. Gesetzliche Vorschriften je nach Bundesland sind zu beachten.

Terrarientyp: Standard-Feuchtterrarium

🌡️ 26–29 °C	🐝 nein	🌓 Tag	🦗 < 30 mm

Salticidae spec.

Java-Riesenspringspinne

Verbreitung und Lebensraum: Auch über die Verbreitung und den genauen Lebensraum dieser Art ist bisher wenig bekannt. Sie soll in Südostasien ein ausgedehntes Areal besiedeln und wird gelegentlich aus Java importiert, was ihr auch den deutschen Namen eingebracht hat. Die Tiere leben dort auf Büschen, Sträuchern und niedrigen Bäumen. Man findet sie aber auch an Häusern und in der Kulturlandschaft. Das örtliche Klima ist feucht-warm.

Aussehen: Die überaus stark behaarten Spinnen tragen auf cremefarbenem Grund eine kontrastreiche, sehr dunkle Zeichnung. Auch bei dieser Spezies bleiben die Männchen deutlich kleiner.

Pflege und Zucht: Diese Springspinnen-Art lässt sich nur einzeln in geräumigen Behältern pflegen. Da sie vergleichsweise klein ist und auch kein Gespinst anlegt, kann man das Terrarium optisch sehr schön mit dekorativen Pflanzen herrichten. Eine etwas höhere relative Luftfeuchtigkeit ist dem Wohlergehen der Tiere sehr zuträglich. Einmal am Tag, am besten morgens, wird der gesamte Behälterinhalt kräftig überbraust. Wie alle Springspinnen überfallen die Tiere ihre Opfer blitzartig, um ihnen Gift zu injizieren. Danach wird die Beute sofort verspeist. Auf Menschen wirkt das Gift wie ein schmerzhafter Bienenstich, der im Wundbereich ein leichtes Kribbeln auslöst. Nach etwa 2 bis 3 Stunden klingen diese Symptome wieder ab.

Ernährung: Lebende tierische Kost wie verschiedene Wirbellose

Giftigkeit: Aktiv giftig, nur für fachkundige Liebhabern und mit nötiger Sorgfalt zu pflegen. Gesetzliche Vorschriften je nach Bundesland sind zu beachten.

Terrarientyp: Standard-Feuchtterrarium

24–26 °C   nein   Tag/Nacht   < 40 mm

Stasimopus robertsi

Falltürspinne

Verbreitung und Lebensraum: Das Verbreitungsgebiet dieser Art liegt in Ostafrika. Aufgrund ihrer verstecken Lebensweise ist ihr tatsächliches Verbreitungsgebiet wohl erst unzureichend bekannt. Das lokale Klima lässt sich als feuchtwarm charakterisieren.

Aussehen: Die attraktiv wirkenden Tiere zeigen durchgehend eine hell- bis rotbraune Grundfärbung, wobei ihre Beine jedoch deutlich rötlicher ausfallen als der Körper.

Pflege und Zucht: Diese Spinne muss man einzeln in nicht zu kleinen Behältern pflegen. Wie alle Falltürspinnen bewohnt auch *Stasimopus robertsi* selbst gegrabene, tief ins Erdreich vorgetriebene Höhlen und benötigt daher eine mindestens 20 cm hohe Bodenschicht. Das Substrat sollte fäulnisresistent sein und nur eine geringe Feuchtigkeit aufweisen. Die meist senkrecht verlaufenden Tunnel werden mit Gespinst ausgekleidet. Ihren Deckel bespinnen die Tiere derart mit Substrat, dass er an der Oberseite kaum von der Umgebung zu unterscheiden ist. An einer Seite fest mit dem Erdreich verbunden, lässt er sich wie eine Tür auf- und zuklappen. Die Spinne registriert schon die geringsten Bodenerschütterungen und kann dann blitzschnell aus ihrer Höhle hervorschießen. Auf Störungen reagiert sie bisweilen sehr aggressiv, flieht aber meistens zurück ins Versteck. Für Anfänger kommt diese Art nicht infrage.

Ernährung: Lebende tierische Kost wie verschiedene Wirbellose

Giftigkeit: Aktiv giftig, nur für fachkundige Liebhabern und mit nötiger Sorgfalt zu pflegen. Gesetzliche Vorschriften je nach Bundesland sind zu beachten.

Terrarientyp: Standard-Feuchtterrarium

🌡	26–30 °C	🕷	nein	🌙	Nacht	🦗	< 110 mm

Androctonus amoreuxi

Dickschwanzskorpion

Verbreitung und Lebensraum: Das Verbreitungsgebiet dieser Art umfasst ganz Nordafrika sowie
Westasien bis Pakistan. Dort findet man die
Tiere in den unterschiedlichsten Lebensräumen
– von trockenen Steppen, Halbwüsten und Wüsten bis zu Oasen und anderen menschlichen
Siedlungen. Das regionale Klima ist gewöhnlich
heiß-trocken und wird von ausgeprägten Jahreszeiten bestimmt.
Aussehen: Die Tiere sind durchgehend gelblich
gefärbt, wobei der Körper ein wenig dunkler und
die Giftblase etwas heller ausfallen. Außerdem
hat diese Spezies auch gelbe Scheren. Ihr starkes
Gift erzeugt heftige Schmerzen und kann im
ungünstigsten Fall sogar zu Herz-Kreislauf-Prob-
lemen führen. Eine Geschlechtsbestimmung ist
anhand der Zähne, der „Bauchkämme", möglich,
von denen Männchen 27 bis 33 und Weibchen
18 bis 29 aufweisen.
Pflege und Zucht: Man sollte die Art nur einzeln
in Terrarien pflegen. Diese erhalten eine etwa
10 cm hohe Bodenschicht aus Lehm-Sand-
Gemisch, die nur an einer Seite immer leicht
feucht gehalten und mit dünnen Steinplatten
abgedeckt wird. Eine Schale mit Wasser ist nicht
erforderlich, wenn der Behälterinhalt etwa alle
zwei Tage gegen Abend kurz übersprüht wird.
Die Tiere fangen sofort nach dem Einsetzen
damit an, einen Unterschlupf zu graben. Als
Lauerjäger leben sie sehr verstreckt, sodass man
sie kaum je frei herumlaufen sieht.
Ernährung: Lebende tierische Kost wie verschiedene Wirbellose
Giftigkeit: Aktiv giftig, nur für fachkundige
Liebhabern und mit nötiger Sorgfalt zu pflegen.
Gesetzliche Vorschriften je nach Bundesland
sind zu beachten.
Terrarientyp: Standard-Trockeninsektarium

🌡️ 28–35 °C	🐝 nein	🌙 Nacht	<80 mm

Androctonus australis

Sahara-Dickschwanzskorpion

Verbreitung und Lebensraum: Die Art kommt in den trockenen Savannenlandschaften und Wüstengebieten Nordafrikas vor. Es handelt sich um nachtaktive Bodenbewohner, die in selbst gegrabenen Wohnhöhlen oder unter Steinen und Ähnlichem leben. In ihrer Heimat herrscht ein heiß-trockenes Klima vor. Die Tagestemperaturen können im Sommer bis auf 50 °C steigen, gehen aber nachts bis auf 10 °C zurück.
Aussehen: Die Skorpione sind sandfarbig, wobei der Körper und die letzten beiden Schwanzsegmente sowie der Stachel dunkler ausfallen. Männchen bleiben stets ein wenig kleiner. Während sie 28 bis 32 Kammzähne besitzen, findet man bei Weibchen 22 bis 29.
Pflege und Zucht: *Androctonus australis* muss unbedingt einzeln in dekorativen Wüstenter-rarien gepflegt werden. Als Bodengrund dient dabei ein Gemisch aus Sand und Lehm, das sich auch gut durchgraben lässt. Einige hohl liegende Kunstfelsen bieten den Tieren ideale Versteck-möglichkeiten. Eine deutliche Nachtabkühlung ist ihrem Wohlbefinden überaus zuträglich. Nach einer Trächtigkeitsphase von etwa 100 Tagen gebiert das Weibchen 30 bis 100 Junge, die es bis zu ihrer ersten Häutung auf dem Rücken herumträgt. Danach muss man die Kleinen sofort aus dem mütterlichen Behälter entfernen. Die Art gehört zu den giftigsten Skorpionen überhaupt und ist nachweislich für mehrere Todesfälle verantwortlich.
Ernährung: Lebende tierische Kost wie verschiedene Wirbellose
Giftigkeit: Aktiv giftig, nur für fachkundige Liebhabern und mit nötiger Sorgfalt zu pflegen. Gesetzliche Vorschriften je nach Bundesland sind zu beachten.
Terrarientyp: Standard-Trockeninsektarium

🌡 24–26 °C	🕷 nein	🌙 Nacht	🦂 < 80 mm

Babycurus jacksoni

Tansania-Dickschwanzskorpion

Verbreitung und Lebensraum: Diese Art kommt in Ostafrika vor, genauer gesagt in Kenia, Tansania und Uganda. Die Tiere bewohnen Wälder, wo man sie sowohl in der Laubstreu als auch unter der Rinde größerer Bäume findet.

Aussehen: Der in der Regel rot- bis mittelbraune Körper trägt eine variable Zeichnung aus dunkelbraunen Strichen und Punkten, wobei sich die Scheren zumeist dunkel vom Rest absetzen.

Pflege und Zucht: Man sollte die Tiere einzeln in geräumigen Terrarien pflegen. Der Boden wird dabei etwa 5 cm hoch mit einem leicht angefeuchteten Torf-Erde-Gemisch bedeckt, auf dem man einige Korkrindenstücke oder -röhren sowie Laubstreu verteilt. Diese Elemente nehmen die Skorpione gerne als Unterschlupf an. Zur Bepflanzung des Behälters eignen sich kleinblättrige Rankgewächse. In einem größeren Becken kann man die Art sogar paarweise halten. Die Kopulation läuft nach dem für alle Skorpione typischen Ritual ab. Nach einer Tragzeit von etwa 5 bis 8 Monaten werden 30 bis 40 Junge geboren, die zunächst noch einige Zeit auf dem Rücken der Mutter verbringen. Das Gift dieser Art ist nicht zu unterschätzen: es verursacht heftige Schmerzen, und die Bissstelle bleibt noch lange Zeit hochempfindlich gegen jede Berührung. Der Arm und die Hand werden leicht taub. Erst nach etwa 12 Stunden klingen die Schmerzen allmählich wieder ab.

Ernährung: Lebende tierische Kost wie verschiedene Wirbellose

Giftigkeit: Aktiv giftig, nur für fachkundige Liebhabern und mit nötiger Sorgfalt zu pflegen. Gesetzliche Vorschriften je nach Bundesland sind zu beachten.

Terrarientyp: Standard-Feuchtterrarium

 24–27 °C   nein   Nacht   < 80 mm

Bothriurus coriaceus

Skorpion

Verbreitung und Lebensraum: Diese Art besiedelt in Chile ein ausgedehntes Verbreitungsgebiet. Je nach ihrer Herkunft reagieren die interessanten Skorpione empfindlich auf zu hohe Temperaturen, daher sollten die Werte immer höchstens um 30 °C liegen. Zur Winterszeit können im Lebensraum der Tiere sogar teilweise weniger als 10 °C herrschen. Dann legen die Skorpione eine längere Ruhephase ein.

Aussehen: Der Körper zeigt meist ein schmutziges Braun, das teilweise auch ins Olivgrüne spielt. Man kann die Geschlechter der Tiere mittels der Anzahl ihrer Bauchkammzähne unterscheiden, von denen Weibchen 9 bis 11 und Männchen 11 bis 13 besitzen. Letztere bleiben ein wenig kleiner, haben jedoch wesentlich größere Scheren.

Pflege und Zucht: Auch diese Art muss einzeln gepflegt werden. Die Einrichtung sollte aus einer etwa 5 cm hohen Sand-Lehm-Schicht bestehen, die man mit einigen hohl aufliegenden Korkrindenstücken und Ähnlichem abdeckt. Eine Stelle des Terrariums muss dabei stets etwas feuchter gehalten werden. Am Besten stellt man dort eine flache Wasserschale auf und lässt diese gelegentlich überlaufen. Die extremen Temperaturunterschiede der Heimatgebiete müssen nicht simuliert werden, doch eine mehrwöchige Kühlphase kann stimulierend auf die Paarungsbereitschaft wirken. Über eine gelungene Nachzucht liegen bisher noch keine Berichte vor.

Ernährung: Lebende tierische Kost wie verschiedene Wirbellose

Giftigkeit: Aktiv giftig, nur für fachkundige Liebhabern und mit nötiger Sorgfalt zu pflegen. Gesetzliche Vorschriften je nach Bundesland sind zu beachten.

Terrarientyp: Standard-Trockeninsektarium

30–34 °C nein Nacht < 60 mm

Buthacus arenicola

Wüstenskorpion

Verbreitung und Lebensraum: Lebt bevorzugt an Dünenkämmen verschiedener Wüstengebiete Nordafrikas: in Mauretanien, Senegal, Tschad, Sudan, Algerien, Tunesien, Libyen, Ägypten, Somalia, Israel, Jordanien, Syrien, Saudi-Arabien, Kuwait, Bahrain, Oman und Iran. Ihre Heimat besteht durchweg aus Gebieten mit extremen Tag-Nacht-Schwankungen der Temperaturen.

Aussehen: Wie der Name andeutet, handelt es sich um durchgehend leuchtend gelbe Skorpione. Die zierlich gebauten Tiere besitzen vergleichsweise lange Stachel. Nur der dunkel hinterlegte Hinterleib wirkt leicht transparent. Die Bauchkämme der Weibchen haben 21 bis 29, die der Männchen 29 bis 35 Zähne.

Pflege und Zucht: Man hält die Skorpione tunlichst einzeln in Wüstenterrarien. Eine etwa 5 cm hohe Sandschicht reicht als Substrat völlig aus. Sehr gut bewährt hat sich das Untermischen von Blumentopfscherben. Diese werden von den Tieren gern als Unterschlupf genutzt. Auf Feuchtigkeit reagieren diese Pfleglinge sehr empfindlich, und ihren Flüssigkeitsbedarf decken sie über die Futtertiere. Es genügt völlig, wenn man das Terrarium etwa alle 4 bis 6 Wochen kurz einnebelt oder leicht übersprüht. Die Art ist extrem giftig und ihre Schnelligkeit darf nicht unterschätzt werden. Die Tiere gehören daher auf keinen Fall in die Hände von Anfängern.

Ernährung: Lebende tierische Kost wie verschiedene Wirbellose

Giftigkeit: Aktiv giftig, nur für fachkundige Liebhabern und mit nötiger Sorgfalt zu pflegen. Gesetzliche Vorschriften je nach Bundesland sind zu beachten.

Terrarientyp: Standard-Trockeninsektarium

🌡️ 24–28 °C	🔆 nein	🌙 Nacht	🦗 < 80 mm

Buthus occitanus

Feldskorpion

Verbreitung und Lebensraum: Die Art ist mit mehreren Unterarten über den gesamten Mittelmeerraum verbreitet. Selbst in Südeuropa: Südfrankreich, Spanien, Sardinien und Griechenland trifft man die Tiere häufig an. Sie bevorzugen keine bestimmten Lebensräume, sondern dringen bis in die Städte vor. Weibchen graben bis zu 40 cm tiefe Höhlen, die sie meist nach Süden ausrichten. Ihre Jungtiere bilden häufig auf engem Raum große Kolonien.

Aussehen: Die Skorpione sind einheitlich gelb gefärbt. Man kann die einzelnen Unterarten anhand der Größe unterscheiden und sie besitzen allem Anschein nach auch verschieden starke Gifte. Das Spektrum der Wirkung reicht dabei von harmlos bei europäischen Formen bis tödlich bei Tieren aus Afrika. Nur anhand der Anzahl der Kammzähne lassen sich die Geschlechter auseinanderhalten: Männchen haben 29 bis 36, Weibchen nur 25 bis 30.

Pflege und Zucht: Die Art kann man in geräumigen Behältern auch paarweise pflegen. Dazu wird eine etwa 5 cm hohe Substratschicht aus Erde und Sand eingebracht. Als Versteckmöglichkeiten akzeptieren die Tiere gern der Länge nach halbierte Blumentöpfe oder Korkröhren. Nach einer sechs- bis achtwöchigen Winterruhe kann man die Geschlechter zur Paarung vergesellschaften. Das Männchen legt ein Spermienpaket ab, über das es seine Partnerin dirigiert. Die Jungen schlüpfen ungefähr 3 bis 4 Monate später.

Ernährung: Lebende tierische Kost wie verschiedene Wirbellose

Giftigkeit: Aktiv giftig, nur für fachkundige Liebhabern und mit nötiger Sorgfalt zu pflegen. Gesetzliche Vorschriften je nach Bundesland sind zu beachten.

Terrarientyp: Standard-Feuchtterrarium

 24–28 °C   nein   Nacht   < 200 mm

Hadogenes bicolor

Spaltenskorpion

Verbreitung und Lebensraum: Diese Art bewohnt in Südafrika überwiegend felsige Gebiete. Dort findet man die Skorpione in Spalten und unter Steinen. Das regionale Klima ist heiß-trocken, wobei in den Spalten jedoch oftmals eine gewisse Restfeuchte vorhanden ist.

Aussehen: Es handelt sich um eine etwas größere Art, deren flacher Körper wie plattgedrückt wirkt. Als Spaltenbewohner können sich die Tiere auch in die kleinsten Ritzen einklemmen. Es gibt einen deutlich ausgeprägten Geschlechtsunterschied: die Schwanzglieder des Männchens sind mindestens um ein Drittel länger als die des Weibchens. Der Schwanz wird im Ruhezustand seitwärts gewendet. Das Farbspektrum reicht von dunkelgrau bis graubraun, wobei die Extremitäten häufig etwas heller

ausfallen und die dunkel rotbraunen Scheren schwarze Ränder haben können.

Pflege und Zucht: Die Art lässt sich in ausreichend großen Behältern auch paarweise pflegen. Ihr Terrarium sollte mit spaltenreichen Felsaufbauten aus sorgfältig geschichteten Platten versehen werden. Als Alternative kann man auch Schieferplatten mit entsprechenden Zwischenräumen verwenden. Dabei müssen die Platten auf jeden Fall gegen Verrutschen gesichert sein. Auf dem Boden kommt ein Gemisch aus Sand und Lehm. Alle zwei Tage wird das Terrarium kurz übersprüht. Das Gift dieser Art ist nicht besonders stark.

Ernährung: Lebende tierische Kost wie verschiedene Wirbellose

Giftigkeit: Aktiv giftig, nur für fachkundige Liebhabern und mit nötiger Sorgfalt zu pflegen. Gesetzliche Vorschriften je nach Bundesland sind zu beachten.

Terrarientyp: Standard-Trockeninsektarium

 28–33 °C   nein   Nacht   < 210 mm

Hadogenes troglodytes

Felsskorpion

Verbreitung und Lebensraum: Das Verbreitungsgebiet dieser Art erstreckt sich über weite Teile des südlichen Afrika, Südafrika, Botswana, Mosambik und Simbabwe. Auch diese Art lebt in Felsspalten, jedoch scheinbar in etwas feuchteren Lebensräumen. Trotzdem kann das Klima nur als heiß und trocken, mit ausgeprägten Jahreszeiten und einem großen Tag/Nacht-Temperaturgefälle beschrieben werden.
Aussehen: Da es sich bei dieser stattlichen Art um einen Spaltenbewohner handelt, besitzt sie einen entsprechend abgeflachten Habitus. Auch hier werden die Schwanzglieder der Männchen mindestens ein Drittel länger. Als Färbung zeigen die Tiere ein tiefes Dunkelbraun, das sogar ins Schwarze spielen kann. Ihre Beine sind dabei oft ein wenig heller gefärbt.

Pflege und Zucht: Der Behälter sollte als Felsenterrarium mit unterschiedlich hohen und tiefen Spalten eingerichtet werden. Ein- bis zweimal in der Woche wird die Luftfeuchtigkeit durch leichtes Besprühen erhöht. Auf keinen Fall darf man die Art jedoch zu feucht halten. Zur Paarung kommt das Männchen ins Terrarium seiner Partnerin. Nach erfolgreicher Kopulation verstreichen noch einige Monate, bevor die Jungen zur Welt kommen. Sobald sie den Rücken der Mutter verlassen, muss man sie separat aufziehen. Da diese Spezies nur über ein schwaches Gift verfügt, eignet sie sich auch für Anfänger.
Ernährung: Lebende tierische Kost wie verschiedene Wirbellose
Giftigkeit: Aktiv giftig, nur für fachkundige Liebhabern und mit nötiger Sorgfalt zu pflegen. Gesetzliche Vorschriften je nach Bundesland sind zu beachten.
Terrarientyp: Standard-Trockeninsektarium

🌡️ 28–32 °C	✳️ nein	🌙 Nacht	< 150 mm

Hadrurus arizonensis

Haariger Wüstenskorpion

Verbreitung und Lebensraum: Die Art ist im Südwesten der USA weit verbreitet. Dort leben die Tiere in halbtrockenen bis trockenen Wüsten- und Steppengebieten. Am Tage verstecken sie sich unter allen möglichen Gegenständen, die für eine gewisse Feuchtigkeit sorgen, und im Hochsommer werden teilweise über 2 m tiefe Gänge bis in feuchte Bodenschichten vorgetrieben.
Aussehen: Je nach Herkunft und Unterart können die Tiere durchgehend gelblich gefärbt sein, aber auch dunkelbraune Rücken haben. Alle Extremitäten tragen eine dichte braune Behaarung.
Pflege und Zucht: Man sollte die Skorpione einzeln pflegen und nur zur Paarung zusammensetzen. Die Haltung in Wüstenbecken mit mehreren Versteckmöglichkeiten und einer etwas feuchter gehaltenen Ecke bereitet keine Probleme. Mit den Tasthaaren ihrer Scheren können die Tiere Bodenerschütterungen bis in eine Entfernung von etwa 30 cm wahrnehmen. Bei Störungen wird ohne Zögern zugestochen. Der Stich ist sehr schmerzhaft, doch die Schwellung geht schon nach wenigen Stunden zurück und der Schmerz klingt langsam ab. Diese Skorpione können ihr Gift auch über eine Distanz von etwa 25 cm versprühen. Die Paarungszeit fällt in den Spätsommer. Nun folgt das Männchen den Pheromonspuren der Weibchen. Die Kopulation läuft nach dem für alle Skorpione typischen Schema ab.
Ernährung: Lebende tierische Kost wie verschiedene Wirbellose
Giftigkeit: Aktiv giftig, nur für fachkundige Liebhaber und mit nötiger Sorgfalt zu pflegen. Gesetzliche Vorschriften je nach Bundesland sind zu beachten.
Terrarientyp: Standard-Trockeninsektarium

 22–26 °C   nein   Nacht   < 150 mm

Heterometrus scaber

Schwarzer Thai-Skorpion

Verbreitung und Lebensraum: *Heterometrus scaber* besiedelt in Südostasien ein riesiges Verbreitungsgebiet, wobei man die Tiere überwiegend in tropischen Waldgebieten findet. Dort leben sie in selbst gegrabenen oder natürlichen Höhlen. Das regionale Klima ist feucht und warm.

Aussehen: Die Spezies gehört zu den größten Skorpionen überhaupt. Sie ist tiefschwarz gefärbt und glänzt schwach. Man kann die Tiere leicht mit *Pandinus imperator* verwechseln, doch bleiben sie deutlich kleiner als jener. Ihre Scheren sind relativ groß und kräftig.

Pflege und Zucht: Das Terrarium sollte als Regenwaldbecken eingerichtet werden. Als Versteckmöglichkeiten dienen hohl liegende Korkröhren und Rindenstücke, welche die Tiere als Wohnhöhlen ausbauen. Eine flache, aus-reichend große Wasserschale wird gerne zum Baden aufgesucht. Auch für Anfänger ist diese Art gut geeignet. Die Paarung läuft nach dem für alle Skorpione typischen Schema ab, eine Befruchtung reicht für mehrere Würfe aus. Das Weibchen kann bis zu 30 Junge gebären, die zunächst sämtlich auf dem Rücken der Mutter Platz nehmen; dort werden sie bis zu ihrer dritten Häutung versorgt. Anschließend sind die anfangs schneeweißen Tiere so selbstständig, dass sie eigene Wege gehen können. Da sich die Art ausgesprochen gesellig verhält, kann man sie auch in kleinen Gruppen pflegen.

Ernährung: Lebende tierische Kost wie verschiedene Wirbellose

Giftigkeit: Aktiv giftig, nur für fachkundige Liebhabern und mit nötiger Sorgfalt zu pflegen. Gesetzliche Vorschriften je nach Bundesland sind zu beachten.

Terrarientyp: Standard-Feuchtterrarium

🌡️ 22–26 °C	☀️ nein	🌙 Nacht	🦗 < 150 mm

Heterometrus spinifer

Blauer Thai-Skorpion

Verbreitung und Lebensraum: Wie die zuvor genannte Art besiedeln auch diese Skorpione ein weites Verbreitungsgebiet in Südostasien. Dort trifft man die Tiere überwiegend in geschlossenen Wäldern an.

Aussehen: *Heterometrus spinifer* ist ebenfalls glänzend lackschwarz gefärbt und kann je nach Beleuchtung bläulich schimmern. Die Scheren sind groß und kräftig ausgebildet.

Pflege und Zucht: Die Haltung kann in einem halbfeuchten Regenwaldterrarium erfolgen. Auch diese Art lässt sich in kleineren Gruppen pflegen – natürlich nur unter den erforderlichen Bedingungen. Ausschlaggebend ist dabei die Größe oder Grundfläche des Terrariums. Für die nötige relative Luftfeuchtigkeit sorgt eine gegen Abend eingeschaltete Sprüh- oder Ne-belanlage. Es darf allerdings keine Staunässe entstehen. Eine flache Wasserschale wird von den Tieren immer wieder aufgesucht. Sie graben sich Höhlen unter den ihnen angebotenen Versteckplätzen. Mit ihren großen Scheren können sie sogar größere Beute gut festhalten. Die Paarung vollzieht sich wie bei allen Skorpionen und die Aufzucht verläuft wie bei der vorangehend beschriebenen Art. Sobald die Jungen frei umherlaufen, sollte man sie in kleinen Terrarien separat aufziehen und erst später erneut vergesellschaften. Obwohl diese Skorpione nicht besonders giftig sind, kann ihr Stich doch starke Schmerzen verursachen.

Ernährung: Lebende tierische Kost wie verschiedene Wirbellose

Giftigkeit: Aktiv giftig, nur für fachkundige Liebhabern und mit nötiger Sorgfalt zu pflegen. Gesetzliche Vorschriften je nach Bundesland sind zu beachten.

Terrarientyp: Standard-Feuchtterrarium

 26–29 °C   nein   Nacht   < 120 mm

Heterometrus xanthopus

Gelbfuß-Skorpion

Verbreitung und Lebensraum: Diese Art kommt in den laubabwerfenden Trockenwäldern Pakistans vor. Hier leben die Tiere am Boden unter Holz und Laub, doch graben sie teilweise auch unter Baumwurzeln Gänge, in denen sie sich tagsüber aufhalten.

Aussehen: Es handelt sich um dunkelbraun bis schwarz gefärbte Skorpione, deren Extremitäten stets etwas heller abgesetzt sind.

Pflege und Zucht: In Terrarien mit einer ausreichend großen Grundfläche kann man diese Spezies auch paarweise pflegen. Die Bodenschicht besteht dabei aus einem Torf-Erde-Gemisch, das im unteren Bereich etwas feucht gehalten werden muss. Einige Verstecke aus Korkröhren und Korkplatten sowie eine dezente Bepflanzung vervollständigen das Inventar. Am Abend sollte der gesamte Behälterinhalt einmal kurz übersprüht werden; außerdem muss stets eine Schale mit Wasser vorhanden sein. Erst etwa 12 Monate nach einer erfolgreichen Verpaarung bringt das Weibchen seine Jungen zur Welt – meist in der Nacht. Diese erklimmen sofort den Rücken der Mutter, wo sie die erste Zeit leben. Erst wenn sie ihn selbstständig verlassen und allein durchs Terrarium streifen, sollten man sie herausfangen und einzeln aufziehen. Die Giftigkeit dieser Art ist eher als schwach einzustufen, vergleichbar mit einem Bienenstich. Allerdings sollte man sie nie unterschätzen, was besonders für Allergiker gilt.

Ernährung: Lebende tierische Kost wie verschiedene Wirbellose

Giftigkeit: Aktiv giftig, nur für fachkundige Liebhabern und mit nötiger Sorgfalt zu pflegen. Gesetzliche Vorschriften je nach Bundesland sind zu beachten.

Terrarientyp: Standard-Trockeninsektarium

🌡️ 30–35 °C	⬇️ nein	🌙 Nacht	📏 < 130 mm

Leiurus quinquestriatus

Fünfstreifen-Skorpion

Verbreitung und Lebensraum: Diese Art bewohnt in mehreren Unterarten ein großes Verbreitungsgebiet, das sich von der Türkei und der Arabischen Halbinsel über ganz Nordafrika erstreckt und dabei große Teilen der Sahara einschließt. Die Tiere kommen von halbtrockenen Gebieten bis in reine Wüsten vor. Dabei hat sich die Art den verschiedensten Bodentypen angepasst.

Aussehen: Je nach Verbreitungsgebiet können die Skorpione gelb bis hellrosa gefärbt sein. Auf den beiden ersten Hinterleibssegmenten finden sich jeweils fünf markante Kiele, während die restlichen fünf nur deren drei tragen.

Pflege und Zucht: Für Anfänger ist diese Spezies nicht geeignet. Sie ist äußerst aggressiv und hochgiftig. Schon bei geringen Störungen sticht dieser Skorpion zu. Versuche haben belegt, dass schon 0,01 mg seines Giftes ausreichen, um eine ausgewachsene Maus zu töten. Bei allen Hantierungen im Terrarium ist daher höchste Vorsicht geboten. Die Tiere sind keine Lauerjäger, sondern verfolgen ihre Beute und stechen gezielt zu. Als Substrat bringt man ein grabfähiges, etwa 10 bis 15 cm hohes Sand-Lehm-Gemisch ins Terrarium ein. Unter einer Korkröhre werden die Tiere schon nach kurzer Zeit eine Höhle anlegen. In der Nacht kann sich die Temperatur ruhig bis auf Zimmerniveau abkühlen. Ihren Wasserhaushalt regeln die Skorpione allein über die Beute.

Ernährung: Lebende tierische Kost wie verschiedene Wirbellose

Giftigkeit: Aktiv giftig, nur für fachkundige Liebhabern und mit nötiger Sorgfalt zu pflegen. Gesetzliche Vorschriften je nach Bundesland sind zu beachten.

Terrarientyp: Standard-Trockeninsektarium

 26–30 °C   nein   Nacht   < 80 mm

Mesobuthus martensi

Goldener China-Skorpion

Verbreitung und Lebensraum: Die Art ist in China und Korea weit verbreitet. Sie bevorzugt keinen speziellen Lebensraum, man findet die Tiere in halbtrockenen Savannen ebenso gut wie in geschlossenen Trockenwäldern. Dort graben sie ihre Höhlen unter Steinen oder im Wurzelbereich der Bäume.

Aussehen: Je nach Herkunft ist der Körper dunkelgrau gefärbt, wovon Scheren und Extremitäten goldgelb abstechen. Männchen erkennt man an den längeren Bauchkämmen, die folglich auch mehr Zähne als jene der Weibchen aufweisen; außerdem bleiben sie kleiner als ihre Partnerinnen.

Pflege und Zucht: Man sollte die Spezies einzeln in kleinen oder paarweise in geräumigen Behältern pflegen. Als Substrat dient dabei ein grabfähiges, etwa 10 cm hohes Lehm-Sand-Gemisch, das an einer Seite und von unten her stets leicht feucht gehalten wird; hinzu kommen einige Verstecke aus Korkrindenstücken. Die Bepflanzung aus Sukkulenten dient nur dem optischen Eindruck. Eine flache Wasserschale sollte stets vorhanden sein, darf sich aber nicht untergraben lassen. Am späten Abend wird der Behälter einmal kurz übersprüht. Jungtiere benötigen eine etwas höhere relative Luftfeuchtigkeit, wobei jedoch keine Staunässe entstehen darf. Die Art ist hochgiftig und daher für Anfänger ungeeignet. Ihre Terrarien müssen absolut ausbruchssicher konstruiert werden.

Ernährung: Lebende tierische Kost wie verschiedene Wirbellose

Giftigkeit: Aktiv giftig, nur für fachkundige Liebhabern und mit nötiger Sorgfalt zu pflegen. Gesetzliche Vorschriften je nach Bundesland sind zu beachten.

Terrarientyp: Standard-Trockeninsektarium

 24–28 °C   nein   Nacht   < 180 mm

Pandinus cavimanus

Rotscheren-Skorpion

Verbreitung und Lebensraum: Heimat dieser Art sind die tropischen Wälder Ostafrikas. Die eindrucksvollen Skorpione leben dort auf dem Boden, wo sie den Tag unter Holz und Laub versteckt zubringen, bis sie nachts auf Futtersuche gehen.

Aussehen: Es handelt sich um einen sehr stattlichen Skorpion mit auffallend verdickten Scheren. Er besitzt einen dunkelbraunen Körper mit hell abstehenden Gliedmaßen und rötlichen Scheren, deren eigentliche Schneidekanten dunkel abgesetzt sind.

Pflege und Zucht: Nur in Terrarien mit einer großen Grundfläche kann man auch zwei oder mehrere dieser aktiven Jäger gemeinsam pflegen. Zwar klappt dies in den meisten Fällen ganz gut, doch manchmal kann es auch zu Kämpfen kommen. Um seine Tiere zur Paarung zu stimulieren, stellt man einfach für circa 6 Wochen die Heizung aus. Dies reicht in der Regel zur Auslösung ihres Fortpflanzungsverhaltens. Nach der Geburt trägt das Weibchen seine 15 bis 30 Jungtiere etwa 2 bis 3 Wochen auf dem Rücken. Danach sollten sie einzeln aufgezogen werden. Eine Wasserschale muss vorhanden sein, und allabendlich wird das Terrarium einmal übersprüht. Wenn dieser Skorpion bedrängt wird, versucht er zuerst, den Angreifer mit seinen Scheren zu packen, bevor er als weitere Abwehrmaßnahme zusticht. Das Gift soll dem Vernehmen nach ähnlich wie das von Bienen oder Wespen wirken.

Ernährung: Lebende tierische Kost wie verschiedene Wirbellose

Giftigkeit: Aktiv giftig, nur für fachkundige Liebhabern und mit nötiger Sorgfalt zu pflegen. Gesetzliche Vorschriften je nach Bundesland sind zu beachten.

Terrarientyp: Standard-Feuchtterrarium

 24–26 °C   nein   Nacht   <200 mm

Pandinus imperator

Kaiserskorpion

Verbreitung und Lebensraum: Die Art bewohnt ein weites Verbreitungsgebiet in Westafrika von Mauretanien bis Zaire bzw. Kongo. Man trifft die Tiere in halbfeuchten bis feuchten Savannen und Wäldern an. Dort leben sie in selbst gegrabenen oder übernommenen Erdhöhlen.

Aussehen: Die eindrucksvollen Skorpione besitzen massige Körper mit großen, breiten Scheren. Sie sind glänzend schwarz, können aber je nach Beleuchtung auch grünlich oder bläulich schimmern. Die Individuen erreichen ein Gewicht von 20 bis 30 g. Weibchen werden dabei größer und kräftiger als ihre Partner.

Pflege und Zucht: In geräumigen Terrarien kann man diese Spezies auch gruppenweise pflegen. Die Giftwirkung ähnelt der eines Bienenstichs, und der Schmerz hält nicht sehr lange an. Da die Tiere insgesamt eher stechunlustig sind und lieber sich mit ihren großen Scheren verteidigen, kann die Art auch Anfängern empfohlen werden. Die Skorpione graben Höhlen, in denen sie verborgen auf vorbeikommende Beute lauern. Am Abend sollte ihr Terrarium kurz übersprüht werden. Das Weibchen bringt nach einer Tragezeit von 12 bis 15 Monaten 15 bis 50 Jungtiere zur Welt. Diese begeben sich auf den Rücken ihrer Mutter und werden von ihr etwa 20 Tage umhergetragen. Sie sind in den ersten 14 Tagen schneeweiß, doch sobald der Panzer aushärtet, nehmen sie ihre schwarze Färbung an. Geschützte Art.

Ernährung: Lebende tierische Kost wie verschiedene Wirbellose

Giftigkeit: Aktiv giftig, nur für fachkundige Liebhabern und mit nötiger Sorgfalt zu pflegen. Gesetzliche Vorschriften je nach Bundesland sind zu beachten.

Terrarientyp: Standard-Feuchtterrarium

🌡️ 26–32 °C	🌱 nein	◧ Nacht	🦗 < 80 mm

Scorpio maurus

Skorpion

Verbreitung und Lebensraum: Die Art bewohnt mit ihren rund 20 Unterarten ganz Nordafrika, vom Senegal bis Äthiopien sowie Westasien von der Südtürkei bis nach Indien. Sie bevorzugt keinen speziellen Lebensraum und lebt in trockenen Halbwüsten und Wüsten, aber auch in lichten Trockenwäldern. *Scorpio maurus* ist ein ausgesprochener Höhlenbewohner, der tiefe Gänge gräbt. Je nach Herkunft machen die Tiere eine unterschiedlich lange Winterruhe durch.

Aussehen: Die einzelnen Unterarten können grau bis gelb oder dunkelbraun gefärbt sein, wobei der Körper stets etwas dunkler ausfällt. Davon stechen die Beine immer heller ab.

Pflege und Zucht: Der Bodengrund im Terrarium sollte aus einer mindestens 15 cm hohen, gut grabfähigen Lehm-Sand-Schicht bestehen, die man teilweise mit dünnen Steinplatten abdeckt. In größeren Terrarien lassen sich auch mehrere Exemplare halten. Verstecke aus kleinen Korkplatten oder -röhren vergrößern den Aktionsbereich zusätzlich. Eine Wasserschale muss immer vorhanden sein. Weibchen können bis zu 40 Jungtiere gebären, doch bleibt die Anzahl meist deutlich geringer. Sobald die Jungen den Rücken der Mutter verlassen, sollte man sie einzeln in kleinen Plastikdosen mit einer grabfähigen Substratschicht aufziehen. Das Gift soll von der Wirkung her etwa mit dem Stich einer Biene zu vergleichen sein.

Ernährung: Lebende tierische Kost wie verschiedene Wirbellose

Giftigkeit: Aktiv giftig, nur für fachkundige Liebhabern und mit nötiger Sorgfalt zu pflegen. Gesetzliche Vorschriften je nach Bundesland sind zu beachten.

Terrarientyp: Standard-Trockeninsektarium

🌡️ 24–28 °C	🪤 nein	🌙 Nacht	🦗 < 50 mm

Damon variegatus

Riesen-Geißelspinne

Verbreitung und Lebensraum: Diese Tiere besiedeln in Ostafrika ein riesiges Verbreitungsgebiet. Dabei wird kein Lebensraum bevorzugt, man findet sie in halbtrockenen Savannen genauso oft wie in geschlossenen Wäldern. Tagsüber verstecken sie sich unter am Boden liegenden Gegenständen, aber auch unter Baumrinde. Dank ihrer stark abgeflachten Körper können sie selbst in schmalsten Spalten und Ritzen noch Zuflucht suchen.

Aussehen: Die Art trägt auf grauem oder bräunlichem Grund eine recht variable Zeichnung. Besonders eindrucksvoll wirken die enorm verlängerten Gliedmaßen: Mit diesen antennenartigen Gebilden können die Tiere eine Spannweite von bis zu 30 cm erreichen. Ihr vorderstes Beinpaar ist zu langen Fühlern umgebildet. Zwei der vier Mundwerkzeuge weisen ebenfalls eine starke Verlängerung auf und sind mit dornartigen Auswüchsen besetzt. Männchen haben deutlich längere Beine und Fangapparate.

Pflege und Zucht: In größeren Terrarien kann man auch Gruppen dieser Geißelspinnen pflegen. Der stets leicht feuchte Bodengrund wird aus einem Sand-Erde-Gemisch gebildet. Versteckmöglichkeiten müssen sowohl am Boden als auch an den Wänden vorhanden sein. Die Eier befestigt das Weibchen nach der Ablage in einem Sekretbeutel am Körper. Sobald die Jungen geschlüpft sind, trägt die Mutter sie noch etwa eine Woche auf dem Rücken mit sich herum.

Ernährung: Lebende tierische Kost wie verschiedene Wirbellose

Giftigkeit: Ungiftig

Terrarientyp: Standard-Feuchtterrarium

28–32 °C	nein	Nacht	< 100 mm

Galeodes granti

Ägyptische Walzenspinne

Verbreitung und Lebensraum: Die Ägyptische Walzenspinne lebt in den trockenen Steppen und Wüsten Ägyptens, wobei sie sandigen Untergrund deutlich bevorzugt. Tagsüber verbergen sich die Tiere in Felsspalten, selbst gegrabenen Erdhöhlen oder unter Gegenständen. Das trocken-heiße Klima weist ausgeprägte Jahreszeiten auf.

Aussehen: Die langgestreckt, jedoch vom Körper her vergleichsweise recht kompakt gebauten Tiere sind ungemein schnelle Läufer. Als Färbung zeigen sie in der Regel ein schmutziges Gelb oder helles Braun, wobei der Hinterleib stets deutlich dunkler ausfällt. Auffälligstes Merkmal dieser Spinne sind ihre riesigen Chelizeren: die in scharfe Spitzen auslaufenden Beißwerkzeuge können kräftig zupacken. Obwohl die Tiere keine

Giftdrüsen besitzen, hinterlassen ihre schmerzhaften Bisse blutende Wunden.

Pflege und Zucht: Diese äußerst aggressive und extrem agile Art ist für Anfänger nur bedingt geeignet. Man hält die nachtaktiven Jäger einzeln in Terrarien mit einer großen Bodenfläche und einer etwa 10 cm hohen Sandschicht, die nur im unteren Drittel leicht feucht gehalten wird. Dort legen die Spinnen ihre Wohnhöhlen an. Die Tiere trinken in aller Regel nicht, sondern decken ihren Flüssigkeitsbedarf über das Futter. Die gewaltigen Jäger werden auch mit größerer Beute problemlos fertig.

Ernährung: Lebende tierische Kost wie verschiedene Wirbellose

Giftigkeit: Ungiftig

Terrarientyp: Standard-Feuchtterrarium

 24–26 °C   nein   Nacht   < 80 mm

Mastigoproctus giganteus

Riesen-Geißelskorpion

Verbreitung und Lebensraum: Das Verbreitungsgebiet dieser Art erstreckt sich über die südlichen Teile der USA bis nach Mexiko hinein. Sie haben keinen speziellen Lebensraum. Man findet sie in selbst gegrabenen Höhlen, unter Steinen und in Spalten aller Art, wenn diese ihnen die nötige Sicherheit geben.

Aussehen: Der Habitus dieser Tiere erinnert stark an echte Skorpione, wobei das Hinterteil indes nur aus drei Segmenten besteht. Auch hier sind die Pedipalpen mit mächtigen Scheren versehen. Die Färbung variiert zwischen einem sehr dunklen Braunton und Schwarz.

Pflege und Zucht: Die Art lässt sich in Terrarien mit einer großen Bodenfläche auch paarweise pflegen. Eine etwa 10 cm hohe Bodenschicht wird teilweise mit verschiedenen Versteckmög-

lichkeiten abgedeckt und stets leicht feucht gehalten. Dort legen die Tiere ihre Höhlen an, in die sie sich tagsüber zurückziehen. Das Weibchen fertigt für seine Eier einen speziellen „Brutsack" an, den es am Körper mit sich herumträgt. Nach dem Schlupf klammern sich die Jungen noch einige Zeit an die Hinterbeine ihrer Mutter; mit etwa 2 bis 4 Jahren erlangen sie die Geschlechtsreife. Die Tiere sind imstande, ein Sekret aus Wehrdrüsen sehr zielgerichtet bis zu 80 cm weit zu versprühen. Diese hauptsächlich aus Essigsäure bestehende Flüssigkeit reizt Augen.

Ernährung: Lebende tierische Kost wie verschiedene Wirbellose

Giftigkeit: Aktiv giftig, nur für fachkundige Liebhabern und mit nötiger Sorgfalt zu pflegen. Gesetzliche Vorschriften je nach Bundesland sind zu beachten.

Terrarientyp: Standard-Trockeninsektarium

	24–26 °C		nein		Nacht		< 60 mm

Thelyphonida spec.

Thailändischer Geißelskorpion

Verbreitung und Lebensraum: Diese Art kommt in Thailand und Malaysia vor, wo sie halbtrockene bis feuchte Gebieten bewohnt. Sie legt selbstständig Höhlen im Schutz von Baumwurzeln an, in die sie sich tagsüber zurückzieht.

Aussehen: Die Tiere besitzen einen flachen, dunkelbraunen bis nahezu schwarzen Körper, dessen erste beide Beinpaare zu hochspezialisierten Tastorganen umgewandelt sind. Die mit den Chelizeren zerkleinerte Beute wird durch ausgewürgten Verdauungssaft zersetzt und anschließend aufgenommen.

Pflege und Zucht: Diese Art sollte man einzeln pflegen und zwar in Terrarien mit einer etwa 10 cm hohen, stets leicht feuchten Substratschicht aus Torf-Erde-Gemisch. Darauf kommen einige zusätzliche Verstecke aus hohl liegenden Korkrindenstücken, unter denen die Tiere ihre Höhlen anlegen, in der sie sich manchmal wochenlang zurückziehen. Nach einer erfolgreichen Paarung bleibt das Weibchen in seiner Wohnung. Die Jungen kommen erst nach der zweiten Häutung an die Oberfläche und sollten anschließend separat großgezogen werden. Die Tiere verhalten sich im Übrigen sehr agil und leben überhaupt nicht versteckt, sondern sind fast den ganzen Tag über unterwegs. Öffnet man das Terrarium, so kann man sofort ihren typischen Essiggeruch wahrnehmen. Zur Verteidigung sprühen Geißelskorpione sehr zielgerichtet ein Wehrsekret.

Ernährung: Lebende tierische Kost wie verschiedene Wirbellose

Giftigkeit: Aktiv giftig, nur für fachkundige Liebhabern und mit nötiger Sorgfalt zu pflegen. Gesetzliche Vorschriften je nach Bundesland sind zu beachten.

Terrarientyp: Standard-Feuchtterrarium

🌡 23–28 °C	☀ nein	◧ Nacht	🦗 < 130 mm

Scolopendra polymorpha

Wüsten-Hundertfüßer

Verbreitung und Lebensraum: Das Verbreitungsgebiet dieser Art reicht vom Südwesten der Vereinigten Staaten bis nach Nordmexiko. Die Tiere bewohnen dort trockene Lebensräume und sind vor allem in Halbwüsten, aber auch in Trockenwäldern zu finden. In diesen Lebensräumen trifft man die Hundertfüßer unter Steinen, Baumstämmen oder Ähnlichem an. Sie sind aber durchaus auch in der Lage, selbstständig Bauten anzulegen.

Aussehen: Diese Spezies besitzt einen langgestreckten, weitgehend gleichmäßig segmentierten Körper mit je einem Beinpaar pro Segment. Das vorderste wurde dabei zu Kiefern umgebildet, an deren Wurzeln die Giftdrüsen sitzen. Der farbig, oft rot abgesetzte Kopf trägt auf seiner Oberseite einen flachen Schild sowie ein Paar Gliederantennen. Die Grundfärbung des Körpers besteht meist aus einem variablen Braunton, während über die Flanken teilweise ein dunkler Seitenstreifen verläuft.

Pflege und Zucht: Die Einrichtung des Terrariums sollte aus einer etwa 10 cm hohen, an einer Seite stets leicht feucht gehaltenen Bodenschicht, zahlreichen Verstecken und einem Wasserschälchen bestehen. Der Wüsten-Hundertfüßer ist ein Gifttier, das nicht in Kinderhände gehört und nur einzeln in absolut ausbruchsicheren Behältern gepflegt werden darf. Lediglich zur Fortpflanzung setzt man die – unbedingt gut genährten – Tiere kurz zusammen.

Ernährung: Lebende tierische Kost wie verschiedene Wirbellose

Giftigkeit: Aktiv giftig, nur für fachkundige Liebhaber und mit nötiger Sorgfalt zu pflegen. Gesetzliche Vorschriften je nach Bundesland sind zu beachten.

Terrarientyp: Standard-Trockeninsektarium

23–28 °C	nein	Nacht	< 250 mm

Scolopendra subspinipes

Riesen-Hundertfüßer

Verbreitung und Lebensraum: Die Art ist über große Teile Südostasiens von Vietnam bis China verbreitet, wo man die nachtaktiven Räuber hauptsächlich auf dem Boden tropischer Regenwälder findet.

Aussehen: Die langgestreckten, extrem beweglichen Tiere besitzen einen stark abgeflachten Körper. An jedem der weitgehend gleichmäßigen Körpersegmente sitzt ein Beinpaar. Ihre Färbung ist sehr variabel: das Spektrum reicht von grünlichen, über beigefarbene und braune bis zu leicht gegen orange tendierende Töne. Kopf, Antennen und Beine können dabei rot oder orange abgesetzt sein.

Pflege und Zucht: Auch im Umgang mit dieser Art ist äußerste Vorsicht geboten: Die Tiere sind ungemein schnelle und agile Jäger, die ausge-zeichnet klettern und sogar rückwärts laufen können. Nachts schleichen sie sich an ihre Beute an, um sie mit den gewaltigen Beißzangen zu packen und dann ihr Gift zu injizieren. Daher sollte man die Spezies nur einzeln und in absolut ausbruchsicheren Behältern pflegen. Als Bodengrund eignet sich ein wenigstens 15 cm hohes Sand-Erde-Gemisch, das mit Korkstücken oder Ähnlichem abgedeckt wird. Eine kleine Rankenpflanze und gut einsehbare Verstecke vervollständigen die Einrichtung. Gefressen wird alles, was die Hundertfüßer nur überwältigen können, also Grillen und Heimchen, Heuschrecken, verschiedene Schaben und anderes.

Ernährung: Lebende tierische Kost wie verschiedene Wirbellose

Giftigkeit: Aktiv giftig, nur für fachkundige Liebhabern und mit nötiger Sorgfalt zu pflegen. Gesetzliche Vorschriften je nach Bundesland sind zu beachten.

Terrarientyp: Standard-Trockeninsektarium

 22–28 °C nein Tag/Nacht < 320 mm

Archispirostreptus gigas

Riesen-Schnurfüßer

Verbreitung und Lebensraum: Das Verbreitungsgebiet liegt in Ost- und Südafrika, etwa von Somalia bis nach Südafrika. Die Art bewohnt dort Trockensavannen, die sich durch eine ausgeprägte Trocken- und Regenzeit auszeichnen. Nur in der Regenzeit findet man die Tiere auch an der Oberfläche.

Aussehen: Diese stattliche Art besitzt einen langgestreckten, im Querschnitt kreisrunden Körper, der sich zum Kopf hin verjüngt und aus 59 bis 72 Segmenten besteht. Seine Färbung kann ein wenig variieren: der hintere Teil der Doppelsegmente ist jeweils mattschwarz, während der vordere gelbe, orange oder rote Farbtöne zeigt. Männchen erkennt man leicht daran, dass sie am siebten Segment keine Beinpaare besitzen.

Pflege und Zucht: Der Riesen-Schnurfüßer ist eine leicht zu pflegende, gut vermehrbare Spezies. Die Tiere benötigen ein geräumiges und dank ihrer Kraft unbedingt ausbruchsicheres Terrarium mit relativ festem Bodengrund, in dem sie ihre Wohnhöhlen anlegen können. Der Bodengrund sollte einerseits Partien aus Laub und sich zersetzendem Holz enthalten, aber auch solche aus einem Sand-Lehm-Gemisch. Auf das Substrat gibt man stellenweise eine Laubschicht und einige größere Kork- oder Rindenstücke, die von den Tieren als Versteckplätze und Klettermöglichkeiten genutzt werden.

Ernährung: Pflanzliche Kost/Fischfutter, Trockenfutter für Katzen und Ähnliches.

Giftigkeit: Die Art verfügt über Verteidigungssekrete, die Vergiftungen und/oder Allergien hervorrufen können. Jeder muss daher für sich selbst überprüfen, ob er auf diese Sekrete allergisch reagiert.

Terrarientyp: Standard-Feuchtterrarium

 19–23 °C nein Tag/Nacht < 60 mm

Arthrosphaera brandtii

Ostafrikanischer Riesen-Saftkugler

Verbreitung und Lebensraum: Die Urheimat dieser Art liegt vermutlich in Sri Lanka, von wo aus sie allerdings nach Ostafrika eingeschleppt wurde. Die heute im Handel erhältlichen Tiere stammen vermutlich durchweg aus Tansania, wo man sie in einem Bergregenwald in der Nähe der Usambara Mountains finden kann. Saftkugler wühlen sich normalerweise durch den Boden, sind aber auch an feuchten Stellen der Oberfläche anzutreffen.

Aussehen: Diese Art zeigt meist eine beige bis hellbraune, nur selten dunkelbraune Färbung. Der Körper des Tieres besteht aus mehreren Segmenten, an denen jeweils zwei Beinpaare sitzen. Männchen lassen sich an zwei Beinpaaren am hinteren Körperende erkennen, da sie bei Weibchen fehlen.

Pflege und Zucht: Die Tiere können in größeren Behältern gepflegt werden. Die Bodenschicht sollte dabei mindestens 20 cm hoch sein und viel Laub sowie sich zersetzendes Laubholz enthalten und mit Moos abgedeckt werden. In das Substrat mischt man etwa eine Tasse Vitalkalk und hält das Ganze stets leicht feucht. Sobald ein größerer Teil von den Tieren verzehrt wurde, muss man für Nachschub sorgen. Die übrige Terrarieneinrichtung kann nach Belieben gestaltet werden, nur sollten stets zahlreiche Klettermöglichkeiten vorhanden sein. Bei optimaler Pflege entdeckt man dann eines Tages an der Oberfläche winzige weiße Jungtiere.

Ernährung: Pflanzliche Kost

Giftigkeit: Die Art verfügt über Verteidigungssekrete, die Vergiftungen und/oder Allergien hervorrufen können. Jeder muss daher für sich selbst überprüfen, ob er auf diese Sekrete allergisch reagiert.

Terrarientyp: Standard-Feuchtterrarium

 20–24 °C nein Tag/Nacht < 90 mm

Coromus vittatus

Westafrikanischer Riesen-Bandfüßer

Verbreitung und Lebensraum: Die Art stammt aus Westafrika und zwar Liberia, Nigeria und Kamerun. Sie bewohnt dort tropische Wälder, wo man die Tiere vor allem im feuchten Erdreich und in der Laubschicht findet.

Aussehen: Der Riesen-Bandfüßer besitzt einen länglichen, seitlich abgeflachten Körper, der eine Breite von 15 mm erreichen kann und aus 19 Segmenten besteht. Seine Färbung ist recht variabel: während die Grundfärbung aus grau- bis schwarzbraunen Tönen besteht, können die Segmentränder ins Hellbraun-Beigefarbene spielen. Über den Rücken verläuft bisweilen ebenfalls ein hellbrauner bis beigefarbener Streifen. Unterseite und Beine sind hellbraun.

Pflege und Zucht: Man kann die Tiere in größeren Behältern auch gruppenweise pflegen. Die Bodenschicht sollte mindestens 10 cm hoch sein und Laub sowie verrottendes Holz enthalten. Unter dieses Substrat mischt man etwas Vitakalk und hält das Ganze stets leicht feucht. Verzehrte Partien müssen rechtzeitig ersetzt werden. Zum Schluss deckt man die Bodenschicht zusätzlich mit einer hohen Laubschicht ab. Die übrige Terrarieneinrichtung kann nach Belieben gestaltet werden, nur sollten stets zahlreiche Klettermöglichkeiten vorhanden sein. Wenn sich die Tiere bedroht fühlen, können sie ein blausäurehaltiges Wehrsekret absondern. Daher muss ihr Terrarium unbedingt gut belüftet sein.

Ernährung: Pflanzliche Kost

Giftigkeit: Die Art verfügt über Verteidigungssekrete, die Vergiftungen und/oder Allergien hervorrufen können. Jeder muss daher für sich selbst überprüfen, ob er auf diese Sekrete allergisch reagiert.

Terrarientyp: Standard-Feuchtterrarium

 24–29 °C   nein   Tag/Nacht   < 60 mm

Desmoxytes purpurosea

Drachen-Tausendfüßer

Verbreitung und Lebensraum: Die Art wurde bisher nur in einem kleinen Gebiet im Bezirk Lansak auf der thailändischen Seite des Mekongdeltas nachgewiesen. Es handelt sich um einen Bodenbewohner tropischer Regenwälder.

Aussehen: Der Drachen-Tausendfüßer trägt seinen Namen zu Recht. Er besitzt einen schlanken, langgestreckten Körper, der aus zahlreichen Segmenten besteht, an denen jeweils zwei Beinpaare sitzen. Zusätzlich trägt die Oberseite zahlreiche Stacheln und Dornen, die den Tieren ein ausgesprochen wehrhaftes Aussehen verleihen. Ihre Färbung ist ein leuchtendes Rosa, das eindeutig als Warnfärbung zu interpretieren ist, denn wenn sich die Tiere bedroht fühlen, sind sie in der Lage, ein Wehrsekret abzusondern, das Zyanid (Blausäure) enthält.

Pflege und Zucht: Zur Haltung eignen sich die unterschiedlichsten Behälter. Ihr Bodengrund sollte etwa eine Höhe von 10 cm und einen hohen Anteil verrottendem Holz aufweisen. Darüber kommt eine hohe Laubschicht und größere Rindenstücke, die den Tieren als Verstecke dienen. Einmal täglich wird die gesamte Einrichtung kräftig überbraust. Eine erfolgreiche Zucht ist bislang nicht dokumentiert; man weiß nur, dass die Weibchen ihre ballonförmigen Eier an Blattstielen und ähnlichen Stellen ablegen. Als Nahrung sollte man den Tieren Laub, Moos, Flechten, weißfaules Holz oder Ähnliches anbieten.

Ernährung: Pflanzliche Kost

Giftigkeit: Die Art verfügt über Verteidigungssekrete, die Vergiftungen und/oder Allergien hervorrufen können. Jeder muss daher für sich selbst überprüfen, ob er auf diese Sekrete allergisch reagiert.

Terrarientyp: Standard-Feuchtterrarium

20–24 °C	nein	Tag/Nacht	< 120 mm

Epibolus pulchripes

Rotbeiniger Tausendfüßer

Verbreitung und Lebensraum: Das Verbreitungsgebiet erstreckt sich entlang der Küste Ost-Afrikas, etwa von Kenia bis nach Tansania, bis in eine Höhe von 1000 m über NN. Den eigentlichen Lebensraum der Tiere bilden tropische Küstenwälder und Savannen, doch dringen sie auch in die Kulturlandschaft vor. In der Natur ist diese Spezies besonders während der Regenzeit auch an der Oberfläche aktiv; ansonsten verbergen sich die Tiere im Erdreich.

Aussehen: Es handelt sich um eine attraktive Art mit auffälligem Geschlechtsdimorphismus. Männchen besitzen eine auffällige, glänzend schwarze Grundfärbung mit leuchtend roten Beinen, während die Weibchen unscheinbar matt-schwarzbraun sind und orangerote Beine haben.

Pflege und Zucht: Man sollte die Tiere in einem ausreichend großen Becken mit großer Grundfläche und einer etwa 20 cm hohen, stets leicht feuchten Bodenschicht halten. Das Bodensubstrat wird dabei mit Laub, einer Tasse Vitakalk und sich zersetzendem Holz vermischt. Darauf gibt man eine Lage Laub, Moosplatten und einige größere Kork- oder Rindenstücke, die von den Tieren als Versteckplätze und Klettermöglichkeiten genutzt werden. Das Weibchen legt sein aus etwa 10 bis 15 Eiern bestehendes Gelege meist unter Rindenstücken und Ähnlichem ab.

Ernährung: Pflanzliche Kost/Fischfutter, Trockenfutter für Katzen und Ähnliches

Giftigkeit: Die Art verfügt über Verteidigungssekrete, die Vergiftungen und/oder Allergien hervorrufen können. Jeder muss daher für sich selbst überprüfen, ob er auf diese Sekrete allergisch reagiert.

Terrarientyp: Standard-Feuchtterrarium

 20–24 °C nein Tag/Nacht < 180 mm

Mardonius parilis

Tausendfüßer

Verbreitung und Lebensraum: Diese Art stammt aus Westafrika, etwa von Senegal über die Elfenbeinküste bis nach Kamerun und dem Kongo. Dort leben die Tausendfüßer vor allem in tropischen Wäldern und in der Feuchtsavanne. Fühlen sich die Tiere bedroht, so rollen sich derart ein, dass ihre empfindliche Bauchseite mitsamt Beinen und Kopf geschützt in der Mitte liegen.

Aussehen: Die Färbung des Körpers kann variieren. In der Regel zeigen die Tausendfüßer eine Art Ringelzeichnung, die aus dunkel- und hellbraunen, teilweise ins Gelbliche spielenden Segmenten besteht. Beine und Antennen sind hingegen rotbraun. Der Körper besteht aus 63 bis 66 Segmenten mit je zwei Beinpaaren und verjüngt sich zum Kopf hin. Männchen bleiben etwas kleiner als ihre Partnerinnen.

Pflege und Zucht: Die Tiere lassen sich auch gruppenweise pflegen. Die Bodenschicht sollte allerdings mindestens 20 cm hoch sein und dabei viel Laub und sich zersetzendes Laubholz enthalten. Unter dieses Substrat mischt man etwas Vitakalk und hält das Ganze stets leicht feucht. Darauf kommen noch eine Laubschicht, Moosplatten und einige größere Kork- oder Rindenstücke, die von den Tieren als Versteckplätze und Klettermöglichkeiten genutzt werden. Als Futter erhalten die Tausendfüßer Laub, verrottendes Holz, Obst, Gemüse oder eingeweichtes Trockenfutter für Katzen.

Ernährung: Pflanzliche Kost/Fischfutter, Trockenfutter für Katzen und Ähnliches.

Giftigkeit: Die Art verfügt über Verteidigungssekrete, die Vergiftungen und/oder Allergien hervorrufen können. Jeder muss daher für sich selbst überprüfen, ob er auf diese Sekrete allergisch reagiert.

Terrarientyp: Standard-Feuchtterrarium

 20–24 °C   nein   Tag/Nacht   < 70 mm

Sphaeromimus musicus

Madagassischer Riesen-Saftkugler

Verbreitung und Lebensraum: Das Verbreitungsgebiet dieser Art liegt in Madagaskar, wo man die Tiere bisher in feuchten Wäldern des Hochlands und in Trockenwäldern Westmadagaskars gefunden hat. Sie verbergen sich häufig im Boden oder in der Laubschicht des Waldes. Besonders bei Regenwetter sind sie aber auch an der Oberfläche anzutreffen.

Aussehen: Die Färbung dieser Art ist recht variabel. Die Tiere können auf olivgrüner, brauner und beigefarbener Grundfarbe zusätzlich dunkle, unregelmäßige Flecken tragen. Ihre einzelnen Körpersegmente sind außerordentlich stark gepanzert, was den Tieren eine enorme Stabilität verleiht und auch Schutz vor Feinden bietet. Der Kopf mit den beiden kurzen Fühlern und den zwei Punktaugen ist deutlich schmaler als der Körper. Ihren Namen verdanken diese Gliederfüßer der Fähigkeit, sich bei Gefahr so zu einer Kugel einzurollen, dass Kopf, Beine und Hinterleib unter den großen Rückenplatten völlig verborgen sind. Beide Geschlechter besitzen ein Zirporgan, das wahrscheinlich der Partnerfindung dient.

Pflege und Zucht: Man kann diese Spezies in großen Behältern gruppenweise pflegen. Die Bodenschicht sollte dabei mindestens 20 cm hoch sein und viel Laub, sich zersetzendes Laubholz und Vitakalk enthalten. Abgedeckt wird sie unbedingt mit frischem Moos, das von den Tieren sehr gerne gefressen wird.

Ernährung: Pflanzliche Kost

Giftigkeit: Die Art verfügt über Verteidigungssekrete, die Vergiftungen und/oder Allergien hervorrufen können. Jeder muss daher für sich selbst überprüfen, ob er auf diese Sekrete allergisch reagiert.

Terrarientyp: Standard-Feuchtterrarium

🌡️ 23–30 °C	🕷️ nein	☀️🌙 Nacht	🦗 < 200 mm

Achatina achatina

Tiger-Achatschnecke

Verbreitung und Lebensraum: Das Verbreitungsgebiet der Art liegt in Westafrika. Bisher hat man die Tiere nur im feucht-heißen Küstengebiet zwischen Guinea und Süd-Nigeria gefunden.
Aussehen: Es handelt sich um die größte Landschnecke der Erde. Die Tiere haben einen massigen Körper und eine stark strukturierte Haut. Ihr Gehäuse kann in der Grundfarbe zwischen hellgelb und dunkelbraun variieren. Darüber zieht sich ein braunes bis nahezu schwarzes Streifenmuster. Das Schwanzende schließlich trägt einen in etwa V-förmigen Flecken.
Pflege und Zucht: In geräumigen Behältern aller Art lässt sich diese Art dann leicht in kleinen Gruppen pflegen. Dabei muss man einerseits darauf achten, dass die Haltung nicht zu trocken gerät, andererseits jedoch Staunässe vermei-

den. Die etwa 15 cm hohe Bodenschicht kann mit Laub abgedeckt werden. Die Schnecken ernähren sich sowohl vegetarisch als auch von tierischen Produkten. Eine Sepiaschale für den Kalkaufbau des Gehäuses sollte stets vorhanden sein. Diese Schnecken können etwa zehn Jahre alt werden und sind mit zwei Jahren geschlechtsreif. Ihre Geschlechtsöffnung befindet sich in der Nähe des Kopfes. Die bis zu 300 Eier werden in der Erde vergraben. Je nach Temperatur schlüpfen die kleinen Schnecken nach 10 bis 20 Tagen. Da die Jungschnecken einige Zeit im Boden bleiben, sollte dieser mit Kalk gemischt werden.
Ernährung: Pflanzliche Kost/Fischfutter, Trockenfutter für Katzen und Ähnliches
Giftigkeit: Ungiftig
Terrarientyp: Standard-Feuchtterrarium

23–25 °C	nein	Nacht	< 120 mm

Achatina fulica

Große Achatschnecke

Verbreitung und Lebensraum: Die ostafrikanische Riesenschnecke hat ein sehr großes Verbreitungsgebiet. Ursprünglich in Kenia und Tansania beheimatet, findet man sie auch auf vielen Inseln im Indischen- und Pazifischen Ozean. Sehr gerne leben sie am Boden in der Laubschicht tropischer Waldgebiete. Die Schnecken sind als Zwischenwirt von Krankheitserregern bekannt. Da sie auch verspeist werden, sollen sie auf einigen Inseln als Überträger der Hirnhautentzündung verantwortlich sein.

Aussehen: Sie sind rechtswindend und laufen am Ende spitz zu. Die Grundfarbe des Gehäuses ist braun bis hornfarben mit zahlreichen Streifen, die die Zuwachslinien markieren.

Pflege und Zucht: Die Haltung der Großen Achatschnecke im Terrarium bereitet keinerlei Probleme. Die Einrichtung sollte aus einer dünnen Schicht Humuserde mit einer hohen Laubschicht darauf und einigen dekorativen Klettermöglichkeiten gebildet werden. Das gesamte Terrarieninnere muss immer etwas feucht gehalten werden, dabei sollte aber Staunässe möglichst vermieden werden. Bei zu trockener Haltung vergraben sich die Schnecken und können wochenlang verschwunden bleiben. Die Weibchen legen regelmäßig Eier in der Laubschicht ab. In kürzester Zeit hat man einige hundert Jungschnecken, die problemlos groß werden. Bei guter Fütterung wachsen sie sehr schnell.

Ernährung: Pflanzliche Kost

Giftigkeit: Ungiftig

Terrarientyp: Standard-Feuchtterrarium

24–28 °C	nein	Tag	< 70 mm

Limicolaria flammea

Flammende Hausschnecke

Verbreitung und Lebensraum: Stammt aus Westafrika, genauer Nigeria, wo sie in den unterschiedlichsten Lebensräumen von den tropischen Wäldern bis zur Feuchtsavanne gefunden werden kann. Während Trockenperioden ziehen sich die Tiere an feuchteren Stellen zurück.

Aussehen: Das Gehäuse hat eine gelbliche bis cremefarbene Grundfärbung. Dunkelbraune bis rotbraune Streifen und Flecken ziehen sich teilweise spiralförmig über das ganze Gehäuse und sorgen so für das flammende Aussehen. Diese intensive Zeichnung trägt auch zu ihrer Beliebtheit in der Terraristik bei.

Pflege und Zucht: Diese prächtig gefärbte Schnecke ist nicht ganz einfach in der Haltung. Im Terrarium sollten sie in Gruppen von bis zu 10 Tieren gemeinsam gepflegt werden. Diese Haltung hat sich gegenüber der von nur wenigen Tieren als sehr vorteilhaft herausgestellt. Der Bodengrund sollte etwa 10 cm hoch und immer etwas feucht sein, darf aber kein stehendes Wasser enthalten. Die Schnecken klettern auch sehr gerne an Ästen empor. Die Gelege bestehen aus etwa 15 bis 20 Eiern. Diese sollten feucht und warm, aber nicht zu nass gezeitigt werden. Nach etwa vier Wochen schlüpfen die sehr kleinen Jungschnecken. Je nach Ernährung erreichen sie nach 5 bis 6 Monaten eine Größe von 5 bis 6 cm. Bei dem üblichen Futter sollte auf Kalk nicht verzichtet werden.

Ernährung: Pflanzliche Kost/Fischfutter, Trockenfutter für Katzen und Ähnliches

Giftigkeit: Ungiftig

Terrarientyp: Standard-Feuchtterrarium

20–25 °C	nein	Nacht	< 40 mm

Cambarellus patzcuarensis

Mexikanischer Flusskrebs

Verbreitung und Lebensraum: Diese Art kommt ausschließlich im Lago de Pátzcuaro in Mexiko und den benachbarten Gewässern vor. Daher sind die natürlichen Gegebenheiten in ihrem Habitat recht gut erforscht. Die genannten Seen liegen sehr hoch, sodass die Wassertemperatur je nach Tiefe zwischen 15 und 25 °C liegt. Der pH-Wert beträgt dabei 8,9 bis 9,1 und der Härtegrad 12,5 bis 18.

Aussehen: Die vom Handel angebotenen roten Krebse sind eine Zuchtform, die in der freien Natur so nicht vorkommt.

Pflege und Zucht: Das gut durchlüftete Aquarium sollte üppig bepflanzt werden und verschiedene Verstecke enthalten. Bei der Paarung heftet das Männchen sein Spermienpaket unweit der weiblichen Geschlechtsöffnung an und nach einigen Tagen legt das Weibchen zahlreiche Eier, die an den Schwimmfüßen angeklebt werden. Nach drei bis fünf Wochen schlüpfen daraus die Jungen. Diese Krebse häuten sich regelmäßig und sollten zu diesem Zweck über ausreichende Rückzugsmöglichkeiten verfügen. Bei einem zu hohem Besatz des Behälters kommt es nämlich gerade während der Häutungsphase sehr schnell zu Kannibalismus. Während sich erwachsene Exemplare nur noch ein- bis zweimal jährlich häuten, müssen Jungtiere ihren Panzer zweimal im Monat wechseln. Nach etwa einem Vierteljahr erlangen die Krebse bei guter Fütterung die Geschlechtsreife.

Ernährung: Pflanzliche Kost/Lebende tierische Kost wie verschiedene Wirbellose und Kleinsäuger/Fischfutter, Trockenfutter für Katzen und Ähnliches

Giftigkeit: Ungiftig

Terrarientyp: Aquarium

	22–25 °C		nein		Tag		< 25 mm

Caridina cf. cantonensis

Kristallrote Zwerggarnele

Verbreitung und Lebensraum: Von dieser in Asien beheimateten Gattung wurden bisher über 270 teilweise schwer unterscheidbare Arten beschrieben, sodass eine eindeutige Identifikation oft recht schwer fällt. Die Tiere leben durchweg im Süßwasser. Inzwischen gibt es auch zahlreiche Farbzüchtungen dieser wunderschönen Zwerggarnele.

Aussehen: Die Originalfärbung ist graubraun, doch werden mittlerweile auch Tiere in verschiedenen Rottönen gezüchtet. Daher kann man sie heute in allen Farben zwischen blass rosa und leuchtend dunkelrot erhalten. Teilweise tragen die Garnelen auch 2 bis 5 weiße Querstreifen.

Pflege und Zucht: In einem gut bepflanzten Aquarium lassen sich auch größere Gruppen dieser Tiere pflegen. Sie fressen Algen, Pflanzenreste, Trocken- und Frostfutter sowie spezielle Garnelennahrung. Sinnvoll ist ein teilweiser Wasserwechsel in regelmäßigen Intervallen. Unmittelbar nach der Häutung kommt es zur Paarung, wobei das Männchen seine Partnerin auf den Rücken legt und eine Spermatophore in die Nähe ihrer Geschlechtsöffnung platziert. Nach einigen Stunden werden die Eier ausgestoßen, befruchtet und an den Schwimmbeinen befestigt. Hier verbringen sie die nächsten Wochen, wobei sie die Mutter durch wedelnde Bewegungen mit Sauerstoff versorgt. Die Tragzeit hängt von der Wassertemperatur ab und kann zwischen 3 bis 4 Wochen dauern.

Ernährung: Pflanzliche Kost/Fischfutter, Trockenfutter für Katzen und Ähnliches

Giftigkeit: Ungiftig

Terrarientyp: Aquarium

 20–28 °C   ja   Tag   < 40 mm

Caridina japonica

Amano-Garnele

Verbreitung und Lebensraum: Diese Art kommt aus Japan und lebt dort in Flüssen, die direkt ins Meer münden.

Aussehen: Die Tiere wirken fast durchsichtig und tragen an ihren Flanken kleine rote Striche und Punkte. Weibchen werden etwas größer als Männchen und besitzen größere Bauchtaschen.

Pflege und Zucht: Man kann diese Garnelen problemlos mit etwa gleichgroßen Fischen vergesellschaften. Wichtig ist allerdings, dass das Aquarium gut bepflanzt ist und sehr viele Algen aufweist. Erwachsene Tiere ernähren sich überwiegend von Algen, fressen aber auch lebende Rote Mückenlarven sowie Frost- und Trockenfutter. Die Zucht ist nicht ganz einfach, aber schon mehrfach gelungen. Nach erfolgreicher Paarung birgt das Weibchen in seiner Brusttasche 1000 bis 2000 Eier. Nach 3 bis 4 Wochen stößt es diese ab, und kurz darauf schlüpfen die etwa 1,5 mm langen Larven. Bis zum Abstoßen der Eier sollte man die trächtigen Weibchen separieren, da ihre Brut sonst immer Gefahr läuft, von anderen erwachsenen Garnelen gefressen zu werden. In der Natur treiben Eier und Larven mit der Strömung zum Meer, weshalb man zur Aufzucht unbedingt Brackwasser benötigt, das sich leicht mit Meersalz anrühren lässt. Gefüttert werden die Larven mit Liquizell, Micromin und Protogen. Sie reagieren auf Licht und versammeln sich an einer hellen Stelle.

Ernährung: Pflanzliche Kost/Fischfutter, Trockenfutter für Katzen und Ähnliches

Giftigkeit: Ungiftig

Terrarientyp: Aquarium

| 🌡 25–29 °C | ✳ nein | 🌙 Nacht | 🦗 < 15 mm |

Geosesarma notophorum

Mandarin-Krabbe

Verbreitung und Lebensraum: Man findet diese Spezies nur auf der Insel Palau Lingga östlich von Sumatra Indonesien, wo sie an den Unterläufen von Bächen und Flüssen lebt. Bevorzugt werden dabei die Uferzonen geschlossener Waldgebiete.
Aussehen: Männchen haben größere Scheren und ihr nach vorn eingeschlagener Hinterleib ist schmaler als bei den Weibchen. Die kleine Krabben-Art bringt es einschließlich der Beine nur auf eine Spannweite von etwa 4 cm. Ihre Färbung ist recht variabel: heller Körper, rötliche Gliedmaßen und meist orangefarbene Scheren.
Pflege und Zucht: Für die Pflege kommen nur Paludarien oder große Regenwaldbehälter mit einer üppigen Bepflanzung infrage. Sehr schön kann man solche Becken auch mit Orchideen,

klein bleibenden Rankenpflanzen und verschiedenen Moosen gestalten. Eine Sprühanlage sorgt für die nötige relative Luftfeuchtigkeit von 75 bis 90 %. Es können mehrere Tiere zusammen gepflegt werden. Sie sind Allesfresser, die auch gerne süßes Obst verzehren. Sie benötigen zur Fortpflanzung keine „ozeanische" Phase, denn der gesamte Fortpflanzungszyklus vollzieht sich an Land. Die Weibchen tragen die Eier unter ihrem Hinterleib mit sich herum, bis die Jungtiere schlüpfen. Diese bleiben anschließend noch einige Tage auf dem Rücken der Mutter, bis sie ausreichend selbstständig sind.
Ernährung: Pflanzliche Kost/Lebende tierische Kost wie verschiedene Wirbellose, Fischfutter, Trockenfutter für Katzen und Ähnliches
Giftigkeit: Ungiftig
Terrarientyp: Standard-Feuchtterrarium

 25–29 °C

 nein

 Nacht

 < 30 mm

Geosesarma spec.

Vampirkrabbe

Verbreitung und Lebensraum: Diese Art stammt von der Insel Sulawesi. Die Krabben leben dort an den Unterläufen von Bächen und Flüssen, klettern aber auch an den Wurzeln und Stämmen großer Bäume herum. Dabei besiedeln diese Landkrabben vorzugsweise die Uferzonen feuchter Waldgebiete.

Aussehen: Auffallend wirken vor allem die blau bis lila gefärbten Beine. Der Körper seinerseits trägt ein recht variables Farbkleid, das zumeist rosa bis orange ausfällt.

Pflege und Zucht: Man sollte die Krabben stets gruppenweise in geräumigen Regenwaldterrarien pflegen. Ihre Vergesellschaftung mit kleineren Tag- oder Nachtgeckos gestaltet sich problemlos. Die Terrarien müssen stets ein kleines Becken mit flach auslaufenden Rändern enthalten, da die Krabben sonst im Wasserteil ertrinken können. Derartige Behälter lassen sich auch hervorragend mit dekorativen Pflanzen einrichten. Außerdem müssen immer einige Verstecke in Form von alten Wurzeln, Korkröhren oder Ähnlichem vorhanden sein. Die Tiere fressen neben Fischfutter und Pellets für Schildkröten oder Bartagamen auch allerlei Obst. Diese Spezies hat sich in Sachen Vermehrung vollständig vom Wasser gelöst. Das Weibchen trägt seine Eier unter dem Hinterleib mit sich umher, bis die Jungen schlüpfen. Sie bleiben noch einige Zeit auf dem mütterlichen Körper, bis sie selbstständig nach Futter suchen.

Ernährung: Pflanzliche Kost/Fischfutter, Trockenfutter für Katzen und Ähnliches

Giftigkeit: Ungiftig

Terrarientyp: Standard-Feuchtterrarium

| | 24–26 °C | | nein | | Nacht | | < 120 mm |

Procambarus clarcii

Roter Amerikanischer Sumpfkrebs

Verbreitung und Lebensraum: Diese Art
stammt ursprünglich aus dem Süden der USA.
Mittlerweile wurde sie jedoch nach Europa
eingeschleppt. Aufzeichnungen zufolge fasste
sie zuerst in Spanien Fuß, von wo sie sich weit
verbreitet hat. Mittlerweile existieren auch in
Deutschland schon stabile Populationen. Die
Tiere leben in klaren Flüssen, seltener in stehenden Gewässern. Sie sind sehr anpassungsfähig
und überstehen auch tiefe Temperaturen.

Aussehen: Die Normalfärbung ist intensives Rot
bis Rotbraun. Es gibt aber auch hell beigefarbene
bis dunkelblaue Tiere. Die Männchen der Krebs-
art erkennt man an ihren größeren Scheren und
den Gonopoden. Diese am letzten Schreitbein-
paar angeordneten Gebilde sind bei ihnen sehr
gut zu sehen.

Pflege und Zucht: In einem etwa 100 l großen
Aquarium kann man gut ein Paar vergesellschaften. Es muss aber für ausreichende Verstecke
gesorgt werden. Besonders geeignet sind gut
bepflanzte Gittersteine, in die sich die Krebse
zurückziehen können. Nach der Paarung trägt
das Weibchen seine 150 bis 200 Eier 3 bis 4 Wochen lang mit sich herum. Diese entwickeln sich
bei Temperaturen von 10 bis 25 °C ohne Probleme weiter. Als Nahrung dienen verschiedene
Wirbellose, aber auch in Streifen geschnittenes
Fleisch, Fischfutter und Ähnliches. Die Tiere
verhalten sich untereinander sehr aggressiv und
sind kannibalisch veranlagt: schon die Jungen
fressen ihre Geschwister kurz nach dem Schlupf
auf.

Ernährung: Pflanzliche Kost/Lebende tierische
Kost wie verschiedene Wirbellose, Fischfutter,
Trockenfutter für Katzen und Ähnliches

Giftigkeit: Ungiftig

Terrarientyp: Aquarium

 24–28 °C   nein   Tag   < 100 mm

Sesamops intermedium

Feuerrote Mangrovenkrabbe

Verbreitung und Lebensraum: Diese mittlerweile häufiger importierte Krabbe stammt aus den Mangrovensümpfen Südostasiens. Hier leben die Tiere in der Gezeitenzone, doch dringen sie häufig auch weiter ins Landesinnere vor. Stellenweise bilden sich dabei große Populationen mit hoher Bevölkerungsdichte.

Aussehen: Der Körper ist überwiegend dunkelrot, während die Extremitäten meist hellrosa und die Scheren hellbeige bis nahezu weiß sind. Die Geschlechter lassen sich anhand der unterschiedlich geformten Hinterleibssegmente bestimmen: diese sind bei Männchen klein und schmal, bei Weibchen dagegen groß und breit.

Pflege und Zucht: Zur Vermehrung benötigen diese Krabben eine „ozeanische" Phase mit Seewasser. Daher sollte man sich vor der Anschaffung gut überlegen, ob man die Tiere wirklich artgerecht pflegen kann. Am besten hält man sie im Aquarium oder Paludarium mit einem etwa 10 cm hohen Wasserteil. Der anschließende Landteil sollte über eine Schräge gut erreichbar und mindestens doppelt so groß wie die Wasserfläche sein. Da die Pfleglinge auch klettern und sich verstecken, bringt man an Land Wurzeln oder Korkröhren ein. Ein Männchen mit mehreren Weibchen lässt sich in einem Becken von etwa 200 l Inhalt problemlos halten. Zur Vermehrung benötigt die Spezies unbedingt Meerwasser, wo sich Eier und Jungen entwickeln können.

Ernährung: Pflanzliche Kost/Lebende tierische Kost wie verschiedene Wirbellose, Fischfutter, Trockenfutter für Katzen und Ähnliches

Giftigkeit: Ungiftig

Terrarientyp: Standard-Feuchtterrarium oder Aquarium

Terrarienpraxis

Einrichtung – Technik – Pflege

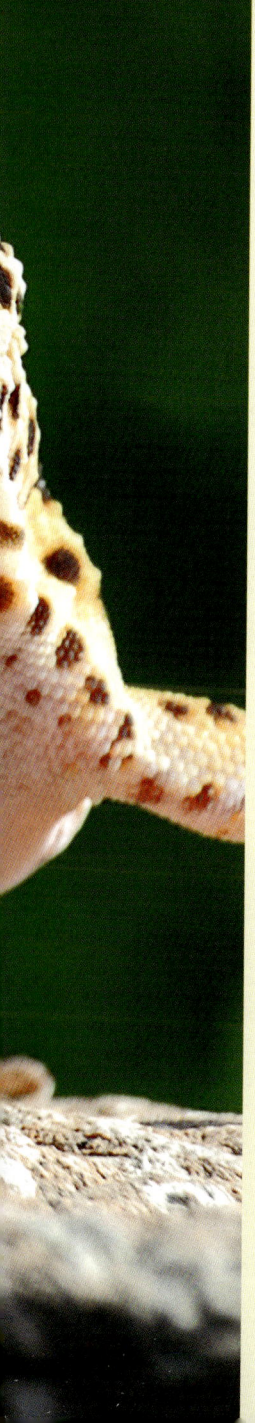

Grundsätzliches

Grundsätzliches

Alle im Terrarium gepflegten Amphibien, Reptilien und Wirbellosen gehören zu den sogenannten wechselwarmen Tieren. Dies bedeutet, dass sie – im Gegensatz zu Säugetieren und Vögeln – nicht in der Lage sind, ihre Körperwärme selbstständig zu erhöhen oder auch nur konstant zu halten. Sie ist vielmehr von der aktuellen Situation im betreffenden Lebensraum, der sogenannten Umgebungstemperatur, abhängig. Diese wiederum geht unter anderem auf Strahlungswärme zurück, etwa den Sonnenschein oder die in Steinen und ähnlichen Substraten „gespeicherte" Energie, die während des Abkühlungsprozesses am Abend und in der Nacht allmählich wieder abgebaut wird. Daraus folgt, dass all unsere Pfleglinge eine „Betriebstemperatur" benötigen, die für das ungestörte Ablaufen der lebenswichtigen Körperfunktionen wie Aktivität, Verdauung und Ähnliches unerlässlich ist.

Gut zu wissen

Unsere Terrarientiere sind durchweg auf einen hochspezifischen Temperaturbereich angewiesen, innerhalb dessen ihre wichtigsten Körperfunktionen überhaupt ablaufen können. Und auch nur bei diesen sind sie fähig, ihr gesamtes, bisweilen sehr abwechslungsreiches Verhaltensrepertoire zu zeigen. Dieser kann von Art zu Art sehr unterschiedlich ausfallen.

Reptilien wie dieses Chamaeleo jacksoni sind wechselwarme Tiere.

Temperaturbedürfnisse der Tiere

Vereinfacht gesehen unterscheidet man dabei zwei unterschiedliche Typen: Zum einen die **Aktivitätstemperatur** – das ist der Bereich, in dem das Tier grundsätzlich „aktiv" ist; man kann ihn für die meisten unserer Pfleglinge bei 15–35°C oder sogar etwas höher ansetzen. Zum anderen wäre die sogenannte **Vorzugstemperatur** zu nennen: Sie liegt in der Regel höher als der zuvor behandelte Bereich, wird anhand der Körperwärme gemessen und spiegelt im Gegensatz zu jener nur die Umgebungswerte wider.

Schon dies verrät uns, dass man einerseits das Terrarium auf ein gewisses Niveau erwärmen muss, zum anderen aber seine Bewohner eine Gelegenheit brauchen, sich lokal auf ihre jeweilige Vorzugstemperatur zu erwärmen – möglichst durch einen Strahler, weil **Strahlungswärme**, da sie der Sonne entspricht, am natürlichsten wirkt.

Steigt die Umgebungstemperatur längerfristig über die Vorzugswerte, so sterben unsere Pfleglinge unweigerlich den Hitzetod.

Für die Pflege kann aber nicht nur das Erreichen einer bestimmten „Betriebstemperatur" wichtig sein: Viele Arten benötigen zu ihrem Wohlergehen auch eine starke **nächtliche Abkühlung**, die im Terrarium unbedingt imitiert werden muss. Aus dem gleichen Grunde sollten wir bei vielen Arten auch einen klimatischen **Jahreszeitenrhythmus simulieren**, wobei uns die Zeitschaltuhr unschätzbare Dienste leistet.

Nur wenigen Spezies ist es gelungen, sich auch an für wechselwarme Tiere eigentlich zu kalte Lebensräume wie die gemäßigten Breiten und Hochgebirgsregionen anzupassen. Zu ihnen gehört der Erdleguan *Liolaemus multiformis*, welcher in den Anden Höhenlagen bis 5.000 m und darüber bewohnt. Zur Fortpflanzung nutzen diese Echsen nicht etwa den an der Umgebungstemperatur gemessen „wärmeren" Sommer; vielmehr bringen sie ihre Jungen im Winter zu Welt. Der Grund dafür liegt in der zu dieser Jahreszeit wesentlich längeren Sonnenscheindauer, die es den Leguanen gestattet, recht schnell ihre Vorzugstemperatur zu erreichen, sodass sie anschließend ihren größten Aktivitätsgrad entfalten können. Durch ausgedehnte Sonnenbäder vermag sich *Liolaemus multiformis* derart aufzuheizen, dass sein Körper etwa 30°C wärmer als die kühle Umgebung ist.

Wichtig

Gewährleistung für eine artgerechte Unterbringung bietet daher die ausreichende Thermoregulation: Grundsätzlich sollte in jedem Behälter für ein gewisses Temperaturgefälle gesorgt werden, das von einem Wert knapp oberhalb der Vorzugstemperatur bis weit unter dieselbe reicht; in dieser Hinsicht gibt es keinen individuellen Spielraum, sondern einzig und allein physiologische Zwänge.

Ruhephasen

Unsere einheimischen Arten können eine Art **Winterruhe** einlegen; andere sterben im Herbst, während nur ihre

Eier überwintern. Dies betrifft etwa die Gottesanbeterin *Mantis religiosa*. Allerdings können Terrarientiere in der freien Natur nicht nur allzu kühlen Temperaturen ausweichen, sondern sich auch lebensbedrohlicher Trockenheit und gefährlichen Hitzegraden durch eine Art **Sommerruhe** entziehen.

Innerhalb ihres riesigen Verbreitungsgebietes – es umfasst praktisch die gesamte Erde mit Ausnahme der subpolaren Regionen – haben unsere Pfleglinge die unterschiedlichsten Anpassungen an sehr verschiedene Umweltbedingungen und Lebensräume vollzogen, was sich auch in ihrer enormen Arten- und Formenvielfalt niederschlägt. Die einzelnen Spezies erschlossen dabei selbst scheinbar ungeeignete ökologische Nischen, denen sie sich oft hervorragend anpassen konnten.

Bereits aus dieser kurzen Übersicht wird deutlich, wie stark unsere Tiere von bestimmten Klimafaktoren abhängig sind. Wir wollen daher im Folgenden alle Parameter vorstellen, deren Nachahmung als unerlässliche Voraussetzung für eine erfolgreiche Pflege im Terrarium gelten kann.

> **Gut zu wissen**
> Es ist sehr wichtig, dass man den jeweiligen Lebensraum genau kennt. Sehr hilfreich für die Kenntnis der Klimabedingungen am genauen Herkunftsort der Tiere können Klimakataloge sein:
> Müller (1983): „Handbuch ausgewählter Klimastationen der Erde"
> BROCKHAUS: „Länder und Klimate".

Klima

Das Wettergeschehen setzt sich aus unterschiedlichen Faktoren zusammen, die in gegenseitiger Abhängigkeit von einander stehen und laufenden Veränderungen unterworfen sind. Die wichtigsten bilden dabei die Temperatur, die ihrerseits von Sonneneinstrahlung, Umgebungstemperatur oder Luftbewegung beeinflusst wird, die Niederschläge, die relative Luftfeuchtigkeit, die Lichtintensität und der Luftdruck.

Dieses Gesamtgefüge ändert sich unablässig, und zwar einmal im **Tagesrhythmus** als Tag-Nacht-Schwankung, zum anderen im Zyklus der **Jahreszeiten**. Dabei ändern sich neben der Temperatur vor allem die Tageslänge (Photoperiode) und viele weitere, saisonal unterschiedlich ausgeprägte Phänomene wie Regen- und Trockenzeiten.

Lokale Schwankungen

Durch jahrelanges Protokollieren dieser Werte hat man versucht, die einzelnen Regionen unseres Planeten nach ihrem jeweiligen Klima zu charakterisieren. Bei genauer Betrachtung zeigt sich jedoch, dass die dabei bestimmten Mittelwerte in die Irre führen können, da sie stark von den örtlichen Gegebenheiten oder den angewandten Messverfahren abhängen können. Zum Beispiel unter anderem: Wo erfolgten die Messungen? Im Wald oder außerhalb? In welcher Höhe über dem Boden?

Ein häufiger **Haltungsfehler** beruht daher auf der Vernachlässigung von **Mikroklimaten**. Was nützen uns schon allgemeine Temperaturmessungen, die 1 m über dem Boden erfolgten, wenn sich unser Pflegling tagsüber tief im Boden verbirgt und nur nachts aktiv wird? So benötigen etwa auch Wüstentiere oft kühle, feuchte Rückzugsgebiete, denn in bestimmten Teilen ihrer Lebensräume stößt man schon in 50 cm Tiefe auf leicht feuchte Sandschichten. In aller Regel wird man daher den Bodengrund solcher Terrarien lokal etwas feuchter halten. Kennt man den ungefähren **Fundort** seiner Pfleglinge, so kann man die einschlägigen Daten unschwer einem entsprechenden Klimakatalog entnehmen.

Spezifische Anpassungen

Wie schon ausgeführt wurde, sind alle Durchschnittswerte mit Vorsicht zu genießen, denn es ist keineswegs ratsam, alle in der Natur vorherrschenden Gegebenheiten tatsächlich auch im Terrarium detailgetreu nachzuahmen. So werden etwa Wüsten nicht deshalb bewohnt, weil es dort unbarmherzig heiß ist und die Bodentemperatur weit über 50°C ansteigen kann. Vielmehr haben sich die dort lebenden Tiere diesen lebensfeindlichen Bedingungen unter anderem dadurch angepasst, dass sie ihre **Aktivitätszeit** in die Nacht verlegten, die heißen Tagesstunden aber in

Wüstenklima zeichnet sich durch extreme Bedingungen aus.

Creobroter pictipennis, die Kleine Blütenmantis, ist ein attraktiver Vertreter der Wirbellosen.

einem relativ kühlen Versteck verborgen zubringen.

Wenig sinnvoll erscheint es daher auch, Klimafaktoren wie sintflutartige Niederschläge, extreme Trockenheit oder Werte unter dem Gefrierpunkt zu imitieren. Wesentlich besser und auch leichter ist es demgegenüber, wenn man nur die für die Haltung wirklich günstigen oder – besser gesagt – **notwendigen Parameter** simuliert.

Dazu gehören jedoch alle natürlichen Schwankungen, also der Tag-Nacht-Rhythmus, welcher über Aktivitäts- und Schlafenszeit unserer Pfleglinge entscheidet und die Jahreszeiten oder der Wechsel zwischen Trocken- und Regenzeit, denn diese saisonalen Abläufe sind häufig entscheidende Auslöser für den **Fortpflanzungszyklus**.

Temperatur

Sie stellt einen der wichtigsten Klimafaktoren im Terrarium dar. **Wechselwarme** Tiere benötigen durchweg einen spezifischen Temperaturbereich, in dem ihre wichtigsten **Körperfunktionen** überhaupt erst ablaufen, und bei dem sich ihr abwechslungsreiches **Verhaltensrepertoire** entfaltet. Besonders wichtig ist in diesem Zusammenhang

Gut zu wissen

Ganz allgemein kann man davon ausgehen, dass Arten in allen Gebieten, wo die Durchschnittstemperatur des kältesten Monats unter 10 °C sinkt, eine – oft jedoch nur recht kurze – Winterruhe einlegen. (Näheres zum Thema „Überwinterung" siehe Seite 21).

die Frage, ob unsere Pfleglinge eine **Winterruhe** benötigen oder nicht.

Allerdings kann es auch in Regionen, von denen man es gar nicht vermuten würde, aufgrund ungünstiger Witterungseinflüsse zu kurzen Ruhephasen kommen. Dies betrifft beispielsweise zahlreiche Arten aus den Bergwäldern Ostmadagaskars, die in **Verstecken** Schutz vor der kühlen Witterung suchen. Allerdings scheint das exakte Einhalten dieser makroklimatischen Bedingungen nur für die **Amphibien** und **Reptilien** von entscheidender Bedeutung zu sein, während sich **Wirbellose** oftmals auch unter gleichbleibenden Bedingungen problemlos pflegen und vermehren lassen.

Luft

Ebenso wichtig für das Terrarienklima – aber häufig außer Acht gelassen – sind die Luftbewegung und das Frischluftbedürfnis der Tiere. Letzteres ist von Art zu Art unterschiedlich ausgeprägt: So reagieren einige Spezies schon nach wenigen Tagen auf mangelhafte Belüftung mit **Erkrankungen**; für andere hingegen scheint der Faktor „Frischluft" überhaupt keine Rolle zu spielen. Trotzdem sollte man sich schon im Voraus mit diesem Problem auseinandersetzen.

In der Natur kann sich die Wirkung der Luftbewegung auf das **Verhalten** der Tiere sehr komplex gestalten: So fällt beispielsweise die Fortpflanzungszeit des Grünen Leguans mit dem Beginn der Trockenzeit zusammen. Diese wird unter anderem durch stärkere Winde charakterisiert, deren abkühlende Wirkung es den Echsen ermög-

licht, sich zum Imponieren und Balzen längere Zeit auf besonders exponierten Ästen aufzuhalten.

Gerade bei **Regenwaldterrarien**, die eine hohe relative Luftfeuchtigkeit benötigen, ist ein Lüftungsgitter unterhalb der Frontscheibe sehr von Vorteil, da die aufsteigende Luft ein Beschlagen der Frontscheibe verhindert oder doch zumindest in Grenzen hält.

Terrarienbelüftung über eine gazebespannte Öffnung.

Lüftungsgitter hinter der Frontscheibe.

Drei verschiedene Möglichkeiten der Terrarienbelüftung.

Gut zu wissen

Mit der Größe der Lüftungsflächen steuert man auch die relative Luftfeuchtigkeit innerhalb des Terrariums. So führen kleine Gazeflächen zu hohen Werten, große hingegen zu niedrigen.

Da es in aller Regel relativ schwierig ist, die richtige Größe dieser Flächen im Voraus zu bestimmen, baut man vorsorglich besser Terrarien mit größeren Öffnungen: letztere können dann später je nach Bedarf teilweise mit Glasstreifen abgedeckt werden.

Hygienische Effekte

Eine andere Möglichkeit zur Verbesserung der Luftqualität stellen die sogenannten **Luftionisatoren** dar. Es ist kein Geheimnis mehr, dass sich in kleinen, abgeschlossen Behältern wie unseren Terrarien, wo nur ein geringer Luftaustausch erfolgt, unnatürlich hohe Zahlen von Bakterien, Pilzsporen und Viren entwickeln. Dieser Umstand führt aller Wahrscheinlichkeit nach zur fortschreitenden Schwächung der Tiere, wodurch jene letztendlich schon „normalen" Infektionskrankheiten erliegen. Mit Hilfe der erwähnten Ionisatoren lassen sich aber Milliarden sogenannter negativer Ionen produzieren, die unablässig in die Luft geblasen werden, wo sie sich an Teilchen wie Staub, Bakterien und Pilzsporen heften und diese zu Boden ziehen.

Licht

Für viele Arten spielt die Beleuchtung eine ebenso wichtige Rolle wie die Temperatur: So ist etwa ihre Aktivität hauptsächlich von den Lichtverhältnissen, das heißt, dem Tag-Nacht-Rhythmus abhängig, an denen sich ihre Ruhe- und Aktivitätsphasen orientieren.

Gut zu wissen
Man muss dafür sorgen, dass der Jahrestemperaturzyklus mit der Beleuchtung synchronisiert wird, denn bei zahlreichen wichtigen Körperfunktionen und Verhaltensweisen ist bis heute ungeklärt, ob sie von der Temperatur, der Photoperiode oder einer Kombination aus beiden Faktoren ausgelöst oder gesteuert werden.

Ein Exempel für derartige Phänomene liefert uns das Europäische Chamäleon *Chamaeleo chamaeleon*: Hier fällt der Beginn der **Fortpflanzungsperiode** einiger Populationen im Mittelmeerraum genau mit dem Wechsel von zunehmender zu abnehmender Tageslänge zusammen. Nahezu exakt zwei Wochen nach dem längsten Tag, dem 21. Juni, beginnen die Tiere mit ihren Paarungsaktivitäten. Interessanterweise lassen sich die Echsen teilweise nicht einmal durch die künstliche Beleuchtung täuschen, sondern richten sich ausschließlich nach dem natürlichen Tageslicht!

Tageslängen
Die Sonnenscheindauer beträgt am Äquator – also auf 0° Breite – das ganze Jahr hindurch unverändert 12,1 Stunden. Bereits bei 10° nördlicher oder südlicher Breite beläuft sich die **Jahresschwankung** schon auf mehr als eine Stunde, sie bewegt sich also zwischen 11,6 und 12,7 Stunden. Wesentlich anders sieht es dann etwa am jeweiligen fünfzigsten Breitengrad aus: hier variiert die Helligkeitsperiode zwischen etwa 8,5 Stunden im Winter und 16,3 Stunden im Sommer.

Entgegengesetzte Jahreszeiten
Dabei ist zu bedenken, dass der Höhepunkt des Winters auf der Nordhalbkugel in den Januar fällt, auf der südlichen jedoch in den Juli. Erhält man also Tiere von der Südhalbkugel, ist es oft recht schwierig, sie auf unseren Jahresrhythmus umzugewöhnen. Steht das Terrarium in einem fensterlosen Klimaraum, kann man die „verkehrten" Jahreszeiten problemlos imitieren.

Gut zu wissen
Üblicherweise erhält man Tiere von der Südhalbkugel nur in unserem „Nordwinter", da sie dann ja aktiv sind. Am besten leitet man in diesem Falle die Winterruhe bzw. die kühlere „Jahreszeit" einfach sechs Monate später ein, wenn auch bei uns Temperaturen und Tageslänge naturbedingt abnehmen.

Bis zur Einleitung der Winterruhe bei diesen Tieren orientiert man Haltungswärme und Beleuchtungsdauer weiterhin möglichst konstant an den Verhältnissen, die während des Sommers im natürlichen Lebensraum der Tiere vorherrschen. Allerdings birgt diese Methode oft auch Probleme.

Einfacher gestaltet sich demgegenüber schon die Pflege von bei uns geborenen Nachzuchten, da sie von vornherein an die europäische Photo-periode, die Schwankung der Tages-länge also, und die hiesigen Tempera-turverläufe gewöhnt sind.

Licht am Standort
Der ideale Aufstellplatz eines Terrari-ums befände sich folglich unter einem Plexiglasdach, wie man es etwa in Wintergärten, Gewächshäusern und – besonders häufig – zoologischen Gär-ten antrifft. Da diese Standortwahl für viele Reptilienarten zahlreiche Vorteile aufweist, wollen wir uns später noch ausführlicher mit ihr auseinanderset-zen.

Verlässliche Angaben zu den **Lux-Zahlen**, welche die einzelnen Arten benötigen, liegen nicht vor und wären auch nur schwer zu machen. Die höchsten Ansprüche stellen dabei die Sonnenanbeter unter den Reptilien und Wirbellosen dar, wie zahlreiche Chamäleons, Agamen, Leguane und Gottesanbeterinnen.

Oft leben diese Tiere in ausgespro-chen **offenen Landschaften**, wie Wüs-ten oder Trockensavannen. Um diesen Arten – aber auch allen anderen – den-noch eine angemessene Lichtstärke zu bieten und nicht zuletzt aus Energie-spargründen, sollten zur Beleuchtung

nur hochwertige Strahler und Leucht-stoffröhren eingesetzt werden.

„Sonnenersatz"
Vergleicht man die Lichtintensität künstlicher Beleuchtungskörper – auf die wir bei der Terrarienhaltung leider angewiesen sind – mit der des natürli-chen Sonnenlichts, so wird schnell deutlich, dass dessen Werte im Behäl-ter nicht einmal annähernd zu errei-chen sind. Während ihrer Aktivitätspe-rioden sind viele unserer Pfleglinge fast nie geringen Lichtmengen ausgesetzt, sieht man einmal von streng nachtakti-ven oder ausschließlich auf dem Re-genwaldboden lebenden Arten ab.

Wie viele Leuchtstoffröhren oder Strahler benötige ich für ein bestimm-tes Terrarium?
Diese Frage lässt sich nicht immer so pauschal beantworten, wie es manche Literaturangaben vermuten lassen. Es hängt unter anderem ab
1. von der jeweils gepflegten Reptilien-Amphibien- oder Wirbellosenart,
2. vom Behältertyp,
3. von der Bepflanzung,
4. von der Terrarientiefe und -höhe,
5. vom Standort.
Hier hilft nur eines: erfahrene Terrarianer fragen und sich auf die eigene gesunde Beobachtungsgabe verlassen. (Näheres siehe Beleuchtung Seite 71).

Beleuchtungsdauer
Sie sollte, wenn nötig, im **Jahreszei-tenrhythmus** schwanken oder täglich etwa 12–14 Stunden betragen. Bei der **Vermehrung** bestimmter Wirbelloser kann sogar eine ganzjährig konstante

Beleuchtungsdauer von über 14 Stunden erforderlich sein.

Auch ganz andere physiologische Vorgänge werden vom Licht und seiner Intensität gesteuert oder zumindest beeinflusst. Dies betrifft vor allem die Reptilien. So zeigen viele Arten ihr schönstes **Farbkleid** und ihr volles **Verhaltensrepertoire** erst bei ausreichender Lichtmenge. Es scheint sicher, dass der **Stoffwechsel** durch eine entsprechende Lichtintensität positiv angeregt wird.

Strahler mit Schutzkorb (Firma Namiba Terra).

Info

Registriert wird die Lichtintensität aller Wahrscheinlichkeit nach durch das Scheitel- oder Parietalauge, ein rudimentäres Sinnesorgan auf der Kopfoberseite. Bei einigen Echsen ist es gut an seiner entfernt wie ein Auge wirkenden Zeichnung zu erkennen. Man vermutet heute, dass die Tiere damit ihren endogenen Rhythmus steuern: dazu gehören unter anderem die Regulation der Körpertemperatur und die Dauer der Sonnenbäder, aber auch solche Körperfunktionen wie Wachen und Schlafen.

Natürliches UV-Licht

Vielen Arten sollte man nach Möglichkeit einen kurzen Sommerurlaub im Freilandterrarium oder in einer Voliere auf dem Balkon ermöglichen.

Dort wirkt sich oft auch die natürliche UV-Strahlung sehr positiv aus. Auch dafür scheint das Parietalauge verantwortlich zu sein, denn man konnte dort neben Sehzellen auch solche nachweisen, die für UV-Licht empfindlich sind.

Gut zu wissen

Anmerkungen über die UV-Strahlung: Ein Spektralbereich dieser Lichtfarbe, insbesondere das UV-B, ist für zahlreiche unserer Pfleglinge unerlässlich.

Da UV-Strahlen von Glas absorbiert werden, müssen alle Lampen, deren Licht einen für die Pfleglinge erforderlichen UV-Anteil enthält, über Drahtgaze oder im Terrarium geschützt durch einen Drahtkorb angebracht werden.

Feuchtigkeit

Als letzter wichtiger Klimafaktor muss noch die Feuchtigkeit erwähnt werden. Es ist kein Geheimnis, dass Lebewesen ohne Wasser nicht existieren können. Dies gilt im ganz besonderen Maße für Amphibien, aber genauso für Gliederfüßer und Reptilien. Alle Tiere müssen ihren **Flüssigkeitsbedarf** aus irgendeiner Quelle decken. Im Normalfall trinken sie dazu direkt Wasser.

Einige Gliederfüßer- und Reptilienarten aus hochariden Regionen unserer Erde haben sich diesen extremen, an sich durchaus lebensfeindlichen Habitaten dadurch angepasst, dass sie die lebensnotwendige Feuchtigkeit fast ausschließlich ihrer **Nahrung** entnehmen. Andere Spezies – hauptsächlich die Amphibien – können ihren Flüssigkeitsbedarf zumindest teilweise decken, indem sie Wasser direkt durch die **Haut** aufnehmen; wieder andere sind wenigstens zeitweise sekundär erneut zum Leben im Wasser übergegangen. Das bekannteste Beispiel für dieses Phänomen ist der Axolotl (*Ambystoma mexicanum*) aus Mexiko.

Daraus ergibt sich, dass die Feuchtigkeit das Leben unserer Pfleglinge auf recht unterschiedliche Art und Weise beeinflusst. Zum einen in Gestalt der jeweils vorherrschenden relativen **Luftfeuchtigkeit**, andererseits durch **Niederschläge** oder als **Substratfeuchte** des betreffenden Habitats. Nicht zu vergessen ist dabei, dass Wasser für einige Arten natürlich auch gänzlich zum Lebensraum werden kann. Die relative Luftfeuchtigkeit kann in den einzelnen Lebensräumen eine recht unterschiedliche Ausprägung erfahren.

Für eine artgerechte Tierhaltung sind präzisere Informationen zu diesem Aspekt unerlässlich, wirkt er sich doch in vielfacher Hinsicht auf die Physiologie der Tiere aus.

Bei Amphibien führt die relative Luftfeuchtigkeit zur Aktivitätssteigerung, während sie bei vielen Reptilien – aber auch und vor allem Wirbellosen – unter anderem für den reibungslosen Ablauf der **Häutung** sorgt.

> **Tipp**
>
> Für Wirbellose, die sich hauptsächlich in den frühen Abendstunden häuten, empfiehlt sich der Einsatz eines Ultraschall-Luftbefeuchters: Dieser bringt die relative Luftfeuchtigkeit zur gewünschten Tageszeit auf die erforderliche Höhe von 80–100% und sorgt somit für die problemlose Häutung zahlreicher Insektenarten.

Linke Seite: Dendropsophus leucophyllatus. Besonders ausgeprägt ist die Abhängigkeit von ausreichender Umgebungsfeuchte bei den Amphibien, weil sie ihre dünne Haut kaum vor Austrocknung schützt. So leben sie auch fast durchweg in ausgesprochenen Feuchtgebieten.

Verteilung der Luftfeuchtigkeit

Die relative Luftfeuchtigkeit der bodennahen Luftschichten resultiert in aller Regel aus der Abgabe von Feuchtigkeit durch die feste Oberfläche. Vereinfacht kann man sie daher den einzelnen Luftschichten folgendermaßen zuordnen:

– Ihr **höchstes Niveau** erreicht sie in
 Regenwaldgebieten, wo sie sich
 gleichmäßig auf bodennahe und
 höhere Luftschichten verteilt.

– In den heißen **Trockengebieten**
 der Tropen und Subtropen
 schwankt sie im Tagesverlauf
 enorm: meist ist sie nachts am
 höchsten, und in Bodennähe fast
 immer geringer als in den oberen
 Luftschichten.

– Genau **umgekehrt** verhält es sich in
 gemäßigten Feuchtklimaten.

Gut zu wissen

Auch hier benötigen wir präzise Informationen über den Lebensraum der Tiere. Was nützt uns schon die Angabe, dass ein Gecko aus den heißen und ariden Savannenlandschaften Afrikas stammt, wenn er dort nicht unter trockenen, ständig allen täglichen Klimaschwankungen ausgesetzten Steinen sitzt, sondern in Termitenbauten lebt, die ganzjährig eine konstante relative Luftfeuchtigkeit von 80 % und Temperatur zwischen 28 und 29 °C aufweisen?

Niederschlag und Fortpflanzung

Am meisten beeindruckend in freier Natur wirkt ein heftiges Gewitter in der Wüste – vor allem, wenn es längere Zeit nicht mehr geregnet hat. Die Tiere verlassen dann ihre Verstecke oft schon, bevor die ersten Tropfen fallen, und begeben sich auf die Jagd. Noch am selben Tag oder spätestens am nächsten beginnen sie mit der Fortpflanzung, denn die Zeit, in der ihnen ausreichend Nahrung zur Verfügung steht, ist oft nur knapp bemessen.

> **Info**
>
> Ganz allgemein bestimmt bei vielen Spezies der Wechsel von Trocken- und Regenzeit den Verlauf ihrer Fortpflanzungaktivitäten. Daher ist eine Imitation des natürlichen Jahreszeitenrhythmus oft unerlässlich.

Die zweite Form, in der sich der Faktor Feuchtigkeit auf die Umwelt auswirken kann, ist also der Niederschlag. Er übt ebenso auf zahlreiche Amphibienarten eine aktivitätsfördernde Wirkung aus. Ein plötzlicher **Regenschauer** äußert sich oft sehr direkt und spontan: Hat man zum Beispiel über längere Zeit Kubalaubfrösche *(Osteopilus septentrionalis)* gepflegt, ohne dass die Tiere zur Fortpflanzung geschritten wären, so reicht es oft aus, ihr Terrarium mehrere Nächte hintereinander mit Hilfe einer Aquarienpumpe konstant zu **beregnen**, um das gewünschte Fortpflanzungsverhalten auszulösen. Das Überbrausen des Behälters kann auch bei einigen wüstenbewohnenden Echsen, Schildkröten und Ähnlichen zum Auslöser für das Paarungsverhalten werden.

Wasser als Lebensraum

Für viele Arten stellt das Wasser sekundär ihren natürlichen Lebensraum dar. Solche Spezies sollten in möglichst großen **Aquarien** gepflegt werden, die gegebenenfalls über einen kleinen **Landteil** verfügen. Das Fortpflanzungsverhalten wird hier in aller Regel durch Temperaturschwankungen ausgelöst. Allerdings sollte man stets genau wissen, woher die Tiere

Schlüpfendes Chamaeleo gracilis.

stammen, beispielsweise aus stehenden oder fließenden Gewässern.

Substratfeuchte

Ebenfalls entscheidend wirkt sich bei der Pflege vieler Spezies die Substratfeuchte aus – ein Faktor, dem leider allzu oft zu wenig Beachtung beigemessen wird. Zahlreiche Arten verfügen über die Fähigkeit, durch ihre Haut Feuchtigkeit aus dem Substrat aufzunehmen, sodass sie relativ unabhängig von offenen Gewässern sind.

Sehr wichtig für die Pfleglinge sind oft feuchte Verstecke und **Rückzugsgebiete** im Terrarium, weil sie aufgrund der **Verdunstungskälte** meist eine kühlere Lufttemperatur als das eigentliche Habitat aufweisen.

Dendrobates tinctorius, er braucht Feuchtigkeit, um seine Kaulquappen großzuziehen.

Wichtig

Von entscheidender Bedeutung ist die richtige Substratfeuchte bei der Pflege von Tieren, die sich durch die Ablage **weichschaliger**, also typisch squamatenhafter **Eier** fortpflanzen, doch gilt dies auch für die empfindlichen **Gelege** von Gliederfüßern.

Alle von einer pergamentartigen Hülle umgebenen Reptilieneier nehmen die für ihre Entwicklung benötigte Feuchtigkeit durch die wasserdurchlässige Schale auf. Eine **zu niedrige** Substratfeuchte würde durch Osmose zu einem Flüssigkeitsverlust und damit zum Einfallen (Absterben) der Eier führen. **Zu hohe** Substratfeuchte wiederum kann gelegentlich eine übermäßige Wasseraufnahme verursachen, sodass der Embryo schließlich erstickt, da er nicht mehr imstande ist, die Hülle aufzuschlitzen.

Die meisten **Amphibienarten** hingegen legen ihre Eier direkt ins Wasser, wo sich dann die Entwicklung und später die der Kaulquappen vollzieht. Nur wenige Spezies haben sich völlig vom feuchten Element gelöst und setzen ihre Gelege an Land ab. Oft haben sie komplexe Strategien zur Wasserversorgung des Nachwuchses entwickelt. Bekanntestes Beispiel dafür sind die Pfeilgiftfrösche der Gattungen *Dendrobates* und *Phyllobates*, bei denen die Eltern ihre Gelege aktiv bewässern.

Die Eier oder Gelege von **Wirbellosen** sind oft auf eine gewisse Substratfeuchtigkeit angewiesen. Bei angehefteten Ootheken (Eierpaketen, Kokons) und ähnlichen Gebilden wirkt sich dies oftmals in Gestalt der relativen Luftfeuchtigkeit aus, weshalb sie aus dem Terrarium entfernt und in separaten Dosen zur Zeitigung gebracht werden müssen.

Überwinterung

Zum Abschluss unserer Klimabetrachtung wollen wir noch kurz einige praktische Tipps zum Thema „Überwinterung" geben, da diese erfahrungsgemäß in der Praxis gerade dem Anfänger große Schwierigkeiten bereitet. Es empfiehlt sich auch hier wie so oft, mit einem erfahrenen Terrarianer Kontakt aufzunehmen und um praktische Ratschläge zu bitten.

Alle Amphibien und Reptilien aus den gemäßigten Breiten suchen zu Beginn der kalten Jahreszeit ein **frostfreies Versteck** auf. Meist vergraben sie sich dafür einfach im lockeren Erdreich.

Dort fallen sie in einen Zustand der Bewegungslosigkeit, die sogenannte **Winterruhe** oder -starre, sobald die Temperaturen nicht mehr ausreichen, um ihren Stoffwechsel ungestört weiter ablaufen zu lassen. Allerdings kommt dieser nicht vollständig zum Stillstand. Auslöser dieses Verhaltens ist wahrscheinlich eine Kombination aus abnehmender Tageslänge und sinkenden Temperaturen.

Gut zu wissen

Welche Arten benötigen überhaupt eine „echte" Winterruhe? Darauf lässt sich keine pauschale Antwort geben. Bei einigen Spezies ist es zum Beispiel sogar von Vorteil, die Jungtiere in den ersten Lebensjahren wesentlich kürzer oder überhaupt nicht zu überwintern.

Pro und Contra

Insgesamt stellt die Überwinterung ein hochumstrittenes Thema dar, denn sie birgt immer ein gewisses **Risiko**. Viele Spezies benötigen sie als **Auslöser** für ihr **Fortpflanzungsverhalten**, und auch im Hinblick auf eine höhere **Lebenserwartung** spielt sie oft eine entscheidende Rolle. Doch „keine Regel ohne Ausnahme". So ist es etwa bei der Haltung und Zucht einiger südeuropäischer Schlangenarten schon geglückt, die Tiere ohne echte Überwinterung zur Nachzucht zu bringen, indem man lediglich Temperatur und Beleuchtungsdauer etwas herabgesetzt

Europäische Landschildkröten sollten idealerweise eine Winterruhe einlegen können.

hat. Hier liegt allerdings noch erheblicher Forschungsbedarf vor.

Natürlich ist es nicht so, dass solche Tiere, die keine echte Überwinterung benötigen, sich nun ohne saisonale Pause unentwegt fortpflanzten. Auch sie sind oft auf einen gewissen klimatischen **Jahreszeitenrhythmus** angewiesen – nur braucht dieser nicht so stark ausgeprägt zu sein. In aller Regel kommt er durch die kühleren Wintertemperaturen ganz von allein zustande, oder er lässt sich durch Abschalten der Heizung und Verkürzung der Beleuchtungsdauer herbeiführen.

Wo überwintern?

Als Behälter zum Überwintern der Tiere eignen sich allgemein größere, ältere Terrarien, die in einem kühlen, frostsicheren Raum aufgestellt werden. Hierfür kommen Garagen, Schuppen und sehr kalte Kellerräume in Frage, die durchweg mit einem Frostwächter geschützt werden müssen.

– Es muss sichergestellt sein, dass Nager wie Ratten und Mäuse die schlafenden Tiere nicht erreichen können, da sie diese sonst an- oder gar auffressen würden.
– Die Einrichtung des Überwinterungsbehälters besteht aus einer mindestens 30 cm hohen Bodenschicht, zum Beispiel einem Sand-Torf-Laub-Gemisch mit einigen schräg eingesetzten Steinplatten.
– Eine geringfügige Substratfeuchte muss während der ganzen Zeit gewährleistet sein und sollte durch regelmäßige Kontrollen garantiert werden. Die Substratschicht deckt man teilweise mit trockenem Laub und flachen Steinplatten ab.
– Sehr wichtig ist auch ein Wasserschälchen mit stets frischem Trinkwasser.

Gut zu wissen

Ein Frostwächter ist ein mit einem elektrischen Regler versehenes Heizgerät. Er verhindert, dass die Temperaturen unter den Mindestwert von ca. 5 °C sinken.

Temperaturen bei der Überwinterung
Europäische Landschildkröten überwintert man am besten in einem Kühlschrank bei 4–6 °C.

Die Raumtemperatur sollte – je nach der zu überwinternden Art – etwa bei 5 bis maximal 16 °C liegen. Über den Terrarien wird ein kleinerer Wärmestrahler installiert, der jeden Tag etwa vier Stunden brennt und den Tieren so eine lokale Möglichkeit zum Aufwärmen gibt. Er darf aber nicht den Bodengrund aufheizen und sollte auch die Lufttemperatur im Terrarium nur geringfügig erhöhen.

Wichtig

Zahlreiche Terrarientiere unterbrechen ihre Winterruhe für kurze Zeitabschnitte (1–3 Tage) und halten sich dann an der Oberfläche auf. Sie verschwinden aber anschließend meist wieder von allein. Sollten sie sich jedoch nicht mehr selbstständig verbergen, so muss der Winterschlaf behutsam abgebrochen werden.

Der Standort des Terrariums

Sobald der Entschluss gefasst ist, einen Behälter zur Pflege von Terrarientieren anzuschaffen, muss man sich als erstes Gedanken zum Standort machen. Diese immer wieder auftauchende Frage darf nicht vernachlässigt werden, da der Standort entscheidenden Einfluss auf das Terrarienklima hat. Nur in den seltensten Fällen wird man seine Becken nämlich in einem exakt ausgerichteten Klimaraum unterbringen können.

Erhitzung durch Sonneneinstrahlung
Der wichtigste Faktor ist dabei die Temperatur. Können die Sonnenstrahlen ein Terrarium mit ihrer ganzen Kraft erreichen, so steigen die Werte sehr schnell auf ein für Reptilien nicht mehr erträgliches Niveau. In sehr **kleinen Behältern**, zum Beispiel Auf-

Terrarienanlage, die perfekt in den Raum eingepasst wurde.

zuchtterrarien, genügen selbst bei mäßiger Sonneneinstrahlung mitunter schon wenige Minuten, um die Wärme über die maximal erträglichen Werte steigen zu lassen.

Der häufig in der Literatur zu lesende Hinweis, den Standort eines Terrariums so zu wählen, dass eine gewisse direkte Sonneneinstrahlung möglich ist, bezieht sich wohl ausschließlich auf **Gazebehälter**, in denen es niemals zu einem Hitzestau kommen kann.

Auch bei den Pfleglingen gibt es erhebliche individuelle Unterschiede: Während es einigen nordamerikanischen Stachelleguanen der Gattung *Sceloporus* scheinbar gar nicht warm genug werden kann – sie fühlen sich teilweise erst bei 45 °C richtig wohl, ist für andere Arten das lebensbedrohliche Maximum dann bereits lange überschritten. Viele Salamander und Molche lassen sich beispielsweise nur in dauerhaft **kühlen Kellern** wirklich artgerecht pflegen.

Wohnraum mit einem Tischterrarium.

Gut zu wissen

Man muss bedenken, dass die Sonneneinstrahlung während des Winters in
einem wesentlich schrägeren Einfalls-
winkel erfolgt, sodass die Sonne in der
Lage ist, auch Behälter zu erreichen, die
vorher außerhalb ihres Einstrahlungsbe-
reiches lagen. Je größer ein Terrarium ist,
und je besser die Belüftung funktioniert,
desto geringer ist die Gefahr der Überhitzung.

Bei den meisten echten Regenwald-
bewohnern und zahlreichen Vertretern
der Amphibienfauna aus den gemäßigten Breiten ist es dagegen wichtig,
dass die Tiere bei stets **leicht erhöh-
ter Zimmertemperatur** gehalten werden.

Um diesem Problem der Überhitzung vorzubeugen und das Terrarienklima selbst bestimmen zu können,
ist als Standort ein **Nordzimmer** oder
ein gut **isolierter Kellerraum** zu empfehlen.

Tipp

Es ist immer viel leichter, die Temperaturen im Terrarium zu erhöhen, als sie künstlich zu senken. Pflegt man Arten aus den gemäßigten Breiten im Keller, so braucht man zur Einleitung ihrer Winterruhe in aller Regel nur die Heizung abzustellen und die Beleuchtungsdauer zu reduzieren, was die Haltung wesentlich vereinfacht.

Zu starke Abkühlung vermeiden

Wichtig ist natürlich auch, dass die Temperaturen – je nach gepflegter Art und imitierter Jahreszeit – nicht zu stark absinken.

Die allergrößte Gefahr geht dabei von **Gewächshäusern** und **Wintergärten** aus, aber auch in einem **schlecht isolierten** Keller können die Werte schon einmal unter die Frostgrenze sinken.

Hier muss man Vorsorge tragen, indem man dort von einem elektronischen Temperaturfühler gesteuerte Heizungen installiert, die ein allzu starkes Absinken der Raumwärme verhindern.

Wichtig

In jedem Fall sollte schon vor dem Einzug der Tiere die Behältertemperatur über einen längeren Zeitraum hinweg regelmäßig gemessen werden. Nur so besteht die Möglichkeit, gegebenenfalls nachzujustieren. Außerdem lässt sich dadurch kontrollieren, wie verlässlich die eingestellten Werte über einen längeren Zeitraum erhalten bleiben.

Selbstbau oder Kauf?

Die Anschaffung eines Terrariums ist kein Problem, hat doch der **Handel** bereits eine riesige Palette von verschiedenen Terrarientypen im Angebot. Aber nicht jedes Maß – und schon gar nicht besondere Vorrichtungen wie größere Lüftungsflächen oder Wasserteile – sind dort erhältlich. Auf diese Lücke haben sich Firmen spezialisiert, die jedes Terrarium genau nach Wunsch **anfertigen**; entsprechende Adressen findet man in den einschlägigen **Fachzeitschriften** wie DATZ, elaphe, REPTILIA und anderen.

Der Saugheber erleichtert die Handhabung von Scheiben beim Terrarienbau.

Solche Behälter sind normalerweise nicht gerade preiswert, und um unsere eigenen Vorstellungen besser zu verwirklichen und den teilweise hochspezifischen Ansprüchen der Pfleglinge wirklich gerecht werden zu können, bleibt häufig keine Alternative zum **Selbstbau**. Voraussetzung dafür ist aber, dass man über das nötige **handwerkliche Geschick** verfügt.

Für große Arten müssen die Behälter eine wesentlich höhere Stabilität aufweisen, damit die Tiere sie beim Laufen, Klettern und Springen nicht beschädigen können. Dies wäre nur noch durch eine enorme Glasstärke

sicherzustellen. Es empfiehlt sich daher, einen **stabilen Rahmen** zu konstruieren, in den dann die Scheiben eingesetzt werden, oder das Becken gar aus Stein zu mauern. **Bauanleitungen** finden sich auch hierfür in der Fachliteratur reichlich.

Für wirkliche **Großterrarien** eignen sich eigentlich nur noch fest gemauerte Konstruktionen, die man am besten von einem Fachmann aufführen und nach Wunsch verputzen lassen sollte. Da das Mauerwerk in aller Regel Feuchtigkeit aufnimmt, sollte die **Bodenwanne** mit einer Folie ausgelegt oder einfach gefliest werden.

Bei der Planung weiter zu bedenken

Als nächstes beginnt das Nachdenken über die verschiedenen Möglichkeiten, Tiere im Terrarium **artgerecht** zu **pflegen**. Dabei sollte man immer von ihren konkreten Bedürfnissen ausgehen, dies betrifft insbesondere die **Behältergröße**, den **Nahrungsbedarf** und nicht zuletzt den **Zeitaufwand**, der für eine sachgemäße Haltung erforderlich ist. So ist ein Jungtier schnell gekauft, ohne dass man allzu viele Gedanken an die Vorstellung verschwendet, dass daraus einmal ein großer, stattlicher Terrarienbewohner werden könnte.

Terrarienrohbau, der auf Aluprofilen basiert.

Chamäleons sind oft territorial und müssen einzeln gepflegt werden.

Terrariengröße

Die wichtigste Frage im Zusammenhang mit der tiergerechten Haltung lautet: Wie groß muss das Terrarium für eine bestimmte Spezies mindestens sein? Hier kommen verschiedene Faktoren zum Tragen, zum Beispiel das **Format** und die **Einrichtung**.

So ist für **kletternde** oder **baumbewohnende** Arten die Bodenfläche im Gegensatz zur Höhe eher zweitrangig, da sich etwa auf Bäumen lebende Vogelspinnen hauptsächlich an den Seitenflächen, an der Rückwand oder auf den Einrichtungsgegenständen aufhalten. Zum Erdboden steigen sie höchs-

Gut zu wissen
Busch- und teilweise auch Bodenbewohner benötigen ganz allgemein ein möglichst großes Volumen.

Gut zu wissen
Kleinere Schlangenarten beanspruchen beispielsweise eine Behälterlänge von mindestens 150% ihres Gesamtmaßes. Lebhafte Spezies benötigen in der Regel wesentlich größere Terrarien als vergleichsweise ruhige.

tens bei der Jagd hinab. Andererseits ist für eine **bodenbewohnende Spezies** die Behälterhöhe weitgehendst belanglos.

Bei der Wahl der Größe wird man sich, sobald das geeignete Format feststeht, von folgenden Überlegungen leiten lassen.

Größe und Temperament des adulten Terrarientieres

Das Tier sollte ohne Einschränkung in der Lage sein, sein typisches **Bewegungsverhalten** zu zeigen. Dazu können etwa Sprünge und kurze Sprints bei der Jagd gehören. Gerade dabei entfalten einige Arten – etwa bei der Verfolgung ihrer Beute oder wenn sie erschreckt werden – häufig einen derart ungestümen Bewegungsdrang, dass sie blindlings mit dem Kopf gegen die Scheibe stoßen.

Beobachten wir dieses Verhalten bei unseren Tieren, sollten wir zuerst versuchen, allen unnötigen Kollisionen durch das Bereitstellen mehrerer Versteckmöglichkeiten sowie das Verkleiden der Scheiben vorzubeugen.

Kommt es trotzdem weiterhin zu solchen Unfällen, so benötigen unsere Pfleglinge unbedingt ein größeres Terrarium! Das individuelle Temperament der Tiere fällt von Art zu Art sehr verschieden aus – auch hier hilft in den meisten Fällen nur die eigene Beobachtungsgabe weiter.

Die Anzahl der Tiere

Hierbei ist unbedingt zu bedenken, dass mehrere Artgenossen einander erheblich stärker stören als Angehörige verschiedener Spezies. Auch darf man nie vergessen, dass zahlreiche Terrarienbewohner ihre Mitbewohner – vor allem, wenn diese unter Umständen nur unwesentlich kleiner sind – lediglich als willkommene Leckerbissen ansehen. Es kann daher meist nur eine Einzel- beziehungsweise paarweise Haltung empfohlen werden.

Das unterschiedliche Aggressionsverhalten

Auch dieses erfordert zum genauen Einschätzen der Verträglichkeit eine gute Beobachtungsgabe. Die wichtigste Verhaltensäußerung ist dabei das sogenannte Revier- oder **Territorialverhalten**: Zahlreiche Arten dulden in ihrem Einflussbereich, teilweise auch im engeren Aktionsraum, keine weiteren Artgenossen oder Vertreter ähnlicher Spezies. Je nach dem konkreten Aggressivitätsgrad kommt es zur Revierbildung – oder auch nicht. Sogar wenn das Terrarium kleiner ist als die Mindestgröße eines Territoriums, kann sich eine gewisse Hierarchie herausbilden.

Eher **verträgliche Arten** bilden im Terrarium keine Reviere mehr und

dulden dann auch andere Tiere in ihrer Nähe. Dies liegt zum einen an der Gewöhnung, aber sicherlich auch an dem stets **ausreichend** vorhandenen **Futter**.

Andere Spezies zeichnen sich durch eine **eingeschränkte Hierarchie** aus. Häufig sind dies Arten, die auch **in der Natur gruppenweise** oder zumindest in hohen Populationsstärken auftreten. Will man in einem großen Becken eine entsprechende Anzahl von Individuen solcher Spezies pflegen, so fängt man mit der **gemeinsamen Aufzucht** an und versucht so, eine **harmonierende Gruppe** zusammenzustellen.

Gerade hier müssen auch für **unterlegene Tiere** die wichtigsten **Aufenthaltsorte** in ausreichender Zahl vorhanden sein; dazu gehören gute Sonnenplätze und kühle, geschützte Verstecke, aber auch Stellen, an denen die Tiere **ungestört** und unbeobachtet ihre Nahrung aufnehmen können.

Die Einrichtung ist entscheidend

Ganz großen Einfluss auf die Anzahl der in einem Terrarium gepflegten Individuen kommt der Einrichtung zu: So kann man durch Aufrechtstellen einiger dicker Äste den **Aktionsraum** für zahlreiche Echsen erheblich vergrößern und durch eine geschickte **Einteilung des Raumes** mehrere Reviere schaffen, die natürlich alle ihre eigenen Wärmequellen und kühlen Verstecke besitzen müssen. Neben diesen Faktoren sind auch die rechtlichen Vorgaben zu beachten, siehe dazu Seite 116, Tier- und Artenschutz.

Linke Seite: Regenwälder sind der Lebensraum zahlreicher Reptilien.

Terrarientypen

Terrarientypen

Dies ist bei einem thematisch so umfassenden Buch wie diesem sicher nicht leicht darzustellen. In „Bertelsmanns Volkslexikon" wird das Terrarium als Glasbehälter zur Haltung von Kleintieren definiert, doch versteht man darunter allgemein jedweden Behälter zur Pflege von Wirbellosen, Amphibien und Reptilien. Daher behandeln wir hier auch das Aquarium zur Pflege von Krallenfröschen oder Wasserschildkröten.

Sinnvolle Einteilungen in unterschiedliche Terrarientypen gibt es sehr viele. Da wäre erst einmal die Differenzierung nach dem Klima in die Varianten „beheiztes" und „unbeheiztes Feucht-" oder „Trockenterrarium". Doch wäre diese Einteilung wenig hilfreich und unvollständig, wenn etwa das Aquarium oder die Insektendose fehlten.

Im Folgenden beschreiben wir einige Grundtypen von Terrarien, in denen jeweils die unterschiedlichsten Bewohner gepflegt werden können. Dabei haben wir, neben dem Kriterium „Klima" auch weitere, etwa „Bauart", sprich Stabilität, „Lebensraum" und „Lebensweise" berücksichtigt.

Gut zu wissen

Aufgrund des teilweise enormen Spezialisierungsgrades der verschiedenen Spezies können die hier vorgestellten Modelle nur eine Auswahl sein und nicht alle Bedürfnisse der einzelnen Arten befriedigen. Hier bleibt jedem Terrarianer nichts anderes übrig, als selbst an der Optimierung der Haltungsbedingungen zu feilen.

Aquarium

Ein reines Aquarium wird in der Terraristik nur selten verwendet, weil es sich nur zur Pflege von Arten eignet, die vollständig an das Leben im Wasser angepasst sind und keinen Landteil benötigen. Dies gilt vor allem für die **Larven** zahlreicher Frosch- und Schwanzlurche, aber auch für die Adulti einiger **Amphibienarten**.

Aquarien der unterschiedlichsten Bauweisen und Maße sind im Zoofachhandel erhältlich, und auch der Selbstbau gestaltet sich hier vergleichsweise problemlos, da aufwendige Klebearbeiten, wie sie etwa für die Lüftungsflächen erforderlich sind, entfallen.

Nicht vergessen darf man, dass wegen des hohen Gewichtes stets ein **stabiler Unterbau** vorhanden sein muss. Über das Betreiben, die Einrichtung und die Wartung eines solchen Behälters brauchen wir uns an dieser Stelle wohl nicht allzu ausführlich auszulassen.

Grundsätzlich bestehen hierbei aber kaum Unterschiede gegenüber der Unterhaltung eines Fischaquariums, und daher findet der Interessierte alle nötigen Informationen in der entsprechenden Aquaristikliteratur.

Gut zu wissen

Bei der Auswahl sollte man tunlichst für ein eher breites als hohes Modell entscheiden, da nur eine möglichst große Oberfläche den notwendigen Gasaustausch gewährleistet.

Das Aquarium sollte des Luftaustauschs wegen eher breit als hoch sein.

Technik beim Aquarium

Die **Beleuchtung** erfolgt am günstigsten durch Leuchtstoffröhren, die Regelung der **Wassertemperatur** mit einem VDE-geprüften Heizregler.

Hierbei ist jedoch unbedingt darauf zu achten, dass dieser so angebracht ist, dass sich die Tiere keine Verbrennungen oder Verbrühungen zuziehen können. Die **Reinigung** des Wassers erfolgt möglichst mit einem für eine wesentlich höhere Literzahl ausgelegten **Filter**.

Als **Bodengrund** verwendet man am besten den üblichen **Aquarienkies**, der ebenso wie einige robuste **Wasserpflanzen** – beispielsweise die große Amazonasschwertpflanze oder die verschiedenen Arten der Sumpfschraube (*Vallisneria* spp.) – im Aquarienfachhandel erhältlich ist. **Verstecke** schafft man am einfachsten durch das Einbringen von **Moorkienholzwurzeln**. Alle hier erwähnten Gegenstände sind in jedem guten Zoofachgeschäft zu bekommen.

Gut zu wissen

Trotz Wasserfilter sollte grundsätzlich einmal pro Woche ein Teilwasserwechsel, etwa 30–50% der Wassermenge, erfolgen.

Aquaterrarium (Firma Hoch) für Wasserschildkröten.

Aquaterrarium

Beim Aquaterrarium handelt es sich um ein Aquarium, das mit einem Landteil versehen ist. Dieser Behältertyp eignet sich zur Pflege der unterschiedlichsten **Amphibien- und Reptilienarten** und ist daher in zahlreichen Varianten verbreitet. So unterscheidet man zum Beispiel das **ungeheizte** Aquaterrarium, welches sich zur Pflege zahlreicher Molch- und Salamanderarten eignet, von den **beheizten** Aquaterrarien. Letztere finden wohl am häufigsten bei der Pflege von kleinbleibenden Krokodilen, Wasserschildkröten und -schlangen Verwendung.

Größen, Bauart und Einrichtung

In Frage kommen eigentlich nur größere oder sehr große Glasterrarien, in die ein Landteil eingesetzt oder sorgfältig eingeklebt wird. Oft ist es besser, andere einfache und zweckmäßige Behälter wie große Plastikwannen, Fertigteiche und so weiter zu verwenden, da die Tiere häufig ein enormes **Bewegungsbedürfnis** haben.

Will man noch größere typische Bewohner von Aquaterrarien pflegen, etwa Krokodile, verschiedene Riesenschlangen, beispielsweise Anakondas der Gattung *Eunectes* oder sehr große Wasserschildkrötenarten, dann sollten **Wasser- und Landteil** immer fest ge-

mauert sein, ähnlich wie entsprechende Behälter in Zoos.

Aber nicht alle Bewohner eines Aquaterrariums stellen derartige Raumansprüche. Viele Amphibienarten, aber auch Wassernattern und einige Echsen wie der Wasseranolis (*Anolis oxylophus*) können in recht bescheiden dimensionierten Becken gepflegt werden.

> **Gut zu wissen**
>
> Wichtig ist auch die Abdeckung des Aquaterrariums, vor allem bei Arten, die gut klettern können. Schlangen sind bekanntlich häufig unterschätzte Ausbruchskünstler.

Landteil

Der Landteil muss für die Tiere leicht zu ersteigen sein. Er sollte daher immer **leicht schräg** ins Wasser hineinreichen und darf keine glatten Flächen aufweisen. Bildet eine Glasscheibe den Einstieg, so muss diese mit Kork oder anderen rauen Materialien beklebt werden.

Gehen die Tiere häufiger an Land, sollte der Landteil größer sein und am besten fest eingesetzt werden. Wichtig sind dann auch die erforderlichen Versteck- und Aktivitätsräume.

Für nahezu rein aquatisch lebende Arten wie Wasserschildkröten reicht es, wenn man den Landteil aus einer größeren Plastikwanne, etwa einem Balkonblumenkasten bildet, die einfach ins Aquarium gehängt oder gestellt wird. Die Schildkröten nutzen den Landteil ohnehin nur zur Eiablage oder als Sonnenplatz.

Wasserteil

Als Einrichtung für den Wasserteil gilt dasselbe, was schon im Zusammenhang mit dem Aquarium gesagt wurde. Nur sollte der Filter, da Schildkröten und ähnliche Arten zumeist große Mengen Kot im Wasser absetzen, eine möglichst noch höhere Leistungsfähigkeit aufweisen. Zusätzlich ist es von enormem Vorteil, wenn der Wasserteil mit einem eigenen Abfluss ausgestattet ist und so leichter geleert und gereinigt werden kann.

Ein Terrarienschloss sichert von außen und von innen vor unerwünschtem Öffnen des Behälters.

Bemooste Äste halten sich gut in Feuchtterrarien.

Licht- und Wärmetechnik

Beleuchtet werden sollte der Behälter, natürlich entsprechend seiner Größe, mit mindestens zwei Strahlern möglichst vom Typ HQL oder HQI. Einer davon dient zur allgemeinen Beleuchtung, während der andere als Spotlight für einen Sonnplatz auf dem Landteil sorgt. Bei stark **wärmeabstrahlenden** Lampen ist unbedingt auf den nötigen **Abstand** zu achten, um Verbrennungen zu vermeiden.

Feuchtterrarium

Auch für diesen grundlegenden Behältertyp gilt wieder die Einteilung in geheizte und ungeheizte Varianten. **Ungeheizte** Feuchtterrarien dienen in erster Linie zur Pflege einheimischer Amphibien und weiterer Arten aus gemäßigten Klimaten. Sie können denkbar einfach eingerichtet sein: Eine **Bodenschicht** aus stets leicht feuchter Wald- oder Gartenerde, darauf eine **Laubschicht** und einige Steinplatten beziehungsweise Rindenstücke als **Versteckplätze** sowie ein **größerer Wasserteil**, eine dekorative alte Wurzel und einige einheimische Pflanzen reichen völlig aus.

Wesentlich weiterer Verbreitung erfreut sich das **beheizte** Feuchtterrarium, das in zahllosen Varianten im

Blick in ein bepflanztes Regenwald-Raumterrarium.

Einsatz ist. Es handelt sich dabei oftmals um einen **kleineren Behälter**, in dem ein Stück Regenwald nachempfunden wurde.

Die Rück- und Seitenwände können mit dünnen Korkplatten verkleidet werden. Der Aufbau des **Bodenteils** gestaltet sich schon komplizierter: wichtig ist vor allem eine gewisse

Drainageschicht. Die gesamte Bodenfläche kann mit einer Lage Laub, einzelnen Steinplatten und Moospolstern abgedeckt werden. Die weitere Einrichtung bilden dann schöne Wurzeln und größere Kletteräste sowie eine üppige Bepflanzung.

Großterrarium für Regenwaldbewohner

Dieser Terrarientyp eignet sich besonders zur Pflege der großen regen- beziehungsweise feuchtwaldbewohnenden Terrarientiere, so zum Beispiel des Grünen Leguans (*Iguana iguana*), die

Gut zu wissen

Da die Tiere des Feuchtterrariums eine hohe relative Luftfeuchtigkeit benötigen, sollten die Lüftungsflächen hier möglichst klein ausfallen.

fast alle auch gerne auf Bäume klettern oder dort leben.

Da es sich um recht stattliche Pfleglinge handelt, müssen ihre Behälter, auch in der **Höhe**, entsprechende Ausmaße aufweisen. Dazu kommt noch die dringend erforderliche **Stabilität**, nicht nur aufgrund der Terrariengröße, sondern auch wegen des Gewichts und der Kraft dieser Tiere.

Tipp

Es empfiehlt sich, solche Behälter stets mit einem festen, stabilen Rahmen aus Holz oder Metall zu versehen. In diese Konstruktion kann man dann einzelne Glasscheiben kleben. Besser wäre auch in diesem Falle jedoch ein fest gemauerter Behälter.

Rohbau eines Regenwald-Großterrariums.

Aufteilung und Einrichtung

Sehr wichtig für die artgerechte Haltung vieler Spezies ist auch ein **großer Wasserteil**. Riesenschlangen, aber auch Warane und ähnliche Arten lieben es geradezu, einen großen Teil des Tages im Wasser verborgen zuzubringen.

Je nach Größe und Gewicht – einige hundert Liter Wasser belasten nicht nur das Terrarium, sondern auch die Decken sehr – sollte der Wasserteil immer **fest auf dem Boden** installiert und mit einem **Abfluss** versehen werden, der eine leichte **Reinigung** ermöglicht.

Belüftet wird das Terrarium durch zwei in der Seite beziehungsweise im Deckel liegenden Gazeflächen.

Die Einrichtung kann denkbar einfach gehalten werden, da jede Pflanze aufgrund des enormen Körpergewichtes der Bewohnern sofort zerdrückt würde und viele Arten die Vegetation lediglich als zusätzliche Kost betrachten.

Zum Klettern, Laufen und Schlafen müssen gerade im Großterrarium zahlreiche **stabile Äste** gut gesichert angebracht werden. Der **Bodengrund** dagegen braucht nur wenige Zentimeter hoch sein; lediglich zur **Eiablage** muss für eine ausreichende **Substrathöhe** gesorgt werden.

Tipp

Wer ein derartiges Terrarium zu karg findet, kann versuchen, an für Tiere nur schwer erreichbaren Stellen einige möglichst robuste oder für die Tiere nicht sehr schmackhafte Pflanzen anzubringen.

Typisch eingerichtetes Standard-Regenwaldterrarium.

Standard-Regenwaldterrarium

Dieses Becken eignet sich vor allem zur Pflege von kleinbleibenden Amphibien-, Reptilien und Wirbellosenarten, die auf dem Boden und im niedrigen Buschwerk von Regenwälder leben, aber auch Baumkronenbewohner können hierin untergebracht werden, nur muss man dann die Proportionen des Behälters zugunsten der Höhe verändern. Wegen des geringen Eigengewichts der Pfleglinge lässt sich dieser Behältertyp sehr aufwendig bepflanzen und sogar als Schaubecken im Wohnzimmer verwenden.

Tipp

Am besten geeignet sind silikongeklebte Glasbecken, die eine kleine Lüftungsfläche unter der Frontscheibe und eine große im Deckel aufweisen, da diese Arten ebenfalls sehr empfindlich auf Staunässe oder Stickluft reagieren.

Als **Bodengrund** verwendet man eine wenige Zentimeter hohe **Sand-Torf**-Schicht, in der die Weibchen ihre Eier vergraben können.

Zahlreiche bepflanzte und unbepflanzte Kletteräste sowie einige hoch-

Einen Wasserfall muss man nicht unbedingt selbst konstruieren, denn im Handel sind fertige in verschiedenen Größen und Formen erhältlich.

kant gestellte Steinplatten oder größere Rindenstücke vervollständigen die Einrichtung. Optisch sehr schön wirkt auch ein kleiner Wasserlauf oder -fall.

Froschterrarien

Bei der Pflege der meisten Froscharten muss man bedenken, dass sich diese Tiere in aller Regel springend fortbewegen und gerade, wenn sie sich bedroht oder erschreckt fühlen, zu ungestümen und ziellosen Sätzen neigen.

Dabei ist das Sprungvermögen zahlreicher Arten ganz beachtlich.

Für Baumbewohner

Zur Pflege baumbewohnender Anuren, aber auch jener Arten, die eigentlich mehr den unteren Stammbereich und die Gestrüppzone bewohnen, eignen sich die unterschiedlichsten silikongeklebten und möglichst voluminösen Glasterrarien.

Gut zu wissen

Das besondere Kennzeichen dieser Behälter ist ihre Höhe: Sie sollte stets so strukturiert sein, dass neben der Bodenregion auch eine klar abgegrenzte höhere Ebene aus Pflanzen gebildet werden kann.

Die Größe richtet sich jeweils nach der gepflegten Art. Der Bodengrund kann denkbar einfach gestaltet werden. Eine moosbewachsene, mit etwas trockenem Laub abgedeckte Korkplatte reicht völlig aus.

Niemals darf allerdings ein **größerer Wasserteil** fehlen. Die weitere Einrichtung kann aus einer kleinen, kräftigen Wurzel oder Ähnlichem bestehen. Die **Rück- und Seitenwände** werden mit dünnen Korkplatten beklebt, um den Fröschen als zusätzliche **Kletterflächen** zu dienen.

Lebensraum Bromelie

Etwa 20 bis 50 cm über dem Boden, je nach Terrarienhöhe, pflanzt man an den Seiten und auf der Wurzel eine Gruppe kleinbleibender Bromelien, die einen eigenen Lebensraum für die Frösche bilden.

Einige kleine Farne und Rankpflanzen vervollständigen die Einrichtung. Wichtig, zumindest bei der Pflege zahlreicher Laubfroscharten, ist eine **Beregnungsanlage**, mit der man als Auslöser für das Fortpflanzungsverhalten leicht die Regenzeit imitieren kann.

Für Bodenbewohner

Für die am Boden lebenden Frösche eignen sich abermals nur silikongeklebte Glasbehälter, die eine **große Bodenfläche** aufweisen. Auch bei diesem Typ werden die Rück- und Seitenwände mit dünnem Kork verkleidet.

Lebensraum Boden

Der Aufbau des Bodenteils gestaltet sich schon komplizierter: Wichtig ist abermals ein geräumiger **Wasserteil**, dessen Boden mit Kies bedeckt wird. Ideal wäre hier ein schräg ansteigendes Ufer.

Der **Landteil** wird hier etwa aus dicken Korkplatten gebildet, die terrassenförmig nach hinten ansteigen. Darauf gibt man einige Moosplatten und eine dekorative größere Wurzel. Die gesamte Bodenfläche wird dann mit einer **hohen Laubschicht** abgedeckt, die den Fröschen zahllose Verstecke bietet.

Dicht bepflanztes Regenwaldterrarium.

Gut zu wissen
Pflegt man grabende Anuren, so muss in einer leicht kontrollierbaren Ecke eine höhere Bodenschicht eingebracht werden.

Gut zu wissen
Die Rück- und Seitenwände sollten mit einem spritzwasserfesten Material, etwa Moltofill für die Außenanwendung, dicht verkleidet werden.

Als **Bepflanzung** dienen einige größere Bromelien, die direkt in den Boden gepflanzt beziehungsweise auf der Wurzel aufgebunden werden. Zahlreiche kleinere Farne und Rankpflanzen runden auch diesmal die Einrichtung ab.

Bauchlaufterrarium
Diesen Terrarientyp kann man auch in ein Bachlaufterrarium verwandeln, wie es vor allem zur Pflege von Arten erforderlich ist, die zur Stimulation ihres **Fortpflanzungsverhaltens bewegtes Wasser** benötigen, oder die nur in der Nähe von kleinen Fließgewässern im Regenwald leben. Den eigentlichen Unterschied gegenüber dem zuvor beschriebenen Standard-Regenwaldterrarium bildet ein nachgebildeter Bachlauf, der sich in einen großen Wasserteil ergießt.

Die **Behältergröße** richtet sich nach Art und Zahl der darin gepflegten Tiere. Wichtig ist auch bei diesem Typ eine **größere Bodenfläche**.

Rohbau eines Regenwaldterrariums mit Bachlauf.

Der Landteil kann abermals aus dicken Korkplatten gebildet werden, die terrassenförmig vom Wasserteil her ansteigen. Den **Bodengrund** deckt man dann mit Moos und trockenem Laub ab. Eine dekorative Wurzel, zahlreiche Rankpflanzen und zwei bis drei größere Bromelien vervollständigen die **Einrichtung**.

Paludarium

Eine echte Besonderheit unter den Regenwaldterrarien stellt das Paludarium dar. Halb Aquarium, halb Terrarium, dient es oftmals als Prunkstück einer Terrariensammlung oder als kleiner „Urwald im Wohnzimmer". Die **Kombination** von **Tieren** und **Pflanzen** kommt hier besonders gut zur Geltung. Während sich im Wasser bunte Fische tummeln, laufen, hüpfen und kriechen auf dem Landteil und den Epiphytenästen kleine Echsen und Frösche, ja sogar Wassernattern herum.

Neurergus strauchii. Amphibien brauchen einen entsprechend großen Wasserteil.

Die Größe erlaubt mehrere Ebenen
Damit ein derartiges Terrarium optisch richtig zur Geltung kommt, muss es schon eine gewisse Größe aufweisen. Seine Mindestgröße muss etwa Länge 100 × Tiefe 60 × Höhe 120 cm betragen, wobei der **Wasserteil** etwa ein bis zwei Drittel der Grundfläche bedecken und etwa 30 cm tief sein sollte.

Die geringe Bodenfläche wird durch das enorme **Volumen** des Gesamtbehälters ausgeglichen. So kann man mit Hilfe einiger dicker, verschlungener Äste und einer üppigen Bepflanzung eine zweite oder gar dritte Ebene als Lebensraum selbst für bodenbewohnende Arten schaffen.

Eine bepflanzte Rückwand kann dem Terrarium optisch Tiefe geben und bieten den Bewohnern viel Lebensraum.

Einrichtung

Die **Rück- und Seitenwände** werden wieder mit Korkplatten und anderen Materialien verkleidet. Die Seiten sollten mit Rankpflanzen und kleinen Bromelien besetzt werden, um den Tieren als Kletterflächen zu dienen.

Auf den **Bodengrund** gibt man dicke Äste und Wurzeln, die den Fröschen ein Erklettern der höheren Regionen ermöglichen, ferner einige Pflanzen. Die freien Flächen werden mit Moos und Laub abgedeckt.

Die **Bepflanzung** kann aufgrund des geringen Gewichtes der typischen Pfleglinge auch aus empfindlichen Arten gebildet werden. Optisch am schönsten wirken dicht mit Orchideen, Tillandsien, kleinen Bromelien und ähnlichen Aufsitzerpflanzen bestückte **Epiphytenäste**.

Gut zu wissen

Bei der Auswahl der geeigneten Fischarten für den Wasserteil ist darauf zu achten, dass keine Barsche oder andere Räuber ins Becken eingesetzt werden. Auch sollte man nur sehr kleine, im Idealfall algenfressende Arten verwenden.

Trockenterrarium

Dieser Terrarientyp lässt sich nicht grundsätzlich in geheizte und ungeheizte Becken einteilen, denn die hierin gepflegten Reptilien und Wirbellose benötigen entweder eine **hohe Umgebungswärme** oder einen Strahler, unter dem sie sich auf ihre **Vorzugstemperatur** aufheizen können.

Trockenterrarium der Firma Exo Terra.

Große Wichtigkeit hat eine **ausreichende Belüftung**, da die Tiere eine hohe relative Luftfeuchtigkeit, Staunässe und Stickluft zumeist nicht lange vertragen.

Die am besten geeignete Bauweise ist auch diesmal das silikongeklebte Glasterrarium. Als **Bodengrund** verwendet man Lehm, Sand oder eine Mischung aus beidem, denn nur so erhält man eine feste Substratschicht, die das Anlegen von **Gängen** begünstigt. Da viele Arten selbst keine Höhlen graben, sondern verlassene Nagerbauten bewohnen, muss man solche Möglichkeiten gegebenenfalls anlegen. Es sollten aber auch einige, nur mit Sand bedeckte Stellen vorhanden sein, an denen sich die Tiere leicht einwühlen können.

Auf den Boden legt man Steinplatten oder versteinerte Wurzelstücke. Die **Bepflanzung** hat nur **dekorativen** Charakter und kann daher nach rein ästhetischen Gesichtspunkten erfolgen. In Frage kommen hier verschiedene Sorten von Ziergräsern und besonders die teils überaus sehr dekorativen Sukkulenten.

Raumterrarium, im Bau, mit Bambuswand und Bodenabfluss.

Großterrarium für bodenbewohnende Großechsen und -schlangen

Dies ist häufig ein nur schwer zu realisierender Terrariumstyp, da wegen der Größe der Tiere und der benötigten Einrichtung sehr oft eigentlich nur gemauerte Becken in Frage kommen. Lediglich für mittelgroße Arten reichen auch Großterrarien mit festen Rahmen aus. Zur Belüftung sollte dann möglichst der ganze Deckel aus fester und stabiler Metallgaze bestehen.

Weil es sich bei den Pfleglingen fast ausschließlich um Bodenbewohner handelt, muss ihr Terrarium immer eine entsprechende **Grundfläche** aufweisen, was bei den beliebten Waranen oder einigen Großleguanen gewaltige Ausmaße erfordern kann. Große Zimmerterrarien werden mit Hilfe von Ventilatoren be- beziehungsweise entlüftet.

Viele Arten graben sich echte Wohnhöhlen, sodass für sie eine wenigstens 40–100 cm **hohe Bodenschicht** vorhanden sein muss. Im unteren Bereich sollte diese leicht feucht sein, da sich auch in der Wüste schon relativ dicht unter der trockenen Oberfläche oft feuchtere Schichten befinden. Welches Gewicht solch ein Behältertyp dann erreichen kann, lässt sich leicht ausrechnen.

Die **Einrichtung** besteht aus einigen **unverrückbar** eingebauten Steinen oder Kunstfelsen sowie zahlreichen dicken, sicher verankerten Kletterästen. Ein kleiner, leicht zu rei-

nigender Wasserteil sollte möglichst immer vorhanden sein. Außerdem kann auf eine Bepflanzung verzichtet werden, da viele Tierarten die Vegetation nur als Nahrung betrachten.

Felsterrarium

Bei diesem Terrarientyp sollten die Seitenwände mit dünnen **Steinplatten** verkleidet sein. Ebenfalls hervorragend geeignet ist ein Verputz aus eingefärbter und sorgfältig modellierter Dichtungsschlämme auf Zementbasis.

Der **Bodengrund** kann aus den unterschiedlichsten Substraten bestehen.

Aufwendig gestaltetes Felsterrarium.

Für die meisten Arten eignen sich Lehm, Schlämmsand und Ähnliches. Die weitere **Einrichtung** setzt sich aus einigen Felsaufbauten zusammen, die je nach Größe und Gewicht direkt auf der Terrarienbodenplatte gründen müssen, damit sie nicht unterwühlt werden können.

Optisch nicht sehr schön, aber von den Tieren gerne akzeptiert sind umgestülpte Tonschalen, also flache, unglasierte Pflanzgefäße, in deren Wandung man als Schlupfloch eine kleine Ausbuchtung bricht. Ansonsten können auch hier größere Steinplatten gegen die Seitenwände gelehnt und einige Korkröhren zum Klettern und als **Versteckplätze** ins Terrarium eingebracht werden. Die **Bepflanzung** sollte man nach den Ansprüchen der jeweiligen Art auswählen. In der Regel spielt ihre Zusammensetzung jedoch keine Rolle. Zu empfehlen sind beispielsweise Rankpflanzen oder Sukkulenten.

Das hohle Felsenmodul (Firma Exo Terra) kann von den Tieren zum Klettern und als Versteck genutzt werden.

Gut zu wissen
Dieser Terrarientyp eignet sich für zahlreiche felsbewohnende Echsen wie beispielsweise zahlreiche Geckos und Eidechsen aus den Trockengebieten unserer Erde.

Wüstenterrarium

Dieser Behälter dient zur Haltung der zahlreichen Wüstenformen unter den kleinbleibenden bis mittelgroßen Echsen und Schlangen, insbesondere für die reinen **Sandwüstenbewohner**.

Der **Bodengrund** sollte daher aus Sand mit eingestreuten Steinen bestehen. Auf die Oberfläche gibt man als **Versteckplätze** einige gut gegen Einsturz gesicherte Steinplatten. Vervollständigt wird das Inventar etwa durch eine Wurzel und eine eingetopfte Sukkulente.

Info
Für nicht kletternde Arten eignen sich auch oben offene Glasbecken.

Bei einem geschlossenen Behälter muss stets für ausreichend große **Lüftungsflächen** im Deckel und in einer Seite gesorgt sein.

> ### Wichtig
> Die relative Luftfeuchtigkeit im Wüstenterrarium darf niemals über einen längeren Zeitraum sehr stark ansteigen, und sie sollte im Tagesverlauf stets deutlich zurückgehen.

Raumterrarium Wüste mit künstlicher Rückwand und eingebauten Strahlern.

Landschildkrötenterrarium

Nur die wenigsten Landschildkrötenarten lassen sich permanent in einer Freilandanlage pflegen. Alle anderen müssen zumindest für den größten Teil des Jahres in **Zimmerterrarien** untergebracht werden.

Aufgrund der beträchtlichen Grundfläche, die in solchen Fällen benötigt wird, lassen sich nur kleinere Arten in silikongeklebte Glas- und stabilere Rahmenterrarien unterbringen; für viele andere – beispielsweise *Geochelone pardalis, G. denticulata, G. sulcata* – kommen eigentlich nur **fest gemauerte Behälter** oder speziell für diesen Zweck umgebaute **Zimmer**, geheizte **Gewächshäuser** und **Wintergärten** in Frage.

Grundsätzlich sollten derartige Behälter stets eine **längliche Form** erhalten, damit den Tieren eine möglichst große **Lauffläche** zur Verfügung steht; die Höhe spielt demgegenüber nur eine untergeordnete Rolle, doch sollten die Seitenwände oder Umfriedungen mindestens so hoch ausfallen, dass sie von den Tieren **nicht** mehr zu **überklettern** sind.

Bestens bewährt hat sich dabei die rundum geschlossene, also nur oben

> ### Gut zu wissen
> Die beschriebenen Behältertypen eignen sich nicht für solche Arten, die ein ganz bestimmtes, vor allem feuchtwarmes Klima benötigen. Entsprechende klimatische Bedingungen lassen sich nur in Räume mit hoher relativer Luftfeuchtigkeit gestalten.

Beispiel einer großen Freilandanlage für Landschildkröten.

offene Bauweise, da diese eine ausreichende **Frischluftzufuhr** gewährleistet, weder Stickluft oder Staunässe entstehen lässt zulässt und überdies jeden Temperaturstau verhindert. Es ist allerdings darauf zu achten, dass keine **kalte Zugluft** ins Terrarium strömen kann.

Heizung und Strahler

Die Terrarien werden am günstigsten von unten beheizt. Dafür wird unter einem Teil des Bodens eine Heizplatte oder -matte montiert, die für nicht zu hohe Oberflächentemperaturen sorgt. Über diesen Teil werden größere Wärmestrahler montiert, die die Schildkröten zum Aufwärmen aufsuchen. Da nur ein Abschnitt der Fläche erwärmt wird, entsteht so auch das gewünschte **Temperaturgefälle**; die Landschildkröten können sich daher selbstständig den ihnen zusagenden Wärmebereich aussuchen.

Größere Probleme bereitet demgegenüber die Umgestaltung von Zimmerteilen oder ganzen Räumen zu Terrarien. Die Wärmeregulation sollte in diesen Fällen über eine fachmännisch installierte **Fußbodenheizung** erfolgen, die allerdings auch hier nicht den ganzen Boden gleichmäßig erwärmen darf. Eine wichtig Rolle spielt dabei die gute Isolierung vor allem der unbeheizten Teile, denn Landschildkröten können sich auf kühlen Steinböden nur allzu schnell erkälten.

Wichtig

Vor dem endgültigen Besatz mit Tieren sollten die Temperaturen und andere Klimafaktoren sorgfältigst überprüft und optimiert werden.

Für die Frischluft oben offenes Wüstenterrarium, in dem Schildkröten aus trockenen Lebensräumen gepflegt werden können.

Gut zu wissen

Für Schildkröten gilt es bei der Einrichtung einen sogenannten „Laufparcours" zu gestalten. Hierfür stampft man den Bodengrund streckenweise sehr fest, an anderen Stellen füllt man ihn so locker ein, dass sich die Tiere gut darin vergraben können. Für Arten aus Wald- und Feuchtgebieten verwendet man eine höhere Humusschicht, etwa aus Blumenerde, und deckt sie abschließend mit einer dicken Lage Laub- oder Rindenmulch zu.

Beleuchtung

Bei solchen offenen Terrarien hängt man darüber Spezialstrahler auf, wie sie auch in der Aquaristik Verwendung finden. Diese Aggregate sind zwar nicht unbedingt billig, zeichnen sich aber durch eine **ästhetisch** ansprechende Gestaltung aus, sodass man sie unschwer in Wohnzimmer integrieren kann.

Einrichtung

Sie beginnt üblicherweise mit den Felsaufbauten oder dem Einbringen von Steinplatten. Diese müssen stets direkt auf dem Terrarienboden ansetzen und so **fest verankert** oder konstruiert sein, sodass sie weder einstürzen noch untergraben werden können.

Besondere Schwierigkeiten birgt dabei der Bau einer **Spalten- oder Kletterlandschaft**, wie sie etwa die Spaltenschildkröte (*Malacochersus tornieri*) und die südafrikanischen Vertreter der Schildkrötengattung *Homopus* benötigen. Für diese Spezies muss man an den Rück- und Seitenwänden **Steinplatten** in unterschiedlichen Abständen derart fest vermauern, dass sie den Tieren hinreichende Unterschlupf- und Klettergelegenheiten bieten. Auch hier bleibt der größte Teil des Bodens als Lauffläche erhalten.

Für viele Landschildkröten wird man als optimalen Bodengrund einen Schlämmsand oder andere stark lehmhaltige Substrate wählen. Weiterhin bringt man einige Versteck- und **Unterschlupfplätze** im Terrarium unter.

Hält man mehrere Landschildkröten im gleichen Behälter, sollten stets auch mehrere **Sonnplätze** vorhanden sein.

Außerdem darf nie ein fester **Futterplatz** fehlen, an dem die Tiere ihre Nahrung erhalten; das Gleiche gilt für die **Trinkschale**. Der Wasserteil darf nicht zu tief ausfallen und muss über sanft geneigte Uferzonen zugänglich sein.

Die Pflanzen dienen aus Sicht der Pfleglinge ausschließlich als Futter; daher lässt sich eine dekorative **Bepflanzung** nur unter Schwierigkeiten verwirklichen. Für Trockenterrarien eignen sich hierzu verschiedene Sukkulenten. Dabei sollte man jedoch auf kostbare und giftige Arten unbedingt verzichten, da sie unweigerlich früher oder später von den Tieren angefressen werden.

Gazebehälter eignen sich für die Haltung von Insekten.

Gazebehälter

Ihren Namen verdanken diese Terrarien der Eigenschaft, dass sie – abgesehen von der Öffnungstür, dem Boden und der Rahmenkonstruktion – vollständig aus Metall- oder Kunststoffgaze bestehen. Da die übrigen Seitenflächen und die Decke hier als zusätzliche Lüftungsöffnungen dienen, kann sich im Inneren solcher Becken **nie Stickluft** bilden.

> **Gut zu wissen**
> Dieser Behältertyp eignet sich für zahlreiche Gespenst- und Stabschrecken (Phasmiden), aber auch für Chamäleons und Schmetterlinge, um nur die wichtigsten Pfleglinge zu nennen.

Die **Bauweise** gestaltet sich denkbar einfach: ein Rahmen aus Holz, Aluprofilen oder Ahnlichem wird mit Gaze bespannt. Der **Boden** sollte hingegen aus einer festen Platte bestehen, die man möglichst leicht reinigen kann.

Als Frontseite kommt – schon wegen der optimalen Einsicht – eigentlich nur eine Glasscheibe infrage.

Standard-Insektarium

Zur Pflege von Wirbellosen eignet sich neben dem reinen Gazebehälter das Vollglas- oder Plastikaquarium.

Wichtig ist auch hier eine artabhängig ausreichende Belüftung. Daher sollte man den Deckel und eine ganze Seitenwand ebenfalls möglichst großflächig mit Plastikgaze bespannen.

Insektarium für Stabschrecken aus Glas mit Lüftungsöffnungen oben und vorn.

Für viele Arten kann auch die **Einrichtung** denkbar einfach gehalten werden; unerlässlich sind nur eine auf die jeweilige Spezies zugeschnittene **Substratschicht**, einige Verstecke und – abhängig von der Art – eine flache **Wasserschale**.

Rosenkäferterrarium

Die Käfer zeichnen sich durch einen **Lebenszyklus** mit zwei völlig unterschiedlichen Phasen aus. Die **unterirdisch** lebenden Larven (Engerlinge) ernähren sich je nach Art von Wurzeln, verrottenden Pflanzenteilen, Obst und/oder mürbem Totholz, während die adulten Käfer (Imagines, Vollkerfe) überwiegend **überirdisch** leben und Pflanzenkost wie austretendes Baumharz, Blütennektar und Obst fressen.

Die Unterbringung der Vollkerfe erfolgt in möglichst großen **Standardterrarien**, die mit einem **Klappdeckel** und einer ausreichenden **Belüftungsfläche** ausgestattet sein sollten.

Die meisten Arten benötigen dazu nach Möglichkeit entweder **natürliches Licht** oder eine hochwertige künstliche Beleuchtung, zum Beispiel durch T5-Leuchtstofflampen.

Der **Bodengrund** besteht zunächst aus einer mindestens 10–15 cm hohen

Gut zu wissen
Wer ein möglichst naturnahes Käferleben beobachten möchte, muss riesige Behälter wählen, in denen die Tiere ausreichend Gelegenheit haben, blühende Pflanzen im Flug zu umschwärmen.

Käferterrarium bestehend aus einer Kunststoffwanne mit einem passend konstruierten Klappdeckel aus Glas.

Bodenschicht. Die man stets aus einer Mischung mäßig feuchtem Humus mit sich zersetzenden Blättern und möglichst im Stadium der Weißfäule befindlichem Laubholz (von der Tierart abhängig) mischt. Ideal sind auch Plastikwannen, gefüllt mit dem Bodengrund und aufgesetzten Terrarien.

Einfaches Insekten- oder Aufzucht- oder Behelfsterrarium

Neben den bereits vorgestellten Beckentypen gibt es noch viele andere, die sich hervorragend zur Aufzucht oder kurzfristigen Unterbringung von Amphibien, Reptilien und Wirbellosen eignen.

Kunststoffdosen

Besondere Erwähnung verdienen dabei jene durchsichtigen **Haushaltsplastikdosen**, die man in den unterschiedlichsten Größen erhält.

Selbst kleinere, flache Formate wie die handelsüblichen **Grillenschachteln** (Länge 10 × Tiefe 10 × Höhe 5 cm) kommen für die Aufzucht von potenziell kannibalischen und daher nur einzeln zu haltenden bodenbewohnenden Insekten, Spinnen oder Hundertfüßer in Frage. Größere Behälter können auch als Aufzucht- oder Quarantänequartiere für **Schlangen** dienen.

Kleinstterrarien

Besonders erwähnt seien hier die Rackterrarien. In solchen Kleinstterrarien kann man die Jungtiere viel **leichter kontrollieren** und bemerkt so

Aufzucht- oder Behelfsterrarien auf der Basis von Kunststoffdosen mit verschieden großen Lüftungsflächen und Korkseitenwänden.

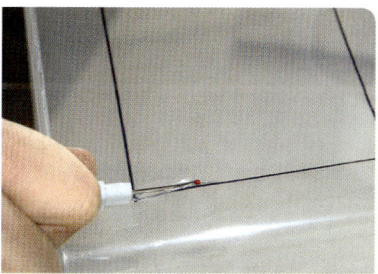

Man schneidet mit einem scharfen Werkzeug ein größeres Loch in den Deckel.

Mit Hilfe eines Lötkolbens schweißt man dort feines Gazegewebe ein oder klebt es auf.

Rackterrarien in Form von Kunststoffwannen, hier für Schlangen.

Hier dient die Plastikdose als Aufzuchtterrarium für ein Jungtier.

rechtzeitig, wenn Störungen wie Häutungsschwierigkeiten, Nahrungsverweigerung und Ähnliches auftreten.

Überdies lässt sich in ihnen auch das **Mikroklima** leichter modifizieren: So wird auch mit verhältnismäßig großen Belüftungsflächen eine niedrigere relative Luftfeuchtigkeit erzielt, durch Einlegen eines wassergetränkten Wattebausches (bei Wirbellosen) hingegen eine entsprechend höhere. Feuchtigkeitsliebende Amphibien und Reptilien versorgt man durch häufigeres Überbrausen mit dem lebensnotwendigen Nass.

Die **Innentemperatur** steuert man nach Möglichkeit über die Umgebungswärme, da sich derart kleine Behälter bei direkter Beheizung von unten per Heizmatte oder oben mittels Strahler allzu schnell überhitzen könnten. So ist durch bloße Standortänderung der **Temperaturbereich** leicht und problemlos zu **steuern**.

Zur Verbesserung des Klimas können gegebenenfalls auch eine oder mehrere Seitenwände mit derartigen Lüftungsöffnungen versehen werden.

Gut zu wissen
Größere Haushaltsplastikdosen aus stabilem Plexiglas oder vergleichbarem Material lassen sich mit einigen einfachen Handgriffen problemlos in Kleinstterrarien umwandeln. Der Vorteil dabei ist, dass die Lüftungsflächen – bei Plexiglas im Kunststoffdeckel, bei Haushaltsdosen auch in den Seiten – von der Größe her genau an die Bedürfnisse der Tiere angepasst werden können.

Freilandterrarium

Erwähnung verdient schließlich die Möglichkeit, bestimmte Terrarientiere wenigstens den Sommer über im Garten oder auf dem Balkon zu pflegen, denn jeder Freiluftaufenthalt stellt eine willkommene Abwechslung gegenüber dem normalen „Terrarienalltag" dar. Häufig zeigen die Tiere erst unter diesen Bedingungen ihre volle **Farbenpracht**, und hin und wieder lässt sich eine deutliche **Aktivitätssteigerung** verzeichnen. Grundsätzlich muss man zwei Arten der Unterbringung unterscheiden.

Gehege für Arten, die nur an den heißesten Tagen im Garten gepflegt werden können

Für diese Gruppe wird die Anlage wie ein Normalterrarium gestaltet. Da sich die betreffenden „Urlaubs- oder Balkonbehälter" aber nur zur vorübergehenden – bisweilen nur Stunden währenden – Unterbringung eignen, muss man bestimmte bauliche Besonderheiten beachten:

- absolute Ausbruchsicherheit – was unter anderem eine feste Bodenplatte erfordert, damit sich die Tiere nicht vergraben oder ins Freie wühlen können.
- sollten Deckel und Seitenwände aus Gaze bestehen, damit keine Gefahr eines Hitzestaus besteht.

Die **Einrichtung** wird im Übrigen möglichst einfach gestaltet, um die häufige Entnahme der Tiere zu erleichtern. Vor allem für große Arten sind **stabile Volieren** hervorragend geeignet. Bei der Aufstellung derartiger Freilandterrarien sollte stets ein teil-weise **beschatteter Standort** gewählt werden, der es den Tieren ermöglicht, sich notfalls aus der Sonne zu entfernen.

Gehege für Arten, die den ganzen Sommer hindurch in Freilandterrarien leben können

Für solche Arten empfiehlt sich hingegen der **Bau** einer wirklich stabilen **Anlage**, wo die Tiere die gesamten Sommermonate verbringen können. Um ihr Entweichen zu vereiteln, sollte die **Begrenzung** aus festem Mauerwerk oder Plastikwellwänden bestehen. Beide müssen etwa 40 cm tief in den Boden hinabreichen, damit sie weder von den Bewohnern noch von kleinen Nager unterwühlt werden können.

> **Gut zu wissen**
> Gemauerte Umfriedungen müssen zusätzlich gegen Ausbruchsversuche aller Art gesichert werden, da einige Echsen- oder Schlangenarten sogar mit Ölfarbe gestrichene Wände erklimmen können. Sinnvoll ist ein schräg nach innen geneigter Glasstreifen an der Innenseite des Begrenzung, der sich auch nicht mehr überspringen lässt. Außerdem muss man darauf achten, dass auch die Pflanzen keinen Ausbruch ermöglichen.

Da die Sonneneinstrahlung in den Heimatländern unserer Tiere häufig wesentlich länger und intensiver ist, sollte das Freilandterrarium tagsüber zusätzlich **lokal** mit einer Gartenleuchte erhellt und **punktuell erwärmt** werden, damit die Tiere wenigstens an einer Stelle stets ihre Vorzugstemperatur erreichen können.

Überdies fallen die Sommer in den betreffenden Heimatgebieten wesentlich trockener aus, sodass man die Tiere durch ein mindestens die halbe Anlage abdeckendes **Dach** gegen starke Niederschläge schützen sollte.

Natürlich sind die Gehege auch ausreichend gegen **Fressfeinde** wie Katzen und Vögel, etwa Krähen oder Elstern, zu sichern.

Infrage für die Pflege in Außenanlagen kommen vornehmlich solche Tiere, deren **heimatliche Klimaverhältnisse** in etwa dem **mitteleuropäischen Sommer** entsprechen, also Reptilien aus Nordamerika und Mittelasien.

Ungefähr ab September sollten unsere Pfleglinge dann wieder in ihre „Winterterrarien" umziehen. Dabei darf man mit dem Herausfangen allerdings nicht zu lange warten, da sich viele Arten bei kühler Witterung unter Umständen sehr tief eingraben.

Gut zu wissen

Da es sich bei den für die Freilandhaltung geeigneten Tierarten fast durchweg um solche aus trockenen (ariden) Regionen handelt, die in der Regel auch Bodenbewohner sind, sollte ihr Gehege einem Steingarten mit spärlicher Vegetation ähneln. Ein dichter, schattenspendender Busch muss allerdings stets vorhanden sein. Zudem bildet ein Steingarten meinst einen attraktiven Punkt im Garten, trägt also eventuell in Kombination mit einem Sitzplatz zur Verschönerung bei.

Freilandterrarien zur Pflege der europäischen Landschildkröten

Diese Spielart des Freilandterrariums wollen wir nur kurz erwähnen, da sie wohl die am weitesten verbreitete ist. Ideale Heimstatt für europäische Landschildkröten, soweit diese aus gemäßigten Klimaten stammen, wäre ein großes Gehege im Garten, das die Tiere gewöhnlich vom Frühjahr bis zum Herbst beziehen können. Nur während ausgedehnter **Schlechtwetterperioden** müssen sie vorübergehend im Zimmerterrarium untergebracht werden, bis sich das Wetter wieder gebessert hat.

Standort, Größe, Bauart

Der Platz einer Schildkrötenfreilandanlage muss sorgfältig ausgewählt werden. Er sollte möglichst der wärmste im Garten sein, nicht zu windig, aber mit möglichst langer **Sonneneinstrahlung**.

Was seine Dimensionen betrifft, kann er eigentlich gar nicht groß genug ausfallen. Zur **Einfriedung** des Geheges eignen sich unterschiedlichste Materialien: gegossene Betonwände, festes Mauerwerk, das an den Innenseiten unbedingt möglichst glatt verputzt werden muss, Plastikwellzäune, Holzpalisaden und Ähnliches. Damit sollen Ausbrüche der Pfleglinge, aber auch das Eindringen von Ratten und anderen Räubern verhindert werden.

Wichtig

Einfriedungen müssen mindestens 40 Zentimeter tief in den Boden reichen, um aus- und einbruchssicher zu sein.

Freilandanlage für Landschildkröten.

Artgerechte Umgebung

Mit Hilfe einiger gestalterischer Maßnahmen lässt sich das Freilandterrarium nun zu einem artgerechten Lebensraum umbilden. Als erstes sollte
man – sofern es sich beim Untergrund
um sehr schwere Böden handelt – für
eine ausreichende **Drainage** sorgen,
damit das Gehege nicht schon nach
dem ersten heftigen Regenfall unter
Wasser steht.

Das Landschaftsbild wird durch die
Aufschüttung eines **Hügels** bereichert,
der aus lockerem Sand bestehen sollte,
weil ein solcher, da er in seiner Konsis-
tenz deutlich vom übrigen Bodengrund
abweicht, von den Weibchen gerne als

Eiablageplatz gewählt wird. Sehr
wichtig sind auch **Schattenplätze**
unter dichten Büschen, an denen
die Schildkröten der Mittagshitze ent-
gehen können. Die ideale **Bepflanzung** besteht aus harten, krautigen Bo-
dendeckern und halbhohem Buschwerk.

Gut zu wissen

Entlang der Umfriedungsränder wird
man auf Bepflanzung verzichten, da unsere Pfleglinge diese Zone gerne als
Laufweg nutzen und man ihnen diese
Möglichkeit auch geben sollte.

Freilandanlage für europäische Tiere.

Die übrige **Vegetation** im Gehege sollte der eines Trockenrasens mit möglichst abwechslungsreichen **Futterpflanzen** entsprechen.
In Frage kommen neben verschiedenen Gräsern und Kräutern vor allem Pflanzen wie etwa:
– Klee,
– Löwenzahn,
– Kleines Habichtskraut,
– Spitzwegerich,
– Mehlige Königskerze,
– Kleiner Sauerampfer,
– Vogelmiere.

Gut zu wissen
Die Schildkröten sollten stets am gleichen Platz gefüttert werden, damit man sie ausreichend mit Vitaminen und Mineralstoffen versorgen kann.

Badebecken und Unterschlupfe
Ein Badebecken darf niemals fehlen. Seine Ränder müssen von allen Seiten gleichmäßig abfallen, wobei die „Rampen" weder zu glatt noch zu steil geraten dürfen.

Gut zu wissen
Da die Schildkröten beim Baden gerne ausgiebig trinken und ihr Geschäft verrichten, muss sich das Wasserbecken auch leicht reinigen lassen.

Als letzter Bestandteil jeden Freilandterrariums muss das auf drei Seiten geschlossene **Schlupfhäuschen** erwähnt werden. Seine Grundfläche sollte etwa 60 × 60 cm betragen. Dient es ausschließlich als Nachtquartier, so braucht man den Bodengrund nur etwa 30 cm tief auszuheben, damit sich die Schildkröten während längerer Schlechtwetterperioden notfalls eingraben können.

Wichtig
Der Ausgang des Schlupfhäuschens sollte immer nach Südosten weisen, damit die Morgensonne die Landschildkröten weckt und aus der Hütte lockt.

Die freie Haltung im Zimmer

Als letztes wollen wir in aller Kürze die freie Haltung kleiner und großer Reptilienarten im Zimmer erörtern. Häufig haben Terrarianer nicht die Möglichkeit, ein wirkliches Großterrarium aufzustellen, wie es zur artgerechten Pflege großer Echsen erforderlich wäre. Trotzdem wollen sie nicht auf die Pflege eines Grünen Leguans oder vergleichbarer Arten verzichten oder auf kleinere Spezies ausweichen. Deshalb halten sie diese Tiere frei im Zimmer, auf der Fensterbank, im Wintergarten, im Gewächshaus oder in der ganzen Wohnung.

Gut zu wissen
Die vollständig freie Art der Haltung in der Wohnung ist nur bei sehr wenigen, relativ standorttreuen Arten möglich.

Zu nennen wären hier etwa die langsamen **Leguanarten** der Gattung *Chamaeleolis* und einige große **Chamäleons** wie Parsons Chamäleon (*Calumma parsonii*), da sich diese Tiere auf ihre Tarnung verlassen und so den ganzen Tag als Lauerjäger im Geäst zubringen. Ihre Pflege auf einer großen, **üppig bepflanzten Fensterbank** stellt von daher durchaus eine Alternative zur Terrarienhaltung dar. Natürlich müssen auch hier Futterplätze, kühle und feuchte **Verstecke**, erhöht angebrachte **Wasserschalen** und gleichwertige **Sonnplätze** in ausreichendem Maße vorhanden sein.

Wichtig
Wie bei jeder freien Haltung müssen die Fenster durch Fliegendraht gegen den Ausbruch der Tiere gesichert sind.

Außerdem sollte man die Fensterbank mit einem **hohen Glasstreifen**, den die Tiere auch mit Hilfe von Pflanzen nicht überwinden können, gegen ihr Entweichen ins Zimmer absichern. Die oben erwähnten Gattungen besitzen keine Haftlamellen.

Gut zu wissen

Insgesamt spielt die freie Haltung nur eine untergeordnete Rolle und stellt auch keine echte Alternative zur artgerechten Pflege im Terrarium dar, denn die spezifischen Ansprüche der meisten Arten sind in normalen Zimmern nur recht schwer zu verwirklichen. Man sollte sich gründlich vorher überlegen, ob man in der Lage ist, seine Tiere artgerecht unterzubringen, bevor man auf derartige Notlösungen ausweicht.

Besser wäre es jedoch, die Fensterbank gleich mit Hilfe einer Glas- oder Drahtkonstruktion zum „**Einbauterrarium**" umzugestalten. Man kann dann zwar eigentlich nicht mehr von freier Haltung sprechen, doch bleibt so der größte Vorteil dieser Pflegeform erhalten: Die Tiere sind nämlich **nahezu natürlichen Temperaturschwankungen** ausgesetzt, dem Tag-Nacht-, aber auch dem **Jahreszeitenrhythmus**.

Insektenvertilger

Manche Terrarianer halten einen oder mehrere **Geckos** frei im Zimmer, damit diese entwichene Futtertiere und lästige Spinnen vertilgen. Dank ihrer große Anpassungsfähigkeit sind vor allem echte **Kulturfolger** wie *Hemidactylus mabouia*, *Gehyra variegata*, der Tokeh *Gekko gecko* und andere für diese Art der Haltung hervorragend geeignet. Die künstlichen Bedingungen ähneln oftmals denen, die in ihren Heimatländern vorherrschen.

Linke Seite: Freilebender Gecko im Terrarienzimmer.

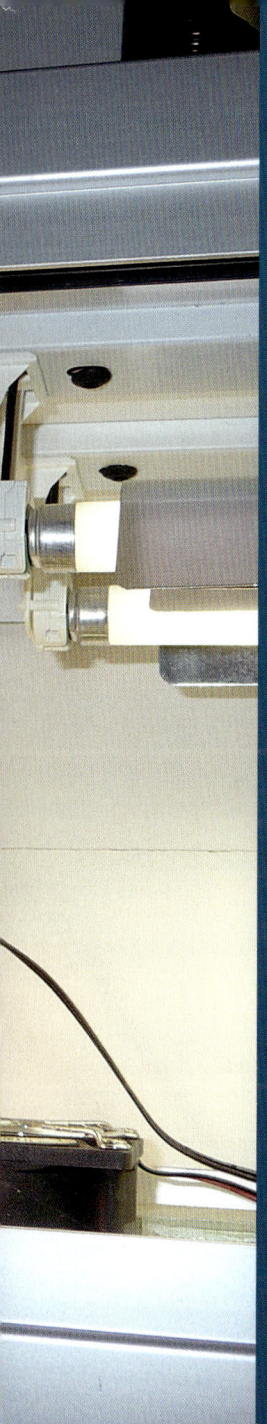

Terrarientechnik und Einrichtung

Terrarientechnik und Einrichtung

Kein Terrarium kommt ohne den Einsatz technischer Hilfsmittel aus. Das beginnt mit dem täglichen Ein- und Ausschalten der Beleuchtung, um mit der durch Feuchtigkeitsfühler ausgelösten Beregnung der Behälter zu enden.

Unser wichtigstes technisches Hilfsmittel ist dabei die **Zeitschaltuhr**, mit der nahezu alle sich täglich wiederholenden **Arbeiten automatisiert** werden können. So lassen sich Beleuchtungskörper, Strahler, Ventilator sowie die Heizung problemlos ein- und ausschalten. Sogar die mitunter nur einige Sekunden sprühende Beregnungsanlage ist so leicht zu steuern. Im Folgenden werden die elementar benötigten technischen Geräte kurz vorgestellt.

Steuerungsgeräte

Ohne Regler wie die Zeitschaltuhr wäre schon die Steuerung eines einzelnen Terrariums eine tagesfüllende Aufgabe, und die einer größeren Anlage ließe sich kaum noch bewältigen. Man sollte auch stets bedenken, dass man so getrost mehrere Tage in Urlaub fahren kann, ohne dass täglich jemand die Geräte ein- und ausschalten muss.

Ferner führt die so **geregelte Gleichmäßigkeit** zu einer dem Wohlergehen unserer Pfleglinge sehr förderliche **Gewöhnung**. So wissen etwa die meisten Echsen schon bald genau, wann die Beregnungsanlage frühmorgens zu sprühen beginnt. Während dieser kurzen Zeitspanne verbergen sie

sich in ihren Verstecken, die sie anschließend sofort verlassen, um einige Wassertropfen aufzunehmen. Und der Terrarianer erhält genügend Zeit zum Beobachten seiner Pfleglinge, da als einzig täglich anfallende „Handarbeit" nunmehr die Fütterung bleibt.

Zeitschaltuhren

Diese bietet der Fachhandel in den unterschiedlichsten Qualitäten an: Das Spektrum beginnt mit der **mechanischen** Variante, deren geringste Schaltzeit eine Viertelstunde beträgt, und es endet mit dem **digitalen** Modell, das als geringste Einstellungszeit eine Minute aufweist und häufig noch verschiedene Wochenprogramme zu steuern vermag.

Dass die Beleuchtung unter Umständen einmal nachts anspringt, wäre sicher noch das kleinere Übel beim

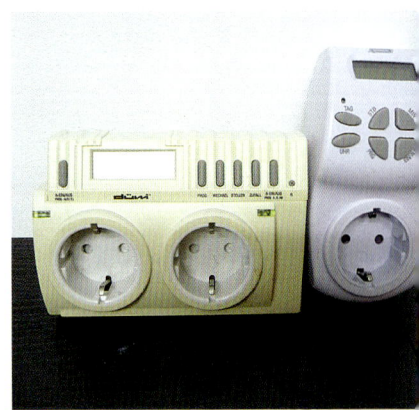

Zeitschaltuhren sind für die Einhaltung der Bedingungen im Terrarium praktisch unerlässlich.

Ausfall der Steuerung. Schlimmer ist es da schon, wenn die Sprühanlage statt der üblichen einen Minute plötzlich mehrere Stunden lang sprüht und dabei nicht nur das Terrarium unter Wasser setzt.

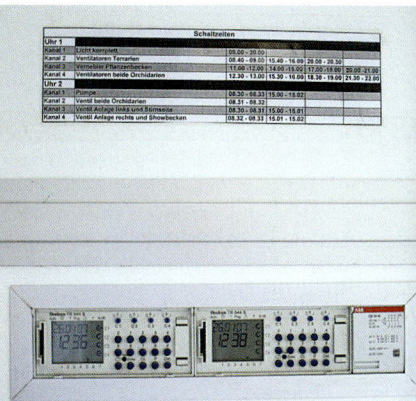

Schaltcomputer bei der Firma E.N.T. Terrarientechnik.

Gut zu wissen

Beim Kauf von Zeitschaltuhren sollte man unbedingt darauf achten, dass die Geräte ein Nachlaufwerk von mindestens einigen Stunden haben, damit sie sich nicht bei jedem Stromausfall verstellen und der gesamte Steuerungsprozess aus dem Ruder läuft.

Computer

Speziell konzipierte Schaltcomputer, aber auch PCs lassen sich hervorragend zum Betreiben einzelner Terrarien oder ganzer Anlagen einsetzen, weil man mit ihrer Hilfe nicht nur die alltäglichen Funktionen steuern kann. Es lassen sich auch Jahresabläufe, etwa die Dauer der **Photoperiode**, die saisonal variierenden **Temperaturen** sowie **Regen- und Trockenperioden** einspeichern und ohne ständiges Ändern der Werte imitieren.

Terrarianern ohne solche Möglichkeiten und Kenntnisse bleibt allerdings nur der herkömmliche Weg, die Schaltzeiten nach einem vorher festgelegten Kalender entsprechend manuell zu ändern.

Thermostate

Als weitere technische Hilfsmittel dienen elektronische Thermostate, welche beispielsweise die Heizung steuern, aber auch, etwa bei zu hohen Temperaturen, die gesamte Beleuchtung ausschalten, um eine Überhitzung des Terrariums zu vermeiden. Im Folgenden wollen wir die elementar benötigten technischen Geräte kurz vorstellen.

Heizung

Da es sich bei allen Terrarientieren um wechselwarme Lebewesen handelt, die von ihrer Umgebungstemperatur und/oder der Strahlungswärme abhängig sind, kommt der Beheizung des Behälters entscheidende Bedeutung zu.

So benötigen unsere Pfleglinge jeweils einen spezifischen Temperaturbereich, in dem ihre wichtigsten Körperfunktionen erst ablaufen und bei dem sie ihr sehr abwechslungsreiches Verhalten zeigen. Dieser kann von Art zu Art naturgemäß sehr unterschiedlich ausfallen.

Externe Substraterwärmung

Die natürlichste Methode, ein Terrarium zu beheizen, bestünde darin, mittels Strahlungsenergie für die nötige **Luft- und Substratwärme** zu sorgen; das ist für zahlreiche Sonnenanbeter unter unseren Pfleglingen auch unumgänglich. Andererseits lässt sich diese Variante oft nur schwer realisieren und man muss sich zusätzlich anderer Hilfsmittel bedienen.

Aber Vorsicht: die hier beschriebenen Wege sind nicht für alle Arten zu empfehlen! Am einfachsten erwärmt man den Behälter **von unten** mit **Heizmatten**, -platten oder anderen speziell für Terrarien entwickelten Aggregaten, die nur eine **milde**, aber völlig ausreichende **Hitze** abstrahlen.

Solche Heizvorrichtungen müssen nach unten isoliert werden, um unnötige Energieverluste zu verhindern. Da diese Apparaturen enorm viel Strom verbrauchen, sollte man immer versuchen, ihre unter den Terrarien installierten Vorschaltgeräte, deren Abwärme sonst sinnlos im Zimmer verpuffen würde, als zusätzliche Heizaggregate zu nutzen.

Gut zu wissen

Durch die „Bodenheizung" lassen sich auch andere Faktoren des Behälterklimas steuern, wie etwa die relative Luftfeuchtigkeit. Bringt man beispielsweise das Aggregat unter dem Wasserbecken, anderen nassen oder feuchten Erdpartien an, so steigt die relative Luftfeuchtigkeit erheblich schneller, als dies bei Erwärmung der trockenen Zonen der Fall wäre.

Eiablageplätze

Ein weiterer Vorteil erwärmter Terrarienböden betrifft das Eiablageverhalten vieler Reptilienweibchen, denn sie nehmen zu diesem Zweck nur ihnen optimal erscheinende Stellen an. Ein Kriterium dafür ist in der Regel die **Substratwärme**. Wird der gesamte Behälter nur von oben, das heißt mit Strahlern erwärmt, so bleibt der Bodengrund teilweise ein wenig zu kühl, um den Weibchen als geeignet zu erscheinen. Dies führt häufig zu **Legenot** mit Todesfolge.

Gut zu wissen

Andererseits ist bei der Bodenheizung Vorsicht angebracht und eine aufmerksame Beobachtung der Tiere erforderlich. Sollten die Muttertiere bei einigen Arten das Graben einstellen, kann dies daran liegen, dass der Bodengrund in den tieferen Schichten immer wärmer wird. Dann muss man sich mit starken Wärmestrahlern behelfen, um die Temperaturen zumindest lokal auf das erforderliche Niveau und die natürliche Höhenverteilung zu bringen.

Externe Boden- und Wandheizung

Große Probleme bereitet unweigerlich das Beheizen eines **Großterrariums**, da zumeist mehrere Kubikmeter Luft erwärmt werden müssen. Über den Boden wäre dies kaum zu bewältigen, da er dafür auf etwa 80 °C erwärmt werden müsste. Die beste Lösung ist eine Fußbodenheizung, die man **zusätzlich in der Wand** verlegt, sodass Boden und Wände erträgliche Temperaturen aufweisen und gleichzeitig die

Luft im Behälter auf das gewünschte Niveau erwärmt wird.

Schnitt durch einen Heizstein der Firma Exo Terra.

Gut zu wissen
Für Großterrarien empfiehlt sich aus Energiespargründen ausschließlich der Einsatz einer normalen Warmwasser-Variante, die an die Wohnungs- oder Haushesizungsanlage angeschlossen wird, denn die Verwendung von Strom dürfte für Normalverbraucher unbezahlbar sein.

Installation im Terrarium
Nicht immer bietet sich die Möglichkeit, die Wärmequelle direkt unter dem Terrarium zu installieren. Dann verbleibt einzig die riskante Alternative, sie im Behälter selbst anzuordnen. Hierfür verwendet man am besten **Heizkabel** mit einer **stabilen Silikonummantelung**, die immer direkt auf dem Terrarienboden verlegt und mit Klebeband gegen das Verschieben durch grabende Echsen gesichert werden.

Gut zu wissen
Der nachträgliche Einbau solcher Heizkabel erfordert viel Geschick und starke Nerven, da man riskiert, ein Ende gerade immer dann, wenn es im Bodengrund versenkt ist, beim nächsten Handgriff wieder herauszuziehen.

Als Heizaggregate eignen sich auch **Aquarienheizer** mit einer Leistung von 5 Watt. Sie bilden eine milde lokale Wärmequelle und platzen auch

bei einem Hitzestau im Bodengrund nie, sofern sie nicht mit kaltem Wasser besprüht werden. Man kann sie entweder genau wie Heizkabel auf dem Boden verlegen oder, gut in einer Korkröhre verborgen, etwas höher im Terrarium anbringen.

Wesentlich einfacher und oft besser zu handhaben ist das überall im Zoofachhandel erhältliche Zubehör, was vom **Heizstein** bis zur **Heizmatte** reicht.

Wichtig
Nicht geeignet sind die sogenannten Wärmehöhlen, da die Tiere oft kühlere und feuchtere Verstecke zur Thermoregulation aufsuchen und sich dort nicht weiter erwärmen wollen.

Risiken und Gefahren
Leider schaffen derartige Installationen auch eine Reihe von Gefahrenquellen. So muss etwa die Stelle, an der das Kabel eingeleitet wird, sorgfältig mit Silikon **abgedichtet** werden,

um das Entweichen von Futtertieren zu verhindern. Außerdem nagen Grillen und andere **Futtertiere** hin und wieder die Silikonummantelung an. Das kann einen **Brand** oder **Stromschlag** zur Folge haben. Gegen dieses Risiko bieten **Kabelschächte** und Ähnliches zusätzliche Sicherheit.

Einfahren und korrigieren

Vor dem endgültigen Besetzen des Behälters wird man die **Temperaturen** immer mit Hilfe eines Maximum-Minimum-Thermometers an verschiedenen Stellen **messen**. Wenn die Werte dann nicht im gewünschten Bereich liegen, lassen sich immer noch leicht die notwendigen **Korrekturen** durchführen. Neben der Wärme werden üblicherweise auch die relative **Luftfeuchtigkeit** und deren Schwankungen mit Hilfe eines **Haarhygrometers** gemessen, wonach man das Terrarium bei Bedarf durch die bereits vorher an verschiedener Stelle beschriebenen Maßnahmen auf die erforderlichen Werte „eicht".

Ist alles in Ordnung, und hat man auch die wertvollen Pfleglinge in ihr neues „Habitat" entlassen, so sind gegebenenfalls noch Vorkehrungen gegen Überhitzung und Unterkühlung zu treffen.

Besonders im **Sommer** kann die Raumtemperatur leicht so hoch ansteigen, dass jede zusätzliche Beheizung große Risiken mit sich bringt. Dem kann vorgebeugt werden, indem man mit durch eine **Schaltuhr** an den Stromkreis gekoppelten **Temperaturfühlern** dafür sorgt, dass bei Überschreitung einer bestimmten Wärmeschwelle die gesamte Heizung **ausgeschaltet** wird. Mit einem zweiten Gerät lassen sich überdies bei Erreichen noch höherer Werte die **Beleuchtung** aus- und ein **kühlendes Gebläse** einschalten.

Umgekehrt sorgt ein Temperaturfühler natürlich auch für die **Verhinderung zu niedriger Temperaturen**, indem er die Heizung bei Unterschreiten einer bestimmten Schwelle – etwa 15 °C – bis zu deren erneuter Überschreitung einschaltet.

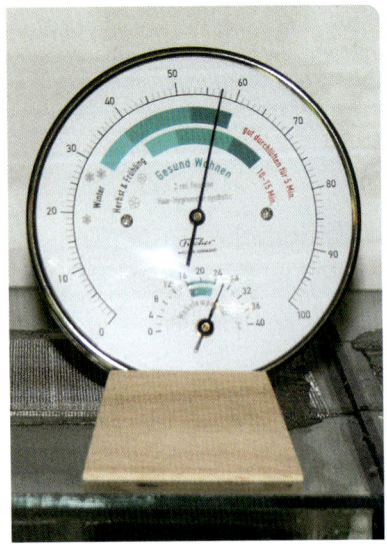

Hygrometer.

> **Tipp**
>
> Für Räume wie Wintergärten und Gewächshäuser empfehlen sich die sogenannten Frostwächter (siehe auch Seite 23).

Beleuchtung

Neben der Temperatur spielt für viele unserer Pfleglinge die Beleuchtung eine mindestens ebenso wichtige Rolle: So ist die Aktivität hauptsächlich von den Lichtverhältnissen abhängig, mit deren Hilfe sie die Ruhe- und Aktivitätsphasen sowie den Tag-Nacht-Rhythmus steuern.

Glücklicherweise wird das Angebot an für die Terraristik geeigneten Beleuchtungskörpern ständig umfangreicher, sodass wir jedem Halter nur empfehlen können, selbst zu prüfen, welches gerade die besten Produkte auf dem Markt sind.

Moderne Beleuchtungskombination von T5-Röhren und LEDs.

Gut zu wissen
Um unseren Tieren eine möglichst angemessene Lichtstärke zu bieten, aber auch aus Energiespargründen sollten nur hochwertige Strahler und Leuchtstoffröhren zur Terrarienbeleuchtung zum Einsatz kommen. Außerdem müssen alle Beleuchtungskörper und Leuchtstoffröhren mit leistungsfähigen Reflektoren ausgestattet sein, da sich die Lichtmenge so nochmals um bis zu 40 % steigern lässt.

T5-Leuchtstoffröhren
Beim derzeitigen Entwicklungsstand nehmen die Leuchtstoffröhren vom **Typ T5 HE** (High Efficiency) eine Spitzenstellung ein. Sie arbeiten sehr umweltfreundlich, da aufgrund ihrer hohen Energieeffizienz und langen Lebensdauer der Rohstoffverbrauch sowie der CO_2-Ausstoß erheblich geringer ausfallen. Bei einem Röhren-

durchmesser von 16 mm bieten sie eine **extrem hohe Lichtausbeute**, nämlich bis zu 104 lm/W. Auf den EVG-Betrieb (EVG = elektronisches Vorschaltgerät) mit Cut-off ausgelegt, arbeiten sie um bis zu 20 % wirtschaftlicher als T8-Lampen.

Gut zu wissen
Das genannte Leuchtstoffröhrensystem ermöglicht in Kombination mit dem kompakten elektronischen Vorschaltgerät den Bau überaus schlanker Leuchten, deren Volumen um bis zu 50 % geringer ausfällt, während ihre Länge 5 cm weniger beträgt: aus diesem Grunde passen sie perfekt zu 60 oder 120 cm lange Terrarium.

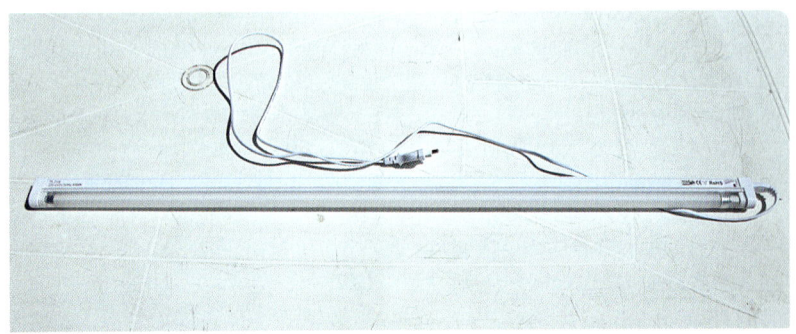

T5-Leuchtstoffröhren sind von geringem Durchmesser und arbeiten sehr energiegünstig.

Die Röhren der Typenreihe **T5 HO** (High Output) zeichnen sich vor allem durch ihren hohen Leuchtenwirkungsgrad aus, der unter anderem auf den geringeren Röhrendurchmesser zurückzuführen ist. Die **Lebensdauer** dieser Leuchtkörper beträgt nach Herstellerangaben etwa 20.000 Stunden, also bei Dauerbetrieb rund 27 Monate.

Zur weiteren Optimierung der Energieausbeute empfehlen sich elektronische **Vorschaltgeräte**, die zum Betrieb von Leuchtstoffröhren mit höheren Hertzzahlen gedacht sind. Dies bietet gleich mehrere Vorteile: einerseits ist der Stromverbrauch der genannten Modelle zumeist minimal, verglichen mit dem **Stromverbrauch** herkömmlicher Vorschaltgeräte. Dadurch verringert sich auch der Ausstoß von **Abwärme** erheblich, was allerdings dazu führt, dass man nicht mehr die Möglichkeit hat, die Vorschaltgeräte wie oben beschrieben, als „Bodenheizung" für darüber angeordnete Terrarien einzusetzen.

Andererseits kommt der Leuchtstoffröhrentyp völlig **ohne Starter** aus,

sodass er seine komplette Leuchtkraft sofort nach dem Einschalten erreicht. Die bei konventionellen Modellen auftretende „Flackerphase" ist damit Geschichte, und die Leuchtkörper erreichen eine viel höhere Lebensdauer.

Umweltbewusste Terrarianer werden den dank der niedrigen Wattzahl deutlich geringeren Stromverbrauch begrüßen, der dazu führt, dass sich die höheren **Anschaffungskosten** in relativ kurzer Zeit bezahlt machen.

Gut zu wissen

Erfahrungen aus dem Bereich der Meerwasseraquaristik legen den Schluss nahe, dass man die Röhren schon den Tieren zuliebe nach etwa 18 Monaten durch neue ersetzen sollte, um keinen nachteiligen Leistungsverlust in Kauf zu nehmen.

Lichtfarbe

Nun stellt sich die Frage nach der richtigen Lichtfarbe: Hier sollte man unbedingt Modellen mit **sonnenlichtarti-**

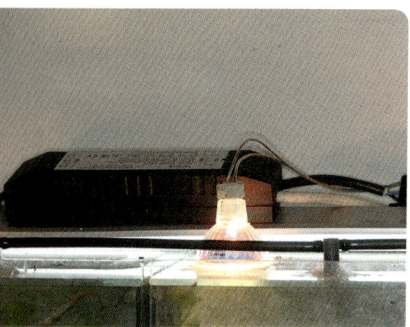

Halogenstrahler mit Vorschaltgerät.

Bausatz einer HQI Lampe mit Schutzgitter.

gem **Spektrum** den Vorzug geben. Der Zoofachhandel hält dazu ein breites Spektrum an Spezialröhren bereit, aber auch die „normale" Farbe „**Tageslicht**" ist völlig ausreichend.

Im Übrigen empfiehlt es sich, diese Leuchtmittel je nach Tierart mit einigen **Niedervolt-Kaltlicht-Halogenstrahlern** zu kombinieren, die für lokale „Lichtinseln" sorgen. Diese sind nicht nur ästhetisch ansprechend, sie werden auch von den Terrarienbewohnern gern angenommen.

Außerdem haben die genannten Halogenstrahler, mit Ausnahme der sogenannten UV-Stop-Lampen, den Vorteil, auch eine gewisse Menge **UV-Licht** abzugeben, die vor allem in Nachzuchtbehältern ihre wohltuende Wirkung entfaltet.

> **Gut zu wissen**
> Für terraristische Zwecke wenig geeignet sind Halogenstrahler mit Reflektor und Schutzglasscheibe, die man häufig in Kaufhäusern erhält.

Metalldampfentladungslampen

Nach unseren Erfahrungen lassen sich Terrarien bis zu einer Höhe von 60–80 cm, je nach gepflegter Tierart, durchaus effektiv mit Leuchtstoffröhren beleuchten, während höhere Becken eigentlich nur noch mit Metalldampfentladungslampen oder vergleichbaren Spezialleuchten auskommen.

Bei den oben erwähnten Metalldampfentladungslampen handelt es sich in erster Linie um **Quecksilberdampf-** (**HQL**) und noch lichtintensivere **Joddampf**-Entladungslampen (**HQI**).

> **Gut zu wissen**
> Beide Typen lassen sich nur in Kombination mit Vorschaltgeräten betreiben, die oft auf mehrere Wattstärken ausgelegt sind. Sie werden im Zoofachhandel komplett mit Reflektor angeboten.

Diese Lampen geben nicht nur punktuell erhebliche **Lichtmengen** ab, sondern erzeugen überdies ein gewisses Maß an **Strahlungswärme**, das zahlreiche Pfleglinge sehr zu schätzen wissen.

Auch für HQI- und HQL-Lampen gilt, dass sich der relativ **hohe Preis** durch die **wirtschaftliche Arbeitsweise** dieser Leuchten nicht nur recht bald amortisiert, sondern insgesamt sogar zu Ersparnissen führt.

Das Spektrum an geeigneten Leuchtmitteln dieser Art im Handel ist sehr groß. Hier seien nur einige Lampen genannt, mit denen wir gute Erfahrungen machen konnten: Bright-Sun von Lucky Reptile, Replux von Namiba Terra und Raptor Solar von der Firma E.N.T. Terrarientechnik.

UV-Licht

In diesem Zusammenhang müssen wir kurz auf die Frage eingehen: „Benötigen Terrarientiere UV-Licht und wenn ja, wie viel?"

Dies lässt sich leider nicht pauschal beantworten. Zahlreiche Terrarianer züchten die verschiedensten Spezies zum Teil über mehrere Generationen völlig problemlos, obwohl sie ihren Pfleglingen nie eine UV-Bestrahlung zukommen lassen. Allerdings setzt

Kleinere Terrarien, beleuchtet mit UV-Sparlampen (Firma Namiba Terra).

dies eine ausreichende Versorgung mit **Vitamin D3** voraus. Jedoch ist auch die vitalitätsfördernde Eigenschaft des UV-Lichtes in diesem Zusammenhang ganz unbestritten und es empfiehlt sich deshalb, tagaktiven Tieren unbedingt ein gewisses Maß an UV-Beleuchtung zukommen zu lassen.

Gut zu wissen
Glas filtert das UV-Licht aus dem Lichtspektrum heraus. Daher den Strahler über UV-durchlässiger Gaze anbringen.

Sprüh- und Nebelanlagen

Eine weitere unschätzbare Arbeitserleichterung für den Terrarianer stellen **vollautomatische** Sprüh- oder Beregnungsanlagen, da man mit ihrer Hilfe die Becken regelmäßig und ganz nach individuellem Bedarf beregnen lassen kann. So bietet man seinen Tieren auch die Gelegenheit, zu festen Zeiten, beispielsweise frühmorgens, als Simulation der Taubildung stets gleich genügend Wasser aufzunehmen. Auch lassen sich auf diese Weise leicht **Trocken- und Regenzeiten** imitieren.

Der größte Vorteil dieser Systeme liegt aber in der durch sie erreichten Unabhängigkeit, da nun im Urlaub, aber auch während kürzerer Abwesenheit nicht täglich jemand nach den Terrarien zu schauen braucht. Überdies bleibt dem Pfleger so mehr Zeit zum Beobachten seiner Schützlinge.

In den letzten Jahren haben sich verschiedene Techniken durchgesetzt:

Sprühanlage, im Deckel des Terrariums installiert.

einmal das „Multi-Drop-System" von Gardena, zum anderen diverse fertige „Baukastensysteme" aus dem Zoofachhandel. Beide Varianten haben ihre Vor- und Nachteile, die wir an dieser Stelle kurz beschreiben wollen, ohne allerdings Bauanleitungen zu geben.

Gut zu wissen
Der Einbau einer Sprühanlage erfordert in jedem Fall gewisse **planerische Vorarbeiten**, bei denen die unterschiedlichsten Gesichtspunkte bedacht sein wollen und auf die im Folgenden hingewiesen wird.

Terrarium mit einer Sprühanlage der Firma Gardena.

„Multi-Drop-System"

Der Einbau des „Multi-Drop-Systems" ist nicht in jeder Wohnung möglich und sollte gegebenenfalls nur von einem Fachmann vorgenommen werden. Nicht zu Unrecht weist die Firma Gardena ausdrücklich darauf hin, dass man ihr System nur im Freien verwenden sollte. Schon deshalb empfiehlt es sich, die Installierung allenfalls im Keller zu erwägen.

Das „Multi-Drop-System" wird direkt an eine **Wasserleitung im Haus** angeschlossen. Zuerst installiert man zur Steuerung der Sprühanlage den Gardena-**Bewässerungscomputer** mit integriertem Magnetventil, Feinfilter und Zeitschaltuhr, und danach einen Druckminderer, der den Leitungsdruck beim Öffnen der Leitung abfängt.

Der größte **Vorteil** dieses Systems liegt in der **Vielfalt der Düsen** und in ihrer einfachen **Verlegbarkeit**. So wird das Wasser in fest installierten Plastikrohren, die sich durch Kupplungen beliebig miteinander verbinden lassen, bis zu den Düsen geleitet. Letztere kann man nun (jedenfalls laut Herstellerangabe) einfach in das Rohr stecken. Der **Nachteil** ist, dass das Rohr dann aber leider meist nicht dicht schließt. Deshalb sollte man auch die Düsen immer durch Kupplungen mit der Leitung verbinden.

Regenanlage

Besonders gut geeignet ist die Regenanlage der Firma E.N.T., die mit einer speziellen Hochdruckpumpe, keiner Tauchpumpe, ausgestattet ist und für eine maximale Durchflussrate von 1 l pro Minute sorgt. Aufgrund der niedrigen Ansaughöhe der Pumpe muss man diese allerdings unter dem Wasserspiegel eines speziellen **Vorratsbehälters** (Volumen: 10 bzw. 20 l) anbringen.

Über Hochdruckschläuche, für die ein spezielles Stecksystem aus Verbindungen und Verteilern zur Verfügung steht, wird das Wasser nun zu den Düsen geleitet, von denen sich mit einer einzigen Pumpe problemlos zehn bis zwölf betreiben lassen. Gesteuert wird das Ganze allein durch eine **Zeitschaltuhr.**

Der Durchfluss einer Düse beträgt 0,05 l pro Minute. Diese geringe Menge erlaubt es, das Terrarium mehrmals täglich zu besprühen, ohne das Risiko einer „Überflutung".

Der Sprühwinkel (80°) sorgt überdies dafür, dass eine relativ große Fläche benetzt wird. So genügen etwa für

Bauteile für eine Sprühanlage der Firma E.N.T.

Abflüsse, die man in das Terrarium einbauen kann, gibt es in verschiedenen Versionen.

Terrarien mit einer Grundfläche von 80 × 50 cm zwei dieser Düsen völlig.

Zu ihrem sicheren Einbau muss man die Terrariendecke mit einer 10-mm-Bohrung versehen, was bereits bei der Anschaffung zu berücksichtigen ist.

Abflüsse

Bei jeder dieser Sprühanlagen darf man allerdings nicht vergessen, dass die damit ausgestatteten Terrarien mit einem nicht zu kleinen Abfluss versehen sein müssen. Dafür lässt man im Boden jeweils eine Bohrung von etwa 10–27 mm Durchmesser anbringen, in die entweder eine Schraubmuffe oder ein einseitig verschraubbarer Abfluss aus Plastik, etwa die im Caravanzubehörhandel erhältlichen Modelle für

> **Gut zu wissen**
> Der Abfluss muss durch Filterwatte oder ähnliches Material gut gegen das Eindringen von Einrichtungsgegenständen und Tieren gesichert sein.

Wohnwagenwaschbecken, eingeklebt wird. Daran schließt man ein dichtes Schlauchsystem an, welches das Wasser direkt in ein Abflussrohr leitet.

Wassertemperatur

Ein in diesem Zusammenhang vieldiskutiertes Problem ist die Temperatur des Sprühwassers. Vielen kommt das direkt aus der Leitung fließende Wasser besonders im Winter für viele Tiere unnatürlich kalt vor.

Wer also für einen **warmen „Niederschlag"** sorgen will, sollte im Terrarienzimmer unter der Decke einige Meter Kupferrohr oder Druckschlauch verlegen, in denen sich das Wasser **auf Zimmertemperatur** erwärmen kann, bevor es aus der Düse tritt.

Außerdem muss man sich unbedingt eine Möglichkeit schaffen, diese Erwärmungsvorrichtung im Sommer „stillzulegen", da das Wasser sonst viel zu warm würde.

Ultraschall-Nebler

Zum Abschluss wollen wir noch die Ultraschall-Luftbefeuchter erwähnen, die als Nebelanlagen zur Habitats-durchfeuchtung oder zur bloßen Steigerung der relativen Luftfeuchtigkeit eingesetzt werden können.

In aller Regel arbeiten Nebelanlagen wesentlich **betriebssicherer** als Sprühsysteme, da sie nicht mit deren enormem Leitungsdruck arbeiten.

Die benebelten Terrarien müssen auch nicht mit einem Abfluss ausgestattet sein und können deshalb bedenkenlos in jeder Wohnung eingebaut werden.

Für die **Froschpflege** bieten sie wesentliche Vorteile: So reagieren die Tiere etwa viel schneller und stärker auf eine 100%ige relative Luftfeuchtigkeit und das Überbrausen des Terrariums.

Auch bei zahlreichen **Insekten** ist es sehr von Vorteil, wenn die relative Luftfeuchtigkeit nachts, besser noch in den frühen Abendstunden stark ansteigt, weil die Tiere in der Natur den abendlichen **Tau** für ihre **Häutung** nutzen.

Gut zu wissen
Zum Beregnen der Behälter sind Luftbefeuchter nicht geeignet, da die austretende Wassermenge viel zu gering ist.

Beim Kauf eines der überall im Handel erhältlichen Ultraschall-Luftbefeuchters sollte darauf geachtet werden, dass er einen **Entkalker** enthält, denn die meisten anderen Geräte dürfen nur mit destilliertem Wasser betrieben werden. Auch sollte die **Kapazität des Tanks** so gewählt sein, dass

der Wasservorrat für mehr als eine Woche ausreicht. Ideal wäre dabei ein 10-l-Tank.

An die Öffnung, aus welcher der Wasserdampf austritt, wird ein **Rohrsystem** angeschlossen. Dabei müssen die Leitungen, durch die der Dampf vom Gerät zu den Terrarien strömt, einen Durchmesser von mindestens 60 mm aufweisen. An dieses Hauptrohr schließt man einige dünnere Rohre mit einem Durchmesser von etwa 30 mm an.

Info

Die Rohre müssen im Terrarium enden und mit einem sehr groben Gewebe, Maschenweite circa 5 mm, gesichert werden, damit keine Terrarienbewohner oder Futtertiere eindringen können.

Der Leitungsweg darf nicht zu lang geraten! Ebenfalls sehr wichtig ist es, dass die gesamte Rohrleitung ein **leichtes Gefälle** aufweist, damit das darin kondensierende Wasser ins Gerät oder ins Terrarium zurücklaufen kann.

Gut zu wissen
Mit einer Nebelanlage lassen sich je nach Leistungsstärke des Luftbefeuchters etwa vier bis acht Normalterrarien betreiben.
Dabei darf man nicht vergessen, dass der Wasseraustritt aber sehr gering ist. Das bedeutet, dass zusätzlich gesprüht und die Pflanzen gegossen werden müssen.

Terrariengestaltung und -einrichtung

Grundsätzlich beginnt die Terrarieneinrichtung mit dem Verkleiden von Seitenscheiben und Rückwand. Je nach dem zu imitierenden Biotop bieten sich dabei die verschiedensten Möglichkeiten.

Kunststoffrückwände

Erst seit einigen Jahren nehmen immer mehr fertig modellierte Kunststoffrückwände, die in zahlreichen Variationen angeboten werden, Einzug in unsere Terrarien. Die Bandbreite der Motive reicht vom Bambushain über Wurzeln im Wildbach oder Baumstammsegmente bis hin zu ganzen Felslandschaften.

Obwohl sie aus künstlichem Material bestehen, sehen sie **täuschend echt** aus. Aufgrund ihrer Beschaffenheit verrotten sie nicht, bewachsen sich dafür aber auch nur sehr langsam mit Moosen, Algen oder Flechten.

Verarbeitung

Die Rückwände werden auf das gewünschte Maß zurechtgeschnitten und können dann, beispielsweise mit Silikon, auf die Terrarienwand geklebt werden. In größeren Behältern lassen sich die **einzelnen Module** zu einer Gesamtrückwand verbinden.

Probleme bereitet der Einbau von künstlichen Rückwänden, wenn diese selbst **keine ebene Rückseite** aufweisen. Dann eignet sich als Kleber eigentlich nur Montageschaum, der in jedem Baumarkt erhältlich ist.

– Zur Befestigung legt man die Rückwand an die entsprechende Stelle

Im Handel erhältliche Fertigrückwand der Firma Namiba Terra.

im Terrarium und spritzt vorsichtig Montageschaum in den Hohlraum zwischen Terrarienrückwand und künstlicher Rückwand.

– Da der Schaum sich um ein Vielfaches ausdehnt, würde er die künstliche Rückwand leicht anheben und dann unregelmäßig ankleben. Um dieses zu vermeiden, muss die künstliche Rückwand nun erheblich beschwert werden.

– Der nun an den Seiten herausge-
quollene Schaum kann nach dem
Aushärten leicht mit einem Messer
abgeschnitten werden. Abschließend werden die Kanten zum
Schutz vor dem Eindringen von Tieren mit passend eingefärbten Dich-
tungsschlämmen verschlossen.

Tipp

Bei Produkten aus dem Baumarkt unbedingt die Anleitung und die
Sicherheitshinweise des Herstellers beachten.

Korkrück- und Seitenwände
Aber auch die klassischen Rück- und
Seitenwände sind immer noch beliebt.
In allen Behältertypen und auch bei
den nachzuahmenden Lebensräumen
hat sich das Bekleben der Wände mit
dünnen Korkplatten bewährt, da diese
auch gegen Feuchtigkeit relativ resis-
tent sind und den Tieren zusätzlichen
Raum zum Klettern bieten.

*Tapezierkork eignet sich zur Verkleidung der
Wände.*

Verarbeitung
Korkplatten gibt es in den unterschiedlichsten Stärken und Qualitäten sowie
in zwei Farben. Am gebräuchlichsten
ist der helle, im Tapetenhandel oder in
Baumärkten überall erhältliche Kork,
der zum Beispiel als **Wandverkleidung** benutzt wird. Die in der Regel
30 × 60 cm großen und 2 mm starken
Platten werden auf das gewünschte
Maß zurechtgeschnitten und dann mit
Silikon aufgeklebt.

Wesentlich vielseitiger lässt sich der
dunkle, in Stärken von 20–60 mm an-
gebotene **Dachdeckerkork** verwenden, den man in allen größeren Dach-
deckerbedarfsgroßhandlungen
erwerben kann. Hier gibt es zwei verschiedene Qualitäten. Zum einen den
einfach heiß gepressten, zum anderen
den geklebten.

Wichtig

Für die Terrarien ist nur
die heiß gepresste Sorte geeignet, da der
geklebte Kork laufend giftige Lösungs-
mitteldämpfe freisetzt.

Vorteile
– Anders als beim dünnen Material
lässt sich die Oberfläche vom Dachdeckerkork mit einer Fräse oder
Ähnlichem so bearbeiten, dass sie
das Klettern der Pfleglinge stark begünstigt.
– Überdies ermöglicht sie dank ihrer
Stärke eine Bepflanzung und weist
ein fast natürliches Aussehen auf.
– Der Kork lässt sich beispielsweise
durch Sägen, Brechen oder anderes
gut verarbeiten. Da er zudem sehr
leicht ist, eignet er sich auch zur

Gestaltung von Aufbauten und als Grundlage für Felsimitationen.

– In schmale Streifen geschnitten, jeweils mit einer gesägten und einer gebrochenen Seite, lässt er sich mit der glatten Fläche problemlos an die Wände kleben. Die so entstehenden „Aussichtsplattformen" sind begehrte Aufenthaltsplätze.

– Auch Felsspalten kann man so leicht und gut kontrollierbar nachgestalten, oder einfach nur die verfügbare Lauffläche vergrößern. Als Felsspaltimitation klebt man die unten fächerartig immer enger zusammenlaufenden Korkstreifen an eine Seite der Rückwand.

Künstlicher Felsenaufbau im Wüstenterrarium.

Tipp

Da dieser Kork sehr stark staubt, empfiehlt es sich dringend, seine Oberfläche noch vor dem Einbau ins Terrarium unter freiem Himmel zu überarbeiten.

Die so gestalteten **Verstecke** werden trotz ihrer **guten Kontrollierbarkeit** von den Tieren gern angenommen. Am Verhalten der Bewohner erkennt man leicht, ob sie sich darin völlig sicher fühlen.

Begrünen

Auch bepflanzen lässt sich der dunkle Kork leicht: Hierzu bohrt man ein Loch, in das der Wurzelballen der Pflanze mit etwas Erde fest hineingesteckt wird. Wenn man anschließend das Gießen nicht vergisst, wurzeln die Gewächse recht schnell ein. Der rankende **Zwerggummibaum** *Ficus pumila* etwa verwandelt auf diese Weise die triste dunkelbraune Rückwand binnen kürzester Zeit in ein grünes Blättermeer.

Ebenso gut kann man aber auch **Epiphyten** anheften oder sogar ankleben, wobei die Wurzeln vieler Arten jedoch in *Sphagnum* (Torfmoos) eingebettet werden müssen, da Kork das Wasser nicht lange hält und so auch keine Staunässe entsteht.

Tipp

Die schönste Variante an Naturkorkprodukten sind plangepresster Korkeichenrinde. Sie ist in Platten bis zu einer Größe von 100 x 50 cm etwa im Zoofachbedarf erhältlich.

Wände im Trockenterrarium

Schwieriger gestaltet sich demgegenüber die Einrichtung von Trocken- oder Wüstenterrarien. Optisch am schönsten, aber auch am natürlichsten wirkt eine **Felswand**, die den Bewohnern gleichzeitig mehr Bewegungsraum böte. Als **Materialien** eignen sich für diesen Zweck vor allem Moltofill (für außen) oder **Dichtschlämme**. Beide sind in Baumärkten erhältlich und lassen sich leicht verarbeiten.

Verarbeitung

– Zuerst klebt man als Kern der eigentlichen Felswand einige Kork- oder Styroporstreifen auf die Wand.
– Dann legt man das Terrarium, wenn dies möglich ist, auf die betreffende Seite und bestreicht die ganze Wand inklusive der Aufbauten dünn mit Dichtschlämme. Lässt sich das Becken nicht mehr bewegen, so rührt man die Spachtelmasse etwas dicker an und trägt sie dann vorsichtig auf die Wände auf.
– Damit das Terrarium nun nicht das typische triste Betongrau aufweist, kann man das Material nach Wunsch zum Beispiel mit Eisenoxid für Rottöne oder anderen zementfesten Pigmenten eintönen. Dabei erhält man je nach Beigabemenge unterschiedliche Farbschattierungen und -intensitäten.
– Wenn das immer noch zu trist wirkt, lässt sich die Oberfläche auch mit rotem Sand oder anderen Materialien bestreuen, die für eine rauere Struktur sorgen.
– Für Felsbewohner kommt auch ein Verkleiden der Terrarienwänden mit dünnen Steinplatten in Frage.

In diesem Terrarium besteht das Substrat aus gepresster Kokoserde.

Bodengrund

Sind die Wände fertig gestaltet, so wird als nächstes der Bodengrund eingebracht. Seine unterste Lage bildet bei bepflanzten Behältern stets eine Art **Drainageschicht**, die das überflüssige Wasser auffängt und an der man leicht erkennen kann, wann die Pflanzen wieder gegossen werden müssen. Sie sollte aus leichtem Material wie **Styroporschnipseln** oder **Lecatonkugeln** bestehen und etwa 2–3 cm hoch sein. Damit sie sich nicht mit der darüber folgenden Erdschicht vermischt, wird sie mit einer Lage **Filterwatte** oder ähnlichem Stoff abgedeckt.

Darüber füllt man nun das eigentliche Substrat ein, welches aus verschiedenen Materialien bestehen kann, etwa einem Sand-Torf-Gemisch, Garten- oder Blumenerde, Lehm, Holzspäne oder anderes.

In Wüsten- und Trockenterrarien

Hier kann man natürlich auf eine Drainageschicht verzichten. Als Bodengrund verwendet man hier Sand oder Lehm. Alle Pflanzen werden in Pflanzschalen in den Behälter gestellt, damit man beim Gießen nicht immer den gesamten Bodengrund durchfeuchtet. Optisch am schönsten wirkt natürlich roter Sand, den man in Deutschland zum Beispiel in der Eifel findet.

Bei trockenen Terrarientypen legt man auf den Boden einige dünne Steinplatten beziehungsweise Kork- oder Rindstücke, die von den Tieren gerne als Versteck angenommen werden.

In Regenwaldterrarien

Hier wird die Bodenschicht mit Laub, Moos, Rindstücken oder dünnen Steinplatten abgedeckt, sodass die Bewohner ausreichend Möglichkeit haben, sich dazwischen zu verbergen.

Gänge und Höhlen

In den meisten Fällen kommt der Höhe des Substrates keine entscheidende Bedeutung zu. Nur bei Arten, deren Weibchen regelrechte **Legeröhren** graben oder sogar in **Wohnhöhlen** leben, muss eine sehr **hohe Bodenschicht** vorhanden sein, die auch in sich eine gewisse **Stabilität** aufweist. Am festesten sind natürlich Gartenerde oder Lehm, aber bisweilen reicht auch eine Mischung aus lockeren Substanzen aus, um für einen stabilen Bodengrund zu sorgen, in dem die Pfleglinge leicht **graben** können.

Unterschiedliche Materialien, sie sich Bodengrund eignen, von links: Terrarienhumus, Buchenspäne, Pienienborke und Kokosfaser.

Künstliche Höhle mit Steinähnlichkeit.

Terrarium mit einem speziellen Behälter für die Eiablage.

Gut zu wissen
Bei der Pflege von stark grabenden Arten sollte man nie vergessen, die Pflanzen nur in festen, standsicheren Blumentöpfen einzubringen.

Einfacher gestaltet sich der Versuch, die Tiere an **fertig gemauerte Gänge** oder mit Erde gefüllte, abgedeckte Holzkisten zu gewöhnen.

Eiablageplätze
Zur Eiablage werden flache, mindestens 5 cm hoch mit leicht feuchtem Substrat gefüllte Schalen ins Terrarium eingebracht, die man teilweise mit dünnen Steinplatten oder Ähnlichem abdecken sollte. Da auch in Wüsten- und Trockenterrarien stets eine feuchte Stelle vorhanden sein muss, besprüht man bei diesem Typ immer nur in eine Ecke, in der auch die nie fehlende Wasserschale steht. So haben die Tiere immer die Möglichkeit, eine feuchtere Stelle aufzusuchen.

Äste und Wurzeln
Als weitere Einrichtungsgegenstände kommen Kletteräste, alte, verwachsene Wurzeln, größere Steinaufbauten oder aber Epiphytenäste in Frage.
Besonders schön wirken alte Wurzeln, die den Tieren durch zahlreiche

Gut zu wissen
Die Äste sollten sorgfältig ausgewählt werden: Sie dürfen weder morsch sein noch eine allzu glatte Oberfläche besitzen.

Löcher und **Gänge** eine ganze Reihe zusätzlicher **Versteckmöglichkeiten** bieten. Für große und insbesondere schwere Tiere muss man allerdings schon sehr dicke Äste oder gar dünne Baumstämme auswählen. Alle der Natur entnommenen Äste und Wurzeln müssen vor dem Einbringen ins Terrarium gründlich **gereinigt** und **getrocknet** werden, um das Einschleppen von Schnecken, Asseln, Tausendfüßlern, Drahtwürmern und Ähnlichem zu verhindern

Als Alternative bieten sich große **Korkröhren** an, die der Handel teilweise mit Durchmesser von mehr als 20 cm anbietet.

Epiphytenäste
Leider fast ausschließlich nur bei der Haltung von kleineren, grazilen und leichtgewichtigen Pfleglingen eignen sich die sogenannten Epiphytenäste, an oder auf denen schöne

Neben Kletterästen und einer Korkröhre besteht die Einrichtung hier noch aus einem Starenkasten als Geburtshöhle für die Jungen von Rhacodactylus trachycephalus.

Tillandsien, attraktive **Orchideen** oder **kleine Farne** kultiviert werden können.

Um die Epiphytenpflanzen zu befestigen, kommen für das Terrarium stark verwachsene Rebstöcke, aber auch dünne Wurzeln in Frage. Zur Bepflanzung eignen sich alle Arten von Aufsitzerpflanzen. Diese werden entweder einfach mit Silikon an den Ast geklebt, oder man bettet ihre Wurzeln in *Sphagnum* (Torfmoos) ein und presst sie dann in eine Astgabel. Alternativ lassen sich die Epiphyten auch mit durchsichtigem Nylonband aufbinden.

Felsen

Schwieriger gestaltet sich demgegenüber die Integration von Felslandschaften. Da Natursteine sehr schwer sind, können sie nur in Terrarien verwendet werden, die einen soliden Unterbau aufweisen und deren Bodenscheibe völlig plan auf dem Unterbau aufliegt.

Gut zu wissen

Bei schweren Einrichtungsgegenständen sollten die Behälter zusätzlich auf einer Hartschaummatte für Aquarien stehen, die kleinere Stöße abfangen kann.

Wüstenterrarium mit Felsenimitation und Modulen.

Wer auf **echte Steine** im Terrarium nicht verzichten will, muss mit ihrem Aufbau immer auf dem Boden beginnen, denn es kann leicht einmal vorkommen, dass grabende Tiere die Steine unterwühlen und dann von diesen zerquetscht werden.

Den zum Einmauern verwendeten Zement kann man nach Wunsch mit Metalloxydfarben tönen, um ihm ein möglichst natürliches Aussehen zu verleihen.

Wichtig

Derart schwere Gebilde sind immer nach einem genau festgelegten Plan ins Terrarium einzubringen; dabei werden die Steine in kleinen Einheiten aufgemauert, die leicht separat entnehmbar und gut zu kontrollieren sind.

Wesentlich leichter und vielseitiger lassen sich **künstliche Felslandschaften** gestalten. Man baut dazu ein Gerippe aus dicken Kork- oder Styroporplatten beziehungsweise -blöcken. Das Styropor kann man anschließend mit eingefärbtem Moltofill, für die Außenanwendung, oder Fertigbeton verputzen. Durch das Aufstreuen verschiedener Materialien wie etwa Sand oder feinem, farbigen Kies lässt es sich zusätzlich verschönern.

Wichtig

Bevor die so mit einander verbundenen Steinaufbauten in das Terrarium gelangen, bedürfen alle zementhaltigen Teile noch einer gründlichen Wässerung.

Fließende Gewässer und Wasserteil

Zahlreiche Tiere trinken viel lieber bewegtes Wasser als stehendes. So besteht die Möglichkeit, das Terrarium mit einem kleinen Zimmerspringbrunnen auszustatten, wie er beispielsweise in Hydrokulturanlagen verwendet wird. Dies erfordert natürlich einige besondere **bauliche Vorrichtungen**, etwa eine absolut **wasserdicht** und gut geschützt verlegte **Stromzufuhr**.

Noch schöner wirkt ein kleiner **Bachlauf** mit Wasserfall, der in einem größeren Becken endet. Wenn man sich ohnehin schon für eine Kunstfelsenlandschaft entschieden hat, kann man auch gleich einen Bachlauf oder Wasserfall darin integrieren. Betrieben werden sollte dieser mit einem sehr großen Aquarienfilter beispielsweise der Marke Eheim. Auch diese Variante erfordert viele bauliche Besonderheiten, etwa einen **Abfluss** aus dem Wasserbecken zum **Filter** und eine von dort versteckt zum Beginn des Bachlaufs **zurückführende Wasserleitung**. Wenn man das zu aufwendig findet, lassen sich auch auf fertigen Wasserläufe aus dem Zoofachfachhandel verwenden.

Als **Wasserteile** eignen sich die zahlreichen im Fachhandel erhältlichen Modelle. Weniger geeignet sind solche, die ins Terrarium eingeklebt wurden, weil sie sich nur schwer reinigen lassen.

Im Großterrarium

Komplizierter gestaltet sich der Einbau eines geeigneten Wasserteils in ein Großterrarium. Hierfür haben sich die besonders leichten, in verschiede-

Raumterrarium mit Bambuswand und Wasserfall.

nen Größen erhältlichen **Plastik-duschwannen** bewährt, aber auch fertig geformte **kleinere Gartenteiche** kommen in Frage. Beide haben den Vorteil, dass sie bereits mit einem Abfluss versehen sind, wodurch sich die Reinigung und der Wasserwechsel erheblich vereinfachen.

Auch in Wüstenbecken darf nie eine flache Schale mit stets frischem Trinkwasser fehlen, obwohl die meisten Tierarten ihren Flüssigkeitsbedarf gewöhnlich über die Nahrung decken.

Für einige **Baumbewohner** ist es von Vorteil, wenn die Wasserschale etwas höher im Terrarium angebracht ist, zum Beispiel in einer Astgabel oder auf einem höheren Felsvorsprung.

Gut zu wissen
Über dem künstlichen Wasserteil sollte sich immer ein stärkerer Ast befinden, damit die Tiere leicht herausklettern können.

Die richtige Bepflanzung

Der Versuch, eine zoogeographische Einheit von Tieren und Bepflanzung herzustellen, ist für eine artgerechte Haltung nicht notwendig – die Ansicht, dass letztere nur bei genauer **Nachgestaltung** des natürlichen Lebensraums möglich wäre, trügt. Wie sollte man auch sonst erklären, dass sich zahlreiche Arten in freier Natur problemlos dem neuen „Lebensraum" Müllhalde angepasst haben und sich dort bester Gesundheit erfreuen? Dieses Biotop wird aber sicher niemand in seinem Terrarium nachgestalten ...

Bei dem Versuch, im Behälter einen geographischen Biotop zu imitieren, sollte man daran denken, dass dieser in der Natur ein in sich zusammenhängendes Ganzes bildet, aus Pflanzen, dem Untergrund, zahllosen Tierarten, insbesondere auch Raubfeinden, die in vielfältigen Beziehungen zueinander stehen. Man spricht auch vom Öko-„system", das Terrarium niemals zu simulieren ist.

Die Bepflanzung im Terrarium spielt als Lebensraum für viele Tierarten eine untergeordnete Rolle, weil nur die wenigsten wirklich auf sie angewiesen sind. Überdies vertauschen zum Beispiel viele Geckos gern ihr natürliches Habitat, den Baumstamm, gegen eine glatte Korkfläche an der Rück- oder Seitenwand des Terrariums.

Die Bepflanzung dient folglich mehr der optisch-ästhetischen Gesamtwirkung. Trotzdem kann sie aber auch wichtige **Funktionen** wahrnehmen:
- So lässt sich das Innere des Terrariums durch geschickt platzierte

Künstliche Bromelien (Firma Exo Terra) eignen sich für die Kaulquappen von Dendrobatiden.

Pflanzen in mehrere „Reviere" aufteilen.
- Bei vielen Arten bieten die Gewächse gleichzeitig auch eine Form von natürlicher Deckung und Sichtschutz gegen Tiere der gleichen Spezies.
- Größere, dichte Pflanzen können sogar ein besonderes Kleinklima schaffen, das dem Wohlbefinden unserer Pfleglinge häufig sehr zuträglich ist.

Die meisten Terrarianer beschränken sich deshalb darauf, im Rahmen des jeweiligen Behälters gewissermaßen ein kleines „**Wohnzimmer-Biotop**" zu schaffen, dessen Bepflanzung auf möglichst naturnahe Weise Artenvielfalt und Unübersichtlichkeit des Regenwaldes widerspiegeln soll. Dies ist kein leicht umzusetzendes Unterfangen, denn die Kultur von Tillandsien, Orchideen und zahlreichen Zwergfarnen erfordert ebenso viel Mühe und Erfahrung wie die Pflege der eigentlichen Terrarienbewohner.

Oophaga pumilio mit Quappe auf dem Rücken. Diese Frösche brauchen einen Lebensraum mit Wasser für die erfolgreiche Aufzucht ihrer Nachkommen.

Gut zu wissen

Die Terrarienbepflanzung betreffend sollte man nie vergessen, dass sich dann als Tierbesatz nur kleinste, möglichst leichtfüßige und nicht „vegetarische" Arten eignen. Wer also sein Augenmerk nicht nur auf die Pflege von Tieren, sondern auch auf die Bepflanzung richten will, sollte vorher gründlich die einschlägige Literatur studieren.

Große Tiere

Selbst große Schlangen und Echsen lassen sich aber auch in sehr dekorativ bepflanzten Großterrarien pflegen. Hier wird der **optische Eindruck** weniger von der Artenvielfalt als vielmehr durch die Größe der Pflanzen geprägt, die beispielsweise einen Wasserteil – möglichst mit Bachlauf oder Wasserfall im Zentrum – einrahmen oder überdachen.

Selbst der Anblick eines trockenen Wüstenbeckens lässt sich mit Hilfe einiger hübscher Sukkulenten optisch erheblich verbessern.

Allerdings ist die **Auswahl** der Pflanzen, die sich für Trocken- oder Felsterrarien zur Pflege von Tieren aus Habitaten mit spärlichem Pflanzenwuchs, vor allem Gras, vorkommen, im Allgemeinen schwieriger. Selbst die verschiedenen Zimmer- und Ziergräser weisen in der Regel in solchen Behältern nur eine geringe Lebenserwartung auf.

Deshalb empfiehlt es sich, auf andere **Pflanzen aus Trockengebieten** zurückzugreifen, wie die verschiedenen *Aloe*- und *Echeveria*-Arten.

Agavengewächs für das Trockenterrarium.

Grabende Tiere

Bei der Pflege von grabenden Tieren muss man die Gewächse, wie erwähnt, unbedingt in festen, möglichst noch **mit Steinen beschwerten** Blumentöpfen oder Pflanzenschalen in das

Gut zu wissen

Alle Terrarienpflanzen werden separat gewässert, weil das tägliche Überbrausen des gesamten Beckens zum Tränken der Tiere hierfür nicht ausreicht: Das Sprühwasser befeuchtet in der Regel nur die Oberfläche und ist nach kurzer Zeit schon wieder vollständig verdunstet.

Kunstpflanzen können die ästhetische Lösung sein, wenn die Tiere echte Pflanzen fressen würden.

Gut zu wissen
Auf eine Düngung der Pflanzen kann man verzichten, weil sie von den Tieren auf denkbar natürliche Weise besorgt wird. Bei Schädlingsbefall entfernt man gegebenenfalls die ganze Pflanze, denn selbst der Einsatz sogenannter natürlicher Insektizide ist immer bedenklich.

ist immer **der hellste Platz** im Terrarium, da sie bei Lichtmangel lange, dünne Triebe ausbildet, die leicht abbrechen und ihr ein unvorteilhaftes Erscheinungsbild verleihen.

Zum Fressen gern
Vergessen sollte man außerdem nie, dass zahlreiche Tierarten Vegetarier sind und daher alles frische Grün nur als willkommene Bereicherung ihres Speisezettels ansehen. Jede Bepflanzung wäre in solchen Fällen vergebliche Liebesmühe, es sei denn, man kann die Gewächse so anbringen, dass sie für die Tiere völlig unerreichbar bleiben.

Terrarium stellen, um ihr Ausgraben oder Umkippen zu erschweren; dann kann man sie auch gießen, ohne dabei gleich den ganzen Behälter unter Wasser setzen zu müssen.

Aber auch für eine ausreichende **Beleuchtung** muss stets gesorgt werden. Der ideale Standort einer Pflanze

Linke Seite: Bartagamen in einem Terrarium mit künstlicher Rückwand.

Ernährung und Fortpflanzung

Ernährung und Fortpflanzung

Nach dem wir die grundlegenden technischen Aspekte der Terraristik erörtert haben, wollen wir auf weitere Voraussetzungen für eine **artgerechte** Haltung eingehen. Dazu gehört erfahrungsgemäß auch die Ernährung unserer Pfleglinge im Terrarium, denn immer wieder belegen Untersuchungen an verendeten Tieren, dass dabei Fehler gemacht wurden.

Gründe dafür sind die **Unkenntnis** darüber, was eine **unausgewogene** Ernährung für die einzelne Tierart bedeutet, ein Mangel an passenden Futtersorten oder das fehlende Wissen, welches Futter für die verschiedenen Arten überhaupt **zuträglich** beziehungsweise notwendig ist. Die Vielfalt des in Frage kommenden Futters im Handel ist nahezu unüberschaubar und verwirrt mehr, als dass sie hilft, eine adäquaten Fütterung zu gewährleisten.

Nahrungsspezialisierungen

Nur einige wenige Arten sind derart ausgeprägte Nahrungsspezialisten, dass eine Terrarienhaltung nur vor Ort möglich ist, wie beispielsweise bei den leguanartigen Meerechsen (*Amblyrhynchus*) von den Galápagos-Inseln, die ausschließlich großwüchsige Meeresalgen fressen.

Neben diesen Extremfällen gibt es allerdings eine ganze Reihe von Arten, die sich zwar in freier Wildbahn fast ausschließlich von ganz bestimmten Futtertieren, etwa Ameisen und/oder Termiten, oder Futterpflanzen wie

Rhododendronblätter ernähren, hin und wieder aber auch andere Insektenarten erbeuten.

Die Ernährung eines **Grünen Leguans** ist noch recht unproblematisch durch Einkäufe in der Gemüseabteilung eines größeren Lebensmittelgeschäftes zu bewerkstelligen.

Gut zu wissen

Sehr wichtig ist bei der vegetarischen Ernährung zumindest von Amphibien und Reptilien, dass dem Futter jedes Mal ein Vitamin-Mineralstoff-Aminosäuren-Gemisch beigemischt wird. Dieses streut man einfach über die Blätter oder mischt es unter den Obst-Gemüse-Salat.

Die Ernährung bereitet unter Umständen bei **Stab- und Gespenstschrecken** (*Phasmiden*) arge Probleme – vor allem, wenn gegen Ende des Winters nicht einmal mehr Brombeerblätter ausreichend zur Verfügung stehen. Diese Insekten sind in hohem Maße Nahrungsspezialisten und akzeptieren häufig nur **bestimmte Pflanzensorten**. Diese müssen überdies von möglichst **unbelasteten** Standorten stammen, wozu stark befahrene Straßen ebenso wenig wie Ackerflächen und Parkanlagen zählen, wo immer mit einer erheblichen Pestizid- oder Schwermetallbelastung gerechnet werden muss.

Tipp

Es ist empfehlenswert, für spezialisierte Pflanzenfresser eine eigene Futterpflanzenzucht zuzulegen.

Eudicella gralli ist ein attraktiver Rosenkäfer, der von pflanzlicher Nahrung lebt.

Viele **Wirbellose** sind, was ihr Futter angeht, glücklicherweise als recht **anspruchslos** zu bezeichnen. So lassen sich etwa Grillen, Schaben und andere Spezies leicht mit Hundeflocken auf pflanzlicher Basis und ähnlichen Produkten ernähren.

Vom Entwicklungsstadium abhängig

Ferner darf nicht außer Acht gelassen werden, dass sich bei zahlreichen Insektenarten Larven und Vollkerfe völlig unterschiedlich ernähren: Die Engerlinge vieler Frucht- und Rosenkäfer leben im Waldboden, wo sie morsches Holz und andere Pflanzenteile fressen. Im Gegensatz dazu verzehren die ausgewachsenen Kerfe normalerweise überreife Bananen und andere Obstsorten.

Bedingt räuberisch

Der weitaus größte Teil unserer vertrauten Terrarienpfleglinge ernährt sich räuberisch von den unterschied- lichsten Gliedertieren, Echsen und/ oder Kleinsäugern, doch selbst diese Arten nehmen zu einem Großteil auch pflanzliche Nahrung zu sich: So schlecken etwa viele *Anolis-*, Eidechsen- oder Geckoarten gern gelegentlich Obstbrei, auch handelsübliche Kindernahrung, während viele bodenbewohnende Echsen eher Blätter und Blüten bevorzugen.

Gut zu wissen

Die Ernährung unserer Pfleglinge mit lebenden Insekten bereitet keine Schwierigkeiten, im Zoofachhandel kann man eine breite Palette unterschiedlichster Futtertiere erwerben. Überdies liefern auf Futterzuchten spezialisierte Versandhandlungen ihr Angebot auf Wunsch sogar im Abonnement (Adressen finden Sie in den Fachzeitschriften wie die DATZ, elaphe, Reptilia und anderen).

Zur Ernährung räuberischer Terrarientiere eignen sich – je nach der Größe der Pfleglinge:
– Springschwänze,
– Ameisen,
– Blattläuse,
– flugunfähige Kleine und Große Taufliegen (*Drosophila*),
– verschiedene andere Fliegenarten,
– Getreideschimmelkäfer sowie deren Larven,
– Korn- und Bohnenkäfer,
– Ofenfischchen,
– Mehl- und Wachsmotten samt Raupen,
– Mehlkäfer und deren Larven,
– Larven des großen Schwarzkäfers,
– verschiedene Arten von Grillen,
– Schaben,
– Wanderheuschrecken,
– Schnecken,
– Würmer,
– Spinnen,
– Mäuse,
– Küken.

Gut zu wissen
Es gilt, die Terrarientiere von Anfang an möglichst abwechslungsreich zu füttern, damit sie gar nicht erst unliebsame Vorlieben entwickeln.

Futtertierzucht

Die optimale Lösung stellt indes nach wie vor die eigene Futterzucht dar: Nur sie garantiert, dass die angebotenen Insekten wirklich **immer** ein **hochwertiges Futter** darstellen. Außerdem wird man auf diese Weise **un**abhängig von Lieferengpässen oder witterungsbedingten Transportausfällen.

Aber auch hier gilt: Nur durch ihre möglichst hochwertige und abwechslungsreiche Ernährung lässt sich eine entsprechende Qualität erzielen, welche die im Vergleich mit der Natur stets gegebene Einseitigkeit auszugleichen vermag.

Allerdings wollen wir an dieser Stelle auch die **Nachteile** einer eigenen Futterzucht nicht verschweigen.
– Sie ist immer mit einem gewissen Zeitaufwand verbunden, der oft sogar der Pflege der eigentlichen Terrarientiere entspricht;
– dazu kommen unter Umständen erhebliche Lärm- und Geruchsbelästigungen, die leicht zur Störung des Hausfriedens führen können.

Schlangen

Schlangen ernähren sich in freier Wildbahn, je nach Herkunft und Größe, von den unterschiedlichsten Tieren. Zu ihrem jeweils **artspezifischen Beutespektrum** gehören Amphibien, Fische, Kleinsäuger wie Mäuse, Ratten oder Kaninchen, Reptilien und Vögel. Oftmals erbeuten sie auch Wirbellose, vor allem als Jungtiere. Daneben gibt es Arten wie die nordamerikanische Grasnatter (*Opheodrys vernalis*), die sich zeitlebens von Insekten ernähren.

Die **ungiftigen Schlangen** ergreifen ihre Beute mit den Kiefern: Je nach Größe wird das Opfer mit mehreren Körperwindungen **umschlungen** und erdrosselt, oder es wird einfach mit den Kiefern festgehalten und notfalls

Vor dem Verfüttern werden die Futtertiere mit einem Vitamin- und Mineralstoffgemisch eingestäubt.

unter zusätzlichen Umschlingungen gegen den Boden gedrückt, bis es tot ist. Ist die Schlange sehr hungrig und handelt es sich um wenig wehrhafte Beutetiere wie etwa Frösche, so können diese auch bei lebendigem Leib verschlungen werden.

Giftschlangen hingegen setzen einfach ihren Giftbiss an und halten kleinere Beutetiere bis zum Eintreten des Todes fest, oder sie verfolgen das Opfer bis zu dem Platz, wo es verendet. Sobald sich die Beute nicht mehr bewegt, lässt die Schlange von ihr ab und bezüngelt sie sorgfältig; dann wird das Opfer mit dem **Kopf voran** verschlungen. Der Schlingakt wird durch einen für Schlangen spezifischen Mechanismus ermöglicht: Dank der Beweglichkeit der Unterkieferknochen gegenüber dem Gaumendach wird die Beute durch abwechselndes Verschieben dieser Elemente langsam im Maul nach

hinten geschoben. Gleichzeitig spreizen sich die Unterkieferknochen immer weiter auseinander, sodass sie eine Art großen Trichter bilden. Ist das Beutetier an der Rachenöffnung angelangt, wird es mittels wellenförmiger Bewegungen der Wirbelsäule in die Speiseröhre gezogen.

Gut zu wissen

Pflegt man seine Tiere paarweise, so sollten sie unbedingt vor jeder Fütterung getrennt werden, denn wenn sich zwei Schlangen gleichzeitig in ein Beutetier verbeißen – egal, ob es lebend oder bereits tot ist – werden sie sich sofort um dieses und ineinander verschlingen. Normalerweise lässt eine Schlange die einmal ergriffene Beute erst los, wenn sie aufgehört hat, sich zu bewegen. Erbeuten nun zwei Tiere die gleiche Maus, so spürt jedes die Anstrengung des anderen, und beide lassen die Beute nicht fahren, da sie sie weiterhin für lebend halten.

Lebende oder tote Futtertiere?

Viel diskutiert wird die Frage, ob man adulte Mäuse und Ratten lebend oder tot verfüttern sollte. Für die letztere Methode soll angeblich sprechen, dass lebende Kleinnager imstande seien, die Schlangen zu verletzen. Andererseits gibt es nichts Einfacheres, als Mäuse aufzutauen und an seine Schlangen zu verfüttern. Es gibt einige Schlangenarten und auch Einzeltiere, die tote Nager verweigern und dann mit lebenden Säugern gefüttert werden müssen.

Fütterungszeiten und -methoden

Als Fütterungszeit empfiehlt sich bei **tagaktiven** Arten der späte Vormittag, da sich die Tiere dann bereits auf ihre Vorzugstemperatur erwärmt haben und volle Aktivität zeigen. Bei den **dämmerungs- und nachtaktiven** Spezies hingegen eignet sich der späte Abend. Dies ist besonders wichtig, damit die Pfleglinge sofort an das Futter gehen und ihre Beute keine Gelegenheit hat, vorher das Vitamingemisch herunterzuputzen.

Grundsätzlich bestehen bei der Fütterung zwei Möglichkeiten: entweder schüttet man die Insekten einfach in den Behälter, wo unsere Pfleglinge ihre Beute anschließend selbst erjagen müssen.

Selbst erjagen lassen

Da Terrarientiere häufig an **Bewegungsmangel** leiden, sollte diese Methode immer der unten beschriebenen vorgezogen werden. Noch günstiger ist es, wenn man anstelle einiger weniger großer Futtertiere zahlreiche kleinere verfüttert. Häufig wird dieses Angebot von den Terrarienbewohnern gerne angenommen.

Aber diese Art der Fütterung hat auch **Nachteile**: So schließen die Terrarien in den seltensten Fällen so dicht, dass nicht doch einmal ein **Futtertier entkommt**. Außerdem hat man keine Kontrollmöglichkeiten, was beispielsweise bei der gemeinsamen Aufzucht oder einer Vergesellschaftung mehrerer Arten dazu führen kann, dass weniger agile oder unterdrückte Tiere **nicht genügend** Futter erhalten.

Vor dem Verfüttern werden die Futtertiere mit einem Vitamin- und Mineralstoffgemisch eingestäubt (Firma Exo Terra).

Von Hand füttern

Um bessere **Kontrolle** über die Futteraufnahme der Tiere zu erhalten, sind einige Terrarianer dazu übergegangen, ihre Pfleglinge individuell unter Zuhilfenahme einer Pinzette zu füttern. Jedes einzelne Insekt wird damit ergriffen und dem Tier vorgehalten. In der ersten Zeit bedarf es zwar einer gewissen Übung oder Gewöhnung auf Seiten von Pfleger und Pflegling, doch stellt sich diese in der Regel nach wenigen Tagen ein.

Die **Nachteile** dieser Fütterungsart liegen in der fehlenden Bewegung für die Pfleglinge, schließlich unterbleiben hier alle aufwendigen Verfolgungsjagden, und im vergleichsweise großen Zeitaufwand für die indiviuelle Behandlung.

Tränken

Getränkt werden die meisten unserer Pfleglinge durch tägliches, je nach Art auch häufigeres, **Überbrausen** des gesamten Terrariums. Zusätzlich sollte sich in jedem Behälter eine kleine **Trinkschale** befinden, die für Bodenbewohner auf der Erde, für Baumtiere hingegen am günstigsten an einem Ast angebracht wird. Selbstverständlich erhalten alle Bewohner **täglich frisches** Wasser.

Vitamine, Mineralstoffe und Aminosäuren

Die nachstehenden Ausführungen gelten **nur** für **Amphibien** und **Reptilien**, da man Wirbellose auch ohne Zusätze problemlos mit hochwertigem Futter ernähren kann. Wer das schier unübersehbare Angebot an verschiedenartigen Futtertieren und -pflanzen in der Natur mit dem kümmerlichen Angebot im Terrarium vergleicht, wird sofort erkennen, dass wir alle Bestandteile entsprechend **aufwerten** müssen, damit sie eine wirklich hochwertige Nahrung liefern.

Hierzu werden Futtertiere und -pflanzen ausgiebig mit einem Vitamin-Mineralstoff-Aminosäuren-Gemisch wie zum Beispiel Korvimin ZVT für Reptilien, einem von der Wirtschaftsgenossenschaft Deutscher Tierärzte eG, Hannover hergestellten und über die Apotheke oder den Tierarzt zu beziehenden Präparat, oder Herpetal Complete T aus dem Zoofachhandel eingestäubt.

Besser noch wäre ein leichtes Übergewicht des Kalziumanteils im Futter. Dieses liegt von Natur aus beispielsweise bei **Mäusebabys** vor, weshalb die Pfleger von Schlangen, Krokodilen, Waranen und Ähnlichen, die solche Kleinsäuger fressen, auch weitaus geringere Probleme mit **Rachitis** haben.

Wichtig

Die Aufwertung des Futters ist auch insofern hochwichtig, als unser gewöhnlich angebotenes Futter überdies ein unausgeglichenes Kalzium-Phosphor-Verhältnis aufweist, das mit Hilfe eines Mineralstoffgemischs nach Möglichkeit harmonischer gestaltet werden sollte.

Ernährung der Futterinsekten

Futterinsekten weisen häufig ein Kalzium-Phosphor-Verhältnis von 1:9 auf, das man durch ausschließliches Verfüttern von Karotten als Feuchtfutter oder durch Beimischung von Kalziumlactat in das Futter erheblich aufbessern kann. Allerdings bleibt die nochmalige Aufwertung der Nahrungstiere durch Einstäuben unerlässlich.

Gut zu wissen

Zusätzlich muss man in jedem Echsenterrarium Kalzium in verschiedenen Formen anbieten, damit die Tiere es jederzeit aufnehmen können. Die Palette reicht von Sepiaschale bis zu Muschelgrit.

Anschaffung von Terrarientieren

Die wohl gerade für den Anfänger wichtigsten Fragen lauten:
- Woher bekomme ich die gewünschten Tiere?
- Wie erkenne ich, ob sie gesund sind?

In den meisten Fällen dürfte zumindest die erste Frage wohl kaum noch Probleme aufwerfen, hält doch selbst der **Zoofachhandel** normalerweise ständig eine breite Palette von interessanten Tieren bereit.

Schwieriger gestaltet sich da schon die Beschaffung selten importierter oder nachgezogener Arten. Wer sich derartige Tiere wünscht, sollte versuchen, entsprechende **Nachzuchten** von anderen Liebhabern auf **Börsen** oder mit Hilfe des **Internets** zu erwerben. Diese können dann auch gleich alle notwendigen Informationen über die artgerechte Haltung geben und weitergehende Fragen beantworten.

Leider sind nicht alle Zoofachhändler tatsächlich in der Lage, ihre Kunden umfassend zu **beraten** und ihnen wirklich nur geeignete Arten zu verkaufen. Um sich schon beim Kauf spätere Enttäuschungen zu ersparen, sollte man einige grundsätzliche Regeln befolgen.

Reptilienbörsen eignen sich auch zur Kontaktaufnahme mit dem Züchter.

Zeigen Sie beim Kauf von Terrarientieren kein falsches Mitleid, sonst wird es Ihnen später Leid tun – wirkliche Freude bereiten nur gesunde, kräftige Tiere! Aber auch wenn Sie all dies beachten, gehört immer noch eine gewisse Portion Glück dazu, einwandfreie Pfleglinge zu erwerben.

Checkliste vor dem Kauf

- Selbstverständlich fragt man nach dem **wissenschaftlichen Namen**, um gegebenenfalls einmal etwas in der Fachliteratur nachlesen zu können.
- Wichtig ist die **genaue Herkunft** der Tiere, denn nur wenn man den exakten Fundort kennt, lassen sich Rückschlüsse auf die klimatischen Ansprüche der betreffenden Art ziehen. Wesentlich risikoloser ist natürlich der Erwerb von Nachzuchten bei anderen Liebhabern, da man jene persönlich nach ihren Erfahrungen befragen kann.
- Auch eine **gesundheitliche Inspektion** der Neuerwerbung, die natürlich nur recht oberflächlich ausfallen kann, sollte unbedingt vor der Anschaffung durchgeführt werden. Hierfür lassen sich leider keine Patentrezepte geben, sondern nur grobe Richtlinien:
- So sind etwa **lebhaft** umherlaufende Echsen **apathisch** in der Ecke sitzenden immer vorzuziehen.
- Die **Haut** der Tiere muss stets frei von Verletzungen, Geschwülsten und Pilzinfektionen sein.
- Auch sollten sich am Körper möglichst keine **Häutungsreste** mehr finden. Kleinere vernarbte Wunden oder regenerierte Schwänze stellen hingegen nicht unbedingt negative Kriterien dar.
- Bei **Wirbellosen** muss man immer darauf achten, dass noch **alle Gliedmaßen** unbeschädigt vorhanden sind.
- Der **Atem** von Wirbeltieren hat leicht und frei zu sein, und aus den **Nasenlöchern** darf kein Schleim austreten.
- Auch sollten die **Augen** keine Absonderungen aufweisen und nicht zu tief in den Höhlen liegen.

Nachzucht

Im Folgenden wollen wir einen kurzen Überblick über die Fortpflanzung von Terrarientieren geben, soweit dies im hier vorgegebenen Rahmen möglich ist. Gerade in unserer, durch fortschreitende **Biotopzerstörung** und damit verbundene Bestandsabnahmen gekennzeichneten Zeit, kommt der erfolgreichen Nachzucht im Terrarium eine **arterhaltende** Bedeutung zu. Nur sie sichert auch die zukünftige Pflege, da zahlreiche Arten binnen kurzem in der freien Natur ausgestorben sein dürften oder ein Rückgriff auf natürliche Bestände verboten oder nicht mehr möglich sein wird oder schon ist.

Gut zu wissen
Um einige Spezies wenigstens in Zoos und bei privaten Terrarianern zu erhalten, ist es daher unerlässlich, sich zu Zuchtgemeinschaften oder ähnlichen Interessengruppen zusammenzuschließen.

Spezialisierung
Nachzüchten im Sinne der Arterhaltung bedeutet für jeden einzelnen Terrarianer, sich auf eine möglichst **geringe Anzahl** von **Arten** zu beschränken und, wenn irgend möglich, eine **größere Anzahl** von **Individuen** und Zuchtpaaren zu pflegen, um genetischer Verarmung nach Kräften vorzubeugen.

Ein weiterer positiver Effekt dieser Spezialisierung liegt sicherlich darin, dass sich auf diese Weise auch der heute vielfach noch recht dürftige

Wissensstand über die Ansprüche und Lebensweise unserer Tiere erheblich **erweitern** lässt. Schon jetzt ist der Anteil der privaten herpetologischen Forschung an der Gewinnung neuer Erkenntnisse nicht zu unterschätzen.

Auslese ist unerlässlich
Ferner ist es ganz besonders wichtig, bei den Nachzuchten eine gewisse Auslese zu betreiben. Das fängt bereits beim **Schlupf** der Jungtiere an: So sollten all jene, die nicht aus **eigener Kraft** schlüpfen, in der Schale belassen werden. Sind die kleinen Tiere jedoch bereits geschlüpft oder geboren, so müssen sofort alle mit **Missbildungen** behafteten Exemplare und sogenannte Kümmerlinge aussortiert werden.

Wichtig
Jede Nachzucht sollte nur mit gesundheitlich einwandfreien und kräftigen Tieren betrieben werden.

Allgemeine Voraussetzungen für die Zucht
Ist die Frage geklärt, ob es sich bei unseren Tieren um ein **Pärchen** handelt, so müssen wir noch eine ganze Reihe weiterer Faktoren beachten, ehe sich die ersehnten Nachzuchten einstellen. So ist es auch wichtig zu wissen, **wie alt** unsere Tiere überhaupt sind, denn es kann sein, dass sie entweder noch nicht die **Geschlechtsreife** erreicht haben oder schon zu alt sind, um sich noch fortpflanzen zu können. Wer daher ganz sicher gehen will, besorgt sich nur junge Nachzuchten.

Trotz all unseres Wissens verstreicht teilweise auch heute noch zwischen Erwerb und erfolgreicher Paarung eine erhebliche Zeitspanne. So spielen auch die **Paarharmonie** oder die der Gruppe und die **Eingewöhnung** eine gewisse Rolle.

Fortpflanzungsauslöser

Schwierigkeiten bereitet stets aufs Neue auch das **Simulieren** der natürlichen Temperatur- und Feuchtigkeitsverhältnisse, besonders bei der Pflege noch relativ unbekannter Arten.

Hier muss man teilweise jahrelang Erfahrungen sammeln und die **Haltungsbedingungen** immer wieder optimieren, ehe sich der gewünschte Erfolg einstellt.

Dies liegt unter anderem an den unterschiedlichen Fortpflanzungzyklen der einzelnen Arten, nur die wenigsten pflanzen sich das ganze Jahr hindurch fort, aber auch an der erforderlichen **Synchronisation der Geschlechter.**

Bei den meisten Tieren aus den mittleren und höheren geographischen Breiten ist die **Reproduktionsperiode** an die **Jahreszeit** gekoppelt, doch auch tropische Spezies sind von gewissen zyklischen Veränderungen wie Regen- und Trockenzeiten, der täglichen Sonneneinstrahlung und Ähnlichem abhängig.

Die meisten sich **periodisch** fortpflanzenden Arten stammen aus den gemäßigten Breiten. Sie unterliegen dem Rhythmus der Jahreszeiten und legen durchweg eine mehr oder weniger lange **Winterruhe** ein.

Als eigentliche Auslöser ihres Fortpflanzungsverhaltens kommen Temperaturveränderungen in Betracht, bei den meisten Arten überdies die Schwankungen der Photoperiode, also die im Jahreslauf wechselnde Tageslänge, oder eine Kombination aus beiden. So bewirkt jede **Temperaturerhöhung** eine Steigerung des Stoffwechsels, welche wiederum Impulse an das Nervensystem weiterleitet, das dann die **Reifung** der **Eier** und **Spermien** auslösen kann.

Gut zu wissen

Werden alle geschlechtsreifen Tiere unter gleichen Bedingungen gehalten, werden sie in der Regel gleichzeitig in den Fortpflanzungzyklus eintreten. Schafft man sich nachträglich ein zweites Tier an, so kann dieses durch unterschiedliche Haltung ganz anders gestimmt sein.

Fortpflanzung im Terrarium

Zum Fortpflanzungsverhalten gehören die **Balz** und die eigentliche **Kopulation.** Auch hier weisen unsere Terrarientiere eine derart enorme Vielfalt unterschiedlichster **Verhaltensweisen** auf, dass wir dieses Thema nur am Rande streifen können.

In aller Regel imponieren die Männchen den Partnerinnen mit ihrem Farbkleid, bestimmtem Verhaltensweisen und Ähnlichem, um deren Paarungsbereitschaft festzustellen. Ist das Weichen paarungswillig, so kommt es in der Regel zur Kopulation, die unterschiedlich lange dauern kann. Anschließend gehen beide Partner wieder ihres Weges. Pflegt man seine Tiere paarweise, so erfolgen Balz und Paarung oftmals unbemerkt.

Gut zu wissen

Schwieriger ist es schon, Arten mit kannibalischer Veranlagung oder einem ausgeprägten Aggressionsverhalten zu verpaaren, da sie grundsätzlich einzeln gepflegt werden müssen.

Wirbellose, vor allem Gottesanbeterinnen, Vogelspinnen und Skorpione sollte man immer bis zur vollständigen Sättigung füttern, ehe man die Partner zu einem Paarungsversuch vergesellschaftet.

Bei einigen Reptilien – insbesondere Chamäleons – erkennt man die Paarungsbereitschaft oftmals schon am **Farbkleid des Weibchens.** Fehlen dem Halter derartige Erfahrungen, so muss er es immer wieder probieren und die Tiere des Öfteren unter ständiger Beobachtung zusammensetzen. Zeigt das Weibchen beim Anblick eines Männchens dann eine gesteigerte Aggressivität, so müssen die Tiere unverzüglich wieder getrennt werden, und man wiederholt den Versuch eine Woche später.

Außenbefruchtung

Etwas anders läuft dieser Vorgang zumeist bei den **Amphibien** ab: Dort erfolgt eine sogenannte Außenbefruchtung, das heißt, die Eier werden erst beim Verlassen des weiblichen Körpers also meist direkt im Wasser befruchtet.

Linke Seite: Damit die Zucht gelingt, sind ein harmonierendes Paar und die richtigen Bedingungen nötig.

Nach der Eiablage schenken die **Lurche**, abgesehen von den Brutpflege betreibenden Arten, ihrer Nachkommenschaft keinerlei Beachtung mehr.

Jungfernzeugung

Neben der normalen Fortpflanzung, der Befruchtung des Weibchens durch das männliche Tier, tritt auch die Parthenogenese oder Jungfernzeugung auf. Darunter versteht man, dass die **Nachkommen** nicht aus der Paarung zweier verschiedengeschlechtlicher Individuen hervorgehen, sondern sich **ohne Befruchtung** aus den Eiern entwickeln können. Alle Nachkommen sind dann **weiblich** und mit ihrer Mutter in genetischer Hinsicht vollkommen identisch. Zu den bekanntesten Beispielen für dieses Phänomen zählen zahlreiche Echsen- und Gespenstschreckenarten sowie einige Wandelnde Blätter (*Phylliidae*).

Vorratsbefruchtung und Trächtigkeit

Nach der erfolgreichen Paarung zeigen Reptilien- und Insektenweibchen einen wesentlich gesteigerten **Appetit**, besonders innerhalb der ersten Tage.

Neben dem eigentlichen Fressvorgang kann man die Weibchen nun auch häufig bei der Aufnahme von **Kalk** in Form von zerstoßenem Sepiaschulp, Eierschalen oder Muschelgrit beobachten. Kurze Zeit vor der Eiablage oder Geburt reduzieren beziehungsweise beenden sie die Nahrungsaufnahme und zeigen eine erhöhte Aktivität.

Die **Dauer der Trächtigkeit** kann sehr unterschiedlich ausfallen: das Spektrum reicht von etwa 14 Tagen bis zu einem Jahr. Während dieses

Zeitraums legen die Weibchen auch eine wesentlich stärkere **Aggressivität** an den Tag.

Zahlreiche Terrarientiere verfügen über die Fähigkeit zur **Vorratsbefruchtung** (*Amphigonia retardata*); bei diesen zur **Spermienspeicherung** befähigten Arten reicht also eine einzige Paarung aus, um mehrere befruchtete Gelege abzusetzen. Beobachtungen im Terrarium haben belegt, dass diese Eigenschaft bei vielen Arten vorliegt, wie zum Beispiel bei vielen Geckos.

Gut zu wissen

Trächtige Tiere sollten so viel Nahrung erhalten, wie sie nur zu sich nehmen können. Dabei muss auf eine möglichst hochwertige Zusammensetzung des Futters geachtet werden, damit keine Mangelsituationen entstehen. Ebenso wichtig ist es, Vegetariern wegen des erhöhten Proteinbedarfs mehr tierische Nahrung als normal zu geben.

Die feuchte Legebox dient den Geckos auch als Platz zum Häuten.

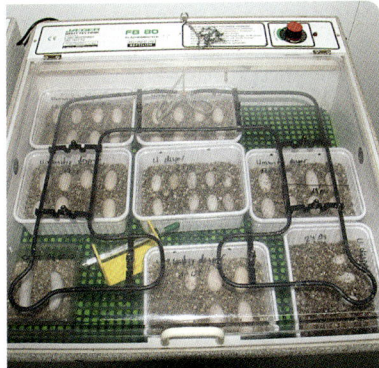

Handelsüblicher Brutkasten für die Zeitigung von Reptilieneiern.

Eierzeitigung

Die Eier oder Gelege sollte man stets aus dem Terrarium entnehmen, damit sie kontrolliert inkubiert werden können und nicht anderen Terrarienbewohnern oder Futtertieren wie Grillen oder Schaben zum Opfer fallen.

Dabei ist bei vielen Arten **äußerste Vorsicht** geboten: So sollten beispielsweise die Gelege von Reptilien erst vorsichtig freigelegt werden, um die **Oberseite** der Eier mit einem weichen Bleistift zu **kennzeichnen**, damit bei der späteren Umbettung in den Zeitigungsbehälter jede unbeabsichtigte, relative Lageveränderung unterbleibt. Für zahlreiche Arten scheint es allerdings keine Rolle zu spielen, ob die Eier jetzt oder später gedreht werden. In anderen Fällen dagegen führt schon die **geringste Lageveränderung** zum Absterben des Embryos, wenn sich dieser erst einmal an der Oberseite des Eis angeheftet hat.

Inkubation

Die Eier werden in mäßig bis gut durchfeuchtetes Substrat überführt, dessen **Feuchtigkeitsgrad** sich grundsätzlich nach dem **Herkunftsgebiet** der Tiere richtet. Dabei muss er bei Wüstentieren folglich stets höher liegen als bei solchen aus dem Regenwald.

An **Zeitigungssubstrat** eignen sich besonders gut Perlite und Vermiculite: Beim Kauf muss man allerdings peinlichst darauf achten, dass es sich um **für die Pflanzenkultur** gedachte Varianten handelt, denn die als Isoliermaterial auf dem Bau verwendeten sind oft mit Imprägniermitteln versetzt, welche die Eierschalen auflösen.

Als **Zeitigungsbehälter** eignen sich klarsichtige, dicht schließende Plastikdosen, die jederzeit eine **Kontrolle** ohne Öffnen des Behälters ermöglichen.

> **Tipp**
>
> Bei Dosen, in denen Vermiculite als Substrat verwendet wurde, testet man die Substratfeuchte etwa alle drei Wochen. Gleichzeitig sorgt das Öffnen auch für einen ausreichenden Gasaustausch.

Stellt man fest, dass im Substrat keine ausreichende Feuchtigkeit mehr vorhanden ist, so muss es **nachgefeuchtet** werden. Dazu dient vortemperiertes Wasser, das vorsichtig am Dosenrand in den Zeitigungsbehälter gegeben wird, ohne die Eier zu berühren. Die Zeitigungsdose stellt man nun in einen **Inkubator**.

Je nach Herkunft der Elterntiere sollte die **Temperatur** im Inneren zwischen 20 und 30 °C liegen. Bei zahlreichen Arten reicht es auch völlig aus, wenn die Dose an einem wärmeren Platz zum Beispiel in der Nähe von Vorschaltgeräten oder Beleuchtungskörpern aufgestellt wird, wo die notwendigen Temperaturen herrschen. Gegebenenfalls sollte man dies mit einem Thermometer einige Tage lang kontrollieren.

Oftmals sind Jungtiere, die unter schwankenden Wärmeverhältnissen wie einem Tag-Nacht-Gefälle ausgebrütet wurden, wesentlich agiler als Nachzuchten, die man bei konstanten Werten zeitigte. Dabei handelt es sich häufig um Arten, die ihre Eier nicht besonders tief im Erdreich vergraben.

Gut zu wissen

Die Wahl des Inkubators ist von entscheidender Bedeutung, da nicht alle Eier eine starke Oberhitze vertragen, wie sie etwa von den Jäger-Brutglucken ausgeht: Bei ihnen erhärten die Oberflächen durch Austrocknung unter Umständen derart, dass die Jungtiere nicht schlüpfen können.

Schlupf

Je nach Art ist es nach 20–360 Tagen Inkubationszeit dann soweit. Der eigentliche Schlupf kündigt sich meist durch das „**Schwitzen**" der Eier an: Hierbei bilden sich auf der Schale kleine, mitunter zahlreiche Wassertropfen, während das Volumen leicht abnimmt.

Mit Hilfe ihrer Eizähne schlitzen die Jungtiere nun die Hülle auf – meist sternförmig an einer Seite, aber teilweise auch durch einen Längsschnitt. Als nächstes schieben sie ihre Schnauze ins Freie und verharren so noch einige Zeit, bevor sie spätestens am nächsten Tag die Hülle ganz verlassen.

Info

Bevor die Jungtiere vollständig aus dem Ei schlüpfen, ziehen sie teilweise den Restdotter in ihre Leibeshöhle auf und stellen den Organismus auf Lungenatmung um.

Aufzucht

Kaum aus dem Ei geschlüpft, bewegen sich die Jungtiere der **Reptilien** bereits äußerst flink und schreckhaft, sodass sich ihre Entnahme aus dem Zeitigungsbehälter oft gar nicht so einfach gestaltet. Die weitere Aufzucht erfolgt in **kleinen Terrarien**, deren Einrichtung der bei den erwachsenen Tieren gebräuchlichen nachempfunden wird. In Wüstenbecken reicht es zum Beispiel völlig aus, wenn auf dem Sandboden einige Steinplatten als Versteckmöglichkeiten liegen.

Wichtig

In diesen Miniaturterrarien muss immer ein feuchter Rückzugsplatz vorhanden sein, zum Beispiel unter einem Korkstück in einer Ecke. Das gilt auch für Wüstentiere, da deren Junge teilweise empfindlich auf allzu große Trockenheit reagieren.

Rechte Seite: Schlüpfender Rhacodactylus chahua.

Aufzuchtanlage für Jungtiere mit kleinen, gut kontrollierbaren Einzelterrarien.

Auch die anderen **Bedingungen** können ähnlich wie bei ausgewachsenen Tiere gehalten werden, nur sollten die Tageshöchstwerte stets etwas niedriger liegen, da die Jungen ihren **Temperaturregulierungsmechanismus** noch nicht voll beherrschen und die kleinen Behälter stärker zur **Überhitzung** neigen.

Bei Amphibien

Ähnlich verfährt man mit dem Laich von Amphibien. Dieser wird oftmals im Wasser abgelegt und sollte zur weiteren Entwicklung in ein gut **gelüftetes Aquarium** ohne jede Einrichtung überführt werden. Bei den Pfeilgiftfröschen kann man die Überwachung der Eier getrost den Elterntieren überlassen: Diese wässern das Gelege und bringen die Kaulquappen anschließend in eine Wasseransammlung.

Gut zu wissen

Der Übergang vom Leben im Wasser zum dem an Land bereitet kleinen Lurchen oft Probleme. Damit es dabei nicht zu Ausfällen kommt, setzt man die fast zum Abschluss der Metamorphose gelangten Amphibien in ein Terrarium mit einer zweiten, schräg gestellten Bodenscheibe, sodass die Tiere leicht das Wasser verlassen können.

Je nach Art erfolgt die Aufzucht der Larven später einzeln oder in Gruppen, wobei **je nach Wachstumsstadium** alle Beckendimensionen Verwendung finden, vom Kleinstbehälter bis zum Großaquarium. **Gefüttert** werden die Kaulquappen am besten mit Fischfutter oder ähnlichen Präparaten.

Bei Vogelspinnen

Unendlich vielfältiger verhält es sich bei den Wirbellosen, sodass wir hier nur Ausführungen zu den häufigsten

Einzelaufzucht von Kaulquappen.

Die Aufzucht von Vogelspinnen erfolgt einzeln in kleinen Dosen.

Vogelspinnenarten machen. Die eigentliche Eiablage kündigt sich dadurch an, dass das Weibchen eine dichte, rundliche Gespinstfläche webt. Auf dieser werden dann die Eier abgelegt, deren Befruchtung erst beim Austritt aus dem Körpers erfolgt. Anschließend umschließt das Weibchen die Eier mit dem erwähnten Gespinst und umspinnt das Ganze nochmals, bis ein kugelförmiges Gebilde entstanden ist, der **Kokon**. In ihm **schlüpfen** die Jungspinnen nach etwa vier bis 16 Wochen, ständig vom Weibchen bewacht.

Das **Bevorstehen des Schlupfs** erkennt man daran, dass die Spinne den Kokon aufzulockern beginnt, um den Jungen mehr Platz zu verschaffen. Dies ist auch der richtige **Zeitpunkt**, um den Kokon aus dem Terrarium zu entnehmen, da es wesentlich weniger Probleme bereitet, wenn die Jungtiere in einer **separaten Dose** schlüpfen, als wenn man sie einzeln aus dem Terrarium fangen muss. Nach seiner Entnahme wird vorsichtig ein Schlitz in den Kokon geschnitten, um den Jungtieren das Aussteigen zu erleichtern; man legt man ihn dazu in eine kleine Kunststoffdose, deren Boden mit stets leicht feuchtem Küchenpapier ausgelegt wurde.

Allgemeine Haltungsrichtlinien für Anuren

itet von der
inschaft Anuren
Gesellschaft für
rienkunde (DGHT) e.V.

Min
die

Gutachten erstellt im Auftrag
Ernährung, Landwirt
Referat Tie
Inhaltlich unveränderte S
Deutschen Gesellschaft für Herpe
(DGHT) e

Gesunderhaltung und Tier- und Artenschutz

Gesunderhaltung und Tier- und Artenschutz

Für jeden Terrarianer sollte es oberstes Ziel sein, Krankheiten durch artgerechte Haltung, eine gesunde, ausgewogene Ernährung und sorgfältigen Umgang mit den Tieren zu vermeiden. Zahlreiche Erkrankungen sind auch heute noch meist auf entsprechende Fehler zurückzuführen, doch es kann auch unter optimalen Bedingungen hin und wieder zu Problemen kommen.

Quarantäne und Eingewöhnung

Unerlässlich ist bei jeder Anschaffung von neuen, unmittelbar der Natur entnommenen oder aus unbekannter Quelle stammenden Tieren eine Quarantänezeit von etwa 6–8 Wochen Dauer, denn nur so lässt sich das Einschleppen von Parasiten und anderen Krankheitskeimen vermeiden. Man sollte diese Gefahr nicht unterschätzen: Unter Umständen gehen nicht nur die Neuerwerbungen, sondern der gesamten Bestand verloren!

Während der Quarantäne werden die Tiere in einem sterilen Terrarium untergebracht. Für kleine Arten sind die im Handel erhältlichen **Plastikterrarien** völlig ausreichend, nur bei größeren Spezies muss man spezielle Behälter einrichten. Als **Bodengrund** dient am besten Zeitungspapier, das täglich gewechselt wird. Die übrige Einrichtung gestaltet sich artabhängig und besteht in der Regel aus einem Wassernapf, flachen Steinen und einer Plastikpflanze.

Tränken

Handelt es sich um Tiere aus dem Handel, so sollten diese zunächst vorsichtig getränkt werden. Da sie häufig bereits in den Herkunftsländern längere Zeit kein Wasser mehr erhalten haben, leiden sie stark unter **Austrocknung**. Dem Wasser wird eine **Elektrolytmischung** beigesetzt, da die Tiere die Flüssigkeit sonst nicht im Körper behalten können. In den nächsten Tagen reduziert man den Elektrolytanteil langsam.

Füttern

Ebenso behutsam beginnt man auch mit der Fütterung: Da die Tiere in aller Regel stark ausgezehrt sind, stürzen sie sich mit Heißhunger auf das Futter und verschlingen alles, was ihnen angeboten wird.

Da sich ihre **Darmflora** aber zumeist erst wieder erholen muss, können sie die Nahrung nicht verarbeiten und erbrechen diese oder scheiden sie wieder mehr oder minder unverdaut aus. Gute Dienste leistet hier ein Präparat, welches die Darmflora wieder stabilisiert und gleichzeitig den Appetit anregt: BIRD BENE-BAC, das nur beim Tierarzt erhältlich ist.

Kotuntersuchung

Dem ersten Kot, den die Tiere im Quarantänebecken abgesetzt haben, entnimmt man eine Probe, die zur (kostenpflichtigen!) Untersuchung an eine kompetente Untersuchungsstelle, die man beim Tierarzt erfragt, geschickt wird.

Plastikwanne als Quarantäneterrarium mit einer sterilisierten Einstreu.

Der Kot sollte auf **Parasiten** aller Art, auch Amöben, untersucht werden. Gleichzeitig bittet man um **Behandlungshinweise**. Erhält man als Ergebnis der Kotuntersuchung den Befund „negativ", so schickt man nach drei Wochen eine weitere Probe ein, um ausreichende Sicherheit zu haben, bevor man die Tiere, falls das Ergebnis erneut „Befund negativ" lauten sollte, in ihr eigentliches Terrarium setzt.

Ergibt sich jedoch ein **positiver Befund**, so behandelt man den Pflegling zunächst, am besten in Kooperation mit seinem Tierarzt, nach der eventuell erhaltenen Anleitung, bevor man erneut eine Kotprobe zur Überprüfung einsendet.

> **Gut zu wissen**
> Bei vielen dieser Untersuchungsstellen kann man auch um die kostenpflichtige Sektion verstorbener Tiere bitten, wenn deren Todesursache nicht bekannt und von Interesse ist.

Der Krankheitsfall

Was aber unternehmen, wenn das Tier offensichtlich erkrankt ist? Dann hilft nur noch der schnellstmögliche Weg zu einem mit den Krankheiten von Terrarientieren vertrauten **Tierarzt**. Gerade in jüngster Zeit haben sich etliche Tiermediziner gezielt mit **Amphibien- und Reptilienkrankheiten** beschäftigt, sodass sie uns erfolgreich weiterhelfen können. Die Namen und Adressen von derart bewanderten Spezialisten findet man im Internet auf der Tierarztliste der Deutschen Gesellschaft für Herpetologie und Terrarienkunde (DGHT) www.dght.de.

Rechtliches

Zahlreiche Pfleglinge unterliegen dem Artenschutz. Daher ist es unbedingt erforderlich, sich ausreichende Grundkenntnisse aller Gesetze und Verordnungen zu verschaffen, die im Gefolge des **CITES-Abkommens** (Convention on International Trade in Endangered Species of Wild Fauna and Flora) beschlossen oder erlassen wurden.

Wer einen Überblick über die in Deutschland gültige Gesetzeslage gewinnen will, sollte folgende Vorschriften in ihrer jeweils aktuellsten Fassung zu Rate ziehen:

- Das Washingtoner Artenschutzabkommen (CITES)
- Die EU-Artenschutzverordnung Nr. 338/97 (mit zahlreichen Aktualisierungen)
- Das Bundesnaturschutzgesetz
- Die Bundesartenschutzverordnung
- Die Naturschutzgesetze der einzelnen Bundesländer

Infos zu Natur- und Artenschutzbestimmungen

Einen guten Überblick über die gültigen Artenschutzbestimmungen erhält man durch das BNA-Artenschutzbuch, zu beziehen beim Bundesverband für fachgerechten Natur- und Artenschutz e.V., Postfach 11 10, D-76707 Hambrücken. Informationen zu den in Deutschland geltenden Ein- und Ausfuhrbestimmungen lassen sich beim Bundesamt für Naturschutz, Konstantinstr. 110, D-53179 Bonn, erfragen.

Melden

In der Bundesrepublik Deutschland müssen geschützte Arten bei der zuständigen **Naturschutzbehörde** an- und abgemeldet werden. Deshalb sollte man Kontakt zum dafür zuständigen Amt aufnehmen – einmal, um sich über den aktuellen Stand der Gesetzgebung zu informieren, aber auch, um Näheres über die praktische Handhabung der An- und Abmeldebestimmungen in Erfahrung zu bringen.

> **Gut zu wissen**
> Diese Vorschriften unterliegen ständigen Änderungen, sodass die nachstehend präsentierten Informationen schon bald überholt sein können.

Je nach **Bundesland** ist dafür eine andere Behörde zuständig (in Nordrhein-Westfalen z.B. die Untere Landschaftsbehörde, in Hessen dagegen der jeweilige Regierungspräsident).

In der Praxis wird eine Anmeldung derzeit etwa folgendermaßen ablaufen:

– Hat man beispielsweise Nachzuchten erworben oder selbst nachgezogen, müssen diese umgehend bei der zuständigen Naturschutzbehörde angemeldet werden, wobei man die Anzahl (eventuell auch das Geschlecht) und die Herkunft angibt. Dies kann formlos geschehen. Ein amtliches Dokument ist nicht nötig und wird auch nicht ausgestellt.

– Um die Herkunft eines Tieres nachzuweisen, sollte man sich vom Vorbesitzer, zum Beispiel Händler oder Züchter, stets eine formlose Bescheinigung aushändigen lassen, welche die Herkunft des Tieres, zum Beispiel legaler Import, eigene Nachzucht, nachweist.

– Eine Kopie dieser Bescheinigung händigt man dann bei der Anmeldung der Naturschutzbehörde aus.

Tierschutzrecht

Zu den übrigen stets zu beachtenden Bestimmungen gehört das Tierschutzrecht, welches den Schutz der Tiere vor unsachgemäßer Haltung regelt. Auf diesem Feld haben sich verschiedene Organisationen, insbesondere die vivaristisch orientierten **Vereinigungen** bemüht, **feste Standards** aufzustellen, die eine artgerechte Tierhaltung zum Ziel haben. Dazu gehören unter anderen der VDA/DGHT-**Sach-**

kundenachweis, mit dem jeder Pfleger seine Fachkenntnisse nachweisen kann, und das „**Gutachten über Mindestanforderungen an die Haltung von Reptilien und Amphibien**". Letzteres gibt unter anderem Mindestgrößen für die Tiere in Terrarienhaltung vor. Nähere Informationen zu diesem Thema erhält man über die DGHT.

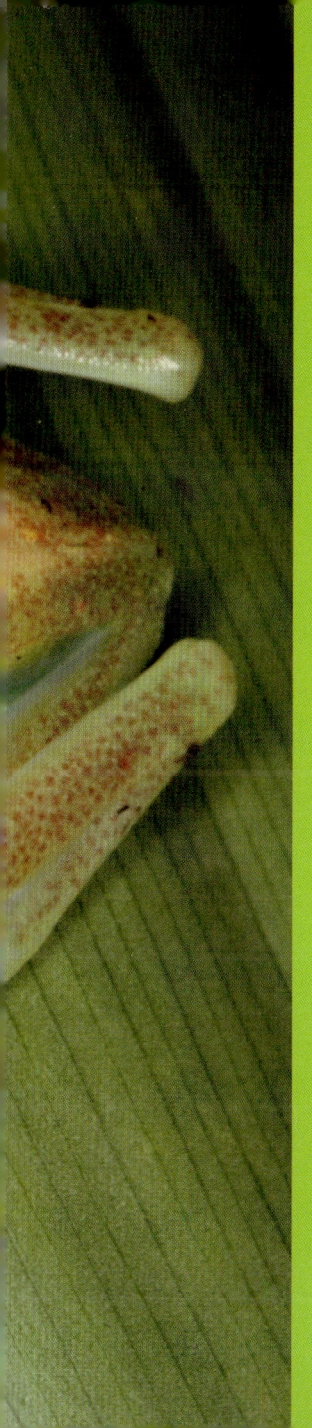

Service

Literatur

Bischoff, I., Bischoff, R., Heßler, C., Meyer, M.: PraxisRatgeber Mantiden. Chimaira Verlag, Frankfurt 2001.

Bruse, F., Meyer, M., Schmidt, W.: Futtertierzuchten. Edition Chimaira, Frankfurt 2002.

Bruse, F., Meyer, M., Schmidt, W.: Praxisratgeber Futtertiere. Edition Chimaira, Frankfurt 2003.

Dost, U.: Frösche. Verlag Eugen Ulmer, Stuttgart 2004.

Friederich, U., Volland, W.: Futtertierzucht. Verlag Eugen Ulmer, Stuttgart 2005.

Henkel, F. W., Schmidt, W.: Terrarien Bau und Einrichtung (2. Auflage). Verlag Eugen Ulmer, Stuttgart 2008.

Henkel, F. W., Schmidt, W.: Geckos. Verlag Eugen Ulmer, Stuttgart 2003.

Henkel, F. W., Schmidt, W.: Leguane. Verlag Eugen Ulmer, Stuttgart 2006.

Kallas, S., Lippe, R., Meyer, M., Schmidt, W.: Kleintiere im Terrarium. Landbuch Verlag 1999.

Klaas, P.: Vogelspinnen. Verlag Eugen Ulmer, Stuttgart 2007.

Lötters S., Jungfer, K., Henkel, F., Schmid, W.: Pfeilgiftfrösche. Edition Chimaira, Frankfurt 2007.

Rimpp, K.: Salamander und Molche. Verlag Eugen Ulmer, Stuttgart 2003.

Rogner, M.: Echsen. Verlag Eugen Ulmer, Stuttgart 2005.

Schmidt, W., Meyer, M.: Wirbellose. Verlag Eugen Ulmer, Stuttgart 2012.

Seiler, C., Bradler, S.: Phasmiden. Verlag Eugen Ulmer, Stuttgart 2012.

Trutnau, L., Rössel, D.: Giftschlangen. Verlag Eugen Ulmer, Stuttgart 1998.

Trutnau, L.: Ungiftige Schlangen. Verlag Eugen Ulmer, Stuttgart 2002.

Adressen

Deutsche Gesellschaft für Herpetologie und Terrarienkunde e.V. (DGHT)

Wie schon ihr Name besagt, ist die DGHT eine Vereinigung herpetologisch und terrarienkundlich interessierter Personen. Der Verein gibt zwei wichtige Fachzeitschriften heraus, die wissenschaftlich orientierte Salamandra und die eher terrarienkundlich angelegte elaphe.
Geschäftsstelle:
Herr Andreas Mendt
Postfach 14 21
D-53351 Rheinbach
Fon: (0 22 55) 95 01 06
Fax: (0 22 55) 17 26
URL: http://www.dght.de
E-Mail: gs@dght.de

Das Wirbellosenzentrum e.V.

Dieser Verein steht allen an Wirbellosen Interessierten offen, also Hobbyhaltern, Naturfreunden und Wissenschaftlern gleichermaßen. Sein Organ ist die Fachzeitschrift Arthropoda, die sich ausschließlich mit den Wirbellosen beschäftigt.

ZAG Wirbellose e. V.

- Mitgliederverwaltung -
Nicole Fallaschinski
Helsinkistraße 52
D-24109 Kiel
www.sungaya-verlag.de
www.wirbellose.de

Internet

www.glabalamphibians.org
www.amphibians.org
www.amphibianark.org
www.hier-krabbelts.de
www.phasmatodea.com
www.phyllium.de
www.sungaya.de

www.schauinsekten.de
www.arachnophilia.de
www.skorpione.de
www.ameisenverkauf.de
www.ameisenhaltung.de
www.diplopoda.de
www.exoticsnailselvira.jimdo.com

Bildquellen

Titelfotos
Wolfgang Schmidt: oben
Zoonar/Ramona Freitag: unten

Umschlagrückseite
Friedrich Wilhelm Henkel: alle Fotos

Innenteil
Bildagentur Waldhäusl/IB/Marko: Seite 379
S. Broghammer: Seite 153
F. W. Henkel: Seite 3, 5, 8, 13-16, 19, 22-24, 27,
28, 30, 31, 33, 35-41, 43-45, 47, 48, 50-54,
56, 59, 60-66, 70-76, 78-82, 84-86, 88, 89,
94, 95, 98, 99, 101, 102, 104-110, 112-119,
122-127, 129-140, 143, 145-152, 154-161,
164, 165, 168, 171, 173, 181, 182, 184, 186,
187, 202, 203, 207, 209-211, 213, 214, 216,
217, 220-234, 236, 239-247, 252, 254, 256-
262, 265, 266, 268, 269, 271-273, 275, 277,
285-294, 297, 299, 302-304, 307, 312, 314-
318, 320, 322, 324, 329, 330, 331, 335, 336,
338-345, 347, 348-351, 354, 358-368, 370,
372, 375, 376, 401, 406, 415, 416, 424, 428,
435, 456, 464, 465, 472, 480, 482, 486, 488-
518, 520, 522-527, 529-542, 545, 552, 558,
562-565, 568, 575, 567 re., 579, 588-590,
594, 596, 600, 602-607, 609 u., 611-614,
616, 620 u., 624, 626, 628, 630, 631, 633,
635, 638, 639, 641 li.+re., 642, 645-647, 648
o.+u., 649, 650, 652-654, 656, 664, 666, 670,
672, 676, 678, 681

istockphoto/Ulf Amundsen: Seite 566
istockphoto/Mark Kostich: Seite 194
C. Langner: Seite 204, 206, 208, 215, 235, 237,
238, 250, 253, 255, 295, 296, 298, 301, 305,
306, 309, 310, 313, 319, 321, 323, 325, 332,
334, 346, 357, 369, 373, 374
P. Nowark: Seite 267, 276
M. Rogner: Seite 169
W. Schmidt: Seite 17, 18, 20, 21, 25, 26, 29, 32,
34, 42, 46, 49, 55, 57, 58, 68, 69, 76, 83, 87,
90-93, 103, 111, 120, 121, 128, 141, 142,
144, 162, 163, 166, 167, 170, 172, 174-180,
183, 185, 188-191, 205, 212, 218, 219, 244,
263, 264, 270, 274, 279, 280, 282, 283, 284,
300, 308, 311, 326, 327, 328, 333, 337, 352,
353, 355, 356, 366, 371, 377, 378-400, 402-
414, 417-423, 425-455, 457-459, 461, 463,
466-471, 473-479, 481, 483-485, 487, 519,
521, 543, 544, 546-552, 554-557, 570, 573,
574, 576 li., 580, 583, 584, 586, 591, 592,
599, 601, 605, 608, 609 o., 610, 615, 617,
618 o.+u., 919 o.+Mi.+u., 620 o., 623, 634,
636, 637 re.+li., 640, 644, 654, 655, 657, 660,
662, 673, 675, 677 o.+u., 684
W. Seil: Seite 278, 281
Panthermedia.net/Andy Hunger: Seite 376
Roland Zobel: Seite 528, 559–561

Die Piktogramme von Seite 6–193 fertigte
Helmuth Flubacher, Waiblingen, alle weiteren
von Stefan Dehmel, Stuttgart.

Register

Die in diesem Buch enthaltenen Empfehlungen und Angaben wurden vom Autor mit großer Sorgfalt zusammengestellt und geprüft. Der Tierhalter sollte jedoch bedenken, dass er in eigener Verantwortung handelt. Der Autor und der Verlag übernehmen keinerlei Haftung für Schäden und Unfälle.

Bibliografische Information der Deutschen Nationalbibliothek
Die Deutsche Nationalbibliothek verzeichnet diese Publikation in der Deutschen Nationalbibliografie; detaillierte bibliografische Daten sind im Internet über http://dnb.d-nb.de abrufbar.

© 2013 Eugen Ulmer KG
Wollgrasweg 41, 70599 Stuttgart (Hohenheim)
E-Mail: info@ulmer.de
Internet: www.ulmer.de
Lektorat: Dr. Eva Maria Götz
Herstellung: Michaela Gaus
Umschlagentwurf: Freiraum K, Karen Neumeister, Stuttgart
Satz: pagina GmbH, Tübingen
Druck und Bindung: Egedsa, Sabadell (Barcelona)
Printed in Spain

ISBN 978-3-8001-7862-9

Die Welt der Reptilien kennen lernen

- **Die wichtigsten Echsenfamilien**

- **Die richtige Pflege und Fütterung**

- **Das ideale Terrarium anschaffen**

Erfahren Sie, wie vielfältig die Auswahl an Arten dieser außergewöhnlichen Reptilien ist und erhalten Sie Einblicke in Lebensweise und Pflege. Zudem gibt Ihnen dieses Buch wichtige Hinweise zur Terrarienanschaffung und hilft ihnen bei der Zucht. Ein umfassender Artenteil mit über 160 reich bebilderten Porträts machen dieses Werk zu einem unverzichtbaren Ratgeber für alle Echsenfreunde.

Echsen. Verbreitung, Pflege, Zucht. M. Rogner. 2., erweiterte Auflage 2005. 236 Seiten, 118 Farbfotos, 27 Zeichnungen, geb. ISBN 978-3-8001-4380-1.

www.ulmer.de

Gepanzert mit Netz, Klauen und Zangen

- **Entdecken Sie den Zauber der Wirbellosen im eigenen Heim**

- **Das umfassendste Buch über die interessantesten Wirbellosen**

- **Rund 200 Arten mit spezifischen Pflegeanleitungen im Porträt**

Dieses Buch gibt Ihnen einen ausführlichen Überblick über die gut im Terrarium zu pflegenden exotischen Spinnen, Hundert- und Tausend-füßer, Krabben, Schnecken und Zahlreichen aus der Gruppe der Insekten, bis zu Schmetterlingen. Ihr riesiges Spektrum an unterschiedlichsten Überlebens- und Fortpflanzungsstrategien entfalten diese Tiere bei artgerechter Haltung auch im Terrarium. Wie Sie die Bedingungen dazu im Einzelnen gestalten sollten, erfahren Sie in diesem Buch.

Wirbellose im Terrarium. Insekten - Spinnentiere - Schnecken. W. Schmidt, M. Meyer. 2012. 160 Seiten, 120 Farbfotos, geb. ISBN 978-3-8001-5682-5.

Wildnis im Wohnzimmer

- Sämtliche Terrarientypen
- Alles über Bau und Einrichtung
- Aktueller Überblick über die Technik

Terrarien können so unterschiedlich sein wie die Tiere, die darin gepflegt werden, die Natur, aus der die Pfleglinge stammen und das Zimmer, in dem das Terrarium steht. Wie man dies alles unter einen Hut bringt und mit handwerklichem Geschick sein maßgeschneidertes Terrarium baut und einrichtet, finden Sie in diesem Buch.

Terrarien bauen und einrichten. F. Wilhelm Henkel, W. Schmidt.
4., aktualisierte Auflage 2008. 160 Seiten, 153 Farbfotos, 38 Zeichn., geb.
ISBN 978-3-8001-5550-7.

Immer frisch: Beutetiere für Echse, Vogel und Co.

- Züchtung von Futtertieren wie Plankton, Fadenwürmer, Ringelwürmer, Weichtiere, Krebstiere, Insekten, Säugetiere
- Aufwand, Ernährung, Hygiene, Zuchtanlage
- Rechtliche Fragen

Ohne Lebendfutter kommen die meisten Vivarientiere, Vögel und manche Kleinsäuger zumindest in bestimmten Lebensphasen nicht aus. Dieses Buch ist ein grundlegender Leitfaden für alle, die in kleinem oder großem Maßstab Futtertiere unterschiedlichster Art züchten wollen. Es beschreibt ausführlich die verschiedenen Futtertiere, auch bisher kaum verwendete Arten, bietet praxiserprobte Anleitungen und beantwortet sämtliche Fragen rund um den Aufbau einer eigenen Futtertierzucht.

Futtertierzucht. Lebendfutter für Vivarientiere. U. Friederich, W. Volland. 4., aktualisierte Auflage 2005. 187 Seiten, 63 sw-Fotos und Zeichnungen, geb. ISBN 978-3-8001-4842-4.

www.ulmer.de